建筑物电子信息系统防雷技术设计手册

（第二版）

湖北省土木建筑学会建筑电气专业委员会组织编写

主　编：刘兴顺

副主编：陈　勇　肖　冰

主　审：汪　隽　祝建树

中国建筑工业出版社

图书在版编目（CIP）数据

建筑物电子信息系统防雷技术设计手册/刘兴顺主
编. —2版. —北京：中国建筑工业出版社，2013.10
ISBN 978-7-112-16080-8

Ⅰ. ①建… Ⅱ. ①刘… Ⅲ. ①建筑物-电子系统-
信息系统-防雷-手册 Ⅳ.①TU895-62

中国版本图书馆 CIP 数据核字（2013）第 264840 号

本书依据最新的《建筑物电子信息系统防雷技术规范》GB 50343—2012 和
《建筑物防雷设计规范》GB 50057—2010 编写，内容共分十二章：第一章相关规
范与术语；第二章雷电的形式及特性；第三章雷电的电流参数；第四章雷电活动
规律及雷击的选择性；第五章建筑物防雷分类及保护措施；第六章建筑物电子信
息系统防雷与接地工程勘测设计；第七章雷电防护区的划分；第八章建筑物电子
信息系统防雷防护等级确定；第九章建筑物电子信息系统防雷与接地设计；第十
章几种计算分析和几种测量方法；第十一章电子信息系统机房的防雷与接地设计；
第十二章建筑物电子信息系统防雷与接地实例。

本书适用于电气设计，科研、教学施工人员及防雷行业相关人员，也可供大
中专院校学生参考使用。

* * *

责任编辑：刘 江 张 磊
责任设计：张 虹
责任校对：陈晶晶 刘梦然

建筑物电子信息系统防雷技术设计手册
（第二版）
湖北省土木建筑学会建筑电气专业委员会组织编写
主 编：刘兴顺
副主编：陈 勇 肖 冰
主 审：汪 隽 祝建树

*

中国建筑工业出版社出版、发行（北京西郊百万庄）
各地新华书店、建筑书店经销
霸州市顺浩图文科技发展有限公司制版
北京天来印务有限公司印刷

*

开本：787×1092 毫米 1/16 印张：25¾ 字数：640 千字
2014 年 7 月第一版 2014 年 7 月第一次印刷
定价：**76.00** 元（含光盘）
ISBN 978-7-112-16080-8
（24833）

建筑物电子信息系统防雷技术设计手册（第二版）编委会

主　　　编：刘兴顺

副 主 编：陈　勇　肖　冰

主　　　审：汪　隽　祝建树

编委会成员：

刘兴顺	汪　隽	陈　勇	肖　冰	祝建树	倪　冰
冯星明	李　军	吴襄军	肖远建	邱雪华	张　英
甘文霞	程海英	冯上新	黄定如	张建军	王德言
王雪颖	刘　旭	王传元	黄奕嘉	钟道宽	罗先俊
刘　涛	汪海涛	孙巍巍	孙　磊	刘红林	

湖北省土木建筑学会建筑电气专业委员会组织编写

参编单位：

中南建筑设计院股份有限公司

中信建筑设计研究总院股份有限公司

武汉和创建筑工程设计有限公司

珠海市建筑设计院武汉分院

哈尔滨中建建筑设计院武汉分院

海南泓景建筑设计有限公司武汉分公司

武汉华中科技大学建筑设计研究院

华中科技大学武昌分校

襄阳市第二建筑设计院

武汉理工大学建筑设计研究院

湖北省电力公司武汉汉南区供电公司

湖北炫力电气工程技术有限公司

四川中光防雷科技有限公司

北京爱劳高科技有限公司

易仕科技（广州）有限公司

成都东方瀚易科技发展有限公司

武汉岱嘉电气公司

天津中力防雷公司

武汉华天世纪科技发展有限公司

第二版前言

本书第一版自 2004 年 8 月出版发行后，对广大设计、科研、教学、施工单位起到了很好的指导和参考作用（2007 年重印一次）。

近些年来由于国家规范《建筑物防雷设计规范》GB 50057—1994（2000）和《建筑物电子信息系统防雷技术规范》GB 50343—2004 均已修改为新版，即 GB 50057—2010 和 GB 50343—2012，且又有新的防雷设计和施工规范出版发行，因此本书按新的防雷设计规范进行修编，作了较大修改，以适应新的防雷设计和施工规范的要求，更好地指导设计、施工等部门技术人员的工作。

本手册第二版修编主要遵循以下原则：原手册框架未作较大改动，吸纳先进技术、先进施工方法，与国标标准（IEC）接轨。提高设计手册的先进性和可操作性，主要着重于建筑物各类信息系统的防雷和接地设计。

本书第二版修编的主要内容：调整增加了相关规范和术语，增加了按风险管理要求进行雷击风险评估的内容；对各种建筑物电子信息系统雷电防护等级的划分进行补充和调整；对第八章风险评估计算进行了修编和编制计算程序，以减少设计人员工作量；对第九章建筑物电子信息系统防雷接地设计内容做了大量调整，共用接地系统中增加了环形接地装置的必要性论述和施工做法；对通信局（站）和移动通信系统按通信局（站）新规范进行修编，增加了电子信息系统机房的防雷与接地专门论述；增加了超高层建筑的防雷与接地设计内容；增加了电力系统中电子信息设备和系统的防雷和接地设计。

第二版由湖北省土木建筑学会建筑电气专业委员会组织湖北省及武汉各大设计院、大专院校参加修编。集各界电气专家参与修编，将各单位多年来的电子信息系统防雷设计经验融合在本设计手册里，对今后的设计工作会起到较大的推动和应用作用。

第十二章集目前国内外几家大型防雷和接地产品生产厂商的技术支持，将目前建筑物常用电子信息系统的应用系统，均配套选用相应产品型号和规格，供广大设计人员、施工单位选用参考。本章共有 100 多幅系统图，可供设计中选择相应方案，提高设计效率。

对本书中的错漏和不足之处，编写组真诚地希望读者批评指正。

编写组
2013 年 8 月 30 日

第一版前言

雷电是自然界存在的自然现象；自古以来雷电灾害给人身安全和经济带来的损失是很严重的。就 2000～2001 年的两年中，在中国雷电灾害造成的人身伤亡共 1661 起，造成直接经济损失约数十亿元。

我国进入 21 世纪以来，信息已作为国家经济支柱产业之一，并以信息化带动工业化作为发展方针。目前计算机电子信息系统和网络系统的应用，已遍及各行业和各个部门乃至家庭信息化系统都迅速地建立发展。

计算机等微电子设备大量进入各类建筑物，由于其灵敏度高，耐压低，很易受雷电电磁脉冲干扰，如果防雷系统有缺陷，接闪装置接闪后，雷电泄流时将在泄流线的周围产生强大的瞬变电磁场，建筑物附近落雷时，这变化的空间电磁场，均能使建筑物内的微电子设备受到影响，轻者导致有关设备的误动作，重者会造成硬件的永久性损坏，以致通信中断等严重后果。

由于雷电感应电压以及雷电电磁脉冲（LEMP）的入侵渠道不同，其防护措施和方法也不相同。我们在 1999 年编制的"99D562"建筑物防雷设施安装国家标准图集中（现改为 99D501-1 图集），已提出建筑物综合防雷系统（图集 1-13 图）的概念：建筑物防雷工程是一个系统工程，必须综合考虑，将外部防雷措施和内部防雷措施（接闪功能、分流影响、均衡电位、屏蔽作用、合理布线、加装过电压保护器等多项重要因素）作为整体来统一考虑防雷措施。

国标《建筑物防雷设计规范》（2000 年版）中，增加了第 6 章"防雷击电磁脉冲"的内容，新国标《建筑物电子信息系统防雷技术规范》也已批准实施执行，为了使广大设计人员能更好地应用这两个规范进行电子信息系统的防雷设计工作，我们结合实际学习规范内容，拟按照电子信息系统分类来贯彻在实施设计过程中，同时结合 IEC 标准及国家其他设计规范中有关信息系统防雷设计内容，编写了这本设计手册。其目的为了使广大设计人员更好地理解和应用相关规范，以便信息系统防雷设计更加安全、经济、实用、合理。

本书分为十二章及附录。第一章为相关规范与术语，第二章为雷电的形式及特性，第三章为雷电的电流参数，第四章为雷电活动规律及雷击的选择性，第五章为建筑物防雷分类及保护措施，第六章为建筑物电子信息系统防雷与接地工程勘测设计，第七章为雷电防护区的划分，第八章为建筑物电子信息系统防雷防护等级确定，第九章为建筑物电子信息系统防雷与接地设计，第十章为几种计算分析和几种测量方法，第十一章为电子信息系统机房的防雷与接地设计，第十二章为建筑物电子信息系统防雷与接地实例，附录为防雷与接地产品选用技术资料。书中介绍了信息防雷的基本概念，防护分级划分原则，从定性和定量（风险评估计算）角度相结合出发，使设计人员在方案及初步设计时能快捷方便地提出防护级别和防护方案；书中结合弱电系统的分类列出各系统的保护方式及保护措施，同时附有各系统设计实例图 130 多幅，供设计人员方便参考和选用。

在本书编写过程中，张金生高工、应洪正高工、田有连教授级高工及成都普林希尔资讯有限公司等给予了大力支持和帮助，对此深表谢意。

对于本书的不足及错漏之处，敬请读者给予批评指正。

目　　录

第一章　相关规范与术语

1.1　相关规范

1.《建筑物电子信息系统防雷技术规范》GB 50343—2012

2.《建筑物防雷设计规范》GB 50057—2010

3.《雷电防护　第1部分：总则》GB/T 21714.1—2008/IEC 62305—1：2006

4.《雷电防护　第2部分：风险管理》GB/T 21714.2—2008/IEC 62305—2：2006

5.《雷电防护　第3部分：建筑物的物理损坏和生命危险》GB/T 21714.3—2008/IEC 62305—3：2006

6.《雷电防护　第4部分：建筑物内电气和电子系统》GB/T 21714.4—2008/IEC 62305—4：2006

7.《低压电涌保护器（SPD）　第1部分：低压配电系统的电涌保护器　性能要求和试验方法》GB 18802.1—2011

8.《低压配电系统的电涌保护器（SPD）　第12部分：选择和使用导则》GB/T 18802.12—2006/IEC 61643—12：2002

9.《建筑物防雷工程施工与质量验收规范》GB 50601—2010

10.《建筑物防雷装置检测技术规范》GB/T 21431—2008

11.《气象信息系统雷击电磁脉冲防护规范》QX 3—2000

12.《低压配电设计规范》GB 50054—2011

13.《电子信息系统机房设计规范》GB 50174—2008

14.《交通建筑电气设计规范》JGJ 243—2011

15.《智能建筑设计标准》GB/T 50314—2006

16.《综合布线系统工程设计规范》GB 50311—2007

17.《低压系统内设备的绝缘配合　第1部分：原理、要求和试验》GB/T 16935.1—2008

18.《通信局（站）防雷与接地工程设计规范》GB 50689—2011

19.《爆炸和火灾危险环境电力装置设计规范》GB 50058—1992

20.《后方军械仓库防雷技术要求》GJB 2269A—2002

21.《石油与石油设施雷电安全规范》GB 15599—2009

22.《石油化工装置防雷设计规范》GB 50650—2011

23.《火灾自动报警系统设计规范》GB 50116—1998

24.《民用建筑电气设计规范》JGJ 16—2008

25.《住宅建筑电气设计规范》JGJ 242—2011

26.《交流电气装置的接地设计规范》GB/T 50065—2011

27.《石油库设计规范》GB 50074—2002

28.《石油储备库设计规范》GB 50737—2011

29.《汽车加油加气站设计与施工规范》GB 50156—2012

30.《建筑电气工程施工质量验收规范》GB 50303—2002

31.《自动化仪表工程施工及质量验收规范》GB 50093—2013

32.《智能建筑工程施工规范》GB 50606—2010

33.《低压电涌保护器　第 21 部分：电信和信号网络的电涌保护器（SPD）　性能要求和试验方法》GB/T 18802.21—2004/IEC 61643—21：2000

34.《雷电防护　通信线路　第 1 部分：光缆》GB/T 19856.1—2005/IEC 61663—1：1999

35.《雷电防护　通信线路　第 2 部分：金属导线》GB/T 19856.2—2005/IEC 61663—2：2001

36.《通信设备过电压过电流保护导则》GB/T 21545—2008/IDT ITU—T K.11：1993

37.《雷电电磁脉冲的防护　第 1 部分：通则》GB/T 19271.1—2003/IEC 61312—1：1995

38.《雷电电磁脉冲的防护　第 2 部分：建筑物的屏蔽、内部等电位连接及接地》GB/T 19271.2—2005/IEC 61312—2：1999

39.《雷电电磁脉冲的防护　第 3 部分：对浪涌保护器的要求》GB/T 19271.3—2005/IEC 61312—3：2000

40.《雷电电磁脉冲的防护　第 4 部分：现有建筑物内设备的防护》GB/T 19271.4—2005/IEC 61312—4：1998

41.《安全防范系统雷电浪涌防护技术要求》GA/T 670—2006

42.《通信局（站）在用防雷系统的技术要求和检测方法》YD/T 1429—2006

43.《金融建筑电气设计规范》JGJ 284—2012

44.《安全防范系统雷电浪涌防护技术要求》GA/T 670—2006

1.2　术　　语

1. 对地闪击　lightning flash to earth
雷云与大地（含地上的突出物）之间的一次或多次放电。
2. 雷击　lightning stroke
对地闪击中的一次放电。
3. 雷击点　point of strike
闪击击在大地或其上突出物上的那一点。一次闪击可能有多个雷击点。
4. 雷电流　lightning current
流经雷击点的电流。
5. 防雷装置（LPS）　lightning protection system

用于减少闪电击于建（构）筑物上或建（构）筑物附近造成的物质性损伤和人身伤亡，由外部防雷装置和内部防雷装置组成。

6. 外部防雷装置 external lightning protection system

由接闪器、引下线和接地装置组成。

7. 内部防雷装置 internal lightning protection system

由防雷等电位连接和与外部防雷装置的间隔距离组成。

8. 接闪器 air-termination system

由拦截闪击的接闪杆、接闪带、接闪线、接闪网以及金属屋面、金属构件等组成。

9. 引下线 down-conductor system

用于将雷电流从接闪器传导至接地装置的导体。

10. 接地装置 earth-termination system

接地体和接地线的总合，用于传导雷电流并将其流散入大地。

11. 接地体 earthing electrode

埋入土壤中或混凝土基础中作散流用的导体。

12. 接地线 earthing conductor

从引下线断接卡或换线处至接地体的连接导体；或从接地端子、等电位连接带至接地体的连接导体。

13. 直击雷 direct lightning flash

闪击直接击于建（构）筑物、其他物体、大地或外部防雷装置上，产生电效应、热效应和机械力者。

14. 闪电静电感应 lightning electrostatic induction

由于雷云的作用，使附近导体上感应出与雷云符号相反的电荷，雷云主放电时，先导通道中的电荷迅速中和，在导体上的感应电荷得到释放，如没有就近泄入地中就会产生很高的电位。

15. 闪电电磁感应 lightning electromagnetic induction

由于雷电流迅速变化在其周围空间产生瞬变的强电磁场，使附近导体上感应出很高的电动势。

16. 闪电感应 lightning induction

闪电放电时，在附近导体上产生的雷电静电感应和雷电电磁感应，它可能使金属部件之间产生火花放电。

17. 闪电电涌 lightning surge

闪电击于防雷装置或线路上以及由闪电静电感应或雷击电磁脉冲引发，表现为过电压、过电流的瞬态波。

18. 闪电电涌侵入 lightning surge on incoming services

由于雷电对架空线路、电缆线路或金属管道的作用，雷电波，即闪电电涌，可能沿着这些管线侵入屋内，危及人身安全或损坏设备。

19. 防雷等电位连接（LEB） lightning equipotential bonding

将分开的诸金属物体直接用连接导体或经电涌保护器连接到防雷装置上以减小雷电流引发的电位差。

3

20. 等电位连接带　bonding bar

将金属装置、外来导电物、电力线路、电信线路及其他线路连于其上以能与防雷装置做等电位连接的金属带。

21. 等电位连接导体　bonding conductor

将分开的诸导电性物体连接到防雷装置的导体。

22. 等电位连接网络（BN）bonding network

将建（构）筑物和建（构）筑物内系统（带电导体除外）的所有导电性物体互相连接组成的一个网。

23. 接地系统　earthing system

将等电位连接网络和接地装置连在一起的整个系统。

24. 防雷区（LPZ）lightning protection zone

划分雷击电磁环境的区，一个防雷区的区界面不一定要有实物界面，如不一定要有墙壁、地板或天花板作为区界面。

25. 雷击电磁脉冲（LEMP）lightning electromagnetic impulse

雷电流经电阻、电感、电容耦合产生的电磁效应，包含闪电电涌和辐射电磁场。

26. 电气系统　electrical system

如低压供电组合部件构成的系统。也称低压配电系统或低压配电线路。

27. 电子系统　electronic system

如敏感电子组合部件构成的系统。

28. 建（构）筑物内系统　internal system

建（构）筑物内的电气系统和电子系统。

29. 电涌保护器（SPD）surge protective device

用于限制瞬态过电压和分泄电涌电流的器件。它至少含有一个非线性元件。

30. 保护模式　modes of protection

电气系统电涌保护器的保护器件可连接在相对相、相对地、相对中性线、中性线对地及其组合，以及电子系统电涌保护器的保护部件连接在线对线、线对地及其组合。

31. 最大持续运行电压（U_c）maximum continuous operating voltage

可持续加于电气系统电涌保护器保护模式的最大方均根电压或直流电压；可持续加于电子系统电涌保护器端子上，且不致引起电涌保护器传输特性减低的最大方均根电压或直流电压。

32. 标称放电电流（I_n）nominal discharge current

流过电涌保护区 $8/20\mu s$ 电流波的峰值。

33. 冲击电流（I_{imp}）impulse current

由电流幅值 I_{peak}、电荷 Q 和单位能量 W/R 所限定。

34. 以 I_{imp} 试验的电涌保护器　SPD tested with I_{imp}

耐得起 $10/350\mu s$ 典型波形的部分雷电流的电涌保护器需要用 I_{imp} 电流做相应的冲击试验。

35. Ⅰ级试验　class Ⅰ test

电气系统中采用Ⅰ级试验的电涌保护器要用标称放电电流 I_n、$1.2/50\mu s$ 冲击电压和

最大冲击电流 I_{imp} 做试验。Ⅰ级试验也可用 T1 外加方框表示，即 T1 。

36. 以 I_n 试验的电涌保护器　SPD tested with I_n

耐得起 8/20μs 典型波形的感应电涌电流的电涌保护器需要用 I_n 电流做相应的冲击试验。

37. Ⅱ级试验　class Ⅱ test

电气系统中采用Ⅱ级试验的电涌保护器要用标称放电电流 I_n、1.2/50μs 冲击电压和 8/20μs 电流波最大放电电流 I_{max} 做试验。Ⅱ级试验也可用 T2 外加方框表示，即 T2 。

38. 以组合波试验的电涌保护器　SPD tested with a combination wave

耐得起 8/20μs 典型波形的感应电涌电流的电涌保护器要用 I_{sc} 短路电流做相应的冲击试验。

39. Ⅲ级试验　class Ⅲ test

电气系统中采用Ⅲ级试验的电涌保护器要用组合波做试验。组合波定义为由 2Ω 组合波发生器产生 1.2/50μs 开路电压 U_{oc} 和 8/20μs 短路电流 I_{sc}。Ⅲ级试验也可用 T3 外加方框表示，即 T3 。

40. 电压开关型电涌保护器　voltage switching type SPD

无电涌出现时为高阻抗，当出现电压电涌时突变为低阻抗。通常采用放电间隙、充气放电管、硅可控整流器或三端双向可控硅元件做电压开关型电涌保护器的组件。也称"克罗巴型"电涌保护器。具有不连续的电压、电流特性。

41. 限压型电涌保护器　voltage limiting type SPD

无电涌出现时为高阻抗，随着电涌电流和电压的增加，阻抗连续变小。通常采用压敏电阻、抑制二极管作限压型电涌保护器的组件。也称"箝压型"电涌保护器。具有连续的电压、电流特性。

42. 组合型电涌保护器　combination type SPD

由电压开关型元件和限压型元件组合而成的电涌保护器，其特性随所加电压的特性可以表现为电压开关型、限压型或电压开关型和限压型皆有。

43. 测量的限制电压　measured limiting voltage

施加规定波形和幅值的冲击波时，在电涌保护器接线端子间测得的最大电压值。

44. 电压保护水平（U_p）　voltage protection level

表征电涌保护器限制接线端子间电压的性能参数，其值可从优先值的列表中选择。电压保护水平值应大于所测量的限制电压的最高值。

45. 1.2/50μs 冲击电压　1.2/50μs voltage impulse

规定的波头时间 T_1 为 1.2μs、半值时间 T_2 为 50μs 的冲击电压。

46. 8/20μs 冲击电流　8/20μs current impulse

规定的波头时间 T_1 为 8μs、半值时间 T_2 为 20μs 的冲击电流。

47. 设备耐冲击电压额定值　rated impulse withstand voltage of equipment（U_w）

设备制造商给予的设备耐冲击电压额定值，表征其绝缘防过电压的耐受能力。

48. 插入损耗　insertion loss

电气系统中，在给定频率下，连接到给定电源系统的电涌保护器的插入损耗为电源线上紧靠电涌保护器接入点之后，在被试电涌保护器接入前后的电压比，结果用分贝（dB）表示。电子系统中，由于在传输系统中插入一个电涌保护器所引起的损耗，它是在电涌保护器插入前传递到后面的系统部分的功率与电涌保护器插入后传递到同一部分的功率之比。通常用分贝（dB）表示。

49. 回波损耗　return loss

反射系数倒数的模。以分贝（dB）表示。

50. 近端串扰（NEXT）　near-end crosstalk

串扰在被干扰的通道中传输，其方向与产生干扰的通道中电流传输的方向相反。在被干扰的通道中产生的近端串扰，其端口通常靠近产生干扰的通道的供能端，或与供能端重合。

51. 电子信息系统　electronic information system

由计算机、通信设备、处理设备、控制设备、电力电子装置及其相关的配套设备、设施（含网络）等的电子设备构成的，按照一定应用目的和规则对信息进行采集、加工、存储、传输、检索等处理的人机系统。

52. 雷电电磁脉冲防护系统（LPMS）　LEMP protection measures system

用于防御雷电电磁脉冲的措施构成的整个系统。

53. 综合防雷系统　synthetic lightning protection system

外部和内部雷电防护系统的总称。外部防雷（LPS）由接闪器、引下线和接地装置等组成，用于直击雷的防护。内部防雷（LPMS）由等电位连接、共用接地装置、屏蔽、合理布线、电涌保护器等组成，用于减小和防止雷电流在需防护空间内所产生的电磁效应。

54. 共用接地系统　common earthing system

将防雷接地系统的接地装置、建筑物金属构件、低压配电保护线（PE）、等电位连接端子板或连接带、设备保护接地、屏蔽体接地、防静电接地、功能性接地等连接在一起构成共用的接地系统。

55. 自然接地体　natural earthing electrode

兼有接地功能，但不是为此目的而专门设置的与大地有良好接触的各种金属构件、金属井管、混凝土中的钢筋等的统称。

56. 接地端子　earthing terminal

将保护导体、等电位连接导体和工作接地导体与接地装置连接的端子或接地排。

57. 总等电位接地端子板　main equipotential earthing terminal board

将多个接地端子连接在一起并直接与接地装置连接的金属板。

58. 楼层等电位接地端子板　floor equipotential earthing terminal board

建筑物内楼层设置的接地端子板，供局部等电位接地端子板作等电位连接用。

59. 局部等电位接地端子板（排）　local equipotential earthing board

电子信息系统机房内局部等电位连接网络接地端子的端子板。

60. 电磁屏蔽　electromagnetic shielding

用导电材料减少交变电磁场向指定区域穿透的措施。

61. 最大放电电流（I_{max}）　maximum discharge current

流过电涌保护器，具有 $8/20\mu s$ 波形的电流峰值，其值按Ⅱ类动作负载试验的程序确定。I_{max} 大于 I_n。

62. 残压（U_{res}）　residual voltage

放电电流流过电涌保护器时，在其端子间的电压峰值。

63. 组合波　combination wave

组合波由冲击发生器开始，开路时输出 $1.2/50\mu s$ 冲击电压，短路时输出 $8/20\mu s$ 冲击电流。提供给电涌保护器的电压、电流幅值及其波形由冲击发生器和受冲击作用的电涌保护器的阻抗而定。开路电压峰值和短路电流峰值之比为 2Ω。该比值定义为虚拟输出阻抗 Z_f。短路电流用符号 I_{sc} 表示，开路电压用符号 U_{oc} 表示。

64. 劣化　degradation

由于电涌、使用或不利环境的影响造成电压限制型电涌保护器原始性能降低的现象。

65. 电涌保护器的脱离器　disconnector of SPD

把电涌保护器从电源系统断开的保护装置。

66. 状态指示器　status indicator

指示电涌保护器工作状态的装置。

67. 热熔焊　exothermic welding

利用放热化学反应时快速产生超高热量，使两导体熔化成一体的连接方法。

68. 雷击损害风险（R）　risk of lightning damage

雷击导致的年平均可能损失（人和物）与受保护对象的总价值（人和物）之比。

69. 下行雷　downward flash

始于云到地一个向下先导的雷闪。

注：下行雷由一个首次短时间雷击构成，其后可能跟随几个后续短时间雷击。一个或多个短时间雷击之后，还可能跟随一个长时间雷击。

70. 上行雷　upward flash

始于地面建筑物到云端一个向上先导的雷闪。

注：上行雷由一个首次长时间雷击构成，其上会叠加或不叠加多个短时间雷击。一个或多个短时间雷击之后，还可能跟随一个长时间雷击。

71. 短时间雷击　short stroke

雷闪的组成部分，它对应于一个冲击电流。

注：该电流的半值 T_2 通常小于 2ms。

72. 长时间雷击　long stroke

雷闪的组成部分，它对应于一个连续电流。

注：该连续电流的持续时间 T_{long}（从波头 10% 电流峰值处到波尾 10% 电流峰值处的时间间隔）通常大于 2ms 小于 1s。

73. 多重雷击　multiple strokes

平均由 3~4 个雷击组成的雷闪，两个雷击的时间间隔通常约为 50ms。

74. 单位能量（W/R）　specific energy

雷电流的平方在整个雷闪持续期内对时间的积分。

注：它表示雷电流在单位电阻上耗散的能量。

75. 物理损害　physical damage

由于雷电的机械、热、化学或爆炸等效应对建筑物（或其内物体）所造成的损害。

76. 电气和电子系统的失效 failure of electrical and electronic system
由于雷击电磁脉冲（LEMP）导致电气和电子系统的永久性损害。

77. 接地基准点 earthing reference system
一个信息系统的等电位连接网络与共用接地系统之间唯一的那一连接点。

78. $10/350\mu s$ 电流脉冲
具有 $10\mu s$ 视在波前（由峰值 $10\%\sim90\%$ 时间及 $350\mu s$ 半值时间）的电流脉冲。

79. 互相连接的钢筋网
认为在电气上是贯通的建筑物钢筋体。

80. 金属装置
在需要防雷的空间内可能构成雷电流通路的各种延伸金属物，如管道系统、楼梯、电梯导轨、通风和空调管道、互相连接的钢筋网。

81. 人工接地体 manual earthing electrode
为接地需要埋设的接地体称人工接地体。一般可分为人工垂直接地体和人工水平接地体，二者可以结合使用。

82. 系统接地 system earthing
电力系统的一点或多点的功能性接地。

83. 保护接地 protective earthing
为电气安全，将系统、装置或设备的一点或多点接地。

84. 雷电保护接地 lightning protective earthing
为雷电保护装置（避雷针、避雷线和避雷器等）向大地泄放雷电流而设的接地。

85. 防静电接地 static protective earthing
为防止静电对易燃油、天然气贮罐和管道等的危险作用而设的接地。

86. 集中接地装置 concentrated earth connection；con-centrated grounding connection
为加强对雷电流的散流作用，降低对地电位而敷设的附加接地装置，敷设 $3\sim5$ 根垂直接地极。在土壤电阻率较高的地区，则敷设 $3\sim5$ 根放射形水平接地极。

87. 接地电阻 earthing resistance
在给定频率下，系统、装置或设备的给定点与参考地之间的阻抗的实部。

88. 工频接地电阻 power frequency earthing resistance
根据通过接地极流入地中工频交流电流求得的电阻。

89. 冲击接地电阻 impulse earthing resistance
根据通过接地极流入地中工频交流电流求得的接地电阻（接地极上对地电压的峰值与电流的峰值之比）。

90. 地电位升高 earth potential rise
电流经接地装置的接地极流入大地时，接地装置与参考地之间的电位差。

91. 接触电位差 touch potential difference
接地故障（短路）电流流过接地装置时，接地装置与参考地之间的电位差。

92. 最大接触电位差 maximal touch potential difference

接地网孔中心对接地网接地极的最大电位差。

93. 跨步电位差　step potential difference

接地故障（短路）电流流过接地装置时，地面上水平距离为 1.0m 的两点间的电位差。

94. 最大跨步电位差　maximal step potential difference

接地网的地面上水平距离 1.0m 处对接地网边缘接地极的最大电位差。

第二章 雷电的形式及特性

2.1 雷击的形成

无论直击雷还是感应雷的形成，都与带电云层的雷击分不开。当地面含水蒸气的空气受到炽热的地面烘烤受热而上升，或者较温暖的潮湿空气与冷空气相遇而被垫高都会产生向上的气流。这些含水蒸气的上升气流上升时温度逐渐下降形成雨滴、冰雹（称为水成物），这些水成物在地球静电场的作用下被极化，负电荷在上，正电荷在下，它们在重力作用下落下的速度比云滴和冰晶（这二者称为云粒子）要大，因此极化水成物在下落过程中要与云粒子发生碰撞。碰撞的结果是其中一部分云粒子被水成物所捕获，增大了水成物的体积，另一部分未被捕获的被反弹回去。而反弹回去的云粒子带走水成物前端的部分正电荷，使水成物带上负电荷。由于水成物下降的速度快，而云粒子下降的速度慢，因此带正、负两种电荷的微粒逐渐分离（这叫重力分离作用），如果遇到上升气流，云粒子不断上升，分离的作用更加明显。最后形成带正电的云粒子在云的上部，而带负电的水成物在云的下部，或者带负电的水成物以雨或雹的形式下降到地面。当这些带电云层一经形成，就形成雷云空间电场，空间电场的方向和地面与电离层之间的电场方向是一致的，都是上正下负，因而加强了大气的电场强度，使大气中水成物的极化更厉害，在上升气流存在的情况下更加剧重力分离作用，使雷云发展得更快。这些带电云层即称为雷云。而雷云一般情况是上层带正电荷，下层带负电荷。当带电的云层和大地接近时，使地面也感应出相反的电荷，当电荷积聚到一定程度时，就会冲破空气的绝缘，形成云与云之间或云与大地之间的放电，迸发出强烈的光和声，这就是人们在雷雨天里常见的雷鸣和闪电。

根据大量科学测试得知，地球本身就是一个电容器，通常大地稳定地带负电荷 50 万 C 左右，而地球上空存在一个带正电的电离层，这两者之间便形成了一个已充电的电容器，它们之间的电压为 300kV 左右，并且场强为上正下负。

2.2 雷击的形式

通常所谓的雷击是指一部分带电的云层与另一部分带异种电荷的云层，或者是带电的云层对大地之间的迅猛放电。

不同符号的电荷通过一定的电离通道互相中和，产生强烈的光和热。放电通道所发生的这种强光，称之为"闪"，而通道所发出的热，使附近的空气突然膨胀，发出霹雳的轰鸣，称之为"雷"。

雷电有线状、片状和球状等几种形式。打到地面上的闪电称为"落雷"。如果这种落雷击中建筑物、树木或人畜，就会造成建筑物、树木的破坏或人畜的伤亡，人们称这种现象为"雷击事故"。

通常雷击有三种主要形式：（1）带电的云层与大地上某一点之间发生迅猛的放电现象，叫作"直击雷"；（2）带电云层由于静电感应作用，使地面某一范围带上异种电荷。当直击雷发生以后，云层带电迅速消失，而地面某些范围由于散流电阻大，以致出现局部高电压，或者由于直击雷放电过程中，强大的脉冲电流对周围的导线或金属物产生电磁感应发生高电压以致发生闪击的现象，叫作"二次雷"或称"感应雷"；（3）"球形雷"。

根据雷云的放电形式不同，而形成下列几种雷：

1. 线状雷：是最常见的一种雷电。它是一条蜿蜒曲折的巨型电火花，长约 2～3m，有时可达 10m，有分支的，也有不分支的，雷电流很大，最大可达 200kA。它往往会形成雷云向大地的霹雷。它击到草房会烧燃，击到树木会劈裂，击到人畜会伤亡。

2. 片状雷：空间正负电荷相遇，当两者形成的电场足以使空气游离而形成通道，于是正负雷云在空间放电，其电荷量不足以形成线状雷，闪光若隐若现，声音也很小，这是一种很弱的雷电。

3. 球雷：是一种球形或梨形的发光体，常在电闪之后发生，它以每秒 2m 的速度向前滚动，而且会发出口哨般的响声或嗡嗡声。遇到障碍会停止或越过，它常从烟囱、开着的门窗或缝隙进入室内，在室内来回滚动几次后，可以沿原路出去，有的也会自行消失。但碰到人畜会发出震耳的爆炸声，还会放出有刺激性的气体，大部分是臭氧，使人畜重则死亡，轻则烧伤。

4. 念珠雷：几个球雷连在一起，像一串念珠，沿着地面滚动，俗称念珠雷，这种雷很少见到。

2.3 尖端放电与雷击

由物理学可知，通常物体内部的正电荷和负电荷是相等的，所以从整体来看不显示带电现象，当某一物体所具有的正、负电荷不相等时，这个物体就显示带电的特性，当物体内部的正电荷多于负电荷时，物体带正电，反之带负电。由于电荷都有异性相吸、同性相斥的特性，所以带电物体中的同性电荷总是受到互相排斥的电场力作用。以一个如图 2-1 所示那样的带尖锋的金属球为例，假如金属球带上负电（同理也可以解释带上正电），由于电荷同性相斥的作用，电子总是分布到金属球的最外层表面，并且有"逃离"金属球表面的趋势。球带尖锋部分的电子受到同性电荷往外排斥力最强，故最容易被排斥离开金属球，这就是通常说的"尖端放电"。此外当带电物体周围的空气越潮湿或带有与带电体相反电荷的离子时，带电体也越易放电。

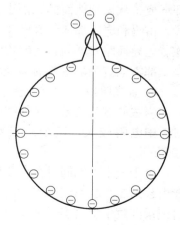

图 2-1 尖端容易放电

当天空中有雷云的时候，因雷云带有大量电荷，由于静电感应作用。雷云下方的地面和地面上的物体都带上了与雷云相反的电荷。雷云与其下方的地面就成为一个已充电的电容器，当雷云与地面之间的电压高到一定的时候，地面上突出的物体就比较明显地极易放电。同时，天空带电的雷云在电场的作用下，少数带电的云粒（或水成物）也向地面靠拢，这些少数带电微粒的靠拢，叫作先驱注流，又叫电流先导。先驱注流的延续将形成电离的微弱导通，这一阶段称为先驱放电。开始产生的先驱放电是不连续的，是一个一个脉冲地相继向前发展。它发展的平均速度为 $10^5 \sim 10^6 \mathrm{m/s}$。各脉冲间隔约 $30 \sim 90 \mu s$，每阶段推进约 50m。先驱放电常常表现为分枝状，这是由于放电是沿着空气电离最强、最容易导电的路径发展的。这些分枝状的先驱放电通常只有一条放电分枝达到大地。

当先驱放电到达大地，或与大地放电迎面会合以后，就开始主放电阶段，这就是雷击。在主放电中雷云与大地之间所聚集的大量电荷，通过先驱放电所开辟的狭小电离通道猛然发生电荷中和，放出能量，以致发出强烈的闪光和震耳的轰鸣，这即是雷电。在雷击中，雷击点有巨大的电流流过。大多数雷电流峰值为几十千安，也有少数上百千安以至几百千安的。雷电流峰值的大小与土壤电阻率的大小成减函数关系，即土壤电阻率高，则雷电流峰值小；土壤电阻率低，则雷电流峰值大。

雷电流大多数是重复的，通常一次雷电包括 $3 \sim 4$ 次放电。重复放电都是沿着第一次放电通路发展的。雷电之所以重复发生，是由于雷云非常之大，它各部分密度不完全相同，导电性能也不一样，所以它所包含的电荷不能一次放完，第一次放电是由雷云最低层发出的，随后放电是从较高云层或相邻区发生的。一次放电全部时间可达十分之几秒。

根据历年来的统计资料，雷云向大地放电的机会中有 83% 是负雷击造成的，正雷击放电只占 17%；负雷击输入大地的电荷每次平均为 22.2C，正雷击每次平均为 44.5C。

2.4　闪　　电

1. 主放电阶段

不均匀分布于雷云中的电荷，形成许多堆积中心。因而不论是在云中还是在云对地之间，电场强度不是相同的。当云中电荷密集处的电场达到数百千伏每米时，就会由云中的雨点或冰粒向地面先导放电（对于高层建筑，雷电先导也可向上发出）。当先导通道的顶端接近地面时，可诱发迎面先导（通常起自地面的突出部分）。当先导与迎面先导会合时，即形成了从云到地面的强烈电离通道。这时即出现极大的电流，这就是雷电的主放电阶段，雷鸣和电闪都伴随着出现。主放电存在的时间极短（$<10 \sim 100 \mu s$），主放电的过程是逆着先导通路发展的，速度约为光速的 33%（10 万 km/s），主放电的电流可达数十万安，是全部雷电流中最主要的部分。

2. 余光阶段

当主放电到达云端时就结束了，然后云中的残余电荷经过主放电通道流下来。由于这时云中电阻较大，这个阶段对应的电流不大（$<1\mathrm{kA}$），持续的时间却较长（$100 \sim 1000\mathrm{ms}$）。

由于云中可能同时存在几个电荷中心，所以第一个电荷中心的上述放电完成之后，可能引起第二个、第三个中心向第一个通道放电，因此雷电往往是多重性的，重复放电的数目记录到数十次之多，平均为 $3 \sim 4$ 次。

3. 闪击

大气中一部分带电的云层与另一部分带异种电荷的云层之间，或者它们与大地之间迅猛的放电，称为闪击，有的称为雷击。这种迅猛的放电过程产生强烈的闪光并伴随巨大的声音。前者主要对飞行器、敏感电子设备发生危害，对地面建筑物、人、畜影响不大；后者则对建筑物、人、畜以及敏感电子设备危害甚大，建筑物的防雷主要考虑这种放电效应。

大气雷云与大地之间的放电，即闪电对地闪击，它具有正极性放电的一次雷击或负极性放电的多次雷击。所谓雷击是指一个闪电对地闪击中的一次放电，在实际应用上它包括主放电及其余光阶段的放电。

闪电对地闪击的四种类别（图 2-2）：通称为地对云闪击，通常发生于山顶、高塔和高建筑物上。负极性闪击约占全部闪击的 90%，正极性闪击约占 10%；向下闪击通称为云对地闪击。

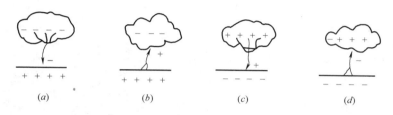

图 2-2 闪电对地闪击

(a) 负极性向下；(b) 正极性向上；(c) 正极性向下；(d) 负极性向上

2.5 雷电感应及雷电电磁脉冲

1. 雷电感应

空间带电雷云的出现，使地面各种物体，因其静电感应而带相反的电荷。当雷击发生后，雷云上的电荷与异性电荷迅速中和，而某些没有接地或接地不良的室外架空管线、建筑物内的金属物和管线，由于它们与大地之间的电阻比较大，电荷不能在同样短的时间内消散入地，这样就会在局部物体、管线上形成静电感应过电压。室外架空管线的这种感应过电压将进入室内，并对已接地的金属物放电产生火花或击穿设备的绝缘；室内金属物、管线的这种感应过电压又可能对接地良好的金属物放电产生火花。这种火花在火灾危险环境中有可能引发爆炸或火灾。

2. 雷电电磁脉冲

当建筑物防雷装置落雷后，强大的雷击电流在入地的过程中，由于雷电流陡度的作用，在雷电流通道周围的金属体内产生过大的感应脉冲过电压。当建筑物附近落雷或云中放电时的电磁感应和雷电电磁脉冲的辐射作用，在建筑物的金属部件和内部的各种管线等部位感应出强大的感应脉冲过电压，这即是感应雷的危害，感应雷的概率比直击雷要大得多，而且作用范围大。

感应雷的幅值与雷击点距离成反比，与雷电流的幅值和陡度成正比。因此雷击点越近，雷电流的陡度越大，感应脉冲过电压就越大，也就越危险。对电子信息设备的破坏性就越严重。

3. 雷电危害

强大的雷电流通过遭雷击树木或建（构）筑物，瞬间产生大量热能，若不能及时散开，物体内部的水分变成蒸汽并迅速膨胀，而产生巨大的爆破力，损坏严重；雷电流通过金属会使其熔化；当它穿过空气与爆炸性气体混合时，其高色温（＞5000K）不但产生爆炸、引起火灾，而且穿过空气时受热急剧膨胀，产生一种冲击波，它会使附近的物体和人畜受到破坏和伤害。

雷击后果既可能是火灾、机械破坏、人畜伤亡、电气和电子设备损坏，还可能引起人们惊慌，甚至造成爆炸，并使危险物（放射性物质、化学药剂、有毒物质、生物化学污染物、细菌和病毒）泄漏。还可能危及供电、计算机、控制及调节系统，可能造成供电中断、数据消失、生产和商业停顿。所以建筑物内的重要敏感电子设备需要特殊的保护。

第三章 雷电的电流参数

雷电流的幅值、陡度、电场强度、放电时间、输入大地的电荷量是计算雷电的热效应、机械效应、感应过电压必不可少的参数，也是近代研究防雷措施的基础。这些数据都是经过长期观察和仪器测量所积累的资料，加以综合分析、累积而成。

3.1 雷电流幅值

从雷云放电过程中可以理解到雷电流在放电过程中数值是变化的，在雷电先导放电阶段中雷电流很小，到主放电阶段雷电流就急剧升高，达到最大值，称为雷电流幅值，用 I 表示，单位为 kA，之后就逐渐减小，到余辉放电阶段雷电流仅为 100～1000A。

雷电流由零增加到最大值称为雷电波头（用 T1 表示），通常只有几微秒。当雷电流幅值为 50～150kA 时，在计算中取雷电波头时间为 3μs。雷电流下降的部分称波尾，它最长可达数十微秒。

防雷设备的耐雷水平是按雷电流大小确定的，雷电流幅值的变化范围很大。从世界各地积累的测量资料可知，平原地区最大雷电流幅值可达 200～230 kA，大部分在 50kA 左右，40kA 的概率为 40%，超过 120kA 的概率只有 7%，超过 200kA 的概率只有 0.1%。

山区的雷电流幅值比平原地区小二分之一，因为山区雷电大部分是热雷云形成的，热雷云所积储的电荷数量不多，其次由于山区表面土壤电阻率很大，约为 $5×10^5 \Omega \cdot m$。雷电流是由空气中的位移电流与土壤中的电导电流组成回路的，随着土壤电阻率的增加，电流会渗入到很深的土中，在大地表面靠近雷击点的电流密度就减小，所以凡是土壤电阻率大于 $5×10^5 \Omega \cdot m$ 时，雷电流幅值可取平原雷电流的一半。

雷电流的幅值大小的变化范围很大，需要积累大量的测量资料并进行统计，才能绘制出雷电流的概率曲线。

图 3-1 给出了我国雷电流幅值概率曲线。图中横坐标上的百分数是表示雷电流幅值超

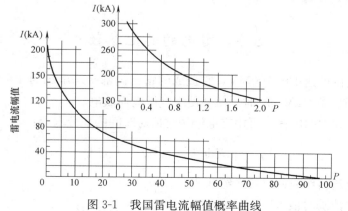

图 3-1　我国雷电流幅值概率曲线

15

过纵坐标上所示数值的概率。在图中将大电流的部分加以放大示于右上角。这样一个统计曲线对设计者来说是很有用的。从曲线可知：幅值超过 20kA 的雷电流出现的概率为 65%，而超过 120kA 的概率只有 7%，所以很高的雷电流只有在特别重要的电气设备或建筑物的防雷设计中才需考虑。一般防雷设计中雷电流的最大幅值取 150kA。

3.2　雷电流陡度

雷电流陡度 α，为雷电流变化的速度，即 $\alpha = \mathrm{d}i/\mathrm{d}t$，为雷电流对时间的微分，因此雷电流陡度也是随着时间而变化的。在主放电阶段，雷电流陡度的数值增加很快，之后就逐渐减小，当雷电流到达幅值时，雷电流陡度为零。在波尾它就变负了，因为此时雷电流是随着时间的变化不断减少的。因此，雷电流幅值与雷电流最大陡度不在同一时间出现，但雷电流愈大，则雷电流陡度也愈大。

根据苏联和我国的测量结果，可以画出雷电流波首的最大陡度，即 $\alpha_{max} = (\mathrm{d}i/\mathrm{d}t)_{max}$ 的概率曲线，如图 3-2 所示。陡度 α_{max} 超过 25kA/μs 的概率只有 10%，最大的陡度大致为 50kA/μs，一般进行防雷设计时取用平均值 30kA/μs，此时波头长度按 5μs 考虑。有时雷电流的波形也可用陡度一定的斜角来表示，其陡度为 100/πkA/μs 即 32kA/μs，此时波头长度一般取 2.6μs。

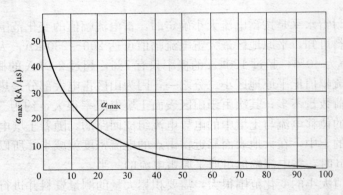

图 3-2　雷电流波头陡度的或然率曲线
α_{max}——雷电流波头的最大陡度

3.3　雷电的其他参数

1. 雷云的电位可达 10～100MV，它造成的雷云内部平均电场为 10kV/m。当雷云接近地面局部场强达 10^{-3}kV/cm 时，就会使空气游离而放电。

2. 雷电输入大地的电荷，可用雷电流瞬时值对时间的积分求得：

$$q = \int_0^t i^2 \mathrm{d}t (\mathrm{C}) \qquad Q = \int_0^t i^2 \mathrm{d}t \qquad (3\text{-}1)$$

式中　t——雷电流持续时间（s），约 0.8～1.5s；

　　　i——雷电流瞬时值（kA）。

平均每次雷电输入大地的电荷为 30~50C。

3. 雷电波阻抗

在计算雷击点的电位时，往往引用雷道波阻抗的概念。即把直击雷的作用以某一沿着一条波阻抗等于雷道波阻抗 Z_0 的线路波动的电压波，投射到闪击对象上的作用来代替。在作防雷计算时，一般取雷道波阻抗 $Z_0 = 300\Omega$。

由于取雷道上的入射电流波幅值为 $I_m/2$，所以沿着 Z_0 流动的电压波幅值为 $I_m/2Z_0$，Z_0 越大电压波的幅值也就越大。

3.4 雷电波参数

1. 闪电中可能出现的三种雷击如图 3-3 所示。

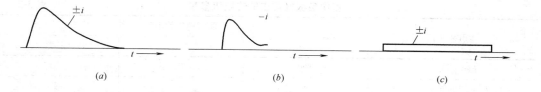

图 3-3 闪击中可能出现的三种雷击

（a）短时首次雷击；（b）首次以后的雷击（后续雷击）；（c）长时间雷击

2. 雷击参数的定义如图 3-4 所示。

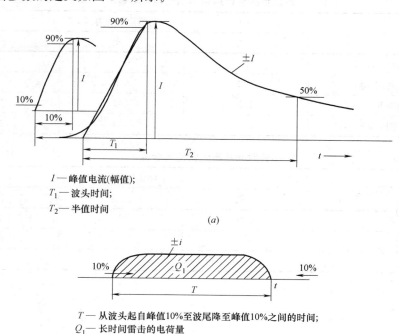

I—峰值电流(幅值)；

T_1—波头时间；

T_2—半值时间

（a）

T—从波头起自峰值10%至波尾降至峰值10%之间的时间；

Q_1—长时间雷击的电荷量

（b）

图 3-4 雷击参数定义

（a）短时雷击；（b）长时间雷击

17

3. 雷电波参数如表 3-1～表 3-4 所示。

首次正极性雷击的雷电流参量　　　　　　　　　表 3-1

雷电流参数	防雷建筑物类别		
	一类	二类	三类
I 幅值(kA)	200	150	100
T_1 波头时间(μs)	10	10	10
T_2 半值时间(μs)	350	350	350
Q_s 电荷量(C)	100	75	50
W/R 单位能量(MJ/Ω)	10	5.6	2.5

注：1. 因为全部电荷量 Q_s 的本质部分包括在首次雷击中，故所规定的值考虑合并了所有短时间雷击的电荷量。

2. 由于单位能量 W/R 的本质部分包括在首次雷击中，故所规定的值考虑合并了所有短时间雷击的单位能量。

首次负极性雷击的雷电流参量　　　　　　　　　表 3-2

雷电流参数	防雷建筑物类别		
	一类	二类	三类
I 幅值(kA)	100	75	50
T_1 波头时间(μs)	1	1	1
T_2 半值时间(μs)	200	200	200
I/T_1 平均陡度(kA/μs)	100	75	50

首次负极性以后雷击的雷电流参量　　　　　　　表 3-3

雷电流参数	防雷建筑物类别		
	一类	二类	三类
I 幅值(kA)	50	37.5	25
T_1 波头时间(μs)	0.25	0.25	0.25
T_2 半值时间(μs)	100	100	100
I/T_1 平均陡度(kA/μs)	200	150	100

长时间雷击的雷电流参量　　　　　　　　　　　表 3-4

雷电流参数	防雷建筑物类别		
	一类	二类	三类
Q_1 电荷量(C)	200	150	100
T 时间(s)	0.5	0.5	0.5
平均电流 $I \approx Q_1/T$			

第四章 雷电活动规律及雷击的选择性

4.1 雷电活动规律及平均雷暴日

4.1.1 雷电活动的规律

（1）湿热地区比气候寒冷而干燥的地区雷击活动多。

（2）雷击活动与地理纬度有关，赤道上最多，由赤道分别向北、向南递减。

（3）从地域划分，雷电活动山区多于平原，陆地多于湖泊、海洋。

（4）雷电活动最多的月份是 7～8 月。夏季最活跃，冬季最少，从地区分类划分，赤道附近最活跃，随纬度升高而减少，两个极地最少。

4.1.2 雷暴日

雷暴日：即以一年当中该地区有多少天发生耳朵能听到雷鸣来表示该地区雷电活动的强弱程度。雷暴日的天数越多，表示该地区雷电活动越强，反之则越弱。

我国平均雷暴日的分布，大致可以划分为四个区域，西北地区一般在 15 天以下；长江以北大部分地区（包括东北）年平均雷暴日在 15～40 天之间；长江以南地区年平均雷暴日达 40 天以上；北纬 23°以南地区年平均雷暴日均超过 80 天。广东的雷州半岛地区及海南省，是我国雷电活动最剧烈的地区，年平均雷暴日高达 120～130 天。总的来说，我国是雷电活动很强的国家。各地区的雷暴日可由当地气象资料查得相关数据。

因为人们耳朵能听到的雷声，一般距离只能在 15km 左右，更远的雷声一般就听不到了，所以雷暴日只是反映局部地区雷电活动情况。

4.1.3 雷击频数

雷击频数：即以 1000km² 内一年内共发生的雷闪击的次数（也可用每 1km² 一年内的雷击次数为单位）。以 1000km² 作为一个地区单位来评价雷电活动的情况，对航空、航海、气象、通信等现代技术更为适合。它的测试方法只能借助于无线电，用耳朵来听是无能为力的。而对于建筑行业防雷，用雷暴日单位已足够准确，并且大量观测统计资料表明，一个地区的雷闪频数与雷电活动日呈线性关系，所以两种统计方法是没有矛盾的。

4.2 平原地区雷击选择性

年平均雷暴日只能提供这一地区的雷电概况，因为即使在同一地区，落雷的机会也各不相同，落雷特别多的地方称为"雷击区"。像武汉的东西湖地区、广州的沙河区、北京的十三陵等地都是有名的"雷击区"，落雷的机率很多。

雷击选择地点取决于三个条件：一是易于形成雷云，二是易于形成雷电通道，三是易于引起先驱放电电场的畸变。第一个是必备条件，后二者只具备其中之一就有落雷的机会。

（1）易于形成雷云：潮湿高温气候，或冷热气团交界处，使热空气急剧上升，形成雷云，因此雷电活动常在春夏之交及夏天，我国北纬 23°以南地区。

（2）易于形成雷电通道：因为雷电通道总是沿着电阻最小的路径发展，因此在土壤电阻率低的地方易于落雷，雷击区往往是具有地下矿藏的地区、河滩地、地下水出口处、地下水位较高的地方、低洼地，或者在土壤电阻率不同的交界面上，也有由于建筑物内存放大量金属或具有大量金属机床，相应地减少了雷电流通道的阻抗，因此也容易遭受雷击。

（3）易于引起先驱放电电场的畸变：如旷野中的建筑物，它虽然不很高，由于它孤立突出，相对接近雷云，因此它的电场强度大于地面，当先驱放电接近时，就会引起先驱放电电场的畸变，而把先驱放电引向自己，所以这些建筑物易于遭受雷击。同样，建筑群中特别高的建筑物，如烟囱等也容易遭受雷击，特别当烟囱排出带有电荷的灰尘时，不仅易于引起先驱放电电场的畸变，还可减少雷电通道的阻抗，因此更易于遭受雷击。

4.3　山区雷击的选择性

与平原地区一样，也要取决于上述三个条件。

起伏多变的地形，使空气的温度、压力、密度都不均匀，因此易于形成热雷云。

雷云放电都要选择阻抗较小的通道，所以在一座山上，由于山顶、山腰、山脚的覆土层不同，土壤电阻率也不同，当山上风化层较厚，自山顶到山脚都有覆土层，长满了树木和杂草，水分丰富，这时山顶最易遭受雷击；整座山是岩石，山脚覆土层较山顶山腰为厚，则山脚容易遭受雷击，特别是在山脚与稻田相接处更容易落雷；当山区的地质发生变化时，出现了不同的岩石地带，则落雷的规律也就不同，在水成岩与火成岩交界处落雷机会最多，其次是火成岩地带，水成岩地带落雷机会最小。

位于水库、山脊或山腰上孤立建筑物也容易遭受雷击。另外由于山区气候影响，雷雨往往伴随着山风，雷云就随着山风进入山坳，因此在迎风面上的建筑物最易遭受雷击。这些都是由于高于地面的物体使先驱放电电场产生畸变，而把雷电的迎面放电引向自己，因此落雷的机会就多。

4.4　雷电的危害

雷电流也是电流，它具有电流所具有的一切效应，不同的是它在短时间内以脉冲的形式通过强大的电流；尤其是直击雷，它的峰值有几十千安，乃至几百千安。它的峰值时间（从雷电流上升 1/2 峰值算起，直至下降到 1/2 峰值止的时间间隔），通常负闪击只有几微秒到十几微秒，正闪击较长些。正是这种特殊情况，使雷电流具有它特殊的破坏作用。

4.4.1　雷电流热效应的破坏作用

强大的雷电流通过被雷击的物体时会发热。根据焦耳定律，一次闪击的雷电流发出的热量：

$$Q = R \int_0^t i^2 \, \mathrm{d}t \qquad (4\text{-}1)$$

式中　Q——发热量（J）；

　　　i——雷电流（A）；

　　　R——雷电流通道的电阻（Ω）；

　　　t——雷电流持续的时间（s）。

实际上，雷电流作用的时间很短，散热影响可以忽略，在电流通路上由电流引起的温升（ΔT）为：

$$\Delta T = Q/(mc) \qquad (4\text{-}2)$$

式中　ΔT——温升（K）；

　　　m——通过雷电流的物体的质量（kg）；

　　　c——通过雷电流的物体的比热容［J/(kg·K)］。

由于雷电流很大，通过的时间又短，如果雷电击在树木或建筑物构件上，被雷击的物体瞬间将产生大量热，又来不及散发，以致物体内部的水分大量变成蒸汽，并迅速膨胀，产生巨大的爆炸力，造成破坏；当雷电流通过金属体时，根据式（4-1）和式（4-2）可以算出其温度，如果金属体的截面积不够大时，甚至可使其熔化。

与雷电通道直接接触的金属因高温而熔化的可能性很大，因为通道的温度可高达6000～10000℃，甚至更高。因此在雷电流通道上遇到易燃物质，可能引起火灾。

4.4.2　雷电流冲击波的破坏作用

雷电通道的温度高达几千摄氏度至几万摄氏度，空气受热急剧膨胀，并以超声速度向四周扩散，其外围附近的冷空气被强烈压缩，形成"激波"。被压缩空气层的外界称为"激波波前"。"激波波前"到达的地方，空气的密度压力和温度都会突然增加。"激波波前"过去后，该区压力下降，直到低于大气压力。这种"激波"在空气中传播，会使其附近的建筑物、人、畜受到破坏和伤亡。这种冲击波的破坏作用就跟炸弹爆炸时附近的物体和人、畜受损害一样。

与冲击波相似的另一种冲击形式是次声波。

庞大体积的雷雨云因迅速放电而突然收缩，当电应力（典型值为100V/cm）突然解除时，在一部分带电雷雨云中的流体压力将减小到0.3mm汞柱的程度，这样形成稀疏区和压缩区，它们以零点几赫兹到几赫兹的频率向外传播。这就形成次声波，次声波对人、畜也有伤害作用。

4.4.3　雷电流的机械效应

当相邻两根导体上流过电流同向时，就产生吸力，流过电流反向时，就产生斥力。其力的大小为

$$F = 1.02 K_0 i_1 i_2 10^{-8} \qquad (4\text{-}3)$$

K_0 为导线相对位置有关的系数，当两根长度为 l_0 的导线，相距为 d 相互平行时，则 $K_0 = 2 l_0/d$。

当每根导线上流过100kA电流，$l_0 = 1\mathrm{m}$，$d = 0.5\mathrm{m}$ 时，其力 $F = 400\mathrm{N/m}$；当 $d = 0.05\mathrm{m}$ 时，$F = 4000\mathrm{N/m}$。

当导线弯曲时，在弯曲部分的电动力特别大。

$$F = 1.02 \times \left\{ \ln \frac{\dfrac{2a}{r}}{1 + \sqrt{1 + \dfrac{a^2}{h^2}}} + 0.25 \right\} i^2 \times 10^{-8} \qquad (4-4)$$

一般 $h \gg a$，则

$$F = 1.02 \times \left(\ln \frac{a}{r} + 0.25 \right) i^2 10^{-8} \qquad (4-5)$$

当 $i = 100\text{kA}$，$r = 5\text{mm}$，$a = 1.5\text{m}$，则 $F = 5800\text{N}$。

因此防雷避雷带及引下线在弯曲时应尽量避免敷设成直角或锐角。如果特殊需要非要做成直角时，应采取牢固的机械加强固定方式。

4.4.4 防雷装置上的高电位对建筑物等的反击

防雷装置遭受雷击，则在接闪器、引下线及接地装置上产生很高的电压，当其离建筑物及其他金属管道距离较近时，防雷装置上高电压就会将空气击穿而对建筑物及金属管道放电，这就是雷电的反击。

当建筑物、金属管道与防雷装置不相连时，则应离开一定距离，以防止反击。

防雷装置离地高度 h_x 处的电位为：

$$U = U_R + U_L = IR_i + L_0 h_x \frac{\mathrm{d}i}{\mathrm{d}t} \qquad (4-6)$$

则安全距离用电阻及电感压降击穿空气的强度（kV/m）相除，得安全距离为：

$$S = \frac{IR_i}{E_R} + \frac{L_0 h_x \dfrac{\mathrm{d}i}{\mathrm{d}t}}{E_L} \qquad (4-7)$$

$$E_L = E_R \left(1 + \frac{I}{T_1} \right) \qquad (4-8)$$

式中 U_R——雷电流流过防雷装置时，接地装置上的电阻电压降（kV）；

     U_L——雷电流流过防雷装置时，接地装置上的电感电压降（kV）；

     R_i——接地装置的冲击接地电阻（Ω）；

     $\dfrac{\mathrm{d}i}{\mathrm{d}t}$——雷电流陡度（kV/μs）；

     I——雷电流幅值（kA）；

     L_0——引下线单位长度电感，可取 $1.5\mu\text{H/m}$；

     E_R——电阻电压降的空气击穿强度（kV/m），可取其为 500kV/m；

     E_L——电感电压降的空气击穿强度（kV/m）；

     T_1——波头时间（μs）。

按不同防雷等级，取不同的雷电流幅值、波头时间及雷电流陡度，可计算得出规范所规定的防止反击的安全距离。

对于电阻压降，空气击穿强度约为 $500 \sim 600\text{kV/m}$，而对电感压降则为前者的两倍，约 $1000 \sim 1200\text{kV/m}$。沿木材、砖石等非金属材料的表面闪络强度为上述两种电压强度的 $1/2$，即分别为 250kV/m 和 500kV/m。

为了防止反击的发生，一般应使防雷装置与建筑物金属体间隔一定距离，使它们之间间隙的闪络电压大于反击电压。即：

$$E \cdot S \geqslant U_{反击} \tag{4-9}$$

式中　E——介质闪络强度（kV/m）；

　　　S——绝缘间隙距离（m）。

　　由于雷电电压的大小是在很大范围内变化的，为了使各种建筑物能有效地防止雷电反击，在具体做法上各国都有不同的要求。西方有些国家对避雷装置与建筑物金属体间规定要保留一定间隙，而我国在规范中对不同种类建筑物的间隙距离分别作明确规定。在因为条件限制而无法达到所规定的间隔尺寸时，应把防雷引线与金属体用金属导线连接起来，使它们成为等电位体而避免发生闪击。对房屋周围的高大树木都应留有足够距离，以免树木与房屋间发生雷电反击。

4.4.5　跨步电压及接触电压

　　遭受雷击时，接电体将电流导入地下，在其周围的地面上就有不同的电位分布，离接地极愈近，电位愈高，离接地极愈远，则电位愈低。当人跨步在接地极附近时，由于两脚所处的电位不同，在两脚之间就有电位差，这就是跨步电压。此电压加在人体上，就有电流流过人体，这是冲击电流，按各种雷击事故分析，持续时间为 $10 \sim 100 \mu s$，相对应危险电流峰值为 100A，即使在此数值下，也未必是致命的。

　　（1）人体能承受的跨步电压

　　其公式为：

$$u_k = (R_T + 2R_j) I_k \tag{4-10}$$

$$I_k = \frac{165}{\sqrt{t}}$$

式中　R_T——人体电阻，通过电流时间愈长，则电阻愈大，反之则愈小，电流作用时间在 1s 及以下时，可取 1000Ω（日本的池田义一在"雷击引起的触电"一文中，推荐在冲击电流作用下的人体电阻取 $300 \sim 500\Omega$）；

　　　R_j——一只脚对地的接地电阻，其最小值可取作 3ρ，其中 ρ 为土壤电阻率（Ω/m）；

　　　I_k——人体能承受的电流值（A），冲击电流时，可取 100A；

　　　t——电流持续时间（s）。

　　如果按工频考虑，当 ρ 取 $100\Omega \cdot m$，$t = 40\mu s$，通过人体的最大允许跨步电压为：

$$u_k = [1000 + 2 \times (3 \times 100)] \times \frac{165 \times 10^{-3}}{\sqrt{40 \times 10^{-6}}} = 41.8kV$$

　　上述计算用在雷电时的允许最大跨步电压是比较保守的。若按允许承受的最大冲击的电流 100A 及冲击电流作用下人体电阻按 $300 \sim 500\Omega$ 计，则

$$u_k = (300 + 600) \times 100 \times 10^{-3} = 90kV$$

　　或　　　　　$$u_k = (500 + 600) \times 100 \times 10^{-3} = 110kV$$

所以在雷击时，人体可承受的跨步电压在 $50 \sim 100kV$ 之间。

　　（2）接地体附近的电位分布

　　以管形接地体为例，在冲击电流作用下某点的电位可用下式计算：

$$u = \frac{I\rho\alpha}{2\pi\sqrt{P_s^2\left[1 + \left(\frac{l}{2t}\right)^2\right] + t^2}} \tag{4-11}$$

式中　I——流过接地极的电流（kA）；

ρ——土壤电阻率（$\Omega\cdot m$）；

α——冲击系数，取 $0.5\sim0.6$；

P_s——地面某点离接地极的水平距离（m）；

t——接地极轴向中心点离地面距离（m）；

l——接地极长度（m）。

若 $\rho=100\Omega\cdot m$，$l=2.5m$，接地极顶至地面距离为 $0.5m$，则 $t=1.75m$；$I=40kA$。在离开接地极 3m 处的电位：

$$u_3=\frac{40\times100\times0.6}{2\pi\sqrt{3^2\times\left[1+\left(\frac{2.5}{2\times1.75}\right)^2\right]+1.75^2}}$$

$$=93.8kV$$

在离开接地极 3.8m 处的电位为：

$$u_{3.8}=\frac{40\times100\times0.6}{2\pi\sqrt{3.8^2\times\left[1+\left(\frac{2.5}{2\times1.75}\right)^2\right]+1.75^2}}$$

$$=76.7kV$$

3m 至 3.8m 为跨步电压，故 $u_k=93.8-76.7=17.1kV$，具有足够的安全度。因此，规范规定接地极离开人行道不小于 3m，离开建筑物外墙也不小于 3m。

（3）减小跨步电压措施

当接地装置必须经过人行道，或者距离不够，离人行道不足 3m 时，可采取下列措施。

① 深埋接地极，垂直接地体的最大跨步电压，在冲击电流作用下，可用下述公式计算：

$$u_{kmax}=\frac{\rho I\alpha}{2\pi l}\cdot\frac{0.24}{t} \tag{4-12}$$

式中 t 为接地极埋深，当将 0.5m 深改为 1.0m，跨步电压减少二分之一。因此，将接地极深埋 1m，常用作减少跨步电压的安全措施之一。

② 凡是有人经过的接地装置（包括水平接地带）上部铺设 0.4m 厚的沥青碎石层，宽度为超过接地装置两边各 1m，长度为人需要经过的距离。

③ 在接地装置周围埋入与接地装置相连的水平接地体，作均压带，使接地极周围的电压分布较为平缓，以减少跨步电压。

（4）接触电压、跨步电压的计算方式

电力设备发生接地故障时，接地故障电流流过接地装置，在大地表面形成分布电位，地面上距设备水平距离 0.8m 处与沿设备外壳垂直距离 1.8m 处两点间的电位差，称为接触电位差，人体接触该两点时所承受的电压，称为接触电压。

地面上水平距离 0.8m 的两点间的电位差，称为跨步电位差；人体两脚接触该两点时承受的电压，称为跨步电压。

① 在 110kV 及以上有效接地系统和 6～35kV 低压电阻接地系统发生单相接地或同点两相接地时，发电厂、变电所接地装置的接触电位差和跨步电位差应不超过下列数值。

$$U_t = \frac{174 + 0.17\rho_f}{\sqrt{t}} \tag{4-13}$$

$$U_s = \frac{174 + 0.7\rho_f}{\sqrt{t}} \tag{4-14}$$

式中 U_t——接触电位差（V）；

$\quad\quad U_s$——跨步电位差（V）；

$\quad\quad \rho_f$——人脚站立处地表面的土壤电阻率（Ω·m）；

$\quad\quad t$——接地短路（故障）电流的持续时间（s）。

② 3～66kV 不接地、经消弧线圈接地和高电阻接地系统，发生单相接地故障后，当不迅速切除故障时，此时发电厂、变电所接地装置的接触电位差和跨步电位差应不超过下列数值。

$$U_t = 50 + 0.05\rho_f \tag{4-15}$$

$$U_s = 50 + 0.2\rho_f \tag{4-16}$$

③ 接地故障时接地装置的电压可按下列公式计算。

$$U_g = IR \tag{4-17}$$

式中 U_g——接地装置的电压（V）；

$\quad\quad I$——计算用入地短路电流（A）；

$\quad\quad R$——接地装置（包括人工接地网及与其连接的所有其他自然接地极）的接地电阻（Ω）。

④ 均压带等间距布置时接地网地表面的最大接触电位差、跨步电位差的计算。

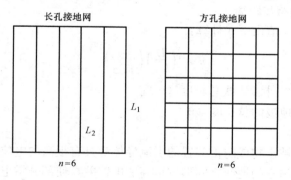

图 4-1 接地网的形状

接地网地表面的最大接触电位差，即网孔中心对接地网接地极的最大电位差，可按下式计算：

$$U_{tmax} = K_{tmax}U_g \tag{4-18}$$

式中 U_{tmax}——最大接触电压差（V）；

$\quad\quad K_{tmax}$——最大接触电位差系数。

当接地极的埋设深度 $h = 0.6 \sim 0.8\text{m}$ 时，K_{tmax} 可按下式计算：

$$K_{tmax} = K_d K_L K_n K_s \tag{4-19}$$

式中 K_d、K_L、K_n、K_s——系数，对 30m×30m≤S≤500m×500m 的接地网，其系数可按式（4-20）～式（4-22）计算。

$$K_d = 0.841 - 0.225 \lg d \tag{4-20}$$

方孔接地网：
$$K_L = 1.0$$

长孔接地网：
$$K_L = \sqrt[4]{\frac{L_2}{L_1}}$$

$$K_n = 0.076 + 0.776/n \tag{4-21}$$

$$K_s = 0.234 + 0.414 \lg \sqrt{S} \tag{4-22}$$

式中　n——均压带计算根数；

　　　d——均压带等效直径（m）；

L_1、L_2——接地网的长度和宽度（m）（图 4-1）；

　　　S——接地网总面积（m²）。

接地网外的地表面最大跨步电位差可按下式计算：

$$U_{smax} = K_{smax} U_g \tag{4-23}$$

式中　U_{smax}——最大跨步点位差（V）。

　　　K_{smax}——最大跨步电位差系数。

正方形接地网最大跨步电位差系数可按下式计算：

$$K_{smax} = (1.5 - \alpha_2) \ln \frac{h^2 + (h+T/2)^2}{h^2 + (h-T/2)^2} / \ln \frac{20.4S}{dh} \tag{4-24}$$

$$\alpha_2 = 0.35 \left(\frac{n-2}{n}\right)^{1.14} \left(\frac{\sqrt{S}}{30}\right)^{\beta} \tag{4-25}$$

$$\beta = 0.1 \sqrt{n} \tag{4-26}$$

而 $T = 0.8m$，即跨步距离。

对于矩形接地网，值由下式计算：

$$n = 2 \left(\frac{L}{L_0}\right) \left(\frac{L_0}{4\sqrt{S}}\right)^{1/2} \tag{4-27}$$

式中　L_0——接地网的外缘边线总长度（m）；

　　　L——水平接地极的总长度（m）。

（5）接触电压

在雷击接闪时，被击物或防雷装置的引流导体都具有很高的电位，当人接触时，就会在人体接触部位与脚站立的地面之间形成很高的电位差，使部分雷电流导入人体内，将会造成伤亡事故。特别是多层高层建筑采用统一接地装置，虽然进户地面处设等电位连接，但在较高的楼层上雷击时触及水暖及用电设备的金属外壳，仍有很高的电位差，因此这些建筑物的梁、柱、地板及各类管道、电源的 PE 线每层均应做等电位连接，以减小接触电位差。

4.4.6 静电感应及电磁感应

这是雷电的二次效应，因为雷电流具有很大的幅值和陡度，在它周围空间形成强大的变化的电场和磁场，因此会产生电磁感应和静电感应。

当有导体处在强大的变化的电磁场中，就会感应而获得很高的电动势，开环电路，可能在开口处产生火花放电，这就是沉浮式油罐及钢筋混凝土油罐在雷击时易于起火爆炸的原因。若在 10kV 及以下的线路上感应较高的电动势，则会引起绝缘的击穿，造成设备的损坏。

在雷击前，雷云和大地之间造成强大的电场，这时地面凸出物的表面会感应出大量与雷云极性相反的电荷。雷云放电后，电场很快消失。若被感应的电荷来不及泄放，便形成了静电感应电压，此值可达 100~400kV，因此它同样会造成破坏事故。

所以雷电除防直击雷外，还应防止感应雷，对不同的防雷等级，预防的措施也不同。

4.4.7 雷电的高电位引入

雷电引入高电位是指直击雷或感应雷从输电线、通信电缆、无线电天线等金属的引入线引入建筑物内，发生闪击而造成的雷击事故。这种事故的发生率很高，而且往往事故又严重。

电力通信、广播等架空线由于直击雷，产生很高的电位，约为 3000~5000kV，形成电压电流行波，沿着网络线路引入建筑物，这种行波同样会对电气设备造成绝缘击穿，烧坏变压器破坏设备，引起人们触电伤亡事故，甚至造成建筑物的破坏事故。

其次是由于附近落雷，而使线路感应过电压，过电压的大小与雷电流幅值、导线悬挂点离地距离成正比，与导线离雷击点距离成反比，10 kV 以上的高压线路上感应过电压可达 300~400kV；一般低压线路因为悬挂点较低，漏电大，感应过电压常在 100kV 左右；通信线路上的感应过电压一般只有 40~60kV。感应过电压虽比直击雷造成的过电压小得多，但它比直击雷频繁得多，同样也会造成很大的危害。

高电位沿导线输入是用电设备被雷击的原因，高电位输入造成的雷击事故，占雷击事故的大多数，所以凡是有用电装置的地方，都必须对高电位输入加以防备。因此，不同防雷等级的建筑物，防止高电位引入也相应采取不同的防护措施。

4.5 建筑物易受雷击的部位

（1）平屋面或坡度不大于 1/10 的屋面——檐角、女儿墙、屋檐（图 4-2a、b）。

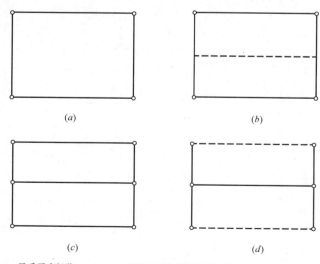

(a)　　　　　　　　　　(b)

(c)　　　　　　　　　　(d)

—— 易受雷击部位；　- - - - 不易受雷击的屋脊或屋檐；　O雷击率最高部位

图 4-2　建筑物易受雷击的部位

（2）坡度大于 1/10 且小于 1/2 的屋面——屋角、屋脊、檐角、屋檐（图 4-2c）。

（3）坡度不小于 1/2 的屋面——屋角、屋脊、檐角、屋檐（图 4-2d）。

（4）对图 4-2（c）和图 4-2（d），在屋脊有接闪带的情况下，当屋檐处于屋脊接闪带的保护范围内时屋檐上可不设接闪带。

第五章　建筑物防雷分类及保护措施

《建筑物防雷设计规范》GB 50057—2010 将建筑物防雷标准分为第一类、第二类、第三类防雷建筑物，在设计中一般应按 GB 50057—2010 标准执行。《住宅建筑电气设计规范》JGJ 242—2011 中对住宅建筑的防雷级别作了如下规定：

（1）建筑高度为 100m 或 35 层及以上的住宅建筑和年预计雷击次数大于 0.25 的住宅建筑，应按第二类防雷建筑物采取相应的防雷措施。

（2）建筑物高度为 50～100m 或 19 层～34 层的住宅建筑和年预计雷击次数大于或等于 0.05 且小于等于 0.25 的住宅建筑，应按不低于第三类防雷建筑物采取相应的防雷措施。

5.1　建筑物防雷保护设计

在《建筑物防雷设计规范》GB 50057—2010，《雷电防护》GB/T 21714.1、2、3、4—2008；《建筑物电子信息系统防雷技术规范》GB 50343—2012 中，都明确规定了建筑物防雷装置是由外部防雷装置和内部防雷装置组成。

外部防雷装置：由接闪器、引下线和接地装置组成。

内部防雷装置：由防雷等电位连接和与外部防雷装置的间隔距离组成。

1. 建筑物防雷措施的基本规定

（1）各类防雷建筑物应设防直击雷的外部防雷装置，并应采取防闪电电涌侵入的措施。

（2）第一类防雷建筑物和部分有爆炸危险的第二类防雷建筑物，尚应采取防闪电感应的措施。

2. 各类防雷建筑物应设内部防雷装置，并应符合下列规定：

（1）在建筑物的地下室或地面层处，下列物体应与防雷装置做防雷等电位连接。

① 建筑物金属体；

② 金属装置；

③ 建筑物内部系统；

④ 进出建筑物的金属管线。

（2）外部防雷装置与建筑物金属体、金属装置、建筑物内部系统（电气和电子系统）之间，尚应满足间隔距离的要求。

由于电子信息系统（计算机、通信设备、控制装置等）的应用日渐增多，闪电可能使其运转中断，从安全和代价来讲都是极其严峻的。闪电产生很高能量，远远超过电子设备能承受的能量等级。所以，需要有一种合理的工程保护方法。新国家标准《建筑物电子信息系统的防雷技术规范》GB 50343—2012 的制定，就非常及时地解决了电子信息系统的防雷技术问题。

3. 建筑物年预计雷击次数计算

（1）建筑物年预计雷击次数应按下式确定：

$$N = kN_g A_e \tag{5-1}$$

式中　N——建筑物年预计雷击次数（次/a）；

k——校正系数，在一般情况下取 1，在下列情况下取相应数值：位于旷野孤立的建筑物取 2；金属屋面的砖木结构建筑物取 1.7；位于河边、湖边、山坡下或山地中土壤电阻率较小处、地下水露头处、土山顶部、山谷风口等处的建筑物，以及特别潮湿的建筑物取 1.5；

N_g——建筑物所处地区雷击大地的年平均密度［次/(km² · a)］；

A_e——与建筑物接收相同雷击次数的等效面积（km²）。

（2）雷击大地的年平均密度应按下式确定：

$$N_g = 0.1 T_d \tag{5-2}$$

式中　T_d——年平均雷暴日，根据当地气象台、站资料确定（d/a）。

（3）建筑物等效面积 A_e 应为其实际面积向外扩大后的面积。其计算方法应符合下列规定：

1）当建筑物的高 H 小于 100m 时，其每边的扩大宽度和等效面积应按下列公式计算确定（图 5-1）。

$$D = \sqrt{H(200-H)} \tag{5-3}$$

$$A_e = \left[LW + 2(L+W) \cdot \sqrt{H(200-H)} + \pi H(200-H) \right] \times 10^{-6} \tag{5-4}$$

式中　D——建筑物每边的扩大宽度（m）；

L、W、H——分别为建筑物的长、宽、高（m）。

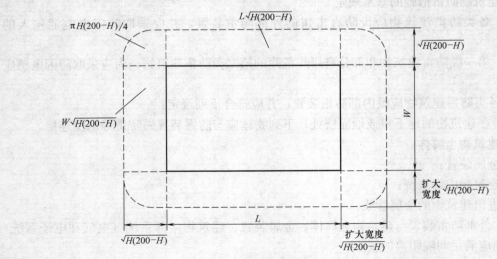

图 5-1　建筑物的等效面积

当四周在 $2D$ 范围内都有等高或比它低的其他建筑物时，等效面积可按下式计算。

$$A_e = \left[LW + (L+W) \cdot \sqrt{H(200-H)} + \frac{\pi H(200-H)}{4} \right] \times 10^{-6} \tag{5-5}$$

2）当建筑物的高 H 等于或大于 100m 时，其每边的扩大宽高应按建筑物的高 H 计算；建筑物的等效面积应按下列公式确定：

$$A_e = \left[LW + H(L+W) + \frac{\pi H^2}{4} \right] \times 10^{-6}$$ (5-6)

3）当建筑物各部位的高不同时，应沿建筑物周边逐点算出最大扩大宽度，其等效面积 A_e 应按每点最大扩大宽度外端的连接线所包围的面积计算。

注：此部分应按 GB 50057—2010 附表 A 中相关规定中说明条件进行 N 值计算。

（4）计算

分别代入不同 k 值，N_g 值，A_e 值，可计算出不同的 N 值，按 N 值来判断建筑物的防雷类别。一般民用建筑物大部均属于第二类或第三类防雷建筑物。

不同类建筑对应的 N 值　　　　表 5-1

防雷类别　　　　N 值(次/a)	第二类	第三类	备注
$N>0.05$	省、部级办公楼及公共建筑		
$N>0.25$	住宅、办公楼，一般民用及工业建筑		
$0.01<N\leqslant0.05$		省、部级办公楼及重要公共建筑	
$0.05<N\leqslant0.25$		住宅、办公楼一般民用建筑及一般工业建筑	

5.2　建筑物的防雷分类

根据国家规范 GB 50057—2010，建筑物应根据其重要性、使用性质、发生雷电事故的可能性和后果，按防雷要求分为三类。

（1）第一类防雷建筑物

遇下列情况之一时，应划为第一类防雷建筑物：

1）凡制造、使用或贮存火炸药及其制品的危险建筑物，因电火花而引起爆炸、爆轰，会造成巨大破坏和人身伤亡者。

2）具有 0 区或 20 区爆炸危险场所的建筑物。

3）具有 1 区或 21 区爆炸危险场所的建筑物，因电火花而引起爆炸，会造成巨大破坏和人身伤亡者。

（2）第二类防雷建筑物

遇下列情况之一时，应划为第二类防雷建筑物：

1）国家级重点文物保护的建筑物。

2）国家级的会堂、办公建筑物、大型展览和博览建筑物、大型火车站和飞机场、国宾馆、国家级档案馆、大型城市的重要给水泵房等特别重要的建筑物。

注：飞机场不含停放飞机的露天场所和跑道。

3）国家级计算中心、国际通信枢纽等对国民经济有重要意义的建筑物。

4）国家特级和甲级大型体育馆。

5）制造、使用或贮存火炸药及其制品的危险建筑物，且电火花不易引起爆炸或不致造成巨大破坏和人身伤亡者。

6) 具有 1 区或 21 区爆炸危险场所的建筑物,且电火花不易引起爆炸或不致造成巨大破坏和人身伤亡者。

7) 具有 2 区或 22 区爆炸危险场所的建筑物。

8) 有爆炸危险的露天钢制封闭气罐。

9) 预计雷击次数大于 0.05 次/a 的部、省级办公建筑物和其他重要或人员密集的公共建筑物以及火灾危险场所。

10) 预计雷击次数大于 0.25 次/a 的住宅、办公楼等一般性民用建筑物或一般性工业建筑物。

(3) 第三类防雷建筑物

遇下列情况之一时,应划为第三类防雷建筑物:

1) 省级重点文物保护的建筑物及省级档案馆。

2) 预计雷击次数大于或等于 0.01 次/a,且小于或等于 0.05 次/a 的部、省级办公建筑物和其他重要或人员密集的公共建筑物,以及火灾危险场所。

3) 预计雷击次数大于或等于 0.05 次/a,且小于或等于 0.25 次/a 的住宅、办公楼等一般性民用建筑物或一般性工业建筑物。

4) 在平均雷暴日大于 15d/a 的地区,高度在 15 m 及以上的烟囱、水塔等孤立的高耸建筑物;在平均雷暴日小于或等于 15d/a 的地区,高度在 20m 及以上的烟囱、水塔等孤立的高耸建筑物。

(4) 含有各类防雷类别因素的建筑物的防雷分类划分原则:

当一座防雷建筑物中兼有第一、二、三类防雷建筑物时,其防雷分类和防雷措施宜符合下列规定:

1) 当第一类防雷建筑物的面积占建筑物总面积的 30% 及以上时,该建筑物宜确定为第一类防雷建筑物。

2) 当第一类防雷建筑物的面积占建筑物总面积的 30% 以下,且第二类防雷建筑物的面积占建筑物总面积的 30% 及以上时,或当这两类防雷建筑物的面积均小于建筑物总面积的 30% 但其面积之和又大于 30% 时,该建筑物宜确定为第二类防雷建筑物。但对第一类防雷建筑物的防闪电感应和防闪电电涌侵入,应采取第一类防雷建筑物的保护措施。

3) 当第一、二类防雷建筑物部分面积之和小于建筑物总面积的 30%,且不可能遭受直接雷击时,该建筑物可确定为第三类防雷建筑物。但对第一、二类防雷建筑物部分的防闪电感应和防闪电电涌侵入,应采取各自类别的保护措施。当可能遭受直接雷击时,宜按各自类别采取防雷措施。

4) 当一座建筑物中仅有一部分为第一、二、三类防雷建筑物时,其防雷措施宜符合下列规定:

① 当防雷建筑物部分可能遭直接雷击时,宜按各自类别采取防雷措施。

② 当防雷建筑物不可能遭直接雷击时,可不采取防直击雷措施,可仅按各自类别采取防闪电感应和防闪电电涌侵入的措施。

③ 当防雷建筑物的面积占建筑物总面积的 50% 以上时,该建筑物宜按相关的规定采取防雷措施。

④ 在建筑物引下线附近保护人身安全需采取防接触电压和跨步电压的相应措施。

5.3 民用建筑常规防雷措施

5.3.1 防雷设计中应考虑的基本原则

（1）建、构筑物防雷的目的性

① 当建、构筑物遭受雷击或雷电波侵入时，应保护建、构筑物内部的人身安全。

② 建、构筑物遭受雷击或雷电感应时，应防止建、构筑物被破坏或烧毁。

③ 应保护建筑物内部存放的危险物品，不会因雷击、雷电感应或雷电电涌侵入而引起损坏、燃烧或爆炸。

④ 应保护建筑物内部的贵重电子信息设备及机电设备和电气线路不受损坏。

根据以上4点，应当针对直击雷、侧击雷、球雷、雷电感应、闪电电涌侵入及由雷击所引起的跨步电压和接触电压等几种灾害，按防雷等级采取相应的保护措施。

（2）基本技术原则

防雷设计的技术措施应按现行国家标准《建筑物防雷设计规范》GB 50057—2010进行防雷分类，同时可参照现行《建筑物防雷设计规范》GB 50057—2010的相应要求，采用滚球法计算避雷针的保护范围，采用等电位连接这一保障安全的最重要措施。民用建筑主要为第二类、第三类防雷建筑物。

5.3.2 第二类防雷建筑物防雷与接地措施

根据《雷电防护》GB/T 21714-1、2、3、4—2008，《建筑物防雷设计规范》GB 50057—2010，《建筑物电子信息系统防雷技术规范》GB 50343—2012，《建筑物防雷工程施工与质量验收规范》GB 50601—2010中相关要求进行设计和施工。

（1）当工程为100m以上超高层住宅建筑，根据计算为年预计雷击次数大于0.25次/a，均按第二类防雷级别采取防雷措施。

（2）对第二类防雷建筑应采取防直击雷，防闪电电涌侵入，防侧击雷，防闪电感应，防雷电高电位反击等措施，并设置总等电位连接。

5.3.3 按照外部防雷和内部防雷措施进行设防

（1）外部防雷措施：

① 防直击雷：接闪器采用接闪带和接闪网，沿建筑物四周的女儿墙屋角、屋脊、屋檐等易受雷击的部位敷设接闪带，并在整个屋面上组成不大于10m×10m或12m×8m的接闪网。

② 接闪带采用—25×4镀锌扁钢制作，接闪网采用—25×4镀锌扁钢沿屋面明设（或暗设在屋面保温层内），施工做法详见国家标准D501-1。

③ 突出屋面的放散管、风管、烟囱等物体，应采取防雷措施，并应和屋面防雷装置相连接。

④ 引下线：应尽量利用建筑物所有混凝土柱内钢筋和钢结构柱及钢筋混凝土屋面、梁、柱作引下线，专用引下线不应少于2根。钢筋混凝土柱内作为引下线的钢筋，其直径为φ16以上时，应采用2根作一组引下线；当直径为φ10及以上时，应采用4根作一组引下线，钢筋之间可采用绑扎或焊接相连接。建筑物四角的柱子应被利用作引下线，引下线

33

的间距应不大于18m，引下线的上部（屋面）应与接闪器焊接。

⑤ 利用柱内钢筋作引下线，应在所有柱子外侧设连接板，连接板应有明显标志，在每根引下线上距地面不低于0.3m处设接地体连接板，供测试接地电阻用及与引下线相连接的测试点接头，也可作为增加接地装置的连接点。

（2）高度超过45m的建筑物防侧击雷的措施：

① 在建筑物上部占高度20%并超过60m的部位，各表面上的尖物、墙角、边缘、设备以及显著突出的物体，应按屋顶的保护措施考虑。

② 在建筑物上部占高度20%并超过60m的部位，布置接闪器应符合对本类防雷建筑物的要求，接闪器应重点布置在墙角、边缘和显著突出的物体上。

③ 外部金属物，当其最小尺寸符合《建筑物防雷设计规范》GB 50057—2010 第5.2.7条第2款的规定时，可利用其作为接闪器，还可利用布置在建筑物垂直边缘处的外部引下线作为接闪器。

④ 外墙内、外竖直敷设的金属管道及金属物的顶端和底端，应与防雷装置等电位连接。给水排水竖井和风井内的金属管道应在底层和顶层作等电位连接。

⑤ 电气竖井内应分别设置强电和弱电系统接地干线（采用−40×5镀锌扁钢），每层竖井内均设强电、弱电用 LEB 端子板，均采用 JFG 410 端子板，端子板应与竖井壁内钢筋可靠焊接。接地干线可兼作等电位连接干线，每三层应与相邻 LEB 端子板作等电位连接。

⑥ 结构圈梁中的钢筋，从地面算起每3层应连成闭合回路，并应与防雷引下线作等电位连接。

（3）防止雷电流流经引下线和接地装置时产生的高电位对附近金属物或电气电子系统的反击措施：

① 金属物或线路与引下线之间的间隔距离可无要求。在其他情况下，金属物或线路引下线之间的间隔距离应满足相关计算要求。

② 低压电源引入处应装设相应 SPD 保护。

③ 电子系统的室外线路采用金属线时，在其引入的终端箱处应装设相应的 SPD保护。

④ 电子系统的室外线路采用光缆时，光缆所有金属接头、金属挡潮层、金属加强芯等，应在入户处直接接地。

（4）防闪电感应措施：

① 建筑物内的设备、管道、构造等主要金属物，应就近接到防雷装置或共用接地装置上。

② 建筑物内防闪电感应的接地干线与接地装置的连接，不应少于2处。

（5）防闪电电涌侵入措施：

1）应根据建筑物电子信息系统防雷技术措施规范中的风险评估计算要求，估算出该建筑物的风险等级，按相应级别，决定电源系统及信号系统的设置级别和各类参数。

2）在工程的设计阶段不知道电子系统的规模和具体位置的情况下，若预计将来会有需要防雷击电磁脉冲的电气和电子系统，应在设计时将建筑物的金属支撑物、金属框架或钢筋混凝土的构件、金属管道、配电的保护接地系统等与防雷装置组成一个接地系统，并应在需要之处预埋等电位连接板。

3）电气和电子系统的防雷分区和防雷击电磁脉冲的防护分级及防护措施，应按《建筑物电子信息系统防雷技术规范》GB 50343—2012 第 4 章和《建筑物防雷设计规范》GB 50057—2010 中的第 6 章进行选配。

4）电涌保护器的设置原则：

① 在 10kV 开闭所和变配电室 10kV 电源进线上安装过电压保护器。

② 在变压器低压侧母线上装一级电涌保护器 SPD，标称放电电流大于等于 12.5kA（10/350μs）。

③ 在总进线箱或干线总进线箱侧装第一级电涌保护器 SPD，标称放电电流大于等于 65kA 或 80kA（8/20μs）。

④ 每层总配电箱设置第二级 SPD 保护；其标称放电电流为大于等于 40kA（8/20μs）。

⑤ SPD 的安装参见标准图《建筑物防雷设施安装（2007 年局部修改版）》99（07）D501-1。

⑥ 弱电及智能化系统信号线路的过电压保护方式参见标准图《建筑物防雷设施安装（2007 年局部修改版）》99（07）D501-1 第 4～11 页，由相关专业公司配套设计实施。各弱电进线箱内设置相应的各类信号 SPD 保护；其标称放电电流为 0.5kA，1.0kA，3kA，5kA（1.2/50μs，8/20μs 混合波）。

⑦ 第一级电涌保护器（限压型 SPD 或开关型 SPD）连接相线铜导线的导线截面积为 6mm^2，SPD 接地端连接铜导线的导线截面积为 10mm^2；第二级电涌保护器（限压型 SPD）连接相线铜导线的导线截面积为 4mm^2，SPD 接地端连接铜导线的导线截面积为 6mm^2；第三级电涌保护器（限压型 SPD）连接相线铜导线的导线截面积为 2.5mm^2，SPD 接地端连接铜导线的导线截面积为 4mm^2；第四级电涌保护器（限压型 SPD）连接相线端铜导线的导线截面为 2.5mm^2，SPD 接地端连接铜导线的导线截面积为 4mm^2。

（6）接地装置：

① 外部防雷装置的接地应和防闪电感应、内部防雷装置、电气和电子系统等接地共用接地装置，并应与引入的金属管线做等电位连接。

② 接地装置应利用桩基、基础承台、基础地板内主筋焊接连通作为接地装置。

③ 对于第 2 类和第 3 类防雷建筑物，因内部均设有电气和电子系统，均应采用 B 型接地方式，应沿建筑物一层距基础外墙 1m 处敷设，埋深为 0.6m 的环形接地带（采用 —40×4），并将建筑物每根柱的外侧钢筋与环形接地带相连接（参照《建筑物防雷工程施工与质量验收规范》GB 50601—2010 中图 D.0.3-3 施工），并与建筑物下方和周围的网络接地网相连接，组成网络型接地网，作为共用接地装置。

④ 在建筑物引下线附近，为保护人身安全应采取防接触电压和跨步电压的措施，并应符合相关规范要求。在建筑物四周出入口部位（在 3m 范围内），应采取均衡电位措施。详见国标图《民用建筑电气设计与施工——防雷与接地》08-D808 中 p109 图施工。

⑤ 防雷装置的施工应按照国标《建筑物防雷工程施工与质量验收规范》GB 50601—2010 中相关要求施工。

（7）其他防雷接地措施：

1) 固定在第二、三类防雷住宅建筑上的节日彩灯，航空障碍灯及其他设备，应安装在接闪器的保护范围内，并外露金属导体，与防雷接地装置连成电气通路。

2) 等电位连接：

① 住宅建筑应做总等电位连接，装有淋浴或浴盆的卫生间应做局部等电位连接。

② 总等电位连接线截面和局部等电位连接线的截面，应符合规范的相关要求。

3) 接地：

① 住宅建筑各电气系统的接地应采用共用接地网系统，利用桩基，基础承台及基础地板内主钢筋，焊接连通做接地。接地系统的接地电阻值应满足其中电气系统最小值的要求。

② 根据《智能建筑设计标准》GB/T 50314—2006 中第 3.7.6 条的要求：当采用建筑物共用接地时，共用接地电阻应不大于 1Ω。接地引下线应采用截面为 $25mm^2$ 或以上的铜芯线。

③ 每个电气设备（或系统）的接地装置应用单独的接地线与接地干线相连。

④ 不得利用蛇皮管、管道保温层的金属外皮或金属网及电缆金属护套管做接地线；不得将桥架、金属线管做接地线（《智能建筑工程施工规范》GB 50606—2010）。

⑤ 线缆进入建筑物时，电缆和光缆的金属护套或金属件应在入口处就近与等电位端子板连接。

⑥ 设备的金属外壳、机柜、金属管、槽、屏蔽线缆外层、设备防静电接地、安全保护接地、电涌保护器接地端等均应与就近的等电位连接网络的接地端子板连接。

5.3.4　第三类防雷建筑物防雷与接地措施

根据 GB/T 21714.1～4—2008，GB 50057—2010，GB 50343—2012，GB 50601—2010 中相关要求进行设计和施工。

（1）当工程根据计算为年预计雷击次数大于 0.05，小于或等于 0.25 的住宅（一类、二类高层或多层住宅），均按第三类防雷级别采取防雷措施。

（2）对第三类防雷建筑应采取防直击雷，防闪电电涌侵入，防侧击雷，防雷电高电位反击等措施，并设置总等电位连接。

（3）按照外部防雷和内部防雷措施进行设防。

（4）外部防雷措施：

1) 防直击雷：接闪器采用接闪带和接闪网格，沿建筑物四周的女儿墙的四周、屋角、屋脊、屋檐等易受雷击的部位敷设接闪带，并在整个屋面上组成不大于 20m×20m 或 24m×16m 的接闪网格。

2) 接闪带采用－25×4 镀锌扁钢制作，接闪网格采用－25×4 镀锌扁钢沿屋面明设（或暗设在屋面保温层内），施工做法详见国标 D501-1。

3) 突出屋面的放散管、风管、烟囱等物体，应采取防雷措施，并应和屋面防雷装置相连接。

4) 引下线：应尽量利用建筑物所有混凝土柱内钢筋和钢结构柱及钢筋混凝土屋面、梁、柱作引下线，专用引下线不应少于 2 根。钢筋混凝土柱内作为引下线的钢筋，其直径为 φ16 以上时，应采用 2 根作一组引下线；当直径为 φ10 及以上时，应采用 4 根作一组引下线，钢筋之间可采用绑扎或焊接相连接。建筑物四角的柱子应被利用作引下线，引下线的间距应不大于 25m，引下线的上部（屋面）应与接闪器焊接。

5）利用柱内钢筋作引下线，应在所有柱子外侧设连接板，连接板应有明显标志，在每根引下线上距地面不低于 0.3m 处设接地体连接板，供测试接地电阻用及与引下线相连接的测试点接头，也可作为增加接地装置的连接点。

（5）高度超过 60m 的建筑物防侧击雷的措施：

1）对水平突出外墙的物体，当滚球半径 60m 球体从屋顶周边接闪带外向地面垂直下降接触到突出外墙的物体时，应采取相应的防雷措施。

2）高于 60m 的建筑物，其上部占高度 20％并超过 60m 的部位应防侧击，防侧击应符合下列要求：

① 在建筑物上部占高度 20％并超过 60m 的部位，各表面上的尖物、墙角、边缘、设备以及显著突出的物体，应按屋顶的保护措施考虑。

② 在建筑物上部占高度 20％并超过 60m 的部位，布置接闪器应符合对本类防雷建筑物的要求，接闪器应重点布置在墙角、边缘和显著突出的物体上。

③ 外部金属物，当其最小尺寸符合《建筑物防雷设计规范》GB 50057—2010 第 5.2.7 条第 2 款的规定时，可利用其作为接闪器，还可利用布置在建筑物垂直边缘处的外部引下线作为接闪器。

④ 外墙内、外竖直敷设的金属管道及金属物的顶端和底端，应与防雷装置等电位连接。给水排水竖井和风井内的金属管道应在底层和顶层做等电位连接。

⑤ 电气竖井内应分别设置强电和弱电系统接地干线（采用－40×4 镀锌扁钢），每层竖井内均设强电、弱电用 LEB 端子板，均采用 JFG-410 端子板，端子板应与竖井壁内钢筋可靠焊接。接地干线可兼作等电位连接干线，每三层应与相邻 LEB 端子板做等电位连接。

⑥ 结构圈梁中的钢筋，从地面算起每 3 层应连成闭合回路，并应与防雷引下线做等电位连接。

（6）防止雷电流流经引下线和接地装置时产生的高电位对附近金属物或电气电子系统的反击措施：

① 金属框架和钢筋混凝土框架的建筑物中，金属物或线路与引下线之间的间隔距离可无要求。在其他情况下，金属物或线路引下线之间的间隔距离应满足相关计算要求。

② 低压电源引入处应装设相应 SPD 保护。

③ 电子系统的室外线路采用金属线时，在其引入的终端箱处应装设相应的 SPD 保护。

④ 电子系统的室外线路采用光缆时，光缆的所有金属接头、金属挡潮层、金属加强芯等，应在入户处直接接地。

（7）接地装置：

① 防雷装置的接地应与电气和电子系统等接地系统共用接地装置，并应与引入的金属管线做等电位连接。

② 接地装置应利用桩基、基础承台、基础地板内主筋焊接连通作为接地装置。

③ 对于第 2 类和第 3 类防雷建筑物，因内部均设有电气和电子系统，均应采用 B 型接地装置，应沿建筑物一层距基础外墙 1m 处敷设，埋深为 0.6m 的环形接地带（采用

—40×4），并将建筑物每根柱的外侧钢筋与环形接地带相连接（参照 GB 50601—2010 中图 D. 0. 3-3 施工）。并与建筑物下方和周围的网络接地网相连接。组成网络型接地网，作为共用接地装置。

④ 在建筑物引下线附近，为保护人身安全应采取防接触电压和跨步电压的措施，并应符合相关规范要求。在建筑物四周出入口部位（在 3m 范围内），应采取均衡电位措施。详见国标图《民用建筑电气设计与施工——防雷与接地》08-D808 中 p109 图施工。

⑤ 防雷装置的施工应按照国标 GB 50601—2010 中相关要求施工。

（8）防闪电电涌侵入措施：

1）应根据建筑物电子信息系统防雷技术措施规范中的风险评估计算要求，估算出该建筑物的风险等级，按相应级别，决定电源系统及信号系统的保护设置级别和各类参数。

2）在工程的设计阶段不知道电子系统的规模和具体位置的情况下，若预计将来会有需要防雷击电磁脉冲的电气和电子系统，应在设计时将建筑物的金属支撑物，金属框架或钢筋混凝土的构件、金属管道、配电的保护接地系统等与防雷装置组成一个接地系统，并应在需要之处预埋等电位连接板。

3）电气和电子系统的防雷分区和防雷击电磁脉冲的防护分级及防护措施，应按《建筑物电子信息系统防雷技术规范》GB 50343—2012 第 4 章和《建筑物防雷设计规范》GB 50057—2010 中第 6 章进行选配。

4）电涌保护器的设置原则：

① 在 10kV 开闭所和变配电室 10kV 电源进线上安装过电压保护器。

② 在变压器低压侧母线上装一级电涌保护器 SPD，标称放电电流大于等于 12.5kA（10/350μs）。

③ 在总进线箱或干线总进线箱侧装第一级电涌保护器 SPD，标称放电电流大于等于 65kA 或 80kA（8/20μs）。

④ 每层总配电箱设置第二级 SPD 保护；其标称放电电流大于等于 40kA（8/20μs）。

⑤ 在信息系统供电的配电箱内装第三级电涌保护器 SPD，标称放电电流大于等于 20kA（8/20μs）。

5）SPD 的安装参见标准图《建筑物防雷设施安装（2007 年局部修改版）》99（07）D501-1。

6）弱电及智能化系统信号线路的过电压保护方式参见标准图《建筑物防雷设施安装（2007 年局部修改版）》99（07）D501-1 第 4～11 页，由相关专业公司配套设计实施。各弱电进线箱内设置相应的各类信号 SPD 保护；其标称放电电流为 0.5kA，1.0kA，3kA，5kA（1.2/50μs，8/20μs 混合波）。

7）第一级电涌保护器（限压型 SPD）连接相线铜导线的导线截面积为 6mm²，SPD 接地端连接铜导线的导线截面积为 10mm²；第二级电涌保护器（限压型 SPD）连接相线铜导线的导线截面积为 4mm²，SPD 接地端连接铜导线的导线截面积为 6mm²；第三级电涌保护器（限压型 SPD）连接相线铜导线的导线截面积为 2.5mm²，SPD 接地端连接铜导线的导线截面积为 4mm²。

（9）其他防雷接地措施

1）固定在第二、三类防雷住宅建筑上的节日彩灯，航空障碍灯及其他设备，应安装在接闪器的保护范围内，且外露金属导体，应与防雷接地装置连成电气通路。

2）等电位连接：

① 住宅建筑应做总等电位连接，装有淋浴或浴盆的卫生间应做局部等电位连接。

② 根据 GB/T 50314—2006 中第 3.7.6 条的要求：当采用建筑物共用接地时，共用接地电阻应不大于 1Ω。接地引下线应采用截面为 25mm² 或以上的铜芯线。

③ 每个电气设备（或系统）的接地应用单独的接地线与接地干线相连。

④ 不得利用蛇皮管、管道保温层的金属外皮或金属网及电缆金属护套管作接地线；不得将桥架、金属线管作接地线。

⑤ 线缆进入建筑物时，电缆和光缆的金属护套或金属件应在入口处就近与等电位端子板连接。

⑥ 设备的金属外壳、机柜、金属管、槽、屏蔽线缆外层、设备防静电接地、安全保护接地、电涌保护器接地端等均应与就近的等电位连接网络的接地端子板连接。

5.3.5 关于《建筑物防雷设计规范》GB 50057—2010 中第 4.3.3 条和第 4.4.3 条强制性条文的修改说明：

中国建筑学会建筑电气分会 2012 年理事会于 9 月 17～19 日在天津举行，理事和天津当地设计院的设计师共 150 余人参加了会议安排的技术研讨会。

会议上对近期建筑电气设计存在的共性技术问题进行了认真和热烈的研讨。重点讨论了《建筑物防雷设计规范》GB 50057—2010 中的第 4.3.3 条和第 4.4.3 条强制性条文，并就如何在民用建筑电气设计中合理应用达成共识。研讨情况如下：

第 4.3.3 条：专设引下线不应少于 2 根，并应沿建筑物四周内庭院四周均匀对称布置，其间距沿周长计算不应大于 18m。当建筑物的跨度较大，无法在跨距中间设引下线时，应在跨距两端设引下线并减小其他引下线的间距，专设引下线的平均间距不应大于 18m。

第 4.4.3 条：专设引下线不应少于 2 根，并应沿建筑物四周内庭院四周均匀对称布置，其间距沿周长计算不应大于 25m。当建筑物的跨度较大，无法在跨距中间设引下线时，应在跨距两端设引下线并减小其他引下线的间距，专设引下线的平均间距不应大于 25m。

对于上述两条强制性条文执行的难点是如何界定"第二类、第三类防雷建筑物设置专用引下线的问题"。对此参加研讨的理事一致认为：

1. 在第 4.3.3 条（第 4.4.3 条）中，当第二类（第三类）防雷建筑物为钢筋混凝土结构时，应采用建筑物四周和内庭院四周结构柱内不少于 2 根主筋做引下线，其间距沿周长计算不应大于 18m（25m）。当建筑物的跨度较大，无法在跨距中间设引下线时，应在跨距两端设引下线并减小其他引下线的间距。

2. 在第 4.3.3 条（第 4.4.3 条）中，当第二类（第三类）防雷建筑物为木结构时，应设专用引下线，并不应少于两根，其间距沿周长计算不应大于 18m（25m）。当建筑物的跨度较大，无法在跨距中间设引下线时，应在跨距两端设引下线并减小其他引下线的间距。

3. 在第 4.3.3 条（第 4.4.3 条）中，当第二类（第三类）防雷建筑物为砖混结构，毛石基础时，宜设专用引下线，并不应少于两根。

注：采用砖混结构，毛石基础的建筑物周边亦有构造柱，内有四根 φ12 钢筋，由于构造柱栽入毛石

基础距地面较浅，且毛石基础的电阻率相对较高，不宜直接做接地装置。但是，如在埋入地下的构造柱上预留钢板并与柱内钢筋焊接，再由此板焊接接地连接体至室外接地极也是可行的方案。

上述是此次年会研讨达成的共识，可在现阶段建筑电气设计中采纳和执行。

建筑物常规防雷措施应严格按照《建筑物防雷设计规范》GB 50057—2010 中规定的相应防护措施执行。在这里不再详细论述本内容，可参照建筑物外部防雷装置防护措施选择附表（一）、（二）（表 5-2、表 5-3）执行。

5.4　建筑物外部防雷装置防护措施选择表

建筑物外部防雷装置防护措施选择附表（一）　　　　　表 5-2

防护措施		防雷类别	第一类	第二类	第三类	其他
防直击雷措施	接闪器	独立接闪杆或架空接闪线（网）	○			
		接闪带及利用屋面内钢筋混合	○	○	○	
		接闪网格　5m×5m 或 6m×4m	○			
		接闪网格　10m×10m 或 12m×8m		○		
		接闪网格　20m×20m 或 24m×16m			○	
	利用建筑物各部位钢筋作防雷装置			○	○	
	针（线）与管线间安全距离		○			
	引下线	2 根以上引下线,其间距不大于 12m	○			
		2 根以上引下线,其间距不大于 18m		○		
		2 根以上引下线,其间距不大于 25m			○	
	均压环	每隔 $L \leq 12m$ 设置	○			
		滚球半径以上每三层设置		○	○	
	接地装置	$R \leq 10\Omega$	○			
		$R \leq 10\Omega$		○		
		$R \leq 30\Omega$			○	
		环形接地装置（B 型接地装置）	○	○	○	
		共用接地装置	○	○	○	
防侧击反击及等电位连接措施	30m 以上每隔 6m 设带		○			
	30m 以上外墙门窗接地		○			
	45m 以上外墙门窗等接地			○		
	60m 以上外墙门窗等接地				○	
	钢构架和混凝土内钢筋做等电位连接		○	○	○	
	竖直金属管道等顶部底部做等电位连接		○	○	○	
	地下管线与接地装置不相连时引下线之间 $S_a \geq 0.06 k_c \cdot l_x$		○	○	○	
	地下管线与接地装置相连时引下线之间 S_{a4}		○	○	○	
	高低压侧装设接闪器		○	○	○	
	外来电气通信管线（缆）进户处做等电位连接		○	○	○	
	外来金属管道在进户处做等电位连接		○	○	○	

建筑物外部防雷装置防护措施选择附表（二）　　　　　　　表 5-3

防护措施＼防雷类别		第一类	第二类	第三类	其他
防雷电感应措施	建筑物内及屋面管线等接地	○	○	○	
	金属屋面周边隔 18~24m 接地一次	○			
	平行交叉管线 $S<100mm$ 时跨接	○	○		
	接地与电气设备接地装置共用 $R\leqslant10\Omega$	○	○	○	
	室内接地干线接地不少于 2 处	○	○	○	
防雷电波侵入措施	低压线路全线电缆引入并接地	○			
	低压线路局部电缆引入 $L\geqslant15m$	○			
	电缆与架空线转接处设防雷器并接地，$R\leqslant10\Omega$	○	○		
	架空金属管道接地，$R\leqslant20\Omega$	○			
	埋地金属管道共用接地	○			
	低压架空线引入，共用接地 $R\leqslant5\Omega$		○		
	低压架空线引入，共用接地		○	○	
其他	树木与建筑物间的 $S\geqslant5m$	○			
各类建筑物应设内部防雷装置	建筑物地下室及地面层处下列物体应与防雷装置做等电位连接：				
	(1)建筑物金属体	○	○	○	
	(2)金属装置	○	○	○	
	(3)建筑物内部系统(电气和电子系统)	○	○	○	
	(4)进出建筑物的金属管线	○	○	○	
	外部防雷装置与建筑物金属导体内部系统之间，宜应满足间隔距离要求		○	○	

5.5　信息系统防雷保护的意义

最近几十年来，一种以信息技术为核心的高科技得到了迅速发展，从而引发了一场新的科技革命，信息技术已成为这场科技革命的基础与核心。因此，国内外都十分重视信息技术的开发与应用，尤其是最近十几年来，国内各行各业都在广泛地采用信息技术装备自己，其规模和速度都是空前的，但是在这种信息技术的开发与应用中，由于信息系统的电磁兼容能力低下，抗雷电电磁脉冲过电压的能力十分脆弱，在闪电环境下易损性较高，因此，雷电已成为信息技术应用中的一大公害，引起了人们的普遍关注。为了消除这一公害，人们采用了各种防雷保护措施，以求信息系统安全，但是其结果是有的取得了预期的防雷效果，保证了电子信息系统遇雷电时的安全；而有的则反遭雷击，损失更大，究其原因就在于不同的防雷保护方法，其保护对象、保护重点、保护措施都是截然不同的，如不能正确地应用，必然会造成不良的后果。

5.5.1　电子信息系统的防雷保护的特点

电子信息设备不同于一般的电气设备，因为电气设备具有较高的抗感应脉冲过电压的

41

能力，而电子信息设备则不具备这种能力。

（1）电子信息设备抗感应脉冲过电压的能力低下，易受感应脉冲过电压的袭击。

由于电子信息设备是集电脑技术与集成微电子技术于一身的产品，它的信号工作电压也越来越低，现已降到 10V 以下，有的已降到 5V 以下，所以这种产品的电磁兼容能力很差，很容易受感应脉冲过电压的袭击。

（2）电子信息设备受雷击的概率较高。

一般电气设备主要是防直击雷的危害，直击雷的概率相对较低；而电子信息设备不但要防直击雷的危害，而且更要防感应雷的危害，而受感应雷击的概率要比直击雷高得多，因为感应雷除由直击雷产生外，还包括远处放电的电磁脉冲感应，而直击雷所产生的感应雷的作用可达数百米之远，所以电子信息设备受闪电危害的概率较高。

（3）系统复杂、设备较多、线路较长。

电子信息系统是由信息采集、加工处理、传输、检索等众多环节组成的，系统较复杂、设备较多、价格也较昂贵。由于系统环节多、接口多、线路长等原因，给雷电的耦合提供了条件，例如一个信息系统，不但有电源进线接口，还有信号输入输出接口、天馈线接口等，这些接口的线路较长，正符合闪电耦合的需要，是感应脉冲过电压容易侵入的原因，也是感应脉冲过电压侵入的主要通道。只有根据信息防雷理论进行信息防雷设施的系统设计安装，信息系统的雷电安全才有保证。

5.5.2　正确应用两种不同的防雷保护措施

常规防雷保护的对象是建筑物，防雷重点是防直击雷的危害，防雷的方法是装设接闪杆或接闪网（带）保护，而电子信息系统的防雷保护对象是电子信息系统设施，防雷重点是感应雷的危害，防雷方法是根据抗雷电电磁脉冲防护标准进行系统设计，分区保护。两者各有其不同的保护对象，不能混为一谈，更不能盲目套用常规的防雷保护法去解决信息系统的雷电安全问题。

5.6　建筑物电子信息系统综合防雷

建筑物电子信息系统遭受雷电的影响是多方面的，既有直接雷击，又有雷电电磁脉冲，还有接闪器接闪后由接地装置引起的地电位反击。在进行防雷设计时，不但要考虑防直接雷击，还要防雷电电磁脉冲和地电位反击等，因此，必须进行综合防护，才能达到预期的防雷效果。

在综合防雷系统中的外部和内部防雷措施按建筑物电子信息系统的防护特点划分中，内部防雷措施包含在电子信息系统设备中，各传输线路端口分别安装与之适配的电涌保护器（SPD），其中电源 SPD 不仅具有抑制雷电过电压的功能，同时还具有抑制操作过电压的作用。GB 50057—2010 和《雷电防护》GB/T 21714.1，2，3，4—2008 都将防雷分为外部防雷和内部防雷。所谓外部防雷就是防直击雷，不包括防止防雷装置受到直接雷击时可能产生向其他物体的反击；内部防雷包括防雷电感应、防反击、防闪电电涌侵入和防生命危险。GB 50057—2010 规定的防直击雷包含防反击的内容。

由于许多型式的电子系统（包括计算机、通信设备、控制系统等，统称为信息系统）的应用日渐增多，其耐冲击电压承受能量的能力极低。雷击可能使其设备损坏、运转中断、数据丢失。

因此在现代建筑物内，尤其是在使用电子信息设备较多的建筑物内，防雷设计应按综合防雷概念设计，将外部防雷措施和内部防雷措施整体统一考虑，才能使建筑物防雷工程设计做到安全可靠，技术先进，经济合理。

5.6.1 外部防雷装置

它由接闪器、引下线和接地装置组成，主要用于防直击雷，叫作外部防雷装置。

5.6.2 内部防雷装置

除外部防雷装置外，所有其他附加防雷设施与手段均为内部防雷装置；主要措施为等电位连接，满足空间间隔距离等，主要用于减小和防护雷电流在需要防护的空间内所产生的电磁伤害效应。

5.6.3 综合防雷措施

综合防雷措施包括下列六项重要因素：

（1）接闪功能

在防雷设计时，不应只考虑接闪部分的功能，还应根据建筑物的结构形式及内部设计和建筑物防雷的各种相关因素及其规律，全面考虑防雷方式和应采取的措施，以达到接闪后的功能效果。

（2）分流影响

设置防雷引下线的数量，是关系到建筑物被击后是否产生扩大事故的重要因素。每根引下线所承受的电流越小，则其反击的机会和感应范围的影响就越小；所以引下线的根数应适当多些，且其位置应当均匀合适。

（3）屏蔽作用

对建筑物的屏蔽，不仅使室内的各种电子设备、精密仪器、电子计算机、通信设备等受到可靠保护，而且是防护球雷和侧击雷的有效方式。在重要的建筑物上应当考虑屏蔽措施，以防止球雷、侧击雷及电子设备等产生误动作或被击穿的可能。

（4）均衡电位

为保证建筑物内部不产生反击，不产生接触电压和跨步电压，应当使建筑物的地面、墙面和人们能接触到的部位的金属设备及管、线路能达到同一个电位。这是保证人身安全和各种金属设备不受反击的重要条件之一，达到综合防雷的效果。

（5）接地效果

接地效果的好坏也是防雷安全的重要保证，对每个建、构筑物都要考虑采用哪些接地方式最好及电位差的陡度最小；并应尽可能达到均衡电位的条件。接地装置既要适用、经济，又要耐久（要充分考虑金属耐腐蚀的年限）；同时必须达到规定接地电阻的要求。

（6）合理布线

各种金属管线都和防雷系统有直接或间接的关系。因此必须考虑建筑物内部的电力系统、电信系统、照明系统、电子系统和各种金属管线的布线位置、走向和防雷系统的距离之间的关系。也包括建筑物内部的各种金属设备、电子设备和防雷装置之间的距离。因此重要建筑物内的各种电气线路都必须穿金属管或采用金属屏蔽电缆。

以上是建筑物防雷中影响安全的 6 个重要问题，在设计防雷装置时，应当根据建筑物的构造和内部设备的布置全面考虑这些因素。

5.7　雷电电磁脉冲防护措施要点

雷击电磁脉冲（LEMP）是由于雷云对大地间放电产生的雷电电磁脉冲感应到附近的导体中形成的过电压，这种过电压可高达几千伏，对微电子设备的危害最大。它的主要通道是通过电源线路、各类信号传输线路、天馈线路和进入建筑物的管、缆、桥架等导体侵入设备系统，造成电子设备失灵或永久性损坏。因此雷击电磁脉冲的防护是在以上入侵通道上将雷电过电压、电流泄放入地，从而达到保护电子设备的目的。其主要方法是采用隔离、钳位、均压、滤波、屏蔽、过压、过流保护、接地等方法将雷电过电压、过电流及雷击电磁脉冲消除在设备外围，从而有效地保护各类设备。目前主要由气体放电管、放电间隙、高频二极管、压敏电阻、瞬态二极管、晶闸管、高低通滤波器等元件根据不同频率、功率、传输速率、阻抗、驻波、插损、带宽、电压、电流等要求组合成电源线、天馈线、信号线系列电涌保护器（SPD）安装在微电子设备的外连线路中，将地线按联合接地原则接入系统的地线，才不至于造成地电位反击，从而真正起到安全保护接地的目的。只要设计合理、安装合格，电涌保护器就能对雷电进行有效的防护。

因此，我们既要防止直击雷：依靠合理安装接闪杆、带、网系统；也要防止雷击电磁脉冲：采用完善的综合防雷手段和安装电涌保护器（SPD）系统，二者有机结合，相互补充，构成一套完整的防雷体系，这就是现代电子信息系统的综合防雷技术。

第六章　建筑物电子信息系统防雷与接地工程勘测设计

6.1　防雷与接地工程勘测设计原则

（1）建筑物电子信息系统的防雷工程设计应按《建筑物电子信息系统防雷技术规范》GB 50343—2012中的雷电防护分区原则和进行雷击风险评估方法的各参数计算法，确定防雷等级和防护措施。

（2）建筑物外部防雷系统的设计，应由建筑设计单位的电气工程师，在建筑物土建及设备综合设计阶段完成，并为建筑物内部防雷系统设计提供条件。

（3）内置有电子信息系统的建（构）筑物，应按《建筑物防雷设计规范》GB 50057—2010要求设计安装外部防雷装置。当建（构）筑物按GB 50057—2010规定不属于任一类防雷建筑的，而电子信息系统需要防雷击电磁脉冲时，该建筑物宜按GB 50057—2010中规定的第三类防雷建筑物采取防直击雷措施。

（4）在工程设计阶段不知道信息系统的规模和系统具体设置的情况下，若预计将来会设有信息系统，应在设计时将建筑物的金属支撑物、金属框架或钢筋混凝土结构的钢筋等自然构件、金属管道、配电系统的保护接地系统、电缆桥架、电梯轨道等，与防雷装置相互间连接组成一个共用接地系统；并应在各设备机房、变配电所、各层设备间及电气竖井间内及其他一些合适的地方等部位预埋等电位连接板。

（5）应本着经济性、合理性和科学性的原则综合考虑防雷设计，以最少的投入，获取最佳、最有效及最可靠的设计方案。应本着综合治理、全方位系统综合防护的原则，统筹设计、统筹施工，以确保工程质量，并应方便施工，维护简便，切实做到安全可靠，经济有效，达到合理、科学、经济、适用的设计原则。

（6）建筑物应按综合防雷中外部和内部防雷措施设置的防雷系统方框图进行设计，如图6-1所示。

（7）设计内部防雷装置时，应充分考虑接闪功能，分流影响，等电位连接，屏蔽作用，安全距离（合理布线），加装过电压保护器（SPD）等重要因素，这些措施宜综合采用。

（8）根据防雷击电磁脉冲（LEMP）的要求，将设置有电子信息系统的建筑物需要保

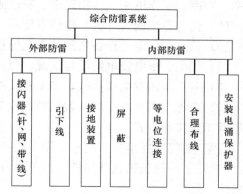

图6-1　建筑物综合防雷系统方框图

护的空间划分为不同的防雷区，以规定各区域空间不同的LEMP的保护级别，并指明各

防雷区交界处等电位连接点的位置。并以此作为设计参考依据。在同一个保护级别里，尚应根据各个电子信息系统的风险和重要性程度的不同，采取相应的不同防护措施。

（9）被保护建筑物或构筑物及楼顶所安装的各种天线（包括抛物面天线）应有防直击雷装置，所有被保护对象都应置于接闪器的保护范围内，即 LPZ0$_B$ 防雷区内。

（10）为了降低雷电流的二次雷击效应，防雷接闪装置亦可选用其他新型接闪装置。

（11）雷电防护设计应坚持预防为主、安全第一的方针，也就是说，凡是影响电子信息系统的通道和途径，都必须预先考虑到，采取相应的防护措施，将雷电流堵截在电子信息通道之外，不允许雷击电磁脉冲进入通道，即使漏过来的很小一部分，也要采取有效措施将进入的雷电电流冲很快地疏导到大地，不让雷电流造成破坏，这样才能达到对雷电流的有效防护。

（12）在进行防雷工程设计时，应避免盲目性。在设计前，应认真调查电子信息系统所在地点的地理、地质以及土壤、气象、环境、雷电活动、信息设备的重要性和雷击事故的严重程度等情况，对现场的电磁环境进行评估、进行风险分析和计算，从计算的结果确定电子信息系统是否需要屏蔽和防护，如若需要防护，选择一个什么样的防护级别，这样，就有可能以尽可能低的造价建造一个有效的雷电防护系统，达到合理、科学、经济的设计。

6.2　收集资料及勘测内容

6.2.1　新建工程收集资料内容

（1）观察了解被保护建（构）筑物所在地区的地形、地物状况、当地气象条件（雷暴日）和地质条件（土壤电阻率）。

（2）需保护的建筑物（或建筑物群体）的形状、结构、长度、宽度、高度及位置分布，相邻建筑物的高度及与需保护的建筑物的距离。

（3）各建筑物内各楼层及楼顶需保护的电子信息系统设备的分布状况。

（4）配置于各楼层工作间或设备机房内需保护的设备种类、功能及性能参数（如工作频率、功率、工作电平、传输速率、特性阻抗、传输介质等）。

（5）信息系统的计算机与通信系统网络拓扑结构。

（6）信息系统电子设备之间的电气连接关系、信号的传输方式。

（7）供电、配电及电网质量情况，以及配供电系统型式。

（8）有无备用发电机供电，市电和发电机供电的切换方式。

（9）有无直流供电系统（包括整流设备供电、蓄电池供电或太阳能电池供电），供电电压及工作接地方式。

（10）对将配置信息系统电子设备的各工作间或机房依次进行详细了解。

（11）了解建筑物其他构件结构及屋内其他构筑物情况，了解建筑物立面装修型式及材料。

6.2.2　对已建（扩建、改建）工程收集资料内容：除上述应收集勘测资料的内容外，尚应收集勘测下列相关资料：

（1）检查防直击雷接闪装置（接闪针或带及网等）的设置现况，屋顶上部各种天线、金属杆及与引下线连接可靠性程度，预留、预埋引入各种信号线的管道及设备基座接地情况是否符合设计要求。

（2）防雷引下线系统分布路线是否利用靠柱子外侧主筋作引下线，与信息设施接地系统的安全距离是否符合规范要求。

（3）高层建筑防侧击雷措施设置情况。

（4）强电及弱电竖井布置位置是否合适。

（5）安装于建筑物内（或竖井内）的各种金属管道，电气设备的金属外壳，电缆桥架等与防雷装置等电位连接情况。

（6）由室外引入（或引出）建筑物的各种金属管道与建筑物环形接地装置等电位连接情况。

（7）各个隐蔽施工部位的检测记录及质检验收报告。

（8）建筑物金属幕墙及墙板，在上、下端及中间相应楼层等电位连接施工情况，是否符合规范要求。

（9）信息系统的安装特性及系统设备特性相关资料。

（10）总等电位连接及其他局部等电位连接现况；共用接地装置施工现况等及图纸资料。

6.2.3 信息系统的安装特性

（1）IT 设备是否全部位于建筑物内；

（2）IT 设备在建筑物内的布置位置；

（3）供电方式（HV、LV 等）与容量；

（4）供电配置方式（TN-S、TT、IT）；

（5）电缆引入建筑物的方式；

（6）内部电缆布局；

（7）机房内是否放了 CBN（或 MCBN）；

（8）机房内是否有 CBN 接地端口；

（9）电源线与信号（信息）电缆是否分设在"强电井"、"弱电井"或专用金属导槽、走线架；

（10）在电力室是否安装了接地汇集排；

（11）建筑各层是否安装了接地分汇集排（或端子板）；

（12）各种地线、汇流线、汇集排的材质及有效截面；

（13）本建筑物是否有金属线与周边其他建筑物相连。

6.2.4 信息系统的设备特性

（1）各种 IT 设备的端口耐压特性及电涌抗扰度；

（2）已装设备的雷击防护水平及效果；

（3）IT 设备的布线系统；

（4）投产以后是否有过雷击故障；

（5）IT 系统的业务重要性。

6.3　防雷与接地工程设计的依据

（1）提供的被保护范围及欲实施防雷工程的委托书。

（2）被保护地区所处地理位置及雷电环境。如经、纬度，海拔高度，林木覆盖率，水面占有面积，年降雨量，年雷暴日等。

（3）地面落雷密度［次/（km² · 年）］。

（4）建筑物年预计雷击次数（次/年）。

（5）相关的行业标准、国家标准及 IEC 防雷规范。

（6）被保护建筑物（群体）、构筑物基本情况。

（7）建筑物内主要被保护信息系统设备及其网络结构的基本情况。

（8）供电、配电及电网质量情况。

（9）接地系统状况。

（10）当地土壤电阻率及冻土层深度。

6.4　防雷与接地工程设计内容

（1）建筑物电子信息系统的防雷设计主要内容是信息系统的雷电电磁脉冲防护设计，即屏蔽、等电位连接、合理布线、过电压和过电流电涌（SPD）防护、接地等措施，即实行多重设防，综合防雷的设计原则。

（2）建筑物内部防雷系统设计时，应与建筑师、兴建单位、水、供电、通信、煤气、消防、人防、电子系统、计算机系统、施工单位、防雷产品生产厂家、防雷检测部门、质量监测站等各相关部门充分协商联系，以便在各个设计阶段，互相配合、协调施工，才能很好地完成建筑物的综合防雷设计任务，保证施工质量，节约投资，减小维护工作量，使整个工程成为优质工程，保证人身和设备安全，使信息安全可靠运行。

（3）建筑物防雷系统设计是一个系统工程，须综合设计，其外部防雷系统与内部防雷系统设计应统一考虑，设计流程如图 6-2 所示。

（4）建筑物内部各信息设施的工艺设计要求及各设施设备机房位置选择，竖井设备间布置应符合规范要求。

（5）按信息系统雷电防护分区要求，设计决定各个防雷区交界处的等电位连接位置及屏蔽，系统接地的平面及竖向布置图。

（6）建筑物信息系统的各类信号线、天馈线、控制线的传输介质选择及线路敷设路径走向设计应符合规范要求。

（7）按建筑物低压配电供电系统接地型式（TN、TT、IT），确定不同供电系统的过电压保护方案。

（8）按建筑物各类信息系统的等电位连接要求，确定合适的等电位连接网络型式：S 型、M 型、混合型。

（9）按建筑物各类信息系统接地方式要求，确定采用单点接地或多点接地方式。接地系统采用综合共同接地，专用接地的系统方式，并确定接地系统的接地电阻值。

（10）确定各级电涌保护器的参数及各级之间的能量配合。

（11）已建（改建）工程的设计内容：

对已建（改建）工程的设计内容除按上述各条中有关要求执行外，尚应按照如下内容进行勘测与设计：

1）检查防直击雷接闪装置（接闪针或带及网等）的设置现况，屋顶上部各种天线、金属杆及与引下线连接可靠程度，预留、预埋引入各种信号线的管道及设备基座接地情况是否符合设计要求。

2）防雷引下线是否利用靠柱子外侧主筋作引下线，与信息接地系统的安全距离是否符合规范要求。

3）高层建筑防侧击雷措施施工情况。

4）强电及弱电竖井布置位置是否合适。

5）安装于建筑物内（或竖内）的各种金属管道，电气设备的金属外壳，电缆桥架等与防雷装置等电位连接情况。

6）建筑物基础接地装置及防雷接地预留检测点的埋设位置是否符合有关规范要求，基础设有防水材料时接地装置的特殊处理措施情况。

7）由室外引入（或引出）建筑物的各种金属管道与建筑物环形接地装置等电位连接情况。

8）地下室及相关信息系统设备机房内竖井设备间内预埋等电位连接板的位置及数量是否符合设计要求。

9）防雷系统的各部件所用材料及防蚀处理是否符合规范要求。

10）各个隐蔽施工部位的检测记录及质检验收报告。

11）防雷接地装置的接地电阻测试记录及检测质检报告。

12）建筑物金属幕墙及墙板，在上、下端及中间相应楼层等电位连接施工情况，是否符合规范要求。

13）综合接地系统总等电位连接端子板（或母干线）在地下室施工予埋位置是否符合要求。

6.5 建筑物信息系统防雷与接地工程设计阶段及设计深度

建筑物信息系统防雷与接地工程的设计阶段及设计深度，除应满足目前国家相关规定要求中外部防雷工程的设计内容外，尚应增加内部防雷工程的相关内容：包括设计说明书，计算书，设计图纸等。

建筑物信息系统防雷与接地工程的设计阶段，大型工程应分为规划方案设计，初步设计，施工图设计，施工验收等四个阶段，中、小型工程可省略方案设计阶段，分为三个设计阶段。

6.5.1 方案设计阶段应提供下述设计文件：

（1）方案说明书：包括防雷工程保护类别，风险评估说明，采取的防雷防护措施。

（2）方案说明：提供至少2个方案比较经济估算值，报上级有关部门审查。

6.5.2 初步设计阶段应提供下述文件及图纸：

（1）按照设计确定的方案进行初步设计，提供设计说明书、防护措施、设计原则等，设计接地电阻要求及措施。

（2）防雷设计风险评估计算书，外部防雷、内部防雷设计计算书。

（3）相关信息系统的防雷与接地系统图，防雷与接地平面图。

（4）主要防雷器材的设计材料表。

（5）初步设计概算书。

按以上资料提供上报有关部门审批。

6.5.3 施工设计阶段应提供下述文件及图纸：

（1）施工设计说明书，按初步设计的计算书及审批意见，说明该建筑物的防雷等级，风险评估类别及防雷措施；雷电接闪器的型式和安装方法，按防雷等级和防护分区要求，确定引下线、防侧击、等电位连接的安装方法和措施；电涌保护器装设位置；利用建筑物构件防雷时，应说明设计确定的原则和采取的措施；接地系统方式的确定，接地电阻值的确定，接地装置的处理方式及所用材料；信息系统接地系统的方式及措施等。

（2）设计图纸内容：

① 防雷接地平面图，包括防雷等级和所采取的防雷措施；接地装置的电阻值，接地极型式，材料及埋设方法，设备及材料表。

② 各信息系统设备机房防雷、接地、等电位连接，各种信号线敷设平面图；竖井设备间的接地及等电位连接板平面布置图。

③ 各信息系统接地，等电位连接的示意图及系统原理图，主要 SPD 器件设备材料表。

④ 特殊接地装置的平面图和施工说明技术要求。

⑤ 引用标准图的编号及页次。

⑥ 非标准安装大样图。

⑦ 内部各专业之间图纸会签及预埋件检查。

6.5.4 施工验收阶段应提供下述文件及图纸：

（1）施工阶段首先应由防雷设计工程师向施工单位进行施工技术交底及图纸会审。

（2）施工阶段的图纸修改及变更，应有工程修改联系单，归档备查。

（3）对隐蔽工程的检测记录及报告的会签。

（4）竣工图设计，存档备查。

（5）防雷工程经相关部门检测、验收。

（6）全部相关图纸、文件、资料的归档。

6.6 防雷工程设计流程图

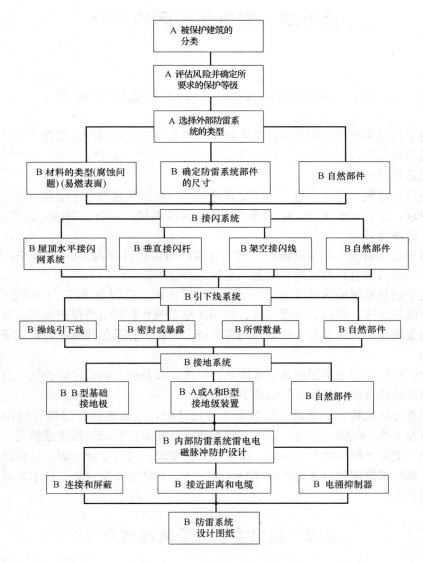

图 6-2 防雷工程设计流程图

A—指南 A；B—指南 B

第七章 雷电防护区的划分

7.1 建筑物电子信息系统雷电防护原则

（1）电子信息系统的防雷必须按综合防雷系统的要求进行设计，坚持"预防为主、安全第一"的原则作为指导方针。为确保防雷设计的科学性，在设计前如有必要时，应对现场电磁环境进行评估。

（2）在进行建筑物电子信息系统防雷设计时，应根据建筑物电子信息系统的特点，按工程整体要求，进行全面规划，协调统一外部防雷措施和内部防雷措施，做到安全可靠、技术先进、经济合理。

（3）电子信息系统所在建筑物均应按《建筑物防雷设计规范》GB 50057—2010 的规定，安装外部防雷装置和内部防雷装置，进行综合保护。

（4）电子信息系统的防雷设计应采用防直击雷防护、防闪电感应、防闪电电涌侵入、防侧击雷等电位连接、屏蔽、合理布线、共用接地系统和安装电涌保护装置，外部防雷装置与建筑物金属体、金属装置、建筑物内部系统之间，尚应满足间隔距离要求等措施进行综合防护。

（5）电子信息系统应根据所在地区雷暴日等级，设备所在的雷电防护区，以及系统对雷击电磁脉冲的抗扰度，采用不同的防护措施。

（6）在进行建筑物电子信息系统防雷工程设计时，应认真调查建筑物所在地点的地理、地质以及土壤、气象、环境、雷电活动规律，该建筑物外部防雷措施情况，并根据建筑物内各电子信息系统的特点等因素，按系统工程要求，进行全面规划、综合治理、多重保护，将外部防雷措施和内部防雷措施整体统一考虑，做到安全可靠、技术先进、经济合理、施工维护方便。

7.2 我国雷暴日等级的划分

（1）地区雷暴日等级应根据年平均雷暴日数划分；

（2）地区雷暴日数应以国家公布的当地年平均雷暴日数为准；

（3）按年平均雷暴日数，地区雷暴日数等级宜划分为少雷区、中雷区、多雷区、强雷区：

① 少雷区：年平均雷暴日在 25d 及以下的地区；

② 中雷区：年平均雷暴日大于 25d，不超过 40d 的地区；

③ 多雷区：年平均雷暴日大于 40d，不超过 90d 的地区；

④ 强雷区：年平均雷暴日超过 90d 的地区。

7.3 雷电防护区的划分

(1) 将需要保护和控制雷击电磁环境的建筑物空间，从外部到内部划分为多个不同的雷电防护区（LPZ），以规定各防雷区空间的雷击电磁脉冲（LEMP）强度变化的程度，以便采取相应的防护措施。各区在其交界处的电磁环境有明显改变，这是划分不同防雷区和确定等电位连接点位置的主要依据条件。

(2) 雷电防护区应符合下列规定：

① LPZ0$_A$ 区：受直接雷击和全部雷电电磁场威胁的区域。该区域的内部系统可能受到全部或部分雷电电涌电流的影响；

② LPZ0$_B$ 区：直接雷击的防护区域，但该区域的威胁仍是全部雷电电磁场。该区域的内部系统可能受到部分雷电电涌电流的影响；

③ LPZ1 区：由于边界处分流和电涌保护器的作用使电涌电流受到进一步限制的区域。该区域的空间屏蔽可以衰减雷电电磁场；

④ LPZ2~n 后续防雷区：由于边界处分流和电涌保护器的作用使电涌电流受到限制的区域。该区域的空间屏蔽可以进一步衰减雷电电磁场。

(3) 保护对象应置于电磁特性与该对象耐受能力相兼容的雷电防护区内。

7.4 全国主要城市年平均雷暴日数统计表

全国主要城市年平均雷暴日数　　　　　　　表 7-1

地名	雷暴日数（d/a）	地名	雷暴日数（d/a）
北京	35.2	长沙	47.6
天津	28.4	广州	73.1
上海	23.7	南宁	78.1
重庆	38.5	海口	93.8
石家庄	30.2	成都	32.5
太原	32.5	贵阳	49.0
呼和浩特	34.3	昆明	61.8
沈阳	25.9	拉萨	70.4
长春	33.9	兰州	21.1
哈尔滨	33.4	西安	13.7
南京	29.3	西宁	29.6
杭州	34.0	银川	16.5
合肥	25.8	乌鲁木齐	5.9
福州	49.3	大连	20.3
南昌	53.5	青岛	19.6
济南	24.2	宁波	33.1
郑州	20.6	厦门	36.5
武汉	29.7		

注：本表数据引自中国气象局雷电防护管理办公室 2005 年发布的资料，不包含港澳台地区城市数据。

7.5 中南地区主要城市气象资料参考数据

中南地区主要城市气象资料参考数据　　　　　　　表 7-2

序号	地名	年平均雷暴日数 T_d(d/a)	序号	地名	年平均雷暴日数 T_d(d/a)
1	河南省		3	大庸市	48.3
	郑州市	22.6		益阳市	47.3
	开封市	22.0		永州市(零陵)	64.9
	洛阳市	24.8		怀化市	49.9
	平顶山市	22.0		郴州市	61.5
	焦作市	26.4		常德市	49.7
	安阳市	28.6	4	广东省	
	濮阳市	28.0		广州市	81.3
	信阳市	28.7		汕头市	52.6
	南阳市	29.0		湛江市	94.6
	商丘市	26.9		茂名市	94.4
	三门峡市	24.3		深圳市	73.9
	驻马店市	27.6		珠海市	64.2
2	湖北省			韶关市	78.6
	武汉市	37.8		梅州市	80.4
	黄石市	50.4	5	广西壮族自治区	
	十堰市	18.7		南宁市	91.8
	荆州市	38.9		柳州市	67.3
	宜昌市	44.6		桂林市	78.2
	襄樊市	28.1		梧州市	93.5
	恩施市	49.7		北海市	83.1
	随州市	35.1		百色市	76.9
3	湖南省			凭祥市	83.4
	长沙市	49.5	6	海南省	
	株洲市	50.0		海口市	114.4
	衡阳市	55.1		儋州	120.8
	邵阳市	57.0		琼中	115.1
	岳阳市	42.4		三亚市	69.9

7.6 将一个建筑物划分为几个防雷区（LPZ）的示意图

（1）图 7-1 所示为将一个需要保护的空间划分为不同防雷区的示意图。

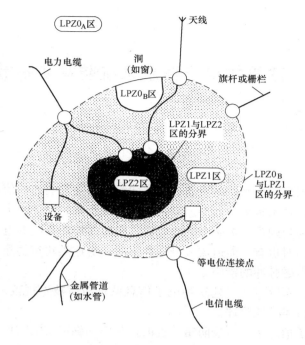

图 7-1　空间划分不同防雷区

（2）图 7-2 所示为将一个建筑物划分为几个防雷区和做等电位连接的例子。

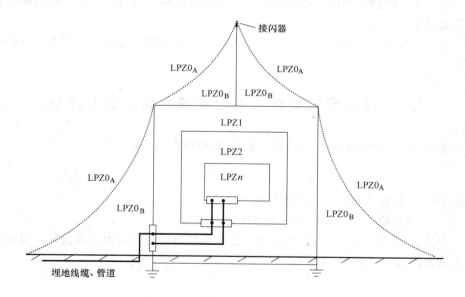

图 7-2　建筑物划分防雷区并做等电位连接

注：[•—•]：表示在不同雷电防护区界面上的等电位接地端子板

[　]：表示起屏蔽作用的建筑物外墙、房间或其他屏蔽体

虚线：表示按滚球法计算 LPS 的保护范围

第八章　建筑物电子信息系统防雷防护等级确定

8.1　风险评估计算的意义

近年来随着我国现代化水平的不断提高，建筑物内安装的各种信息系统，电子计算机系统设备越来越多，技术越来越复杂。而这些电子信息系统设备的工作电压较低，耐压水平也很低，因此极易受到雷电电磁脉冲的危害，很容易损坏相应的电子信息系统设备，造成系统不能工作，同时也有可能造成人身伤害事故。对这类建筑物除具有防直击雷的措施外，还应有防雷电电磁脉冲的措施。

建筑物电子信息系统可按《建筑物电子信息系统防雷技术规范》GB 50343—2012 中规定的几种方法进行累计风险评估。

（1）建筑物电子信息系统可按防雷装置的拦截效率确定雷电防护等级。

（2）建筑物电子信息系统可按电子系统在信息系统中的重要性、使用性质和价值确定雷电防护等级。

（3）对于重要的建筑物电子信息系统，宜分别采用第（1）和第（2）条的两种方法进行评估，按其中较高防护等级确定。

（4）重点工程或用户提出要求时，可按雷电防护风险管理方法确定雷电防护措施。

8.2　按防雷装置的拦截效率确定雷电防护等级

（1）建筑物及入户设施年预计雷击次数 N 值可按下式确定：

$$N = N_1 + N_2 \qquad (8\text{-}1)$$

式中　N_1——建筑物年预计雷击次数（次/a）；

　　　N_2——建筑物入户设施年预计雷击次数（次/a）。

（2）建筑物电子信息系统设备因直接雷击和雷电电磁脉冲可能造成损坏，可接受的年平均最大雷击次数 N_c 可按下式计算：

$$N_c = 5.8 \times 10^{-1}/C \qquad (8\text{-}2)$$

式中　C——各类因子。

（3）确定电子信息系统设备是否需要安装雷电防护装置时，应将 N 和 N_c 进行比较：

① 当 N 小于或等于 N_c 时，可不安装雷电防护装置；

② 当 N 大于 N_c 时，应安装雷电防护装置。

（4）安装雷电防护装置时，可按下式计算防雷装置拦截效率 E：

$$E = 1 - N_c / N \tag{8-3}$$

（5）电子信息系统雷电防护等级按防雷装置拦截效率 E 确定，并应符合下列规定：

① 当 E 大于 0.98 时，定为 A 级；

② 当 E 大于 0.90 小于或等于 0.98 时，定为 B 级；

③ 当 E 大于 0.80 小于或等于 0.90 时，定为 C 级；

④ 当 E 小于或等于 0.80 时，定为 D 级。

8.3 雷击风险评估的 N 和 N_c 的计算方法

建筑物及入户服务设施年预计次数 N 的计算如下：

（1）建筑物年预计雷击次数 N_1 可按下式确定：

$$N_1 = K \times N_g \times A_e \tag{8-4}$$

式中　K——校正系数，在一般情况下取 1，在下列情况下取相应数值：位于旷野孤立的建筑物取 2；金属屋面的砖木结构的建筑物取 1.7；位于河边、湖边、山坡下或山地中土壤电阻率较小处，地下水露头处、土山顶部、山谷风口等处的建筑物，以及特别潮湿地带的建筑物取 1.5；

　　　　N_g——建筑物所处地区雷击大地密度 $[次/(km^2 \cdot a)]$；

　　　　A_e——建筑物截收相同雷击次数的等效面积（km^2）。

（2）建筑物所处地区雷击大地密度 N_g 可按下式确定：

$$N_g \approx 0.1 \times T_d \tag{8-5}$$

式中　T_d——年平均雷暴日（d/a），根据当地气象台、站资料确定。

（3）建筑物的等效面积 A_e 的计算方法应符合下列规定：

① 当建筑物的高度 H 小于 100m 时，其每边的扩大宽度 D 和等效面积 A_e 应按下列公式确定：

$$D = \sqrt{H(200 - H)} \tag{8-6}$$

$$A_e = [LW + 2(L + W) \cdot \sqrt{H(200 - H)} + \pi H(200 - H)] \times 10^{-6} \tag{8-7}$$

式中　L、W、H——分别为建筑物的长、宽、高（m）。

② 当建筑物的高 H 大于或等于 100m 时，其每边的扩大宽度应按等于建筑物的高 H 计算。建筑物的等效面积应按下式确定：

$$A_e = [LW + 2H(L + W) + \pi H^2] \times 10^{-6} \tag{8-8}$$

③ 当建筑物各部位的高不同时，应沿建筑物周边逐点计算出最大的扩大宽度，其等效面积 A_e 应按各最大扩大宽度外端的连线所包围的面积计算。建筑物扩大后的面积如图 5-1 中周边虚线所包围的面积。

（4）入户设施年预计雷击次数 N_2 按下式确定：

$$N_2 = N_g \times A_e' = (0.1 \times T_d) \times (A_{e1}' + A_{e2}') \tag{8-9}$$

式中　N_g——建筑物所处地区雷击大地密度 $[次/(km^2 \cdot a)]$；

　　　　T_d——年平均雷暴日（d/a），根据当地气象台、站资料确定；

A'_{e1}——电源电缆入户设施的截收面积（km²），按表8-1的规定确定；

A'_{e2}——信号线缆入户设施的截收面积（km²），按表8-1的规定确定。

入户设施的截收面积   表8-1

线路类型	有效截收面积 A'_e（km²）	线路类型	有效截收面积 A'_e（km²）
低压架空电源电缆	$2000 \times L \times 10^{-6}$	架空信号线	$2000 \times L \times 10^{-6}$
高压架空电源电缆（至现场变电所）	$500 \times L \times 10^{-6}$	埋地信号线	$2 \times d_s \times L \times 10^{-6}$
低压埋地电源电缆	$2 \times d_s \times L \times 10^{-6}$	无金属铠装和金属芯线的光纤电缆	0
高压埋地电源电缆（至现场变电所）	$0.1 \times d_s \times L \times 10^{-6}$		

注：1. L 是线路从所考虑建筑物至网络的第一个分支点或相邻建筑物的长度，单位为 m，最大值为 1000m，当 L 未知时，应采用 $L=1000\text{m}$。

    2. d_s 表示埋地引入线缆计算截收面积时的等效宽度，单位为 m，其数值等于土壤电阻率的值，最大值取 500。

（5）建筑物及入户设施年预计雷击次数 N 按式下确定：

$$N = N_1 + N_2 \tag{8-10}$$

8.4 可接受的最大年平均雷击次数 N_c 的计算

因直击雷和雷电电磁脉冲引起电子信息系统设备损坏的可接受的最大年平均雷击次数 N_c 按下式确定：

$$N_C = 5.8 \times 10^{-1}/C \tag{8-11}$$

式中 C——各类因子 C_1、C_2、C_3、C_4、C_5、C_6 之和；

      C_1——为信息系统所在建筑物材料结构因子，当建筑物屋顶和主体结构均为金属材料时，C_1 取 0.5；当建筑物屋顶和主体结构均为钢筋混凝土材料时，C_1 取 1.0；当建筑物为砖混结构时，C_1 取 1.5；当建筑物为砖木结构时，C_1 取 2.0；当建筑物为木结构时，C_1 取 2.5；

      C_2——信息系统重要程度因子，表8-2 中的 C、D 类电子信息系统 C_2 取 1；B 类电子信息系统 C_2 取 2.5；A 类电子信息系统 C_2 取 3.0；

      C_3——电子信息系统设备耐冲击类型和抗冲击过电压能力因子，一般，C_3 取 0.5；较弱，C_3 取 1.0；相当弱，C_3 取 3.0；

注："一般"指现行国家标准《低压系统内设备的绝缘配合 第 1 部分：原理、要求和试验》GB/T 16935.1 中所指的 I 类安装位置的设备，且采取了较完善的等电位连接、接地、线缆屏蔽措施；"较弱"指现行国家标准《低压系统内设备的绝缘配合 第 1 部分：原理、要求和试验》GB/T 16935.1 中所指的 I 类安装位置的设备，但使用架空线缆，因而风险大；"相当弱"指集成化程度很高的计算机、通信或控制等设备。

      C_4——电子信息系统设备所在雷电防护区（LPZ）的因子，设备在 LPZ2 等后续雷电防护区内时，C_4 取 0.5；设备在 LPZ1 区内时，C_4 取 1.0；设备在 LPZ0_B 区内时，C_4 取 1.5～2.0；

      C_5——为电子信息系统发生雷击事故的后果因子，信息系统业务中断不会产生不良后果时，C_5 取 0.5；信息系统业务原则上不允许中断，但在中断后无严重后果时，C_5 取 1.0；信息系统业务不允许中断，中断后会产生严重后果时，C_5 取 1.5～2.0；

C_6——表示区域雷暴等级因子，少雷区 C_6 取 0.8；中雷区 C_6 取 1；多雷区 C_6 取 1.2；强雷区 C_6 取 1.4。

8.5 按电子信息系统的重要性、使用性质和价值确定雷电防护等级

8.5.1 建筑物电子信息系统可根据其重要性、使用性质和价值，按表 8-2 选择确定雷电防护等级

建筑物电子信息系统雷电防护等级 表 8-2

雷电防护等级	建筑物电子信息系统
A级	1. 国家级计算中心、国家级通信枢纽、特级和一级金融设施、大中型机场、国家级和省级广播电视中心、枢纽港口、火车站枢纽、省级城市水、电、气、热等城市重要公用设施的电子信息系统； 2. 一级安全防范单位，如国家文物、档案库的闭路电视监控和报警系统； 3. 三级医院的电子医疗设备
B级	1. 中型计算中心、二级金融设施、中型通信枢纽、移动通信基站、大型体育场（馆）、小型机场、大型港口、大型火车站的电子信息系统； 2. 二级安全防范单位，如省级文物、档案库的闭路电视监控和报警系统； 3. 雷达站、微波站电子信息系统，高速公路监控和收费系统； 4. 二级医院电子医疗设备； 5. 五星及更高星级宾馆电子信息系统
C级	1. 三级金融设施、小型通信枢纽电子信息系统； 2. 大中型有线电视系统； 3. 四星及以下级宾馆电子信息系统
D级	除上述 A、B、C 级以外的一般用途的需防护电子信息设备

注：表中未列举的电子信息系统也可参照本表选择防护等级。

8.5.2 建筑物电子信息系统对 LEMP 防护等级选择说明

（1）从多方面的因素综合分析确定建筑物电子信息系统的雷电电磁脉冲防护等级，应考虑以下几个因素：

① 应根据信息系统设备对 LEMP 的敏感度和抗干扰强度的要求。

② 按建筑物防雷（外部）分类条件分析。

③ 根据建筑物用户负荷分类条件分析。

④ 根据建筑物的功能性质、建筑高度，当地气象条件来分析。

⑤ 用户对信息系统设备安全度的要求（二次设计确定）。

⑥ 对信息系统风险评估计算结果分析。

（2）根据以上条件，综合分析各种因素，从定性及定量两个方面来选择信息系统雷电防护级别，以采取相适配的技术措施；做到安全可靠，技术先进，经济适用，维护方便。

8.6 建筑物电子信息系统工程雷电防护等级分级设计方案选择表

参见表 8-3：

建筑物电子信息系统工程雷电防护设计方案选择表　　　　表 8-3

信息系统类型	防护等级	系统内容	等电位连接与共用接地			屏蔽及合理布线			电源配电系统保护(SPD)		信号端口保护(SPD)		
			总等电位连接	局部等电位连接网络	共用接地系统 $R(\Omega)$	外部屏蔽	内部屏蔽	合理布线	交流配电	直流配电	天馈信号	信号线路	计算机网络
计算机网络及应用(含数据机房、通信机房、控制室、电信接入间等)	A	国家级计算中心、信息中心、国家气象台、国家级通信枢纽、重要的军事指挥部门、大中型机场、特级和一级金融机构、国家级和省级广播电视中心(含广播电台、电视台)、枢纽港口、火车枢纽站、应急指挥中心、银行总行、国家和区域(省级)城市水、电、热等重要公用设施和电子信息系统(含调度中心)、三级医院电子仪表系统	○	Mm组合	1	○	○	○	3～4级	2级		○	○
	B	中型计算机中心、信息中心、二级金融设施、中级通信枢纽、大中城市气象台、信息中心、疾控中心、电力调度中心、交通(铁路、公路、水运)指挥调度中心;国际会议中心;大型博物馆、档案馆、会展中心、国际体育比赛场馆;省部级以上政府办公楼;大型工矿企业的计算机中心、五星及以上星级宾馆电子信息中心、二级医院电子信息系统、移动通信基站、大型体育场(馆)、小型机场、大型港口、大型火车站的电子信息系统、雷达站、微波站电子信息系统、高速公路监控和收费系统、二级安防单位的闭路监控和报警系统	○	Mm组合	1	○	○	○	2～3级	2级	○	○	○

续表

信息系统类型	防护等级	系统内容	等电位连接与共用接地			屏蔽及合理布线			电源配电系统保护(SPD)		信号端口保护(SPD)		
			总等电位连接	局部等电位连接网络	共用接地系统 $R(\Omega)$	外部屏蔽	内部屏蔽	合理布线	交流配电	直流配电	天馈信号	信号线路	计算机网络
计算机网络及应用(含数据机房、通信机房、控制室、电信接入间等)	C	三级金融设施、小型通信枢纽的电子信息系统；四星级及以下宾馆电子信息系统、一般企业、学校(大专院校)等单位的电子信息系统，超高层、高层住宅建筑群，大型、中型小区的智能化和信息化信息服务的电子信息机房等弱电用房均不低于 C 级，大中型有线电视系统，一级医院的电子信息系统	○	S-M 组合	1	○	○	○	1~2级	2级		○	○
	D	除上述 A、B、C 级以外的一般用途的需要防护的电子信息系统	○	S 或 M	1	○		○	1~2级	1级		○	○
工控计算机	A	特大型工控计算机系统，大型电站计算机控制系统	○	S 或 干线式	4	○	○	○	2~3级			○	○
	B	大型工控计算机系统，中小型电站计算机控制系统	○	S 或 干线式	4	○	○	○	2~3级			○	○
	C	中小型工控计算机系统，过程控制的信号端口(出/入)	○	S	4	○		○	1~2级			○	○
	D	数控机床，其他工控设备	○	S	10				1级			○	○
安全防范(含闭路电视监控、安防报警系统、门禁等)	A	一级安全防范单位，如国家文物、博物馆、档案馆中档案库、银行、机场、大型商场金库、省部级办公楼的文档库、大型火车站、大型客运站的安保系统	○	○S	1	○	○	○	3级	2级	○	○	○
	B	二级安全防范单位：省级文物，博物馆，档案馆中档案库，五星级及更高星级宾馆的安保系统，大、中型城市闭路监控安保系统，中型火车站、客运站的安保系统	○	S	1	○	○	○	2~3级	2级	○	○	○

续表

信息系统类型	防护等级	系统内容	等电位连接与共用接地			屏蔽及合理布线			电源配电系统保护(SPD)		信号端口保护(SPD)		
		技术措施	总等电位连接	局部等电位连接网络	共用接地系统 $R(\Omega)$	外部屏蔽	内部屏蔽	合理布线	交流配电	直流配电	天馈信号	信号线路	计算机网络
安全防范(含闭路电视监控、安防报警系统、门禁等)	C	三级安全防范单位:地级市文博馆,档案馆中档案库,三级金融机构,中型商场金库,金银营业场所安保系统,四星级及以下宾馆的安保系统	○	○S	1	○	○	○	1~2级	2级	○	○	○
	D	除上述A、B、C级以外的安保系统、大型车库管理、巡更及其他子系统	○	○	4	○		○	1级	1级			○
火灾报警及联动	A	特级建筑物(建筑高度超过100m的各类高层建筑、250m以下的超高层建筑物的火警系统,五星级以上宾馆等消防控制中心)	○	○S	1	○	○	○	3级			○	○
	B	不超过100m的高层公共建筑等,19层及以上34层以下的住宅建筑的火灾报警及联动系统,四星及以下宾馆,消防控制中心等	○	○S	1	○	○	○	2~3级			○	○
	C	二级保护对象中高层公共建筑,高度不超过24m的公共建筑,二类高层居住建筑(10~18层)的火警系统、控制室等。Ⅰ、Ⅱ类地下车库,使用面积不超过500m²的地下商场、展厅、办公等建筑的火警系统	○	○S	1	○	○	○	1~2级			○	○
	D	除上述A、B、C级以外的建筑物,建筑物高度不超过24m,除一级、二级保护对象外的公共建筑		○	4			○	1级			○	

续表

信息系统类型	防护等级	系统内容	等电位连接与共用接地			屏蔽及合理布线			电源配电系统保护(SPD)		信号端口保护(SPD)		
			总等电位连接	局部等电位连接网络	共用接地系统 R(Ω)	外部屏蔽	内部屏蔽	合理布线	交流配电	直流配电	天馈信号	信号线路	计算机网络
有线电视、有线广播、扩声	A	大型系统		○S	1		○	○	3级		○	○	
	B	大中型系统		○S	1		○	○	2~3级		○	○	
	C	中型系统		○S	1		○	○	1~2级		○	○	
	D	小型系统		○S	4		○	○					
通信基站	A	大型基站,雷达站,电信局站	○	○	1	○	○	○	3~4级	2级	○	○	○
	B	中型基站,电信局站	○	○	1	○	○	○	2~3级	2级	○	○	○
	C	小型基站,电信局站	○	○	1(或5)	○	○	○	1~2级	2级	○	○	○
	D	除上述A、B、C级以外的电信局站	○	○	5	○	○	○	1~2级	1级	○	○	○
医院及医疗场所(含大型电子医疗设备等)	A	三级医院电子医疗设备,大型心脏手术室,防微电机设备,大型医疗器械等,电子信息系统。国家级、部级疾控中心	○	○	1	○	○	○	3~4级			○	○
	B	二级医院电子信息系统,中型电子医疗设备,中型手术室、中型医疗器械等,省级疾病预防与控制中心	○	○	1	○	○	○	2~3级			○	○
	C	一级医院电子信息系统,中型医疗器械,中型电子手术室,医疗电子设备,市县级疾控中心	○	○	4	○	○	○	1~2级			○	○
	D	理疗设备,中、小型X光机等		○	4				1级			○	

63

信息系统类型	防护等级	系统内容	等电位连接与共用接地			屏蔽及合理布线			电源配电系统保护（SPD）		信号端口保护（SPD）		
			总等电位连接	局部等电位连接网络	共用接地系统 R(Ω)	外部屏蔽	内部屏蔽	合理布线	交流配电	直流配电	天馈信号	信号线路	计算机网络
住宅建筑（弱电系统主设备、计算机、通信设备、控制设备、综合布线系统、BAS系统等配套设施）	A	无	○	○	4	○	○	○	3～4级		○	○	○
	B	超高层住宅、公寓式五星级酒店的弱电系统	○	○	4	○	○	○	2～3级		○	○	○
	C	一类高层住宅群、大型综合小区，二类高层住宅建筑的所有弱电机房	○	○ S	4		○	○	1～2级		○	○	○
	D	除上述 A、B、C 类建筑外的其他建筑	○	○	10				1级			○	

注：1. 表中未列举的其他单位电子信息系统，可参照本表选择防护等级。
 2. 其他企事业单位、国际公司、国内公司应按照机房分级与性能要求，结合自身需求与投资能力确定本单位机房等级和技术要求。
 3. 各单位的机房按照哪个等级标准进行建设，应由建设单位根据数据丢失或网络中断在经济或社会上造成的损失或影响程度确定，同时还应综合考虑建设投资。等级高的机房可靠性提高，但投资也相应增加。
 4. ○表示有此功能。
 5. 表中甲、乙、丙级标准是根据《智能建筑设计标准》GB/T 50314—2006 中的设计分级而定的。
 6. 火灾报警系统中的特级、一级、二级保护对象是根据《火灾自动报警系统设计规范》GB 50116—1998 中的设计分级而定的。
 7. 有线电视系统分级标准是根据用户数量来分类的：
 大型系统：用户数≥10000；
 大中型系统：10000≥用户数≥2000；
 中型系统：2000≥用户数≥300；
 小型系统：用户数≤500。
 8. 其他分类是按建筑物性质的重要性及用户用电负荷等级来划分的。

表8-3说明：

（1）为了从多方面的因素综合分析确定建筑物电子信息系统的雷电电磁脉冲防护等级，应考虑下列几个因素：

① 应根据信息系统设备对 LEMP 的敏感度和抗干扰强度的要求。

② 按建筑物防雷（外部）分类条件分析。

③ 根据建筑物用户负荷分级条件分析。

④ 根据建筑物的功能性质、建筑高度，当地气象条件来分析。

⑤ 用户对信息系统设备安全度的要求（二次设计确定）。

⑥ 对信息系统风险评估计算结果分析。

（2）根据以上条件，综合分析各种因素，从定性及定量两个方面来选择信息系统雷电防护级别，以采取相适配的技术措施；做到安全可靠，技术先进，经济适用，维护方便。

8.7 风险评估计算示例

8.7.1 建筑物年预计雷击次数 N_1 的计算

（1）建筑物所处地区雷击大地密度

$$N_g \approx 0.1 \times T_d \tag{8-5}$$

N_g 按典型雷暴日 T_d 的取值 表8-4

T_d	$N_g[次/(km^2 \cdot a)]$	T_d	$N_g[次/(km^2 \cdot a)]$
25	2.5	60	6
40	4	90	9

（2）建筑物等效截收面积 A_e 的计算

① 当 $H < 100m$ 时，按下式计算：

每边扩大宽度：

$$D = \sqrt{H(200-H)} \tag{8-6}$$

建筑物等效截收面积：

$$A_e = [LW + 2(L+W) \cdot \sqrt{H(200-H)} + \pi H(200-H)] \times 10^{-6} \tag{8-7}$$

式中　L、W、H——分别为建筑物的长、宽、高（m）。

② 当 $H \geqslant 100m$ 时，按下式计算：

$$A_e = [LW + 2H(L+W) + \pi H^2] \times 10^{-6} \tag{8-8}$$

③ 校正系数 K 的取值：

1.0、1.5、1.7、2.0（根据建筑物所处的不同地理环境取值）。

④ N_1 值计算：

$$N_1 = K \times N_g \times A_e \tag{8-4}$$

分别代入不同的 K、N_g、A_e 值，可计算出不同的 N_1 值。

8.7.2　建筑物入户设施年预计雷击次数 N_2 的计算

（1）N_2 值计算：

$$N_2 = K \times N_g \times A'_e \tag{8-9}$$

$$A'_e = A'_{e1} + A'_{e2} \tag{8-9-1}$$

式中　A'_{e1}——电源线入户设施的截收面积（km^2），如表8-5所示；

　　　A'_{e2}——信号线入户设施的截收面积，如表8-5所示。

均按埋地引入方式计算 A'_e 值。

入户设施的截收面积（km^2） 表8-5

A'_e参数　　　　　　线缆敷设方式	$L(m)$	$d_s(m)$			备注
		100	250	500	
低压电源埋地线缆	200	0.04	0.1	0.20	$A'_{e1} = 2 \times d_s \times L \times 10^{-6}$
	500	0.10	0.25	0.50	
	1000	0.20	0.5	1.0	
高压电源埋地线缆	200	0.002	0.005	0.01	$A'_{e1} = 0.1 \times d_s \times L \times 10^{-6}$
	500	0.005	0.0125	0.025	
	1000	0.01	0.025	0.05	
埋地信号线缆	200	0.04	0.10	0.2	$A'_{e2} = 2 \times d_s \times L \times 10^{-6}$
	500	0.10	0.25	0.5	
	1000	0.20	0.5	1.0	

（2）A_e' 计算

取高压电源埋地线缆：$L = 500\text{m}$，$d_s = 250\text{m}$；埋地信号线缆：$L = 500\text{m}$，$d_s = 250\text{m}$。

查表 8-5：
$$A_e' = A_{e1}' + A_{e2}' = 0.0125 + 0.25 = 0.2625 \text{km}^2$$

8.7.3　建筑物及入户设施年预计雷击次数 N 的计算

$$N = N_1 + N_2 = K \times N_g \times A_e + N_g \times A_e' = N_g \times (KA_e + A_e') \tag{8-1}$$

电子信息系统因雷击损坏可接受的最大年平均雷击次数 N_c 的确定。

$$N_c = 5.8 \times 10^{-1}/C \tag{8-2}$$

式中　C——各类因子，取值按表 8-6。

C 的取值 表 8-6

分项　　　　　C值	大	中	小
C_1	2.5	1.5	0.5
C_2	3.0	2.5	1.0
C_3	3.0	1.0	0.5
C_4	2.0	1.0	0.5
C_5	2.0	1.0	0.5
C_6	1.4	1.2	0.8
$\sum C_i$	13.9	8.2	3.8

雷电电磁脉冲防护分级计算：

防雷装置拦截效率的计算公式：

$$E = 1 - N_c/N \tag{8-3}$$

$E > 0.98$ 时，定为 A 级；

$0.90 < E \leqslant 0.98$ 时，定为 B 级；

$0.80 < E \leqslant 0.90$ 时，定为 C 级；

$E \leqslant 0.8$ 时，定为 D 级。

取外引高压电源埋地线缆长度为 500m，外引埋地信号电缆长度为 200m，土壤电阻率取 $250\Omega \cdot \text{m}$，建筑物如表 8-6 中所列 6 种 C 值，计算结果列入表 8-7 中；

风险评估计算实例一 表 8-7

建筑物种类		电信大楼	通信大楼	医科大楼	综合办公楼	高层住宅	宿舍楼
建筑物外形尺寸(m)	L	60	54	74	140	36	60
	W	40	22	52	60	36	13
	H	130	97	145	160	68	24
建筑物等效截收面积 A_e(km²)		0.0815	0.0478	0.1064	0.1528	0.0431	0.0235
入户设施截收面积 A_e'(km²)	A_{e1}'	0.0125	0.0125	0.0125	0.0125	0.0125	0.0125
	A_{e2}'	0.1	0.1	0.1	0.1	0.1	0.1
建筑物及入户设施年预计雷击次数 N（次/a）	T_d(d) 25	0.4850	0.4007	0.5472	0.6632	0.3890	0.3400
	40	0.7760	0.6412	0.8756	1.0612	0.6224	0.5440
	60	1.1640	0.9618	1.3134	1.5918	0.9336	0.8160
	90	1.7460	1.4427	1.9701	2.3877	1.4004	1.2240
电子信息系统设备因雷击损坏可接受的最大年平均雷击次数 N_c(次/a)	各类因子 C	0.0417	0.0417	0.0417	0.0417	0.0417	0.0417
		0.0707	0.0707	0.0707	0.0707	0.0707	0.0707
		0.1526	0.1526	0.1526	0.1526	0.1526	0.1526

注：外引高压电源埋地电缆长 500m、埋地信号电缆长 200m，$\rho = 250\Omega \cdot \text{m}$，$N_c = 5.8 \times 10^{-1}/C$，$C = C_1 + C_2 + C_3 + C_4 + C_5 + C_6$。

8.8 风险评估计算程序编制

本程序主要用于建（构）筑物的信息系统和其他被保护设施进行雷电风险评估用的专用程序。

该程序操作简单，方便，人机界面友好，输入输出简单，可快速计算出工程设计人员所需的有效各项数据，对所要评估的建筑物的电子信息系统作出正确评估，确定合理的保护级别和相应的保护措施。

8.8.1 建筑物及入户设施年预计雷击次数 N_1 的计算程序

建筑物年预计雷击次数 N_1 可按式（8-4）计算：

$$N_1 = K \times N_g \times A_e$$

式中　K——校正系数，在一般情况下取 1，在下列情况下取相应数值：位于旷野孤立的建筑物取 2；金属屋面的砖木结构的建筑物取 1.7；位于河边、湖边、山坡下或山地中土壤电阻率较小处，地下水露头处、土山顶部、山谷风口等处的建筑物，以及特别潮湿地带的建筑物取 1.5；

　　N_g——建筑物所处地区雷击大地密度 $[（次/ km^2 \cdot a）]$；

　　A_e——建筑物截收相同雷击次数的等效面积（km^2）。

（1）建筑物所处地区雷击大地密度 N_g 可按式（8-5）确定：

$$N_g \approx 0.1 \times T_d$$

式中　T_d——年平均雷暴日（d/a）。

N_g 按典型雷暴日 T_a 的取值如表 8-4 所示。

（2）建筑物等效截收面积 A_e 的计算

1）当 $H<100m$ 时，按式（8-6）计算：

每边扩大宽度：

$$D = \sqrt{H(200-H)}$$

建筑物等效截收面积按式（8-7）计算：

$$A_e = [LW + 2(L+W) \cdot \sqrt{H(200-H)} + \pi H(200-H)] \times 10^{-6}$$

式中　L、W、H 分别为建筑物的长、宽、高（m）。

2）当 $H \geqslant 100m$ 时，按式（8-8）计算：

$$A_e = [LW + 2H(L+W) + \pi H^2] \times 10^{-6}$$

3）校正系数 K 的取值：

1.0、1.5、1.7、2.0（根据建筑物所处的不同地理环境取值）。

4）N_1 值按式（8-4）计算：

$$N_1 = K \times N_g \times A_e$$

分别代入不同的 K、N_g、A_e 值，可计算出不同的 N_1 值。

8.8.2 建筑物入户设施年预计雷击次数 N_2

（1）N_2 值按式（8-9）计算：

$$N_2 = N_g \times A_e'$$

67

按式（8-9）计算：$A'_e = A'_{e1} + A'_{e2}$

式中 A'_{e1}——电源线入户设施的截收面积（km²），如表 8-8 所示；

A'_{e2}——信号线入户设施的截收面积（km²），如表 8-8 所示。

均按埋地引入方式计算 A'_e 值。

线缆入户设施的截收面积（km²）   表 8-8

| A'_e 参数 线缆敷设 | L(m) | d_s(m) | | | 备注 |
		100	250	500	
低压电源埋地线缆	200	0.04	0.1	0.20	$A'_{e1}=2\times d_s\times L\times10^{-6}$
	500	0.10	0.25	0.50	
	1000	0.20	0.50	1.0	
高压电源埋地线缆	200	0.002	0.005	0.01	$A'_{e1}=0.1\times d_s\times L\times10^{-6}$
	500	0.005	0.0125	0.025	
	1000	0.01	0.025	0.05	
埋地信号线缆	200	0.04	0.10	0.2	$A'_{e2}=2\times ds\times L\times10^{-6}$
	500	0.10	0.25	0.5	
	1000	0.20	0.5	1.0	

（2）A'_e 按式（8-10）计算：

取高压电源埋地线缆：$L=500$m，$d_s=250$m；埋地信号线缆：$L=200$m，$d_s=250$m。

查表 8-8 得：$A'_e = A'_{e1} + A'_{e2}=0.0125+0.10=0.1125$km²

8.8.3 建筑物及入户设施年预计雷击次数 N

按式（8-1）计算：

$$N=N_1+N_2=K\times N_g\times A_e+N_g\times A'_e=N_g\times(KA_e+A'_e)$$

8.8.4 电子信息系统因雷击损坏可接受的最大年平均雷击次数 N_c 的确定程序

按式（8-2）计算得：$N_c=5.8\times10^{-1}/C$

式中 C——各类因子，取值如表 8-9 所示。

C 的取值   表 8-9

C 值 分项	大	中	小
C_1	2.5	1.5	0.5
C_2	3.0	2.5	1.0
C_3	3.0	1.0	0.5
C_4	2.0	1.0	0.5
C_5	2.0	1.0	0.5
C_6	1.4	1.2	0.8
$\sum C_i$	13.9	8.2	3.8

8.8.5 雷电电磁脉冲防护分级计算程序

防雷装置拦截效率按式（8-3）计算：

$$E=1-N_c/N$$

当 $E>0.98$ 时，定为 A 级；

当 $0.90<E\leqslant0.98$ 时，定为 B 级；

当 $0.80<E\leqslant0.90$ 时，定为 C 级；

当 $E \leq 0.8$ 时，定为 D 级。

8.8.6 计算实例

（1）取外引高压电源埋地线缆长度为 500m，外引埋地信号线缆长度 200m，土壤电阻率取 $250\Omega m$，建筑物如表 8-9 中所列 6 种 C 值，计算结果列入表 8-10 中。

（2）取外引低压电源、埋地线缆长度为 500m，外引埋地信号线缆长度为 200m，土壤电阻率取 $500\Omega \cdot m$，建筑物如表 8-9 中所列 6 种 C 值，计算结果列入表 8-11 中。

风险评估计算实例一 表 8-10

建筑物种类		电信大楼	通信大楼	医科大楼	综合办公楼	高层住宅	宿舍楼
建筑物外形尺寸(m)	L	60	54	74	140	36	60
	W	40	22	52	60	36	60
	H	130	97	145	160	68	24
建筑物等效截收面积 A_e(km²)		0.0815	0.0478	0.1064	0.1528	0.0431	0.0235
入户设施截收面积 A_e'(km²)	A_{e1}'	0.0125	0.0125	0.0125	0.0125	0.0125	0.0125
	A_{e2}'	0.1	0.1	0.1	0.1	0.1	0.1
建筑物及入户设施年预计雷击次数 N (次/a)	T_d(d) 25	0.4850	0.4007	0.5472	0.6632	0.3890	0.3400
	40	0.7760	0.6412	0.8756	1.0612	0.6224	0.5440
	60	1.1640	0.9618	1.3134	1.5918	0.9336	0.8160
	90	1.7460	1.4427	1.9701	2.3877	1.4004	1.2240
电子信息系统设备因雷击损坏可接受的最大年平均雷击次数 N_c(次/a)	各类因子 C	0.0417	0.0417	0.0417	0.0417	0.0417	0.0417
		0.0707	0.0707	0.0707	0.0707	0.0707	0.0707
		0.1526	0.1526	0.1526	0.1526	0.1526	0.1526

注：外引高压电源埋地电缆长 500m、埋地信号电缆长 200m，$\rho = 250\Omega \cdot m$，$N_c = 5.8 \times 10^{-1}/C$，$C = C_1 + C_2 + C_3 + C_4 + C_5 + C_6$。

电信大楼 E 值 $(E = 1 - N_c/N)$ 表 8-10-1

E \ T_d / C	25	40	60	90
13.9	0.9140	0.9463	0.9642	0.9761
8.2	0.8542	0.9089	0.9393	0.9595
3.8	0.6854	0.8034	0.8689	0.9126

医科大楼 E 值 $(E = 1 - N_c/N)$ 表 8-10-2

E \ T_d / C	25	40	60	90
13.9	0.9238	0.9524	0.9683	0.9788
8.2	0.8708	0.9193	0.9462	0.9641
3.8	0.7212	0.8257	0.8838	0.9225

高层住宅 E 值 $(E = 1 - N_c/N)$ 表 8-10-3

E \ T_d / C	25	40	60	90
13.9	0.8928	0.9330	0.9553	0.9702
8.2	0.8183	0.8864	0.9243	0.9495
3.8	0.6077	0.7548	0.8365	0.8910

通信大楼 E 值（E＝1－N_c/N）　　　　表 8-10-4

E　　T_d C	27	40	60	90
13.9	0.8959	0.9350	0.9566	0.9711
8.2	0.8236	0.8897	0.9265	0.9510
3.8	0.6192	0.7620	0.8413	0.8942

综合办公楼 E 值（E＝1－N_c/N）　　　　表 8-10-5

E　　T_d C	26	40	60	90
13.9	0.8928	0.9330	0.9553	0.9702
8.2	0.8183	0.8864	0.9243	0.9495
3.8	0.6077	0.7548	0.8365	0.8910

宿舍楼 E 值（E＝1－N_c/N）　　　　表 8-10-6

E　　T_d C	25	40	60	90
13.9	0.9371	0.9607	0.8738	0.9825
8.2	0.8934	0.9334	0.9534	0.9704
3.8	0.7699	0.8562	0.9041	0.8361

风险评估计算实例二　　　　表 8-11

建筑物种类		电信大楼	通信大楼	医科大楼	综合办公楼	高层住宅	宿舍楼
建筑物外形尺寸(m)	L	60	54	74	140	36	60
	W	40	22	52	60	36	13
	H	130	97	145	160	68	24
建筑物等效截收面积 A_e(km^2)		0.0815	0.0478	0.1064	0.1528	0.0431	0.0235
入户设施截收面积 A'_e(km^2)	A'_{e1}	0.5	0.5	0.5	0.5	0.5	0.5
	A'_{e2}	0.2	0.2	0.2	0.2	0.2	0.2
建筑物及入户设施年预计雷击次数 N（次/a）	T_d(d) 25	1.9537	1.8695	2.016	2.132	1.8577	1.8087
	40	3.1260	2.9912	3.2256	3.4112	2.9724	2.8940
	60	4.6890	4.4868	4.8384	5.1168	4.4586	4.3410
	90	7.0335	6.7302	7.2576	7.6752	6.6879	6.5115
电子信息系统设备因雷击损坏可接受的最大年平均雷击次数 N_c(次/a)	各类因子 C	0.0417	0.0417	0.0417	0.0417	0.0417	0.0417
		0.0707	0.0707	0.0707	0.0707	0.0707	0.0707
		0.1526	0.1526	0.1526	0.1526	0.1526	0.1526

注：外引高压电源埋地电缆长 500m、埋地信号电缆长 200m，$\rho=250\Omega \cdot m$，$N_c=5.8\times10^{-1}/C$，$C=C_1+C_2+C_3+C_4+C_5+C_6$。

电信大楼 E 值（E＝1－N_c/N）　　　　表 8-11-1

E　　T_d C	25	40	60	90
13.9	0.9787	0.9867	0.9911	0.9941
8.2	0.9638	0.9774	0.9849	0.9899
3.8	0.9219	0.9512	0.9675	0.9783

医科大楼 E 值 $(E=1-N_c/N)$

表 8-11-2

E C	T_d 25	40	60	90
13.9	0.9793	0.9871	0.9914	0.9943
8.2	0.9649	0.9781	0.9854	0.9903
3.8	0.9243	0.9527	0.9685	0.9790

高层住宅 E 值 $(E=1-N_c/N)$

表 8-11-3

E C	T_d 25	40	60	90
13.9	0.9776	0.9860	0.9906	0.9938
8.2	0.9619	0.9762	0.9841	0.9894
3.8	0.9179	0.9487	0.9658	0.9772

通信大楼 E 值 $(E=1-N_c/N)$

表 8-11-4

E C	T_d 25	40	60	90
13.9	0.9777	0.9861	0.9907	0.9938
8.2	0.9622	0.9764	0.9842	0.9895
3.8	0.9184	0.9490	0.9660	0.9773

综合办公楼 E 值 $(E=1-N_c/N)$

表 8-11-5

E C	T_d 25	40	60	90
13.9	0.9804	0.9878	0.9919	0.9946
8.2	0.9668	0.9793	0.9862	0.9908
3.8	0.9284	0.9553	0.9702	0.9801

宿舍楼 E 值 $(E=1-N_c/N)$

表 8-11-6

E C	T_d 25	40	60	90
13.9	0.9769	0.9856	0.9904	0.9936
8.2	0.9609	0.9756	0.9837	0.9891
3.8	0.9156	0.9473	0.9648	0.9766

8.8.7 风险评估计算实例——类别条件

（1）实例 1

外引高压埋地电源线：$L=500\text{m}$；

外引埋地信号线：$L=200\text{m}$；

土壤电阻率：$\rho=250\Omega\cdot\text{m}$；$K=1$。

（2）实例 2

外引高压埋地电源线：$L=1000$m；

外引埋地信号线：$L=1000$m；

土壤电阻率：$\rho=500\Omega\cdot$m；$K=1$。

（3）实例3

外引高压埋地电源线：$L=200$m；

外引埋地信号线：$L=500$m；

土壤电阻率：$\rho=100\Omega\cdot$m；$K=1$。

（4）实例4

外引高压埋地电源线：$L=1000$m；

外引埋地信号线：$L=500$m；

土壤电阻率：$\rho=500\Omega\cdot$m；$K=1$。

（5）实例5

外引高压埋地电源线：$L=500$m；

外引埋地信号线：$L=500$m；

土壤电阻率：$\rho=250\Omega\cdot$m；$K=1$。

（6）实例6

外引高压埋地电源线：$L=200$m；

外引埋地信号线：$L=200$m；

土壤电阻率：$\rho=100\Omega\cdot$m；$K=1$

（7）入户设施截收面积

① 高压电源埋地线缆：$A_e=0.1\times d_s\times L\times10^{-6}$；

② 低压电源埋地线缆：$A_e=2\times d_s\times L\times10^{-6}$；

③ 埋地信号线缆：$A_e=2\times d_s\times L\times10^{-6}$。

（8）$N_c=5.8\times10^{-1}/C$

C值：$C_大=13.9$；$C_中=8.2$；$C_小=3.8$。

（9）$E=1-N_c/N$

当$E>0.98$时，定为A级；

当$0.90<E\leq0.98$时，定为B级；

当$0.80<E\leq0.90$时，定为C级；

当$E\leq0.80$时，定为D级。

（10）实例1计算表如表8-10、表8-11所示。

8.8.8 计算表使用说明

1. 在表8-10中根据建筑物L、W、H的数值可自动算出A_e，其中序号1、3、4为$H\geq100$m时的计算公式。

2. 在表8-11中输入电源线长度，信号线长度及电阻率数值可自动算出A_e'；同时自动算出在不同T_d下的N值。

3. 在表8-11中算出了不同C值下的N_c值。

4. 在表8-11中，根据表8-11中得出的N值、N_c值算出E值。

5. 按防雷装置拦截效率E的计算值确定建筑物电子信息系统防雷系统雷电防护等级。

风险评估计算实例 1 计算表

表 8-12

序号	建筑类型	建筑物特征			建筑物等效截收面积 A_e(km²)	入户设施截收面积 A'_e (km²)						$N_g=0.1T_d$, $N=N_g(KA_e+A'_e)$, $N=N_1+N_2$, $N_1=N_g×A_e$, $N_2=N_g×A'_e$					$N_C=5.8×10^{-1}/C$		
		L	W	H	A_e(km²)	电源线 L(m)	信号线 L(m)	电阻率 d_s	电源线	信号线	A'_e (km²)	K	N				13.9	8.2	3.8
													25	40	60	90			
1	电信大楼	60	40	130	0.0815	500	200	250	0.0125	0.1	0.1125	1	0.485	0.776	1.164	1.746	0.0417	0.0707	0.1526
2	综合办公楼	140	60	160	0.1528	500	200	250	0.0125	0.1	0.1125	1	0.663	1.061	1.592	2.388	0.0417	0.0707	0.1526
3	医科大楼	74	52	145	0.1064	500	200	250	0.0125	0.1	0.1125	1	0.547	0.876	1.314	1.970	0.0417	0.0707	0.1526
4	高层住宅	36	36	68	0.0431	500	200	250	0.0125	0.1	0.1125	1	0.389	0.623	0.934	1.401	0.0417	0.0707	0.1526
5	通信大楼	54	22	97	0.0478	500	200	250	0.0125	0.1	0.1125	1	0.401	0.641	0.962	1.442	0.0417	0.0707	0.1526
6	宿舍楼	60	13	24	0.0235	500	200	250	0.0125	0.1	0.1125	1	0.340	0.544	0.816	1.224	0.0417	0.0707	0.1526

风险评估计算实例 E 值计算 $E=(1-N_C/N)$

表 8-13

	C	N_C	N				N_C/N				$E=(1-N_C/N)$			
	$N_C=5.8×10^{-1}/C$		25	40	60	90	25	40	60	90	25	40	60	90
电信大楼 $C_{大}$	13.9	0.0417	0.4850	0.7760	1.1640	1.7460	0.0860	0.0538	0.0358	0.0239	0.9140	0.9562	0.9642	0.9761
$C_{中}$	8.2	0.0707	0.4850	0.7760	1.1640	1.7460	0.1458	0.0911	0.0608	0.0405	0.8542	0.9089	0.9392	0.9595
$C_{小}$	3.8	0.1526	0.4850	0.7760	1.1640	1.7460	0.3147	0.1967	0.1311	0.0874	0.6853	0.8033	0.8689	0.9126
	C	N_C	N				N_C/N				$E=(1-N_C/N)$			
	$N_C=5.8×10^{-1}/C$		25	40	60	90	25	40	60	90	25	40	60	90
宿舍楼 $C_{大}$	13.9	0.0417	0.34	0.544	0.816	1.224	0.1227	0.0767	0.0511	0.0341	0.8773	0.9233	0.9489	0.9659
$C_{中}$	8.2	0.0707	0.34	0.544	0.816	1.224	0.2080	0.1300	0.0867	0.0578	0.7920	0.8700	0.9133	0.9422
$C_{小}$	3.8	0.1526	0.34	0.544	0.816	1.224	0.4489	0.2806	0.1870	0.1247	0.5511	0.7194	0.8130	0.8753

续表

综合办公楼　$N_C=5.8\times10^{-1}/C$

C		N_C	N 25	40	60	90	N_C/N 25	40	60	90	$E=(1-N_C/N)$ 25	40	60	90
$C_大$	13.9	0.0417	0.663	1.061	1.592	2.388	0.0629	0.0393	0.0262	0.0175	0.8927	0.9330	0.9553	0.9702
$C_中$	8.2	0.0707	0.663	1.061	1.592	2.388	0.1067	0.0667	0.0444	0.0296	0.8182	0.8865	0.9243	0.9495
$C_小$	3.8	0.1526	0.663	1.061	1.592	2.388	0.2302	0.1439	0.0959	0.0639	0.6076	0.7550	0.8366	0.8911

高层住宅　$N_C=5.8\times10^{-1}/C$

C		N_C	N 25	40	60	90	N_C/N 25	40	60	90	$E=(1-N_C/N)$ 25	40	60	90
$C_大$	13.9	0.0417	0.389	0.623	0.934	1.401	0.1073	0.0670	0.0447	0.0298	0.8927	0.9330	0.9553	0.9702
$C_中$	8.2	0.0707	0.389	0.623	0.934	1.401	0.1818	0.1135	0.0757	0.0505	0.8182	0.8865	0.9243	0.9495
$C_小$	3.8	0.1526	0.389	0.623	0.934	1.401	0.3924	0.2450	0.1634	0.1089	0.6076	0.7550	0.8366	0.8911

通信大楼　$N_C=5.8\times10^{-1}/C$

C		N_C	N 25	40	60	90	N_C/N 25	40	60	90	$E=(1-N_C/N)$ 25	40	60	90
$C_大$	13.9	0.0417	0.401	0.641	0.962	1.442	0.1041	0.0651	0.0434	0.0289	0.8959	0.9349	0.9566	0.9711
$C_中$	8.2	0.0707	0.401	0.641	0.962	1.442	0.1764	0.1103	0.0735	0.0491	0.8236	0.8897	0.9265	0.9509
$C_小$	3.8	0.1526	0.401	0.641	0.962	1.442	0.3806	0.2381	0.1587	0.1058	0.6194	0.7619	0.8413	0.8942

医科大楼　$N_C=5.8\times10^{-1}/C$

C		N_C	N 25	40	60	90	N_C/N 25	40	60	90	$E=(1-N_C/N)$ 25	40	60	90
$C_大$	13.9	0.0417	0.547	0.876	1.314	1.97	0.0763	0.0476	0.0318	0.0212	0.9237	0.9524	0.9682	0.9788
$C_中$	8.2	0.0707	0.547	0.876	1.314	1.97	0.1293	0.0807	0.0538	0.0359	0.8707	0.9193	0.9462	0.9641
$C_小$	3.8	0.1526	0.547	0.876	1.314	1.97	0.2790	0.1742	0.1162	0.0775	0.7210	0.8258	0.8838	0.9225

8.9 按风险管理要求进行的雷击风险评估

雷电环境的风险评估是一项复杂的工作，要考虑当地的气象环境、地质地理环境；还要考虑建筑物的重要性、结构特点和电子信息系统设备的重要性及其抗扰能力。将这些因素综合考虑后，确定一个最佳的防护等级，才能达到安全可靠、经济合理的目的。

在防雷设计时按风险管理要求对被保护对象进行雷击风险评估已成为雷电防护的最新趋势。按风险管理要求对被保护对象进行雷击风险评估工作量大，对各种资料数据的准确性、完备性要求高，目前推广实施尚存在很多困难。因此，仅对重点工程或当用户提出要求时进行，此类评估一般由专门的雷电风险评估机构实施。

按风险管理要求进行风险评估计算时，不需要进行分级。

本节主要对按风险管理要求进行的雷击风险评估的基本原则和方法进行论述，供重点工程需要进行评估时参考。

8.9.1 雷击致损原因、损害类型、损失类型

（1）根据雷击点的不同位置，雷击致损原因应分为四种：

1）致损原因 $S1$：雷击建筑物；

2）致损原因 $S2$：雷击建筑物附近；

3）致损原因 $S3$：雷击服务设施；

4）致损原因 $S4$：雷击服务设施附近。

（2）雷击损害类型应分为三类，一次雷击产生的损害可能是其中之一或其组合：

1）损害类型 $D1$：建筑物内外人畜伤害；

2）损害类型 $D2$：物理损害；

3）损害类型 $D3$：建筑物电气、电子系统失效。

（3）雷击引起的损失类型应分为四种：

1）损失类型 $L1$：人身伤亡损失；

2）损失类型 $L2$：公众服务损失；

3）损失类型 $L3$：文化遗产损失；

4）损失类型 $L4$：经济损失。

（4）雷击致损原因 S、雷击损害类型 D 以及损失类型 L 之间的关系应符合表 8-14 的规定。

S、D、L 的关系 表 8-14

雷击点	雷击致损原因 S	建筑物	
		损害类型 D	损失类型 L
	雷击建筑物 $S1$	$D1$ $D2$ $D3$	$L1$、$L4$[②] $L1$、$L2$、$L3$、$L4$ $L1$[①]、$L2$、$L4$

续表

雷击点	雷击致损原因 S	建筑物	
		损害类型 D	损失类型 L
	雷击建筑物附近 $S2$	$D3$	$L1^{①}$、$L2$、$L4$
	雷击连接到建筑物的服务设施 $S3$	$D1$ $D2$ $D3$	$L1$、$L4^{②}$ $L1$、$L2$、$L3$、$L4$ $L1^{①}$、$L2$、$L4$
	雷击连接到建筑物 的服务设施附近 $S4$	$D3$	$L1^{①}$、$L2$、$L4$

注：① 仅对有爆炸危险的建筑物和那些因内部系统失效立即危及人身生命的医院或其他建筑物。
　　② 仅对可能有牲畜损失的地方。

8.9.2　雷击损害风险和风险分量

（1）对应于损失类型，雷击损害风险应分为以下四类：

1）风险 R_1：人身伤亡损失风险；

2）风险 R_2：公众服务损失风险；

3）风险 R_3：文化遗产损失风险；

4）风险 R_4：经济损失风险。

（2）雷击建筑物 $S1$ 引起的风险分量包括：

1）风险分量 R_A：离建筑物户外 3m 以内的区域内，因接触和跨步电压造成人畜伤害的风险分量；

2）风险分量 R_B：建筑物内因危险火花触发火灾或爆炸的风险分量；

3）风险分量 R_C：LEMP 造成建筑物内部系统失效的风险分量。

（3）雷击建筑物附近 $S2$ 引起的风险分量包括：

风险分量 R_M：LEMP 引起建筑物内部系统失效的风险分量。

（4）雷击与建筑物相连服务设施 $S3$ 引起的风险分量包括：

1）风险分量 R_U：雷电流从入户线路流入产生的接触电压造成人畜伤害的风险分量；

2）风险分量 R_V：雷电流沿入户设施侵入建筑物，入口处入户设施与其他金属部件间产生危险火花而引发火灾或爆炸造成物理损害的风险分量；

3）风险分量 R_W：入户线路上感应并传导进入建筑物内的过电压引起内部系统失效的风险分量。

（5）雷击入户服务设施附近 $S4$ 引起的风险分量包括：

风险分量 R_Z：入户线路上感应并传导进入建筑物内的过电压引起内部系统失效的风

险分量。

（6）建筑物所考虑的各种损失相应的风险分量应符合表 8-15 的规定。

涉及建筑物的雷击损害风险分量　　　　表 8-15

各类损失 的风险	风险分量							
	雷击建筑物 (S1)			雷击建筑 物附近 (S2)	雷击连接到建筑物的线路 (S3)			雷击连接到建筑物 的线路附近 (S4)
人身伤亡损失 风险 R_1	R_A	R_B	R_C①	R_M①	R_U	R_V	R_W①	R_Z①
公众服务损失 风险 R_2		R_B	R_C	R_M		R_V	R_W	R_Z
文化遗产损失 风险 R_3		R_B				R_V		
经济损失 风险 R_4	R_A②	R_B	R_C	R_M	R_U②	R_V	R_W	R_Z
总风险 $R = R_D + R_I$	直接雷击风险 $R_D = R_A + R_B + R_C$			间接雷击风险 $R_I = R_M + R_U + R_V + R_W + R_Z$				

注：① 仅指具有爆炸危险的建筑物及因内部系统故障立即危及性命的医院或其他建筑物。

　　② 仅指可能出现牲畜损失的建筑物。

　　③ 各类损失相应的风险（$R_1 \sim R_4$）由对应行的分量（$R_A \sim R_Z$）之和组成。例如，$R_2 = R_B + R_C + R_M + R_V + R_W + R_Z$。

（7）影响建筑物雷击损害风险分量的因子应符合表 8-16 的规定。表中，"★"表示有影响的因子。可根据影响风险分量的因子采取针对性措施降低雷击损害风险。

建筑物风险分量的影响因子　　　　表 8-16

建筑物或内部系统的特性和保护措施	R_A	R_B	R_C	R_M	R_U	R_V	R_W	R_Z
截收面积	★	★	★	★	★	★	★	★
地表土壤电阻率	★							
楼板电阻率					★			
人员活动范围限制措施，绝缘措施，警示牌，大地等电位	★							
减小物理损害的防雷装置(LPS)	★①	★	★②	★②	★③	★③		
配合的 SPD 保护			★	★			★	★
空间屏蔽			★	★				
外部屏蔽线路					★	★	★	★
内部屏蔽线路			★	★				
合理布线			★	★				
等电位连接网络			★					
火灾预防措施		★				★		
火灾敏感度		★				★		
特殊危险		★				★		
冲击耐压			★	★	★	★	★	★

注：① 如果 LPS 的引下线间隔小于 10m，或采取人员活动范围限制措施时，由于接触和跨步电压造成人畜伤害的风险可以忽略不计。

　　② 仅对于减小物理损害的格栅形外部 LPS。

　　③ 等电位连接引起。

8.9.3　风险管理

（1）建筑物防雷保护的决策以及保护措施的选择应按以下程序进行：

1）确定需评估对象及其特性；

2）确定评估对象中可能的各类损失以及相应的风险 $R_1 \sim R_4$；

3）计算风险 $R_1 \sim R_4$，各类损失相应的风险（$R_1 \sim R_4$）由表 8-15 中对应行的分量（$R_A \sim R_Z$）之和组成；

4）将建筑物风险 R_1、R_2 和 R_3 与风险容许值 R_T 作比较来确定是否需要防雷；

5）通过比较采用或不采用防护措施时造成的损失代价以及防护措施年均费用，评估采用防护措施的成本效益。为此需对建筑物的风险分量 R_4 进行评估。

（2）风险评估需考虑下列建筑物特性，考虑对建筑物的防护时不包括与建筑物相连的户外服务设施的防护：

1）建筑物本身；

2）建筑物内的装置；

3）建筑物的内存物；

4）建筑物内或建筑物外 3m 范围内的人员数量；

5）建筑物受损对环境的影响。

注：所考虑的建筑物可能会划分为几个区。

（3）风险容许值 R_T 应由相关职能部门确定。表 8-17 给出涉及人身伤亡损失、社会价值损失以及文化价值损失的典型 R_T 值。

风险容许值 R_T 的典型值　　　　　　　　　　　　　表 8-17

损 失 类 型	R_T
人身伤亡损失	10^{-5}
公众服务损失	10^{-3}
文化遗产损失	10^{-3}

（4）评估一个对象是否需要防雷时，应考虑建筑物的风险 R_1、R_2 和 R_3。对于上述每一种风险，应当采取以下步骤（图 8-1）：

1）识别构成该风险的各分量 R_x；

2）计算各风险分量 R_x；

3）计算出 $R_1 \sim R_3$；

4）确定风险容许值 R_T；

5）与风险容许值 R_T 比较。如对所有的风险 R 均小于或等于 R_T，不需要防雷；如果某风险 R 大于 R_T，应采取保护措施减小该风险，使 R 小于或等于 R_T。

（5）除了建筑物防雷必要性的评估外，为了减少经济损失 L_4，宜评估采取防雷措施的成本效益。保护措施成本效益的评估步骤（图 8-2）包括下列内容：

1）识别建筑物风险 R_4 的各个风险分量 R_x；

2）计算未采取防护措施时各风险分量 R_x；

3）计算每年总损失 C_L；

4）选择保护措施；

5）计算采取保护措施后的各风险分量 R_X；

6）计算采取防护措施后仍造成的每年损失 C_{RL}；

7）计算保护措施的每年费用 C_{PM}；

8）费用比较。如果 C_L 小于 C_{RL} 与 C_{PM} 之和，则防雷是不经济的。如果 C_L 大于或等于 C_{RL} 与 C_{PM} 之和，则采取防雷措施在建筑物的使用寿命期内可节约开支。

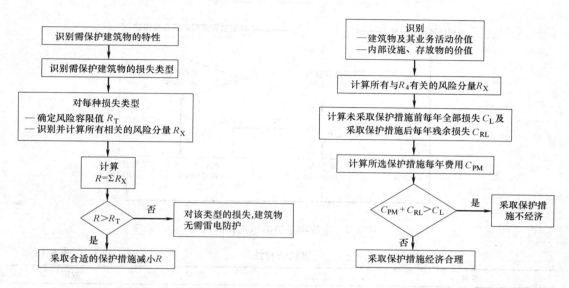

图 8-1 防雷必要性的决策流程　　　　图 8-2 评价保护措施成本效益的流程

（6）应根据每一风险分量在总风险中所占比例并考虑各种不同保护措施的技术可行性及造价，选择最合适的防护措施。应找出最关键的若干参数以决定减小风险的最有效防护措施。对于每一类损失，可单独或组合采用有效的防护措施，从而使 R 小于或等于 R_T（图 8-3）。

（7）按风险管理要求进行雷击风险评估计算实例

按风险管理要求进行雷击风险评估主要依据《雷电防护　第 2 部分：风险管理》GB/T 21714.2—2008。评估防雷措施必要性时涉及的建筑物雷击损害风险包括人身伤亡损失风险 R_1、公众服务损失风险 R_2 以及文化遗产损失风险 R_3，应根据建筑物特性和有关管理部门规定确定需计算何种风险。

评估办公楼是否需防雷（无需评估采取保护措施的成本效益）的计算实例：

需确定人身伤亡损失的风险 R_1（计算表 8-15 的各个风险分量），与容许风险 $R_T =$ 10^{-5} 相比较，以决定是否需采取防雷措施，并选择能降低这种风险的保护措施。

1）有关的数据和特性

表 8-18～表 8-20 分别给出：

——建筑物本身及其周围环境的数据和特性；

——内部电气系统及入户电力线路的数据和特性；

——内部电子系统及入户通信线路的数据和特性。

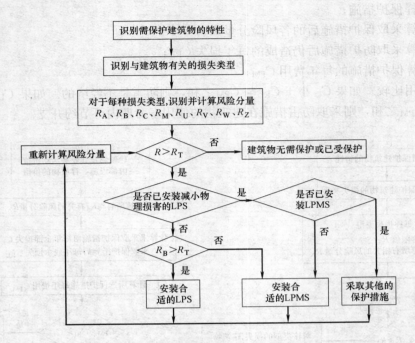

图 8-3 建筑物保护措施选择的流程

建筑物特性 表 8-18

参数	说明	符号	数值
尺寸（m）	—	$L_b \times W_b \times H_b$	$40 \times 20 \times 25$
位置因子	孤立	C_d	1
减少物理损害的 LPS	无	P_B	1
建筑物的屏蔽	无	K_{S1}	1
建筑物内部的屏蔽	无	K_{S2}	1
雷击大地密度［次/(km² · a)］	—	N_g	4
建筑物内外人员数	户外和户内	n_t	200

内部电气系统以及相连供电线路的特性 表 8-19

参数	说明	符号	数值
长度（m）	—	L_c	200
高度（m）	架空	H_c	6
HV/LV 变压器	无	C_t	1
线路位置因子	孤立	C_d	1
线路环境因子	农村	C_e	1
线路屏蔽性能	非屏蔽线路	P_{LD}	1
		P_{LI}	0.4
内部合理布线	无	K_{S3}	1
设备耐受电压 U_w	$U_w = 2.5$ kV	K_{S4}	0.6
匹配的 SPD 保护	无	P_{SPD}	1
线路"a"端建筑物的尺寸（m）	无	$L_a \times W_a \times H_a$	—

内部通信系统以及相连通信线路的特性 表 8-20

参数	说明	符号	数值
土壤电阻率（Ω·m）	—	ρ	250
长度（m）	—	L_c	1000
高度（m）	埋地	—	—
线路位置因子	孤立	C_d	1
线路环境因子	农村	C_e	1
线路屏蔽性能	非屏蔽线路	P_{LD}	1
		P_{LI}	1
内部合理布线	无	K_{S3}	1
设备耐受电压 U_w	$U_w = 1.5$ kV	K_{S4}	1
匹配的 SPD 保护	无	P_{SPD}	1
线路"a"端建筑物的尺寸（m）	无	$L_a \times W_a \times H_a$	—

2）办公楼的分区及其特性

考虑到：

——入口、花园和建筑物内部的地表类型不同；

——建筑物和档案室都为防火分区；

——没有空间屏蔽；

——假定计算机中心内的损失率 L_X 比办公楼其他地方的损失率小。

划分以下主要的区域：

——Z_1（建筑物的入口处）；

——Z_2（花园）；

——Z_3（档案室——是防火分区）；

——Z_4（办公室）；

——Z_5（计算机中心）。

$Z_1 \sim Z_5$ 各区的特性分别在表 8-21～表 8-25 中给出。考虑到各区中有潜在危险的人员数与建筑物中总人员数的情况，经防雷设计人员的分析判断，决定与 R_1 相关的各区的损失率不取 GB 50343—2012 中表 B.5.21-1 的数值，而作了适当的减小。

Z_1 区的特性 表 8-21

参数	说明	符号	数值
地表类型	大理石	r_a	10^{-3}
电击防护	无	P_A	1
接触和跨步电压造成的损失率	有	L_t	2×10^{-4}
该区中有潜在危险的人员数	—	—	4

Z_2 区的特性 表 8-22

参数	说明	符号	数值
地表类型	草地	r_a	10^{-2}
电击防护	栅栏	P_A	0
接触和跨步电压造成的损失率	有	L_t	10^{-4}
该区中有潜在危险的人员数	—	—	2

Z₃ 区的特性 表 8-23

参数	说明	符号	数值
地板类型	油毡	r_u	10^{-5}
火灾危险	高	r_f	10^{-1}
特殊危险	低度惊慌	h_z	2
防火措施	无	r_p	1
空间屏蔽	无	K_{S2}	1
内部电源系统	有	连接到低压电力线路	—
内部电话系统	有	连接到电信线路	—
接触和跨步电压造成的损失率	有	L_t	10^{-5}
物理损害造成的损失率	有	L_f	10^{-3}
该区中有潜在危险的人员数	—	—	20

Z₄ 区的特性 表 8-24

参数	说明	符号	数值
地板类型	油毡	r_u	10^{-5}
火灾危险	低	r_f	10^{-3}
特殊危险	低度惊慌	h_z	2
防火措施	无	r_p	1
空间屏蔽	无	K_{S2}	1
内部电源系统	有	连接到低压电力线路	—
内部电话系统	有	连接到电信线路	—
接触和跨步电压造成的损失率	有	L_t	8×10^{-5}
物理损害造成的损失率	有	L_f	8×10^{-3}
该区中有潜在危险的人员数	—	—	160

Z₅ 区的特性 表 8-25

参数	说明	符号	数值
地板类型	油毡	r_u	10^{-5}
火灾危险	低	r_f	10^{-3}
特殊危险	低度惊慌	h_z	2
防火措施	无	r_p	1
空间屏蔽	无	K_{S2}	1
内部电源系统	有	连接到低压电力线路	—
内部电话系统	有	连接到电信线路	—
接触和跨步电压造成的损失率	有	L_t	7×10^{-6}
物理损害造成的损失率	有	L_f	7×10^{-4}
该区中有潜在危险的人员数	—	—	14

3）相关量的计算

表 8-26、表 8-27 分别给出截收面积以及预期危险事件次数的计算结果。

建筑物和线路的截收面积   表 8-26

符 号	数值（m²）
A_d	2.7×10^4
$A_{l(电力线)}$	4.5×10^3
$A_{i(电力线)}$	2×10^5
$A_{l(通信线)}$	1.45×10^4
$A_{i(通信线)}$	3.9×10^5

预期的年平均危险事件次数   表 8-27

符 号	数值（次/a）
N_D	1.1×10^{-1}
$N_{L(电力线)}$	1.81×10^{-2}
$N_{I(电力线)}$	8×10^{-1}
$N_{L(通信线)}$	5.9×10^{-2}
$N_{I(通信线)}$	1.581

4）风险计算

表 8-28 中给出了各区风险分量以及风险 R_1 的计算结果。

各区风险分量值（数值×10^{-5}）   表 8-28

	Z1 （入口处）	Z2 （花园）	Z3 （档案室）	Z4 （办公室）	Z5 （计算机中心）	合计
R_A	0.002	0				0.002
R_B			2.210	0.177	0.016	2.403
$R_{U(电力线)}$			≈0	≈0	≈0	≈0
$R_{V(电力线)}$			0.362	0.029	0.002	0.393
$R_{U(通信线)}$			≈0	≈0	≈0	≈0
$R_{V(通信线)}$			1.180	0.094	0.008	1.282
合计	0.002	0	3.752	0.300	0.026	4.080

5）结论

$R_1 = 4.08 \times 10^{-5}$ 高于容许值 $R_T = 10^{-5}$，需增加防雷措施。

6）保护措施的选择

表 8-29 中给出了风险分量的组合。

R_1 的各风险分量按不同的方式组合得到的各区风险（数值×10^{-5}）   表 8-29

	Z_1 （入口处）	Z_2 （花园）	Z_3 （档案室）	Z_4 （办公室）	Z_5 （计算机中心）	建筑物
R_D	0.002	0	2.210	0.177	0.016	2.405
R_I	0	0	1.542	0.123	0.010	1.673
合计	0.002	0	3.752	0.300	0.026	4.080
R_S	0.002	0	≈0	≈0	≈0	0.002
R_F	0	0	3.752	0.300	0.026	4.312
R_O	0	0	0	0	≈0	0
合计	0.002	0	3.752	0.300	0.026	4.080

其中：

$R_D = R_A + R_B + R_C$；

$R_I = R_M + R_U + R_V + R_W + R_Z$；

$R_S = R_A + R_U$；

$R_F = R_B + R_V$；

$R_O = R_M + R_C + R_W + R_Z$。

由表 8-29 可看出建筑物的风险主要是损害成因 S1 及 S3 在 Z_3 区中由物理损害产生的风险，占总风险的 92%。

根据表 8-28，Z_3 中对风险 R1 起主要作用的风险分量有：

——分量 R_B 占 54%；

——分量 R_V（电力线）约占 9%；

——分量 R_V（通信线）约占 29%。

为了把风险降低到容许值以下，可以采取以下保护措施：

① 安装符合《雷电防护 第 3 部分：建筑物的物理损坏和生命危险》GB/T 21714.3—2008 要求的减小物理损害的 Ⅳ 类 LPS，以减少分量 R_B；在入户线路上安装 LPL 为 Ⅳ 级的 SPD。前述 LPS 无格栅形空间屏蔽特性。表 8-19～表 8-20 中的参数将有以下变化：

$P_B = 0.2$；

$P_U = P_V = 0.03$（由于在入户线路上安装了 SPD）。

② 在档案室（Z_3 区）中安装自动灭火（或监测）系统以减少该区的风险 R_B 和 R_V，并在电力和电话线路入户处安装 LPL 为 Ⅳ 级的 SPD。表 8-19、表 8-20 和表 8-23 中的参数将有以下变化：

Z_3 区的 r_p 变为 $r_p = 0.2$；

$P_U = P_V = 0.03$（由于在入户线路上安装了 SPD）。

采用上述措施后各区的风险值如表 8-30 所示。

两种防护方案得出的 R_1 值（数值×10^{-5}） 表 8-30

	Z_1	Z_2	Z_3	Z_4	Z_5	合计
方案 1	0.002	0	0.488	0.039	0.003	0.532
方案 2	0.002	0	0.451	0.180	0.016	0.649

两种方案都把风险降低到了容许值之下，考虑技术可行性与经济合理性后选择最佳解决方案。

（8）关于 N_c 值的取值问题

电子信息系统设备因雷击损坏可接受的最大年平均雷击次数 N_c 值，至今，国内外尚无一个统一的标准，一般由各国自行确定。

在本规范中，将 N_c 值调整为 $N_c = 5.8 \times 10^{-1}/C$，这样得出的结果：在少雷区或中雷区，防雷工程按 A 级设计的概率为 10% 左右；按 B 级设计的概率为 50%～60%；少数设计为 C 级和 D 级。这样的一个结果我们认为是合乎我国实际情况的，也是科学的。

在旧国标 GB 50343—2004 中，$N_c = 5.8 \times 10^{-1.5}/C$，在本手册第一版第 70 页中，已就 N_c 值计算取值结果做出分析，在此不再论证。在新版规范 GB 50343—2012 中改为 $5.8 \times 10^{-1}/C$，相对比较合理，应按此值计算。

第九章 建筑物电子信息系统防雷与接地设计

9.1 防雷与接地工程设计原则

（1）建筑物防雷装置（外部防雷）分类标准及设计应严格按照《建筑物防雷设计规范》GB 50057—2010 国家标准执行。建筑物电子信息系统（内部防雷）的防雷设计，应按《建筑物电子信息系统防雷技术规范》GB 50343—2012 执行，电子信息系统应采用外部防雷（防直击雷）和内部防雷（防雷电电磁脉冲）等措施进行综合防护。

（2）雷电防护设计应坚持预防为主、安全第一的原则，这就是说，凡是雷电可能侵入电子信息系统的通道和途径，都必须预先考虑到，采取相应的防护措施，尽量将雷电高电压、大电流堵截消除在电子信息设备之外，对残余雷电电磁影响，也要采取有效措施将其疏导入大地，这样才能达到对雷电的有效防护。

（3）在进行防雷工程设计时，应认真调查建筑物电子信息系统所在地点的地理、地质以及土壤、气象、环境、雷电活动、信息设备的重要性和雷击事故后果的严重程度等情况，对现场的电磁环境进行风险评估，这样，才能以尽可能低的造价建造一个有效的雷电防护系统，达到合理、科学、经济的设计。

（4）建筑物电子信息系统遭受雷电的影响是多方面的，既有直接雷击，又有雷电电磁脉冲，还有接闪器接闪后由接地装置引起的地电位反击。在进行防雷设计时，不但要考虑防直接雷击，还要防雷电电磁脉冲和地电位反击等，因此，必须进行综合防护，才能达到预期的防雷效果。

（5）需要保护的电子信息系统必须采取等电位连接与接地保护措施。

（6）建筑物电子信息系统应根据需要保护的设备数量、类型、重要性、耐冲击电压额定值及所要求的电磁场环境等情况选择下列雷电电磁脉冲的防护措施：

① 等电位连接和接地；

② 电磁屏蔽；

③ 合理布线；

④ 能量配合的电涌保护器防护。

（7）为了确保电子信息系统的正常工作及工作人员的人身安全、抑制电磁干扰，建筑物内电子信息系统必须采取等电位连接与接地保护措施。

（8）雷电电磁脉冲（LEMP）会危及电气和电子信息系统，因此应采取 LEMP 防护措施以避免建筑物内部的电气和电子信息系统失效。

① 工程设计时应按照需要保护的设备数量、类型、重要性、耐冲击电压水平及所处雷电环境等情况，选择最适当的 LEMP 防护措施。在防雷区（LPZ）边界采用空间屏蔽、内部线缆屏蔽和设置能量协调配合的电涌保护器等措施，使内部系统设备得到良好保护，

并要考虑技术条件和经济因素。

② 雷电流及相关的磁场是电子信息系统的主要危害源。就防护而言，雷电电场影响通常较小，所以雷电防护应主要考虑对雷击电流产生的磁场进行屏蔽。

（9）建筑物电子信息系统的综合防雷系统

综合防雷系统中的外部和内部防雷措施按建筑物电子信息系统的防护特点划分，内部防雷措施包含在电子信息系统设备中各传输线路端口分别安装与之适配的浪涌保护器（SPD），其中电源SPD不仅具有抑制雷电过电压的功能，同时还具有抑制操作过电压的作用。综合防雷系统方框图如图9-1所示。

（10）建筑物电子信息系统各子系统的保护分级、系统规模分级，应按国家相关标准分级，各系统设备及系统配置原则应按相关标准执行。

（11）建筑物电子信息系统的防雷与接地系统设计，应做到安全可靠，经济合理，多重设防、综合防护、施工方便、维护简便。

（12）建筑物电力系统与弱电系统的线路宜分开敷设，并应符合国家相关技术要求。

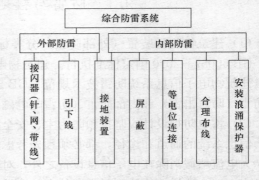

图9-1 建筑物电子信息系统综合防雷框图

（13）接地：需要保护的电子信息系统必须采取等电位连接与接地保护措施。电子信息系统的防雷接地应与交流工作接地、直流工作接地、安全保护接地共用一组接地装置，接地装置的接地电阻值必须按接入设备中要求的最小值确定。

电子信息系统接地应根据各系统设备具体要求，采用单独接地体或联合共用接地体，也可采用混合式接地系统，接地系统均应安全可靠。采用单独接地体时，接地电阻不大于4Ω，采用共用接地体时，接地电阻不大于1Ω（当有困难时，可酌情降低阻值）。

接地装置应利用建筑物的自然接地体，当自然接地体的接地电阻达不到要求时必须增加人工接地体。接地装置设计，应考虑土壤干燥或冻结等季节变化的影响，接地电阻在四季中均应符合要求。

（14）建筑物电子信息系统的主要机房内的设备金属机箱体、壳体、机架等金属组件与建筑物的共用接地系统均应做等电位连接，形成一个等电位连接网络。

等电位连接网络的形式分为S型星形结构和M型网型结构。

（15）建筑物内的下列金属导体应做总等电位连接，即将下列导电体用总等电位连接线互相连接，并与建筑物内总接地端子板相连接。

① PE、PEN干线；

② 电气装置接地极的接地干线；

③ 建筑物内的水管、煤气管、供暖管道和空调管道等金属管道；

④ 可利用的建筑物内金属构件等导电体。

来自建筑物外的上述金属导体，应尽量靠近建筑物入口处做总等电位连接。总等电位连接主母线的截面不应小于电气装置中最大PE干线截面的一半，连接线采用铜线时，最小值不得小于 16mm²，其截面可不大于 25mm²。当采用其他金属时，其截面的载流量应与其相当。

（16）建筑物内当一个电气装置，或装置的一部分内发生故障情况下自动切断供电的间接接触保护条件不能满足时，应设置局部等电位连接。

① 局部等电位连接应包括所有可同时触及的固定式设备的外露可导电部分，水管、煤气管、供暖管道和空调管道等金属管道，建筑物金属构件等外部可导电部分以及 PE、PEN 线等用局部等电位连接线相连接。

② 局部等电位连接可由专门的端子板引出，亦可从电气装置中 PE 母线处引出。连接线截面不应小于该电气装置中最大 PE 线截面的一半，电气装置之间的连接线截面不应小于其中较小 PE 线的截面，电气装置与水暖管道、建筑构件的连接线截面不应小于该设备 PE 线截面的一半。

③ 局部等电位连接线应满足机械强度的要求，其最小截面可根据 PE 线的规定确定。

（17）在建筑物内应设置总接地端子板，并必须与下列导线连接：

① 电气装置的接地装置或重复接地装置的接地线；

② PE 线、PEN 线及 N 线干线；

③ 等电位连接干线。

总接地端子板应装设在便于装置和检查以及接近各种引入线的位置，避免装设在潮湿或有腐蚀性蒸汽或气体易于受机械损伤的地方。

端子板的连接点应具有牢固的机械强度和良好的电气持续性。

（18）低压配电系统接地的形式应根据工程的特点、环境、场所及要求等因素选择。

（19）建筑物电子信息系统在电气设备的选择及线路敷设时应考虑电磁兼容问题，并采取相应防护措施。在建筑物内或建筑物周围环境内存在较强干扰源时，应采取相应的屏蔽防护措施。

9.2 等电位连接与共用接地系统设计

在 GB 50343—2012 规范中，5.1.2 条为强制性条文："需要保护的电子信息系统必须采取等电位连接与接地保护措施。"

9.2.1 为保证设备和操作人员的安全，所有各类电气、电子信息设备均应采取等电位连接与接地措施，以减小防雷空间内，各种金属部件和各种系统之间的电位差。采取的等电位连接措施是将建筑物电气安全的等电位连接连成一体。等电位连接的主要做法如下：

（1）用连接导线（或导体）或电涌保护器（SPD），将处在需要防雷的空间内的防雷装置、电气设备的接地线、PE 线、金属门窗、金属地板、电梯轨道、电缆桥架、各种金属管路、电缆外皮、信息系统的金属部件（包括箱体、壳体、机架）及系统等电位连接网等，以最短的路径互相连接（或焊接）起来。各导电物之间宜附加多次互相连接，形成统一的等电位连接系统。

（2）建筑物信息系统的防雷接地是共用接地的组成部分，应按"法拉第笼"原理将建筑物楼顶的防雷接闪装置（针、带、网），各类天线竖杆（架），金属管道及设施，各层均压环，建筑物楼、板、柱，基础地网的钢筋等，连接（焊接或绑扎）成电气上连通的笼式结构，以提供雷电流良好的泄放途径，使整个建筑物大楼各层近似处于等电位状态。在各层强电、弱电竖井内及一些合适的部位预埋等电位连接（接地）端子板，以备之后信息系统等电位连接与接地使用。对钢筋混凝土结构或钢结构建筑，或具有屏蔽作用的建筑物，可仅在地平线处做等电位连接。

（3）非钢筋混凝土结构或非钢结构的建筑物，或没有屏蔽作用的高层建筑，防雷引下线应在垂直间距不大于 20m 的每个间隔处做一次等电位连接。当建筑物外墙上有水平金属环时，或 30m 以上设有防侧击雷均压环时，防雷引下线均应与这些装置之间做等电位连接。

（4）总接地端子板应与总等电位连接带相连，各楼层接地端子板应与各楼层等电位连接带或等电位连接端子板相连接。接地干线应在竖直上、下两端及防雷区的交界处，与等电位连接带相连接。建筑物弱电竖井内的 PE 保护线，其垂直部位上、下两端应做等电位连接。当某楼层设有信息系统机房时，应增设机房等电位连接端子板。

（5）建筑物内当某电气装置，或装置内的一部分发生接地故障情况下自动切断供电的间接接触保护条件不能满足时，应设置局部等电位连接。局部等电位连接应包括各电气装置机壳、金属管道和建筑物金属构件等以及 PE、PEN 线。局部等电位连接线截面不应小于该电气装置其中较小 PE 线的截面。PE 线的截面小于等于相线的二分之一。

（6）穿过各防雷区界面以及在一个防雷区内部的金属管线和各个系统，均应在界面处做等电位连接。LPZ0$_B$ 与 LPZ1 区交界处做总等电位连接。对于穿过各后续防雷区界面的所有导电物、电力线、通信线、信号线等，均应在界面处做局部等电位连接。并采用局部等电位连接带做等电位连接。

（7）用于等电位连接的接线夹和电涌保护器（SPD），应分别按国标 GB 50057—2010 和 GB 50343—2012 中相关要求，估算所通过的雷电流值，以便选择合适 SPD 的容量。电涌保护器必须能承受预期通过它们的雷电流，同时尚应满足通过电涌时的最大钳压，并有能力熄灭在雷电流通过后产生的工频续流。

（8）在正常情况下，信息系统的等电位连接网与共用接地系统的连接，应在防雷区的交界面处进行接地等电位连接。当由于工艺技术要求或其他原因，被保护的信息设备的位置不设在防雷区界面处，而是设在其附近，其线路会承受可能发生的电涌时，电涌保护器可安装在被保护的信息设备处；而线路的金属保护层或屏蔽层，宜首先在防雷区界面处做一次等电位连接。

（9）等电位连接可根据不同材料选择适当、可靠的连接方式。根据不同的材料采用焊接、熔接和栓接等连接方法。

（10）非正常导电金属构件的等电位连接：

进入设有信息系统的建筑物（LPZ0$_B$ 区进入 LPZ1 区）的各类水管，供暖管、燃油管、煤气管等金属管道和各类线缆的金属外护套层，在进入建筑物处应与总等电位连接带连接。电源系统的保护接地线（PE），电源线及信号线的 SPD，应与总等电位连接带相连接。

进入信息系统机房（LPZ1 区进入 LPZ2 区）的金属管线及线缆屏蔽金属层应与辅助等电位连接带相连。

9.2.2　各种保护及功能性接地应采用共用接地系统,其接地装置的接地电阻应按信息系统设备中要求的最小值一项确定。

(1) 建筑物的防雷接地和电气、电子设备的安全保护接地,交流工作接地(功率地),直流工作接地(信号地,逻辑地),屏蔽接地,防静电接地等。各种保护及功能性接地应采用综合共用接地系统;建筑物应做总等电位连接,局部做辅助等电位连接。当有特殊要求时也可采用独立接地,有关各系统接地电阻值参数可参见如表 9-1 所示数值。

电子信息系统的接地电阻值附表　　　　　　　　　表 9-1

电子信息系统名称	接地装置型式及接地电阻(Ω)	
	单独接地装置	共用接地装置
保安监控,闭路电视,扩声,对讲,同声传译,BAS 系统	<4	<1
计算机网络	<4	<1
通信基站 程控电话机	<5 <10[①]	<1
综合布线(屏蔽)系统	<4	<1
消防报警及联动控制	<4	<1
天线系统	<4	<1
有线广播系统	<4	<1

注: 通信基站的接地电阻值,对于年雷电日小于 20d 的地区,接地电阻值可不大于 10Ω。

(2) 宜利用建筑物(或构筑物)的基础钢筋地网(或桩基网)作为共用接地系统的接地装置。

9.2.3　配置有信息系统设备的机房内应设等电位连接网络,电气和电子设备的金属外壳和机柜、机架、计算机直流地、防静电接地、金属屏蔽线缆外层、安全保护地及各种SPD 接地端均应以最短的距离就近与等电位连接网络直接连接。

机房内电子信息设备应做等电位连接。等电位连接的结构形式应采用 S 型、M 型或它们的组合(图 9-2)。电气和电子设备的金属外壳、机柜、机架、金属管、槽、屏蔽线缆金属外层、电子设备防静电接地、安全保护接地、功能性接地、浪涌保护器接地端均应以最短的距离与 S 型结构的接地基准点或 M 型结构的网格连接。机房等电位连接网络应与共用接地系统连接。

9.2.4　各型等电位结构网络的应用及选择

(1) S 型结构一般宜用于电子信息设备相对较少(面积 100m² 以下)的机房或局部的系统中,如消防、建筑设备监控系统、扩声等系统。当采用 S 型结构局部等电位连接网络时,电子信息设备所有的金属导体,如机柜、机箱和机架应与共用接地系统独立,仅通过作为接地参考点(EPR)的唯一等电位连接母排与共用接地系统连接,形成 S_S 型单点等电位连接的星形结构。采用星形结构时,单个设备的所有连线应与等电位连接导体平行,避免形成感应回路。

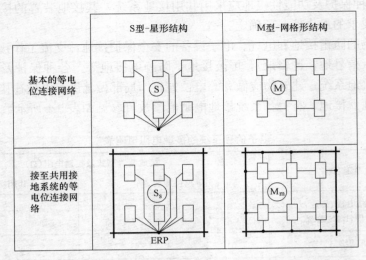

图 9-2　电子信息系统等电位连接网络的基本方法

———共用接地系统；——等电位连接导体；

▢ 设备；·等电位连接网络的连接点；

ERP 接地基准点；S_S 单点等电位连接的星形结构；

M_m 网状等电位连接的网格形结构

（2）采用 M 型网格形结构时，机房内电气、电子信息设备等所有的金属导体，如机柜、机箱和机架不应与接地系统独立，应通过多个等电位连接点与接地系统连接，形成 M_m 型网状等电位连接的网格形结构。当电子信息系统分布于较大区域，设备之间有许多线路，并且通过多点进入该系统内时，适合采用网格形结构，网格大小宜为 0.6～3m。

（3）在一个复杂系统中，可以结合两种结构（星形和网格形）的优点，如图 9-3 所示，构成组合 1 型（S_S 结合 M_m）和组合 2 型（M_S 结合 M_m）。

（4）电子信息系统设备信号接地即功能性接地，所以机房内 S 型和 M 型结构形式的等电位连接也是功能性等电位连接。对功能性等电位连接的要求取决于电子信息系统的频率范围、电磁环境以及设备的抗干扰/频率特性。

根据工程中的做法：

① S 型星形等电位连接结构适用于 1MHz 以下低频率电子信息系统的功能性接地。

② M 型网格形等电位连接结构适用于频率达 1MHz 以上电子信息系统的功能性接地。每台电子信息设备宜用两根不同长度的连接导体与等电位连接网格连接，两根不同长度的连接导体与等电位连接网格连接，两根不同长度的连接导体应避开或远离干扰频率的 1/4 波长或奇数倍，同时要为高频干扰信号提供一个低阻抗的泄放通道。否则，连接导体的阻抗增大或为无穷大，不能起到等电位连接与接地的作用。

各接地端子板应设置在便于安装和检查的位置，不得设置在潮湿或有腐蚀性气体及易受机械损伤的地方。等电位接地端子板的连接点应满足机械强度和电气连续性的要求。

表 9-2 是各类等电位连接端子板之间的连接导体的最小截面积：垂直接地干线采用多股铜芯导线或铜带，最小截面积 50mm²；楼层等电位连接端子板与机房局部等电位连接端子板之间的连接导体，材料为多股铜芯导线或铜带，最小截面积 25mm²；机房局部等

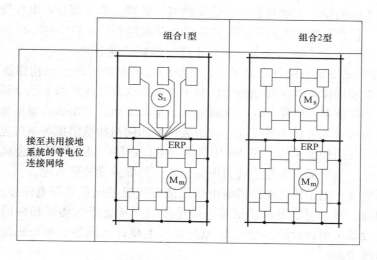

图 9-3 电子信息系统等电位连接方法的组合

——共用接地系统;   ERP 接地参考点;

——等电位连接导体; S_S 单点等电位连接的星形结构;

☐ 设备; M_m 网状等电位连接的网格形结构;

• 等电位连接网络的连接点; M_s 单点等电位连接的网格形结构

电位连接端子板之间的连接导体材料用多股铜芯导线,最小截面积 16mm²;机房内设备与等电位连接网格或母排用多股铜芯导线,最小截面积 6mm²;机房内等电位连接网格材料用铜箔或多股铜芯导体,最小截面积 25mm²。这些是根据《雷电防护　第 4 部分:建筑物内电气和电子系统》GB/T 21714.4—2008 和我国工程实践及工程安装图集综合编制的。

各类等电位连接导体的最小截面积　　　　表 9-2

名　称	材　料	最小截面积(mm²)
垂直接地干线	多股铜芯导线或铜带	50
楼层端子板与机房局部端子板之间的连接导体	多股铜芯导线或铜带	25
机房局部端子板之间的连接导体	多股铜芯导线	16
设备与机房等电位连接网络之间的连接导体	多股铜芯导线	6
机房网格	铜箔或多股铜芯导体	25

表 9-3 各类等电位接地端子板最小截面积是根据我国工程实践中总结得来的。表中为最小截面积要求,实际截面积应按工程具体情况确定。

各类等电位接地端子板最小截面积　　　　表 9-3

名　称	材　料	最小截面积(mm²)
总等电位接地端子板	铜带	150
楼层等电位接地端子板	铜带	100
机房局部等电位接地端子板(排)	铜带	50

垂直接地干线的最小截面是根据《建筑物电气装置　第5部分：电气设备的选择和安装　第548节：信息技术装置的接地配置和等电位联结》GB/T 16895.17—2002（idt IEC 60364-5-548：1996）第548.7.1条"接地干线"的要求规定的。

9.2.5　在内部安装有电气和电子信息系统的每栋钢筋混凝土结构建筑物中，应利用建筑物的基础钢筋网作为共用接地装置。利用建筑物内部及建筑物上的金属构件，如混凝土中的钢筋、金属框架、电梯导轨、金属屋顶、金属墙面、门窗的金属框架、金属地板框架、金属管道和线槽等进行多重相互连接组成三维的网格状低阻抗等电位连接网络，与接地装置构成一个共用接地系统。图9-4中所示等电位连接，既有建筑物金属构件，又有实现连接的连接件。其中部分连接会将雷电流分流、传导并泄放到大地。

（1）内部电气和电子信息系统的等电位连接应按规定设置总等电位接地端子板（排）与接地装置相连。每个楼层设置楼层等电位连接端子板就近与楼层预留的接地端子板相连。电子信息设备机房设置的S型或M型局部等电位连接网络直接与机房内墙结构主钢筋预留的接地端子板相连。

这就需要在新建筑物的初始设计阶段，由业主、建筑结构专业、电气专业、施工方、监理等协商确定后实施才能符合此条件。

（2）等电位连接网络应利用建筑物内部或其上的金属部件多重互连，组成网格状低阻抗等电位连接网络，并与接地装置构成一个接地系统（图9-4）。电子系统设备机房内的等电位连接网络可直接利用机房内墙结构柱主钢筋引出的预留接地端子板接地。

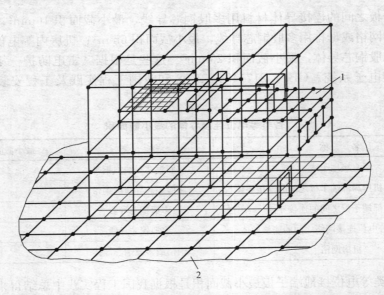

图9-4　由等电位连接网络与接地装置组合构成的三维接地系统示例

1—等电位连接网络；2—接地装置

（3）信息系统机房的等电位连接网采用S型还是M型除考虑设备多少和机房面积大小外，还应根据信息设备的工作频率，按图9-5来选择等电位连接网络型式及接地型式，从而有效地消除杂讯和干扰。

（4）信息系统的等电位连接网与共用接地系统连接的做法：对S型，在机房设置一汇

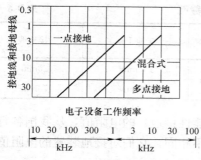

图 9-5 电子设备信号接地型式选择图

集排或接地端子板，设备金属外壳分别接于排上，汇集排接至共用接地系统；对 M 型，在机房防静电地板下设置 M 型网格，设备就近接于网上。当建筑物采取总等电位连接措施后，各等电位连接网络均与共用接地系统有可靠直通大地的连接，每个信息系统的等电位连接网络不宜再设单独的接地引下线接至总等电位连接端子板。而宜将各个等电位连接网络用接地线引至本层弱电（或强电）竖井内的接地端子板并相连（螺栓压紧）。

（5）S 型等电位连接网络材料选择原则：

S 型等电位连接网络即电子信息系统的等电位接地母线的材料，应采用铜材，其形式还应结合电子信息设备的工作频率、灵敏度和接地线的长度来选择。

当 $f \leqslant 0.5\text{MHz}$ 时，宜选用多股铜芯电缆，最小截面按表 9-6 的要求。

当 $f \geqslant 0.5\text{MHz}$ 时，应选用薄铜排，厚度一般为 $0.35 \sim 1\text{mm}$，宽度的选择如表 9-4 所示。

信息系统工作接地线薄铜排宽度选择 表 9-4

电子设备灵敏度（UV）	接地线长度（m）	薄铜排宽度（mm）
1	<1	120
1	1~2	20
10~100	1~10	100~240
100~1000	1~10	80~160

（6）M 型等电位连接网络材料选择原则：

电子信息系统 M 型的等电位连接网络及接地母线的材料，应采用薄铜排，厚度一般为 $0.35 \sim 1\text{mm}$，宽度选择和网格大小按表 9-4 及表 9-5 选择。网孔交叉点及接地连接线处应采用点焊接连接方式。

信息系统 M 型网络薄铜排、网格尺寸选择表 表 9-5

工 作 频 率	薄铜排宽度（mm）	基本网格大小（mm）
$f < 0.5\text{MHz}$	50	可大于标准值
$f < 30\text{MHz}$	50~100	标准 600×600
$f \geqslant 30\text{MHz}$	100~160	应小于标准值

（7）等电位连接网络及等电位接地母线所选用的薄铜排的厚度根据施工要求，宜由各工程视具体情况，酌情选择适当的厚度。

9.2.6 在 LPZ0$_A$ 或 LPZ0$_B$ 区与 LPZ1 区交界处应设置总等电位接地端子板，总等电位接地端子板与接地装置的连接不应少于两处；每层楼宜设置楼层等电位接地端子板。各类等电位接地端子板之间的连接导体宜采用多股铜芯导线或铜带。连接导体最小截面积应符合表 9-2 的规定。各类等电位接地端子板宜采用铜带，其导体最小截面积应符合表 9-3 的规定。

接地装置、接地线的最小截面　　　　　　　　　　　　　　　　　　表 9-6

材料 ＼ 类型		接地装置	接地干线	接地线
防雷类别 A、B、C、D	铜材	50mm^2	150mm^2	25mm^2
	钢材	100mm^2	100mm^2	70mm^2

对于电子信息系统直流工作接地（信号接地或功能性接地）的电阻值，从我国各行业的实际情况来看，电子信息设备的种类很多，用途各不相同，它们对接地装置的电阻值要求不相同。

因此，当建筑物电子信息系统的防雷接地与交流工作接地、直流工作接地、安全保护接地共用一组接地装置时，接地装置的接地电阻值必须按接入设备中要求的最小值确定，以确保人身安全和电气、电子信息设备工作正常。

9.2.7　某些特殊重要的建筑物电子信息系统可设专用垂直接地干线。垂直接地干线由总等电位接地端子板引出，同时与建筑物各层钢筋或均压带连通。各楼层设置的接地端子板应与垂直接地干线连接。垂直接地干线宜在竖井内敷设，通过连接导体引入设备机房与机房局部等电位接地端子板连接。音、视频等专用设备工艺接地干线应通过专用等电位接地端子板独立引至设备机房。

9.2.8　防雷接地与交流工作接地、直流工作接地、安全保护接地共用一组接地装置时，接地装置的接地电阻值必须按接入设备中要求的最小值确定。

9.2.9　接地装置应优先利用建筑物的自然接地体，当自然接地体的接地电阻达不到要求时应增加人工接地体。

9.2.10　机房设备接地线不应从接闪带、铁塔、防雷引下线直接引入。

9.2.11　进入建筑物的金属管线（含金属管、电力线、信号线）应在入口处就近连接到等电位连接端子板上。在 LPZ1 入口处应分别设置适配的电源和信号浪涌保护器，使电子信息系统的带电导体实现等电位连接。

9.2.12　电子信息系统涉及多个相邻建筑物时，宜采用两根水平接地体将各建筑物的接地装置相互连通。

9.2.13　新建建筑物的电子信息系统在设计、施工时，宜在各楼层、机房内墙结构柱主钢筋处引出和预留等电位接地端子。

9.2.14　根据 GB/T 16895.17—2002（idt IEC 60364-5-548：1996）的意见，对于某些特殊而又重要的电子信息系统的接地设置和等电位连接，可以设置专用的垂直接地干线以减少干扰。垂直干线由建筑物的总等电位接地端子板引出，参考图 9-6、9-7。干线最小截面积为 50mm^2 的铜导体，在频率为 50Hz 或 60Hz 时，是材料成本与阻抗之间的最佳折中方案。如果频率较高及高层建筑物时，干线的截面积还要相应加大。

信息化时代的今天，声音、图像、数据为一体的网络信息应用日益广泛。各地都在建造新的广播电视大楼，其声音、图像系统的电子设备系微电流接地系统，应设置专用的工艺垂直接地干线以满足要求，如图 9-6 所示。

9.2.15　接地装置的选用及施工。

（1）当基础采用硅酸盐水泥和周围土壤的含水量不低于 4%，基础外表面无防水层

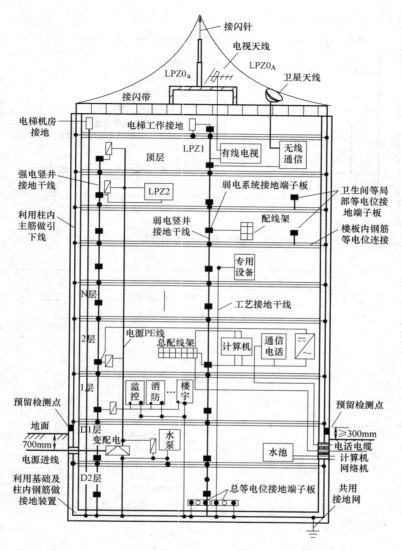

图 9-6 建筑物等电位连接及共用接地系统示意图

时，应优先利用基础内的钢筋作为接地装置。但如果基础被塑料、橡胶、油毡等防水材料包裹或涂有沥青质的防水层时，不宜利用基础内的钢筋作为接地装置。

（2）当有防水油毡、防水橡胶或防水沥青层的情况下，宜在建筑物外面四周敷设闭合状的人工水平接地体。该接地体可埋设在建筑物散水坡及灰土基础外约 1m 处的基础槽边。人工水平接地体应与建筑物基础内的钢筋多处相连接。

（3）在设有多种电子信息系统的建筑物内，增加人工接地体应采用环形接地极比较理想。建筑物周围或者在建筑物地基周围混凝土中的环形接地极，应与建筑物下方和周围的网格形接地网相连接，网格的典型宽度为 5m。这将大大改善接地装置的性能。如果建筑物地下室/地面中的钢筋混凝土构成了相互连接的网格，也应每隔 5m 和接地装置相连接。

（4）当建筑物基础接地体的接地电阻满足接地要求时，不需另设人工接地体。

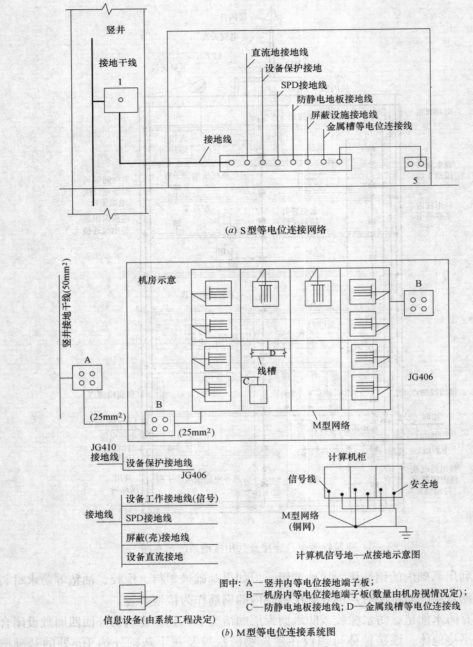

(a) S型等电位连接网络

图中：A—竖井内等电位接地端子板；
B—机房内等电位接地端子板(数量由机房视情况定)；
C—防静电地板接地线；D—金属线槽等电位连接线

(b) M型等电位连接系统图

图 9-7 信息系统机房等电位连接系统图

（5）机房设备接地引入线不能从接闪带、铁塔脚和防雷装置引下线上直接引入。直接引入将导致雷电流进入室内电子设备，造成严重损害。

9.2.16 防雷接地：指建筑物防直击雷系统接闪装置、引下线的接地（装置），内部系统的电源线路、信号线路（包括天馈线路）SPD接地。

（1）交流工作接地：指供电系统中电力变压器低压侧三相绕组中性点的接地。

（2）直流工作接地：指电子信息设备信号接地、逻辑接地，又称功能性接地。

（3）安全保护接地：指配电线路防电击（PE线）接地、电气和电子设备金属外壳接地、屏蔽接地、防静电接地等。

这些接地在一栋建筑物中应共用一组接地装置，在钢筋混凝土结构的建筑物中通常是采用基础钢筋网（自然接地极）作为共用接地装置。

《雷电防护 第3部分：建筑物的物理损坏和生命危险》GB/T 21714.3—2008 中规定："将雷电流（高频特性）分散入地时，为使任何潜在的过电压降到最小，接地装置的形状和尺寸很重要。一般来说，建议采用较小的接地电阻（如果可能，低频测量时小于 10Ω）。"

我国电力行业标准《交流电气装置》DL/T 621—1997规定："低压系统由单独的低压电源供电时，其电源接地点接地装置的接地电阻不宜超过 4Ω。"

9.2.17 当采用等电位连接措施时，在有防水油毡，防水橡胶或防水沥青层的情况下，宜在建筑物外面四周敷设成闭合状的水平接地体。该接地体可埋设在建筑物散水坡及灰土基础以外的基础槽边。

9.2.18 由于建筑物散水坡一般距建筑外墙皮 0.5~0.8m，散水坡以外的地下土壤也有一定的湿度，对电阻率的下降和疏散雷电流的效果好，在某些情况下，由于地质条件的要求，建筑物基础放坡脚很大，而超过散水坡的宽度，为了施工及今后维修方便，因此规定应敷设在散水坡外大于1m的地方。

9.2.19 对于扩建改建工程当需要敷设周圈式闭合环形装置时，该装置必须离开基础有一定的距离（视结构专业要求来决定），并保证基础安全。

9.2.20 对于设有多种信息系统的建筑物，同时又利用基础（筏基或箱基）底板内钢筋构成自然接地体时，无需另设人工闭合环形接地装置。但为了进入建筑物的各种线路、管道做等电位连接的需要，也应在建筑物四周设置人工闭合环形接地装置。此时基础或地下室地面内的钢筋、室内等电位连接干线，均须每隔5~10m引出接地线与闭合环形接地装置连成一体，作为等电位连接的一部分。

9.2.21 闭合环形接地体宜采用 25mm×4mm 或 40mm×4mm 镀锌扁钢，埋设深度为距室外地坪下 0.8~1.0m，室内接地引出线宜采用 $\phi12$ 镀锌圆钢或 40mm×4mm 镀锌扁钢。引出线在穿过防水层处应作防水密封处理，穿过防水墙须做素混凝土保护层。

9.2.22 根据 IEC 61024-1 指南 B 中规定，B 型接地装置（即环形接地装置），在建筑物外墙人员流动较多处，为了保证人员生命安全，应对该区域做进一步均衡电位处理。为此，应在距第一个环形接地装置3m以外再次敷设一组环形接地装置，距离建筑物较远的接地装置应敷设在地表之下较深的土层中，例如接地装置距建筑物4m，埋深应为 1m；距建筑物7m，埋深应为 1.5m，这组环形接地装置应采用放射形导体与第一个环形接地装置相连接，以保证均衡电位的安全效果。

9.2.23 接地系统的连接应从共用接地装置引出，通过接地干线引至总等电位接地端子板（排）再通过接地干线接引至各楼层辅助等电位接地端子板，再通过接地线引至建筑物内电子信息系统各设备机房的局部等电位接地端子板。局部等电位接地端子板也可与各楼层预留等电位接地端子板连接。接地干线应采用多股铜芯电缆或铜带，其截面不应小于 $50mm^2$。接地干线应在强电或弱电竖井内明敷，并与各楼层主钢筋或其他屏蔽金属构件做多点连接。楼层接地线应采用多股铜芯电缆 $S=25\text{mm}^2$ 穿管敷设。对重要的设备机房，接地系统也可直接通过接地引入线与局部等电位连接端子板连接（采用 $S=16\text{mm}^2$ 铜芯）。

9.2.24　接地材料

（1）接地材料的选择，要充分考虑其导电性、热稳定性、耐腐性和机械强度，可采用热镀锌钢材、铜材或其他新型的接地材料。钢接地材料的最小尺寸不应小于表 9-7 中的规定。

钢接地材料的最小尺寸　　　　　　　表 9-7

钢 材 名 称		最小尺寸(mm)
圆钢(直径)		10
角钢	宽度	40
	厚度	4
钢管	直径	50
	壁厚	3.5
扁钢	宽度	25
	厚度	4

（2）严禁用裸铝线作接地体或接地线。

（3）埋入土内的接地引入线，其截面不应小于表 9-8 的规定。

埋入土内接地线的最小截面（mm²）　　　　　　表 9-8

类 别	有防机械损伤保护	无防机械损伤保护
有防腐蚀保护的	铜 35，钢 80	铜 50，钢 120
无防腐蚀保护的	铜 50，钢 120	铜 75，钢 150

（4）接地体可采取带状、棒状、管状、线状及板状等形状，具体形状要因地制宜，合理选择，钢材料最小截面应符合表 9-7 规定。

9.2.25　中央控制室及各系统设备的接地干线和接地线的规格选择，如表 9-9、表 9-10所示。

干线及接地连线规格　　　　　　　表 9-9

接地线名称	接地线型号规格	穿管规格
直流接地干线	2(BV-500-25mm²)	PVC32
保护接地干线	2(BV-500-25mm²)	PVC32
直流接地连线	根据系统设备及设计要求确定	
主机保护接地连线	除注明外:BVR-500-16mm²	PVC25
接闪器连线	除注明外:BVR-500-16mm²	PVC25
防静电地板连线	除注明外:BVR-500-10mm²	PVC20
屏蔽笼连线	除注明外:BVR-500-10mm²	PVC20
线槽等电位连接线	除注明外:BVR-500-6mm²	PVC20

现场终端设备保护接地线规格　　　　　　　　　　表 9-10

系统最远处终端设备距接地点的距离（L）	接地连线型号规格
L≤30m	最小为 BVR-500-6mm²
30<L≤50m	最小为 BVR-500-10mm²
50<L≤100m	最小为 BVR-500-16mm²
100m<L	最小为 BVR-500-25mm²

9.2.26　其他几点要求

（1）同一建筑物内的所有接地装置（包括保护接地，功能接地和防雷接地）应互相连通。

（2）当同一电子信息系统涉及几幢建筑物时，这些建筑物之间的接地装置应做等电位连接，但下列情况除外：

① 由于地理原因难以连接时；

② 不同的接地装置之间存在耦合，会导致设备电压升高时；

③ 互相连通的设备具有不同的地电位（如逻辑地）时；

④ 存在电击危险，特别是可能在雷击过电压时。

（3）当几幢建筑物的接地装置之间难以互相连通时，应将这些建筑物之间的电子信息系统做有效隔离，例如彼此间采用无金属的光缆连接。

（4）金属管道（水管、燃气管及热力管等）和各类电缆宜在同一处进入建筑物，这些管线应采用铜导线与总接地端子相连接。

（5）保护接地连接线、功能接地连接线应分别接向总接地端子板。

（6）建筑物每一层内的等电位连接网络应呈封闭环形，其安装位置应随处可接近，以方便等电位连接。

（7）功能性等电位连接线选择。

① 功能性等电位连接可采用金属带、扁平编织带和圆形截面电缆等。

② 工作于高频的设备的功能性等电位连接线应采用金属带或扁平编织带，且其截面的长宽比不小于 5。

（8）防静电接地系统，应符合下列规定：

① 防静电接地系统包括直流接地、安全接地和人体接地。

② 防静电接地系统应设置与局部等电位接地端子板相连接的防静电接地板。

③ 直流工作接地（悬浮地除外）应经防静电接地基准板与局部等电位接地端子板做单点连接。主干线应采用截面积不小于 95mm² 的铜质多芯屏蔽电缆，支干线采用截面积不小于 35mm² 的铜质多芯屏蔽电缆，分支引线应采用截面不小于 2.5mm² 的多股屏蔽铜绞线。

④ 当采用单独接地时，与防雷接地极的间距不小于 20m，与其他接地系统的间距不小于 5m。

⑤ 防静电地面表层材料应具有静电耗散性，其表面电阻率应为 $1.0\times10^5 \sim 1.0\times10^{12}$ Ω/m²，或体积电阻率为 $1.0\times10^4 \sim 1.0\times10^{11}$ Ω·cm³，其静电半衰期应不小于 0.5s。

⑥ 重要电子信息系统的机房应采用防静电地面材料，防静电地面对地泄放电阻值应

不大于 $1.0\times10^9\Omega$。

⑦ 接地装置的接地电阻（或冲击接地电阻）值应符合设计的要求。有关标准规定的设计要求值如表 9-11 所示。

接地电阻（或冲击接地电阻）允许值　　　　　　表 9-11

接地装置的主体	允许值(Ω)	接地装置的主体	允许值(Ω)
第一类防雷建筑物防雷装置	≤10①	天气雷达站共用接地	≤4
第二类防雷建筑物防雷装置	≤10①	配电电气装置总接地装置(A类)	≤4
第三类防雷建筑物防雷装置	≤30①	配电变压器(B类)	≤4
汽车加油、加气站防雷装置	≤10	有线电视接收天线杆	≤4
电子计算机机房防雷装置	≤10①	卫星地球站	≤5

注：① 为冲击接地电阻值。

1. 第一类防雷建筑物防雷电波侵入时，距建筑物100m内的管道，每隔25m接地一次的冲击接地电阻值不应大于20Ω。
2. 第二类防雷建筑物防雷电波侵入时，架空电源线入户前两基电杆的绝缘铁脚接地冲击电阻值不应大于30Ω。属于《雷电防护》GB/T 21714—2008 附录 A.1.2.7 钢罐接地电阻不应大于 30Ω。
3. 第三类防雷建筑物中属于《雷电防护》GB/T 21714—2008 附录 A 中 A.1.3.2 建筑物接地电阻不应大于 10Ω。
4. 加油加气站防雷接地、防静电接地、电气设备的工作接地、保护接地及信息系统的接地等，宜共用接地装置，其接地电阻不应大于4Ω。
5. 电子计算机机房宜将交流工作接地（要求≤4Ω）、直流工作接地（按计算机系统具体要求确定接地电阻值）、防雷接地共用一组接地装置，其接地电阻按其中最小值确定。
6. 雷达站共用接地装置在土壤电阻率小于100Ω·m时，宜不大于1Ω；土壤电阻率为100～300Ω·m时，宜不大于2Ω；土壤电阻率为300～1000Ω·m时，可适当放宽要求。
7. 按 GB 50057 规定，第一、二、三类防雷建筑物的接地装置在一定的土壤电阻率条件下，其地网等效半径大于规定值时，可不增设人工接地体，此时可不计及冲击接地电阻值。

9.2.27 建筑物防雷装置中环形接地装置的相关问题

在国标《建筑物防雷设计规范》GB 50057—2010 和国标《雷电防护》GB/T 21714.1～4—2008 及《建筑物防雷工程施工与质量验收规范》GB 50601—2010 中均已有相关规定，现分别论述如下。

1. 常用接地装置：分为两种基本类型的接地装置。

（1）A 型接地装置

① 包括安装在受保护的建筑物外，且与引下线相连的水平接地极与垂直接地极。A 型接地装置的接地极的总数不应小于2。

② 每个接地极的最小长度：水平接地极为 L_1，垂直接地极长度为 $0.5L_1$，对组合（垂直和水平）接地极应考虑总长度。

③ 如果经测试接地装置的接地电阻小于10Ω，则可以不考虑其最小长度 L_1 的要求。

④ 延长接地极（水平）可以减小接地电阻，最长可达到60m。

⑤ 各种类型 LPS 的接地极的最小长度 L_1 如图 9-8 所示。

（2）B 型接地装置

① B 型接地装置：可以是位于建筑物外面且总长度至少80%与土壤接触的环形导体或基础接地体，接地体可以是网状。

② 环形接地体所在区域半径的计算：

对环形接地体（或基础接地体），所在区域的半径 r_e 不应小于 l_1：

$$r_e \geqslant l_1 \tag{9-1}$$

其中，l_1：按 LPS 类型（Ⅰ、Ⅱ、Ⅲ 和 Ⅳ）分别表示在图 9-8 中。如果 l_1 的长度大于 r_e，则应另外附加水平接地体或垂直（或倾斜）接地体，且每个水平接地体的长度（l_r）和垂直接地体的长度（l_v）分别由下式给出：

$$l_r = l_1 - r_e \tag{9-2}$$

和

$$l_v = (l_1 - r_e)/2 \tag{9-3}$$

③ 附加接地体的数量不应小于引下线的数量，最少为 2 个。

④ 附加接地体应在引下线的连接点处与环形接地体相连，并尽可能进行多点等距离连接。

⑤ 如图 9-8 所示为各种类型 LPS 的接地极的最小长度 l_1。

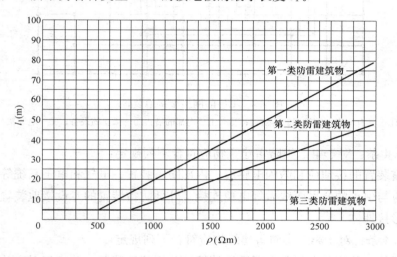

图 9-8　按防雷建筑物类别确定的接地体的最小长度

（3）接地装置的选择原则：

① 建筑物接地装置应该满足《雷电防护　第 3 部分：建筑物的物理损坏和生命危险》GB/T 21714.3—2008 中的相关要求。在只有电气系统的建筑物内，可以采用 A 类接地方式，但采用 B 类接地装置更加理想。在有电子系统的建筑物内适宜采用 B 类接地装置。

② 建筑物周围或者在建筑物地基周围混凝土中的环形接地极，应该与建筑物下方和周围的网格型接地网相结合。网格的典型宽度为 5m。这将大大改善接地装置的性能。如果建筑物地下室地面中的钢筋混凝土构成了相互连接良好的网格，也应每隔 5m（典型值）和接地装置相连接。如图 9-9 所示为工厂的网格型接地装置。

我国的柱距与国外不同。应按我国的建筑物实际柱距：6m、8m、9m、12m，在每个柱距处的引下线应与环形接地装置相连接。

2. 国标《建筑物防雷设计规范》GB 50057—2010 中有关环形接地体的规定如下：

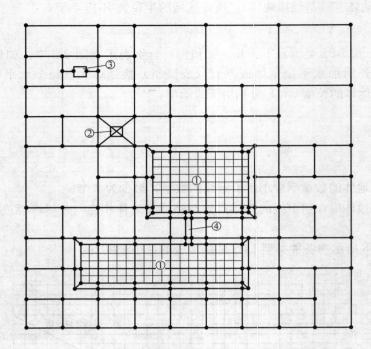

图 9-9　工厂的网格型接地装置

①—具有网格型钢筋架的建筑物；②—工厂内部的塔；③—孤立的设备；④—电缆架

（1）4.3.4 条：对于第二类防雷建筑物应符合下列规定：

外部防雷装置的接地应和防闪电感应、内部防雷装置、电气和电子系统等接地共用接地装置，并应与引入的金属管线做等电位连接。外部防雷装置的专设接地装置宜围绕建筑物敷设成环形接地体。

（2）4.4.4 条：对于第三类防雷建筑物应符合下列规定：

防雷装置的接地应与电气和电子系统等接地共用接地装置，并应与引入的金属管线做等电位连接。外部防雷装置的专设接地装置宜围绕建筑物敷设成环形接地体。

（3）4.3.4 条与 4.4.4 条的条文说明中的相关解释及要求如下：

① 4.2.4 条 2 款：从法拉第笼的原理看，网格尺寸和引下线间距越小，对闪电感应的屏蔽越好，可降低屏蔽空间内的磁场强度和减小引下线的分流系数。

雷电流通过引下线入地，当引下线数量较多且间距较小时，雷电流在局部区域分布也较均匀，引上线的电压降较小，反击危险也相应减小。

对引下线间距，本规范向 IEC 62305 防雷标准靠拢。如果完全采用该标准，则本规范的第一类、第二类、第三类防雷建筑物的引下线间距相应应为 10m、15m、25m。但考虑到我国工业建筑物的柱距一般均为 6m，因此，按不小于 6m 的倍数考虑，故本规范对引下线间距相应定位 12m、18m、25m。

② 4.2.4 条 4 款：对于较高的建筑物，引下线很长，雷电流的电感压降将达到很大的数值，需要在每隔不大于 12m 处，用均压环将各条引下线在同一高度处连接起来，并接

到同一高度的屋内金属物体上，以减小其间的电位差，避免发生火花放电。

由于要求值将直接安装在建筑物上的防雷装置与各种金属物互相连接，并采取了若干等电位措施，故不必考虑防止反击的间隔距离。

③ 4.2.4 条 5 款：关于共用接地装置，由于防雷装置直接安装在建筑物上，要保持防雷装置与各种金属物体之间的间隔距离，通常这一间隔距离在运行中很难保证不会改变，即间隔距离减小了。因此，对于第一类防雷建筑物，应将屋内各种金属物体及进出建筑物的各种金属管线进行严格的等电位连接和接地，而且所有接地装置都必须共用或直接互相连接起来，使防雷装置与邻近的金属物体之间电位相等或降低其间的电位差，防止发生火花放电。

一般来说，接地电阻越低，防雷得到的改善越多。但是，不能由于要达到某一很低的接地电阻而花费过大。出现火花放电危险可以从基本计算公式 $U = IR + L$ (d_i/d_t) 来评价。IR 项对于建筑物内某一小范围中互相连接在一起的金属物（包括防雷装置）来说都是一样的，它们之间的电位差与防雷装置的接地电阻无关。此外，考虑到已采取严格的各种金属物与防雷装置之间的连接和均压措施，故不必要求很低的接地电阻。

现在 IEC 的有关标准和美国的国家标准都规定，一栋建筑物的所有接地体应直接等电位连接在一起。

④ 4.2.4 条 6 款：为了将雷电流散入大地而不会产生危险的过电压，接地装置的布置和尺寸比接地装置的特定值更重要。然而，通常建议采用低的接地电阻。本款的规定完全采用 IEC 62305—3：2010 第 26 页 5.4.2.2 的规定（接地体的 B 型布置）。要求接地体接 B 型布置，采用环形接地体。

图 9-8 系根据该规定的相应图换成本规范的防雷建筑物类别的图。该规定对接地体的 B 型布置的规定是：对于环形接地体（或基础接地体），其所包围的面积的平均几何半径 r 不应小于 l_1，即 $r \geqslant l_1$，l_1 示于图 9-8；当 l_1 大于 r 时，则必须增加附加的水平放射形或垂直（或斜形）导体。

3. 国标《建筑物防雷工程施工与质量验收规范》GB 50601—2010 中的相关规定如下：

(1) 图 9-10 中已有详细图示，应按本图要求施工。

(2) 环形接地体的施工：

① 外部环形接地体（B 型装置）应按图 9-10 的要求，在每个有引下线的柱子外侧 0.3m（距室外地坪）处预埋接地板（100mm×60mm×5mm 钢板），以方便测试接地电阻，同时作为与环形接地装置连接用。

② 建筑物四周每根柱子均应与环形接地体相连接。

(3) 引下线中的雷电流分流系数 k_c 的计算：

按 GB/T 21714.3—2008/IEC 62305—3：2006 中附录 C.1 中所述。

① 分流系数取值原则：

表 9-12 适用于每个接地极具体相同接地电阻的 A 型接地装置及所有 B 型接地装置。

② B 型接地装置、网状接闪器分流系数 k_c 的取值计算，如图 9-11 所示。

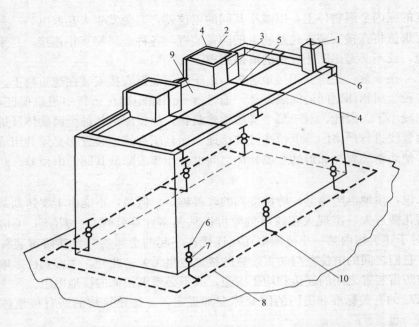

图 9-10 利用钢筋混凝土结构建筑外墙柱内钢筋引下线的外部防雷装置的施工

1—接闪杆；2—水平接闪导体；3—引下线；4—T形接头；5—十字形接头；6—与钢筋的连接；7—测试接头；
8—B型接地装置、环形接地体；9—有屋顶装置的平屋面；10—耐腐蚀的T形连接点

系数 k_c 的取值 表 9-12

接闪器类型	引下线数量 n	k_c	
		A 型接地装置	B 型接地装置
单一杆状 线状 网状	1	1	1
	2	0.66④	0.5···1(GB/T 21714.3—2008 图 C.1)②
	大于或等于 4	0.44④	0.25···0.5(GB/T 21714.3—2008 图 C.2)②
网状	大于或等于 4,通过水平环形接地导线相连	0.44④	1/n···(GB/T 21714.3—2008 图 C.3)

③ B 型接地装置、网格型接闪器、各层的环形引下线（均压带）互联时隔距的计算，如图 9-12 所示。

4. 有关防雷接地装置设计中应注意的几个问题：

（1）根据相关国标要求，外部防雷装置的接地，应和防闪电感应、内部防雷装置、电气和电子系统等接地系统共用接地装置，并应与引入的各种金属管线做等电位连接，即一栋建筑物的所有接地装置应直接等电位连接在一起。

（2）目前所有建筑物内均设有电气和电子系统，因此接地装置一般均应采用 B 型，而在各建筑物一层地面 0.5m 深（距外坪 1.0m）距建筑物散水以外与基础墙边均应设置环形接地体，每根柱子（混凝土柱）外侧均应引出连接线与环形接地体相连接，以达到首层地坪电位平滑均衡和减小跨步电压和接触电压作用。

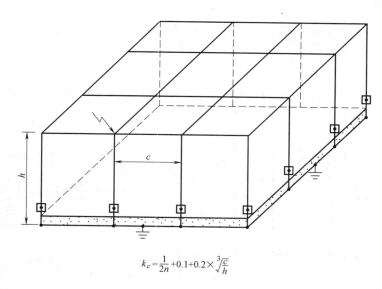

$$k_c = \frac{1}{2n} + 0.1 + 0.2 \times \sqrt[3]{\frac{c}{h}}$$

式中
n——引下线的总数量;
c——相邻两引线之间的距离;
h——相邻两环形导体的距离(或高度)。

图 9-11 分流系数 k_c 的取值计算

注:1 系数 k_2 的详细计算,如 GB/T 21714.3—2008 中图 C.3 所示
2 如果有内部引下线,计算 k_c 值时,应予以考虑。

(3) 对于建筑物基础周围混凝土中已有环形接地极,或建筑物地下室(多层地下室)地面和墙体中已有钢筋混凝土构成了相互连接良好的等电位网格,也应每隔一个柱距(6、8、9m)和接地装置(包括 B 型接地)网络相连接。

(4) 当采用等电位连接方法将接闪器、引下线、均压环、接地体采用若干种等电位连接措施连接成一个整体后,可以不必考虑防止反击的间隔距离。

(5) 关于综合接地的接地电阻值:

一般来说接地电阻越低,防雷得到的改善越多,但是,不能由于要求接地电阻值达到某一很低的接地电阻值而投资过大。

为了避免出现火花放电的危险,可以用公式 $U = IR + L\,(\mathrm{d}i/\mathrm{d}t)$ 来评估。

式中 IR 值对于建筑物内某一小范围中互相连接在一起的金属物(包括防雷装置)来说都是一样的。他们之间的电位差与防雷装置的接地电阻无关。此外,考虑到已采用严格的各种金属物与防雷装置之间的连接和均压措施,故不必要求很低的接地电阻值。

目前规范中对综合接地装置的接地电阻值,仅要求按系统中的较低电阻值确定,而不一定要求不大于 1Ω 值。

在《建筑物电子信息系统防雷技术规范》GB 50343—2012 中 5.2.5 条为强制性条文。即防雷接地与交流工作接地、直流工作接地、安全保护接地共用一组接地装置时,接地装置的接地电阻值必须按接入设备中要求的最小值确定。

(6) 关于接触和跨步电压引起人身伤害的防护措施:

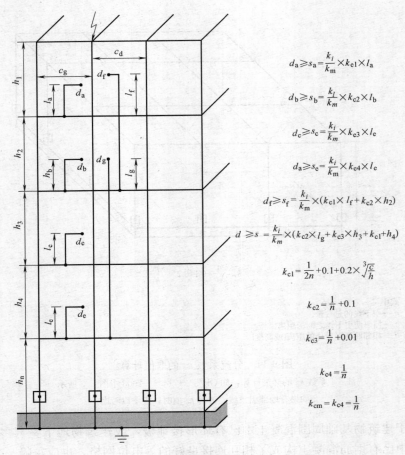

图 9-12 隔距的计算

$$d_a \geqslant s_a = \frac{k_i}{k_m} \times k_{e1} \times l_a$$

$$d_b \geqslant s_b = \frac{k_i}{k_m} \times k_{c2} \times l_b$$

$$d_c \geqslant s_c = \frac{k_i}{k_m} \times k_{e3} \times l_e$$

$$d_a \geqslant s_e = \frac{k_i}{k_m} \times k_{e4} \times l_e$$

$$d_f \geqslant s_f = \frac{k_i}{k_m} \times (k_{c1} \times l_f + k_{c2} \times h_2)$$

$$d \geqslant s = \frac{k_i}{k_m} \times (k_{c2} \times l_g + k_{c3} \times h_3 + k_{c1} + h_4)$$

$$k_{c1} = \frac{1}{2n} + 0.1 + 0.2 \times \sqrt[3]{\frac{c}{h}}$$

$$k_{c2} = \frac{1}{n} + 0.1$$

$$k_{c3} = \frac{1}{n} + 0.01$$

$$k_{c4} = \frac{1}{n}$$

$$k_{cm} = k_{c4} = \frac{1}{n}$$

1）接触电压的防护措施

某些情况下，即使 LPS 的设计和施工符合上述要求，在建筑物外面、邻近 LPS 引下线附近区域还是可能会对人身产生危害。

采取下列任一措施，可将危害降低到可以容许的程度：

① 减小人接近的频率，或减小在建筑物外停留的时间及接近引下线的时间；

② 自然引下线由建筑物延伸的金属框架及建筑物内互联钢结构的几个钢柱构成时，保证自然引下线的电气连续性；

③ 引下线 3m 范围内，土壤表层的电阻率不小于 5kΩ·m。（一般来说，5cm 厚的沥青（或 15cm 厚的沙砾）绝缘材料，可以满足这一要求）。

如果以上条件均不能满足，则可以采取以下措施：

——将外露的引下线绝缘，使其具有 100kV、1.2/50μs 的冲击耐受电压，例如：采用至少 3mm 的交联聚乙烯；

——给出物理限制或告警指示，减少人触摸引下线的概率；

2）跨步电压的防护措施

某些情况下，即使 LPS 的设计和施工符合上述要求，在建筑物外面、邻近 LPS 引下线附近区域还是可能会对人身产生危害。

采取下列任一措施，可将危害降低到可以容许的程度：

① 引下线 3m 以内区域，人接近的概率很低且在危险区内停留的时间很短；

② 引下线 3m 以内区域，土壤表层的电阻率不小于 5kΩ·m。（一般来说，5cm 厚的沥青（或 15cm 厚的沙砾）绝缘材料，可以满足这一要求）。

如果以上条件均不能满足，则可以采取以下措施：

——用网状接地装置实现等电位；

——引下线附近 3m 范围内，给出物理限制和（或）警告指示，较少接近危险区域的概率。

所有防护措施应符合有关标准。

9.2.28　将相邻建筑物接地装置相互连通是为了减小各建筑物内部系统间的电位差。采用两根水平接地体是考虑到一根导体发生断裂时，另一根还可以起到连接作用。如果相邻建筑物间的线缆敷设在密封金属管道内，也可利用金属管道互连。使用屏蔽电缆屏蔽层互连时，屏蔽层截面积应足够大。

9.2.29　新建的建筑物中含有大量电气、电子信息设备时，在设计和施工阶段，应考虑在施工时按现行国家有关标准的规定将混凝土中的主钢筋、框架及其他金属部件在外部及内部实现良好电气连通，以确保金属部件的电气连续性。满足此条件时，应在各楼层及机房内墙结构柱主钢筋上引出和预留数个等电位连接的接地端子，以实现内部系统的等电位连接，既方便又可靠，几乎不付出额外投资即可实现。

9.2.30　进入建筑物的金属管线，例如金属管、电力线、信号线，宜就近连接到等电位连接端子板上，端子板应与基础中钢筋及外部环形接地或内部等电位连接带相互连接（图 9-13、图 9-14），并与总等电位接地端子板连接。电力线应在 LPZ1 入口处设置适配的SPD，使带电导体实现入口处的等电位连接。

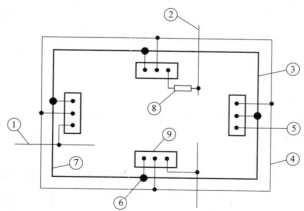

图 9-13　外部管线多点进入建筑物时端子板利用环形接地极互连示意图

①—外部导电部分，例如：金属水管；②—电源线或通信线；③—外墙或地基内的钢筋；④—环形接地极；
⑤—连接至接地极；⑥—专用连接接头；⑦—钢筋混凝土墙；⑧—SPD；⑨—等电位接地端子板
注：地基中的钢筋可以用作自然接地极。

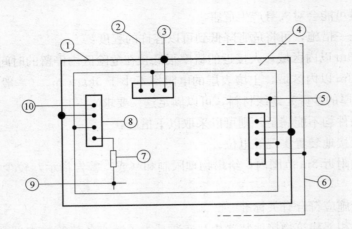

图 9-14　外部管线多点进入建筑物时端子板利用内部导体互连示意图

①—外墙或地基内的钢筋；②—连接至其他接地极；③—连接接头；④—内部环形导体；⑤—至外部导体部件，例如：水管；⑥—环形接地极；⑦—SPD；⑧—等电位接地端子板；⑨—电力线或通信线；⑩—至附加接地装置

9.3　屏蔽及布线设计

屏蔽是减少电磁脉冲干扰的基本措施。为了减少电磁感应效应应采用以下措施：①外部屏蔽措施；②内部屏蔽；③合理布线及线路屏蔽。这些措施应联合使用。

9.3.1　屏蔽及布线系统分类

电磁屏蔽能够减小电磁场和内部感应浪涌的幅值。内部线路的合理布线可以减小内部感应浪涌的幅值。这两种措施都可以有效地防止内部系统的永久失效。

（1）空间屏蔽

空间屏蔽规定的防护区，可以是整个建筑、部分建筑、一间房或者仅仅是设备的机箱。这些区域可以用网状或者连续的金属屏蔽层，也可以用包含建筑物的"自然部件"。

当对建筑物内规定区域进行保护比对多个设备分别单独保护更加实用和有效时，建议采用空间屏蔽。应当在新建筑物或者新设内部系统的规划阶段考虑空间屏蔽。对既有设备进行更新可能会提高成本或者增加技术难度。

（2）内部线路屏蔽

内部线路屏蔽局限于被保护系统的线路和设备，可以采用金属屏蔽线缆、密闭的金属电缆管道，以及金属设备壳体。

（3）内部线路布线

合理的内部布线可以最大程度减小感应回路的面积，从而减小建筑物内部浪涌的产生。将电缆放在靠近建筑物自然接地部件的位置，或者将信号线与电源线相邻布线，可以将感应回路的面积减到最小。

（注：为了避免干扰，需要在电源线和非屏蔽信号线间留出一定的距离。）

（4）外部线路屏蔽

对进入建筑物的线路采取的屏蔽包括：电缆的屏蔽层、密闭的金属电缆管道以及混凝土与钢筋互连的电缆管道。对外部线路进行屏蔽是有效的。

9.3.2　建筑物和线路的屏蔽要求

（1）建筑物的屋顶金属表面、立面金属表面、混凝土内钢筋和金属门窗框架等大尺寸金属件等应等电位连接在一起，并与防雷接地装置相连。

（2）屏蔽电缆的金属屏蔽层应至少在两端并宜在各防雷区交界处做等电位连接，并与防雷接地装置相连。

（3）建筑物之间用于敷设非屏蔽电缆的金属管道、金属格栅或钢筋成栅格形的混凝土管道，两端应电气贯通，且两端应与各自建筑物的等电位连接带连接。

（4）屏蔽结构可分为网型和板型两种。

网型屏蔽是采用金属网或板拉网构成的焊接固定式或装配式金属屏蔽，如利用建筑物内钢筋组成的法拉第或专门设置的网型屏蔽室。

板型屏蔽是采用金属板或金属薄片构成金属屏蔽，板型屏蔽效果比网型屏蔽较好。

9.3.3　屏蔽和布线的基本措施

（1）为减小雷电电磁脉冲在电子信息系统内产生的浪涌，宜采用建筑物屏蔽、机房屏蔽、设备屏蔽、线缆屏蔽和线缆合理布设措施，这些措施应综合使用。

（2）电子信息系统设备机房的屏蔽应符合下列规定：

1）建筑物的屏蔽宜利用建筑物的金属框架、混凝土中的钢筋、金属墙面、金属屋顶等自然金属部件与防雷装置连接构成格栅型大空间屏蔽。

2）当建筑物自然金属部件构成的大空间屏蔽不能满足机房内电子信息系统电磁环境要求时，应增加机房屏蔽措施。

3）电子信息系统设备主机房宜选择在建筑物低层中心部位，其设备应配置在 LPZ1 区之后的后续防雷区内，并与相应的雷电防护区屏蔽体及结构柱留有一定的安全距离（图 9-15）。

4）屏蔽效果及安全距离可按规范 GB 50343—2012 附录 D 规定的计算方法确定（本书第十章 10.1 节）。

（3）磁场屏蔽能够减小电磁场及内部系统感应浪涌的幅值。磁场屏蔽有空间屏蔽、设备屏蔽和线缆屏蔽。空间屏蔽有建筑物外部钢结构墙体的初级屏蔽和机房的屏蔽。

1）内部线缆屏蔽和合理布线（使感应回路面积为最小）可以减小内部系统感应浪涌的幅值。

2）磁屏蔽、合理布线这两种措施都可以有效地减小感应浪涌，防止内部系统的永久失效。因此，应综合使用。

9.3.4　屏蔽及布线注意事项：

（1）空间屏蔽应当利用建筑物自然金属部件本身固有的屏蔽特性。在一个新建筑物或新系统的早期设计阶段就应该考虑空间屏蔽，在施工时一次完成。因为对于已建成建筑物来说，重新进行屏蔽可能会出现更高的费用和更多的技术难度。

（2）在通常情况下，利用建筑物自然金属部件作为空间屏蔽、内部线缆屏蔽等措施，能使内部系统得到良好保护，但是对于电磁环境要求严格的电子信息系统，当建筑物自然金属部件构成的大空间屏蔽不能满足机房设备电磁环境要求时，应采用磁导率较高的细密金属网格或金属板对机房实施雷电磁场屏蔽来保护电子信息系统。机房的门应采用无窗密闭铁门或采取屏蔽措施的有窗铁门并接地，机房窗户的开孔应采用金属网格屏蔽。金属屏蔽网、金属屏蔽板应就近与建筑物等电位连接网络屏蔽。金属屏蔽不能满足个别重要设备屏蔽要求时，可利用封闭的金属网、箱或金属板、箱对被保护设备实行屏蔽。

（3）电子信息系统设备主机房选择在建筑物低层中心部位，设备安置在层数较高的雷电防护区内，因为这些地方雷电电磁环境较好。电子信息系统设备与屏蔽层及结构柱保持一定安全距离是因为部分雷电流会流经屏蔽层，靠近屏蔽层处的磁场强度较高。

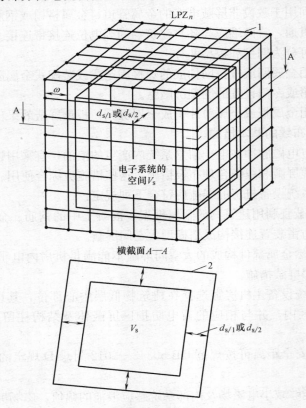

图 9-15　LPZn 内用于安装电子信息系统的空间

1—屏蔽网格；2—屏蔽体；V_s—安装电子信息系统的空间；$d_{s/1}$、$d_{s/2}$—空间 V_s 与 LPZn 的屏蔽体间应保持的安全距离；w—空间屏蔽网格宽度

（4）金属框架、金属屋顶和金属墙面等，这些部件构成了格栅型的空间屏蔽。构成有效屏蔽要求网格宽度典型值小于 5m。

1）假如一个 LPZ1 的外部 LPS 符合 GB/T 21714.3—2008 的正常要求，则格栅宽度和典型间距大于 5m，其屏蔽效果可以忽略。反之，有许多结构性钢支柱的大型钢框架结构，可以提供显著屏蔽效果。

2）后续内部 LPZ 的屏蔽，既可以通过封闭的金属机架或机柜实现空间屏蔽，也可以对设备采用金属机箱。

图 9-16 为实际中如何采用混凝土中的钢筋和金属框架（包括金属门和可能屏蔽的窗户）为建筑物或房间构建一个大体积的屏蔽体。

3）每根钢筋的每个交叉点须焊接或夹紧。

4）实际上，对大型结构，不可能每个点都焊接或夹紧。但是，大多数交叉点通过直

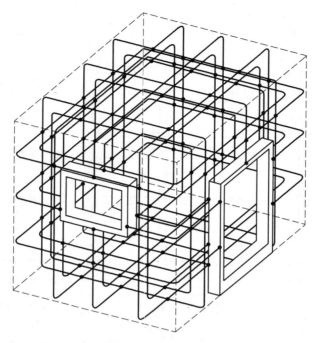

图 9-16 用钢筋和金属框架构成的大空间屏蔽

接接触或铁线捆绑已自然良好连接。实际的做法可以是每隔 1m 连接一次。

电子系统只应安置在距 LPZ 屏蔽有一定安全距离的"安全空间"内部。这是因为部分雷电流会流经屏蔽层（特别是 LPZ1），靠近屏蔽处的磁场具有相对高的数值。

（5）某办公楼 LPMS 防护措施示例（图 9-17）。

9.3.5 线缆屏蔽应符合下列规定：

（1）与电子信息系统连接的金属信号线缆采用屏蔽电缆时，应在屏蔽层两端并宜在雷电防护区交界处做等电位连接并接地。当系统要求单端接地时，宜采用两层屏蔽或穿钢管敷设，外层屏蔽或钢管按前述要求处理。

（2）当户外采用非屏蔽电缆时，从人孔井或手孔井到机房的引入线应穿钢管埋地引入，埋地长度 l 可按式（9-4）计算，但不宜小于 15m；电缆屏蔽槽或金属管道应在入户处进行等电位连接：

$$l \geqslant 2\sqrt{\rho} \tag{9-4}$$

式中 ρ——埋地电缆处的土壤电阻率（$\Omega \cdot m$）。

（3）当相邻建筑物的电子信息系统之间采用电缆互联时，宜采用屏蔽电缆，非屏蔽电缆应敷设在金属电缆管道内；屏蔽电缆屏蔽层两端或金属管道两端应分别连接到独立建筑物各自的等电位连接带上。采用屏蔽电缆互联时，电缆屏蔽层应能承载可预见的雷电流。

（4）光缆的所有金属接头、金属护层、金属挡潮层、金属加强芯等，应在进入建筑物处直接接地。

9.3.6 线缆敷设应符合下列规定：

（1）电子信息系统线缆宜敷设在金属线槽或金属管道内。电子信息系统线路宜靠近等

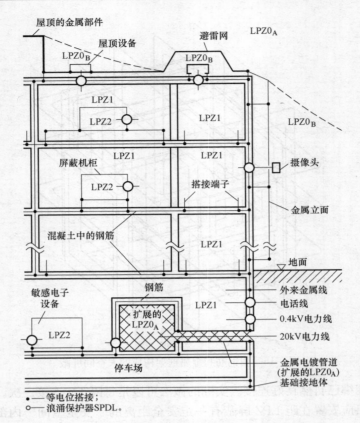

图 9-17　某办公楼 LPMS 防护措施示例

电位连接网络的金属部件敷设，不宜贴近雷电防护区的屏蔽层等。

（2）布置电子信息系统线缆路由走向时，应尽量减小由线缆自身形成的电磁感应环路面积（图9-18）。

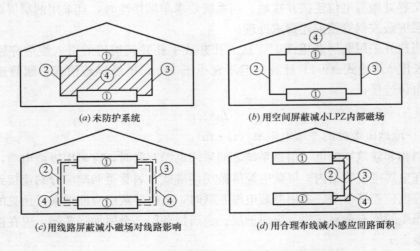

图 9-18　用线路布线和屏蔽措施减少感应效应

①—设备；②—a线（例如电源线）；③—b线（例如信号线）；④—线路屏蔽

（3）建筑物之间的互联电缆，应敷设在金属管道内。如金属管、金属格栅，或采用金属箍箍紧电缆，敷设通道的两端应电气导通，并连到各建筑物的等电位连接带上。管道内的电缆屏蔽层应做等电位连接。当电缆屏蔽层能荷载可预见的雷电流时，该电缆可不敷设在金属管道内。当互相邻近的建筑物之间有电力和通信电缆连通时，宜将其接地装置互相连接。

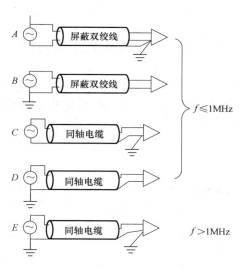

图 9-19 屏蔽线缆的接地

（4）线路屏蔽措施与线缆的接地：当电子设备之间采用多芯线缆连接，且当工作频率 f ≤1MHz，其长度 L 与波长 λ 之比 L/λ≤0.15 时，其屏蔽层应采用一点接地（又成单侧接地）。当 f≥1MHZ、L/λ≥0.15 时，应采用多点接地，并应使接地点间距离 S≤0.2λ，如图 9-19 所示。

在需要保护的空间内，当采用屏蔽电缆时，其屏蔽层应至少在两端并宜在防雷区的交界处做等电位连接。当电缆要求只在一端做等电位连接时，应采用双层屏蔽电缆，或将屏蔽电缆穿金属管引入，金属管在一端做等电位连接。

屏蔽层一端接地或一点接地仅能起到静电屏蔽的作用，故必须两端接地并做等电位连接。屏蔽层应电气贯通，使感应环路阻抗最小，产生感应电流最大，起到电感耦合的最大效应。从而降低了系统的感应电压，以保护电子信息设备不受损害。

（5）进线电缆屏蔽层为防止火花所要求的最小截面积：

由于屏蔽层携带雷电流，带电导体与电缆屏蔽层间的过电压可能会引起危险火花。过电压与屏蔽层的材料及尺寸、电缆的长度与位置有关。

为避免火花，屏蔽层的最小截面积 $S_{c\,min}$ （mm^2） 为：

$$S_{e\,min}=\frac{I_i\times\rho_c\times L_c\times10^6}{U_w} \tag{9-5}$$

式中

I_i——流经屏蔽层的雷电流 （kA）；

ρ_c——屏蔽层的电阻率 （Ω·m）；

L_c——电缆长度 （m） （表 9-13）；

U_w——由电缆供电的电子/电气系统的脉冲耐受电压 （kV）。

根据屏蔽层使用条件确定电缆长度　　　　　　　　　　表 9-13

屏蔽层使用条件	L_c
与电阻率为 ρ（Ω·m）的土壤直接接触	L_c≤8$\sqrt{\rho}$
与土壤绝缘或在空气中	L_c≤为建筑物与最近屏蔽接地点的距离

注：应确定当雷电流沿屏蔽层或导线流过时，导线绝缘层可能会出现不可承受的温升。详细资料见 GB/T 21714.4—2008。

电流限值为：

——屏蔽电缆：$I_i=8S_c$。

——非屏蔽电缆：$I_i = 8n'S_c'$。

其中　I_i——流经屏蔽层的雷电流．kA；

n'——导线数量；

S_c——屏蔽层的截面积（mm^2）；

S_c'——单一导线的截面积（mm^2）。

9.3.7　合理布线

（1）一般情况下，建筑物内敷设各种电气线路的总干线金属线槽应敷设在建筑物的中心部位的弱电竖井处，并应避开靠近作为引下线的柱子附近。

（2）弱电干线的竖井应单独设置，若因条件限制需与强电合用竖井时，弱电干线应集中在井内一端敷设，并尽量远离强电干线。每层建筑面积超过 $1000m^2$ 或延长距离超过 100m 时，宜设 2 个弱电竖井。

（3）220/380V 电源线包括照明、动力及插座，与信息系统的管线走向（垂直或水平）应合理，尽量保持一定的距离。如表 9-14 所示。

电子信息系统线缆与其他管线的间距　　　　　　　　　　　表 9-14

其他管线类别	电子信息系统线缆与其他管线的净距	
	最小平行净距（mm）	最小交叉净距（mm）
防雷引下线	1000	300
保护地线	50	20
给水管	150	20
压缩空气管	150	20
热力管（不包封）	500	500
热力管（包封）	300	300
燃气管	300	20

注：当线路敷设高度超过 6000mm 时，与防雷引下线的交叉净距应大于或等于 $0.05H$（H 为交叉处防雷引下线距地面的高度）。

（4）电子信息系统信号电缆与电力电缆的间距应符合表 9-15 的规定。

电子信息系统信号电缆与电力电缆的间距　　　　　　　　　表 9-15

类别	与电子信息系统信号线缆接近状况	最小间距（mm）
380V 电力电缆容量小于 2kV·A	与信号线缆平行敷设	130
	有一方在接地的金属线槽或钢管中	70
	双方都在接地的金属线槽或钢管中	10
380V 电力电缆容量（2~5）kV·A	与信号线缆平行敷设	300
	有一方在接地的金属线槽或钢管中	150
	双方都在接地的金属线槽或钢管中	80
380V 电力电缆容量大于 5kV·A	与信号线缆平行敷设	600
	有一方在接地的金属线槽或钢管中	300
	双方都在接地的金属线槽或钢管中	150

注：1. 当 380V 电力电缆的容量小于 2kV·A，双方都在接地的线槽中，且平行长度小于或等于 10m 时，最小间距可为 10mm。
2. 双方都在接地的线槽中，系指两个不同的线槽，也可在同一线槽中用金属板隔开。
3. 电话线缆中存在振铃电流时，不能与计算机网络在同一根双绞线电缆中一起运用。
4. 信息系统布线电缆与附近可能产生高电平电磁干扰的电动机、电力变压器等电气设备之间应保持必要的间距。信息综合布线电缆与电气设备的间距应符合表 9-16 的相关规定。
5. 各种屏蔽体的接地系统的接地电阻应不大于 4Ω。
6. 在分开的建筑物间可以用 SPD 将两个 LPZ1 防护区互连（图 9-20a），也可用屏蔽电缆或屏蔽电缆导管将两个 LPZ1 防护区互连（图 9-20b）。
7. 在分开建筑物间用 SPD 将两个 LPZ1 互连；（b）在分开建筑物间用屏蔽电缆或屏蔽电缆管道将两个 LPZ1 互连

电子信息系统信号线缆与电气设备间的间距 表 9-16

电气设备	与信号线缆接近情况	最小间距(m)
配电箱	与配线设备接近	1.00
变电室	尽量远离	2.00
电梯机房	尽量远离	2.00
空调机房	尽量远离	2.00

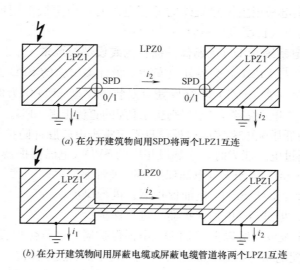

(a) 在分开建筑物间用SPD将两个LPZ1互连

(b) 在分开建筑物间用屏蔽电缆或屏蔽电缆管道将两个LPZ1互连

图 9-20 两个 LPZ1 的互联

注：1. i_1、i_2 为部分雷电流。

2. 图 9-20（a）表示两个 LPZ1 用电力线或信号线连接。应特别注意两个 LPZ1 分别代表有独立接地系统的相距数十米或数百米的建筑物的情况。这种情况，大部分雷电流会沿着连接线流动，在进入每个 LPZ1 时需要安装 SPD。

3. 图 9-20（b）表示该问题可以利用屏蔽电缆或屏蔽电缆管道连接两个 LPZ1 来解决，前提是屏蔽层可以携带部分雷电流。若沿着屏蔽层的电压降不太大，可以免装 SPD。

9.4　信息系统供电电源系统雷电防护设计

9.4.1　供电电源系统防雷设计原则

（1）信息系统交流电源部分的防雷设计是指采用屏蔽和防雷等电位连接的方法，消除或减弱过电压沿电源线路引入，以确保信息系统设备和工作人员的安全。

（2）从交流电力网高压线路开始，到信息设备直流电源入口端，信息系统电源自身除应根据其雷击电磁脉冲防护等级采取分级协调的防护外，还应与信号系统的防雷、建筑物的防雷、建筑物及设备的接地以及系统电磁兼容要求协调配合。

（3）室外进、出电子信息系统机房的电源线路不宜采用架空线路。

（4）电子信息系统设备由 TN 交流配电系统供电时，从建筑物内总配电柜（箱）开始引出的配电线路必须采用 TN-S 系统的接地形式。

9.4.2　信息系统电源线路防雷接地措施

（1）当信息系统的供电系统采用独立电力变压器时：

① 当电力变压器设在信息系统主体建筑物内时，其高压电力线应采用埋地电力电缆进入，高压电缆埋地长度不应小于 200m。

② 电力变压器高、低压侧均应装设一组接闪器，高压侧接闪器接地、低压侧接闪器接地以及变压器外壳（铁芯）接地应采用共用接地。

③ 当信息系统供电采用主体建筑外的低压电源时，应全线采用地埋电力电缆进入或穿钢管埋地引入（其引入长度最少不应小于 50m）。

9.4.3　低压供电系统 SPD（电涌保护器）的装设部位要求

（1）在 LPZ0$_A$ 区与 LPZ1 区交界处应安装Ⅰ级分类试验的 SPD 作为第一级保护；在 LPZ1 区之后的各分区（含 LPZ1）各交界处应安装限压型 SPD 作为保护，使用直流电源的信息设备，视其工作电压需要，应分别选用适配的直流电源 SPD。

（2）信息系统的低压配电系统应根据信息系统雷击电磁脉冲防护等级进行验算，当不能满足设备的耐浪涌过电压能力时，应装设相应的 SPD（电涌保护器）。

① A 级应采用 3 至 4 级 SPD（电涌保护器）进行保护；

② B 级应采用 2 至 3 级 SPD（电涌保护器）进行保护；

③ C 级应采用 2 级 SPD（电涌保护器）进行保护；

④ D 级应采用 1 级或 1 级以上的 SPD（电涌保护器）进行保护。

（3）380/220V 配电系统各种设备耐冲击电压过电压额定值如表 9-17 所示。信息设备电源系统分级保护示意图如图 9-21 所示，其接线方式应符合接地形式的要求。接闪器的残压应小于被保护设备的耐受冲击电压值。

表 9-17

380/220V 配电系统各种设备耐冲击过电压额定值

设备位置	电源处的设备	配电线路和最后分支线路的设备	用电设备	特殊需要保护的设备
耐受过电压类别Ⅳ类	Ⅳ类	Ⅲ类	Ⅱ类	Ⅰ类
耐冲击电压额定值	6kV	4kV	2.5kV	1.5kV

注：Ⅰ类——需要将瞬态过电压限制到特定水平的设备，如电子设备；

　　Ⅱ类——如家用电器、手提工具和类似负荷；

　　Ⅲ类——如配电盘、断路器，包括电缆、母线、分线盒、开关、插座等的布线系统，以及应用于工业的设备和永久接至固定装置的如固定安装的电动机等一些其他设备；

　　Ⅳ类——如电气计量仪表。一次线过流保护设备，波纹控制设备。

（4）入户为低压架空线路的应安装三相电压开关型 SPD 或限压型 SPD，埋地电缆引入的应安装限压型 SPD 作为第一级保护；分配电柜线路输入端应安装限压型 SPD 作为第二级保护；在电子信息设备电源进线端应安装限压型的 SPD 作为第三级保护，亦可安装串接式限压型 SPD；对于使用直流电源的信息设备，视其工作电压需要，应分别选用适配的直流电源 SPD，作为末级保护。

（5）SPD 连接导线应短而直，SPD 连接导线长度不应大于 0.5m。当开关型 SPD$_1$ 至限压型 SPD$_2$ 的线距长度小于 10m 时，且 SPD$_2$ 至 SPD$_3$ 的线距长度小于 5m 时，在 SPD

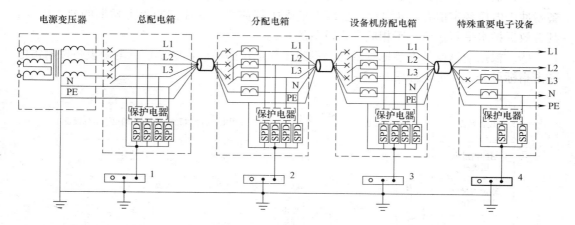

图 9-21　TN-S 系统的配电线路浪涌保护器安装位置示意图

✕──空气断路器；$\boxed{\text{SPD}}$──浪涌保护器；$\frown$──退耦器件；$\boxed{\circ\,\bullet\,\circ}$──等电位接地端子板；

1—总等电位接地端子板；2—楼层等电位接地端子板；3、4—局部等电位接地端子板

之间应加装退耦装置。为防止 SPD 老化造成短路，SPD 安装线路上应有过电流保护器件，并选用有劣化显示功能的 SPD。

（6）浪涌保护器的最大持续工作电压 U_c 不应低于表 9-18 规定的值。

浪涌保护器的最小 U_c 值　　　　　　　　　　　　　　　　　　　表 9-18

浪涌保护器安装位置	配电网络的系统特征				
	TT 系统	TN-C 系统	TN-S 系统	引出中性线的 IT 系统	无中性线引出的 IT 系统
每一相线与中性线间	$1.15U_0$	不适用	$1.15U_0$	$1.15U_0$	不适用
每一相线与 PE 线间	$1.15U_0$	不适用	$1.15U_0$	U_0 *	线电压 *
中性线与 PE 线间	U_0 *	不适用	U_0 *	U_0 *	不适用
每一相线与 PEN 线间	不适用	$1.15U_0$	不适用	不适用	不适用

注：1. 标有 * 的值是故障下最坏的情况，所以不需计及 15％的允许误差；
　　2. U_0 是低压系统相线对中性线的标称电压，即相电压 220V；
　　3. 此表适用于符合现行国家标准《低压电涌保护器（SPD）第 1 部分：低压配电系统的电涌保护器　性能要求和试验方法》GB 18802.1 的浪涌保护器产品。

（7）进入建筑物的交流供电线路，在线路和总配电箱等 LPZ0$_A$ 或 LPZ0$_B$ 与 LPZ1 区交界处，应设置Ⅰ类试验的浪涌保护器或Ⅱ类试验的浪涌保护器作为第一级保护；在配电线路分配箱、电子设备机房配电箱等后续防护区交界处，可设置Ⅱ类或Ⅲ类试验的浪涌保护器作为后级保护；特殊重要的电子信息设备电源端口可安装Ⅱ类或Ⅲ类试验的浪涌保护器作为精细保护（图 9-21）。使用直流电源的信息设备，视其工作电压要求，宜安装适配的直流电源线路浪涌保护器。

（8）浪涌保护器设置级数应综合考虑保护距离、浪涌保护器连接导线长度、被保护设备耐冲击电压额定值 U_w 等因素。各级浪涌保护器应能承受在安装点上预期的放电电流，其有效保护水平 $U_{p/f}$ 应小于相应类别设备的 U_w。

（9）根据信息设备安装地点条件和额定工作电压的不同，电子信息电源设备按耐雷电冲击指标可分为5类，如图9-22所示。

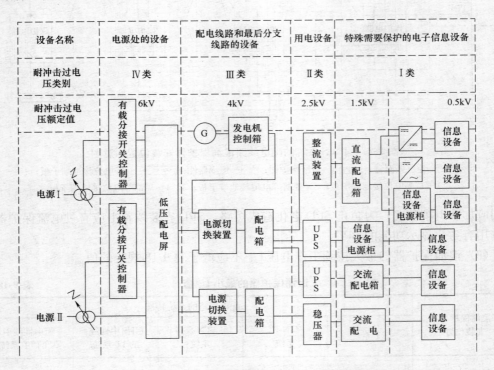

图 9-22　电子信息工程电源设备耐冲击过电压的分类

注：本图为电子信息工程电源系统的分类，各类设备内容由工程决定。电信枢纽总进线处需设稳压器。

（10）电子信息工程电源系统耐雷电冲击应不小于表9-19所示的数值。

电子信息工程电源系统耐雷电冲击指标　　　　　　　　　　　　　表 9-19

类别	设备名称	额定电压（V）	混合雷电冲击波	
			模拟雷电压冲击波电压峰值(kV)（1.2/50μs）	模拟雷电流冲击波电流峰值(kA)（8/20μs）
5	电力变压器	10000	75	20
		6600	60	20
	交流稳压器	220/380	6	3
4	市电油机转换屏	220/380	4	2
	交流配电屏			
	低压配电屏			
	备用发电机			

续表

类别	设备名称	额定电压 （V）	混合雷电冲击波	
			模拟雷电压冲击波 电压峰值（kV） （1.2/50μs）	模拟雷电流冲击波 电流峰值（kA） （8/20μs）
3	整流器 交流不间断电源 （MPS）	220/380	2.5	1.25
2	直流配电屏	直流－24V －48V 或－60V	1.5	0.75
1	信息设备机架电源交流 入口（由不间断电源供电）	220/380	0.5	0.25
	DC/AC 逆变器	直流－24V， －48V，－60V		
	DC/DC 变换器			
	信息设备机架 直流电源入口			

注：当设备安装在不同的环境条件下，应采用相应类别的指标。

按供电系统特征确定电涌保护器（SPD）装设　　　　表 9-20

电涌保护 器接于	电涌保护器安装点的系统特征							
	TT 系统		TN-C 系统	TN-S 系统		引出中线性的 IT 系统		不引出中性 线的 IT 系统
	装设依据			装设依据		装设依据		
	接线 形式 1	接线 形式 2		接线 形式 1	接线 形式 2	接线 形式 1	接线 形式 2	
每一相线和 中性线间	+	●	NA	+	●	+	●	NA
每一相线 和 PE 线间	●	NA	NA	●	NA	●	NA	●
中性线和 PE 线间	●	●	NA	●	●	●	●	NA
每一相线 和 PEN 线间	NA	NA	●	NA	NA	NA	NA	NA
相线间	+	+	+	+	+	+	+	+

●：强制规定装设电涌保护器；NA：不适用；＋：需要时可增加装设电涌保护器。

（11）按 GB 50343—2012 中 4.2 节或 4.3 节确定雷电防护等级时，用于电源线路的浪涌保护器的冲击电流和标称放电电流参数推荐值宜符合表 9-21 的规定。

（12）电源线路浪涌保护器在各个位置安装时，浪涌保护器的连接导线应短直，其总长度不宜大于 0.5m。有效保护水平 $U_{p/f}$ 应小于设备耐冲击电压额定值 U_w（表 9-17）。

电源线路浪涌保护器冲击电流和标称放电电流参数推荐值　　表 9-21

雷电防护等级	总配电箱		分配电箱	设备机房配电箱和需要特殊保护的电子信息设备端口处	
	LPZ0 与 LPZ1 边界		LPZ1 与 LPZ2 边界	后续防护区的边界	
	$10/350\mu s$ Ⅰ类试验	$8/20\mu s$ Ⅱ类试验	$8/20\mu s$ Ⅱ类试验	$8/20\mu s$ Ⅱ类试验	$1.2/50\mu s$ 和 $8/20\mu s$ 复合波Ⅲ类试验
	I_{imp}(kA)	I_n(kA)	I_n(kA)	I_n(kA)	U_{oc}(kv)/I_{sc}(kA)
A	≥20	≥80	≥40	≥5	≥10/≥5
B	≥15	≥60	≥30	≥5	≥10/≥5
C	≥12.5	≥50	≥20	≥5	≥6/≥3
D	≥12.5	≥50	≥10	≥3	≥6/≥3

注：SPD 分级应根据保护距离、SPD 连接导线长度、被保护设备耐受冲击电压额定值 U_w 等因素确定。

（13）电源线路浪涌保护器安装位置与被保护设备间的线路长度大于 10m 且有效保护水平大于 $U_w/2$ 时，应按式（9-6）和式（9-7）估算振荡保护距离 L_{po}；当建筑物位于多雷区或强雷区且没有线路屏蔽措施时，应按式（9-8）和式（9-9）估算感应保护距离 L_{pi}。

$$L_{po}=(U_w-U_{p/f})/k \tag{9-6}$$
$$k=25V/m \tag{9-7}$$
$$L_{pi}=(U_w-U_{p/f})/h \tag{9-8}$$
$$h=30000\times K_{s1}\times K_{s2}\times K_{s3} \tag{9-9}$$

式中　　　　U_w——设备耐冲击电压额定值；

$U_{p/f}$——有效保护水平，即连接导线的感应电压降与浪涌保护器的 U_p 之和；

K_{s1}、K_{s2}、K_{s3}——规范 GB 50343—2012 中附录 B 第 B.5.14 条中给出的因子。

（14）入户处第一级电源浪涌保护器与被保护设备间的线路长度大于 L_{po} 或 L_{pi} 值时，应在配电线路的分配电箱处或在被保护设备处增设浪涌保护器。当分配电箱处电源浪涌保护器与被保护设备间的线路长度大于 L_{po} 或 L_{pi} 值时，应在被保护设备处增设浪涌保护器。被保护电子信息设备处增设浪涌保护器时，U_p 应小于设备耐冲击电压额定值 U_w，宜留有 20% 裕量。在一条线路上设置多级浪涌保护器时应考虑他们之间的能量协调配合。

（15）LPZ0 和 LPZ1 界面处每条电源线路的浪涌保护器的冲击电流 I_{imp}，当采用非屏蔽线缆时按式（9-10）估算确定；当采用屏蔽线缆时按式（9-11）估算确定；当无法计算确定时应取 I_{imp} 大于或等于 12.5kA。

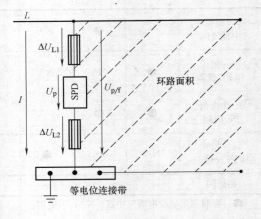

图 9-23　相线与等电位连接带之间的电压

I—局部雷电流；$U_{p/f}=U_p+\Delta U$—有效保护水平；

U_p—SPD 的电压保护水平；

$\Delta U=\Delta U_{L1}+\Delta U_{L2}$—连接导线上的感应电压

$$I_{imp} = 0.5I/[n_1 + n_2)m] \tag{9-10}$$
$$I_{imp} = 0.5IR_s/[(n_1 + n_2) \times (mR_s + R_c)] \tag{9-11}$$

式中　I——雷电流，按规范 GB 50343—2012 附录 C 确定（kA）；

　　　n_1——埋地金属管、电源及信号线缆的总数目；

　　　n_2——架空金属线、电源及信号线缆的总数目；

　　　m——每一线缆内导线的总数目；

　　　R_s——屏蔽层每千米的电阻（Ω/m）；

　　　R_c——芯线每千米的电阻（Ω/m）。

（16）当电压开关型浪涌保护器至限压型浪涌保护器之间的线路长度小于 10m、限压型浪涌保护器之间的线路长度之间的线路长度小于 5m 时，在两级浪涌保护器之间应加装退耦装置。当浪涌保护器具有能量自动配合功能时，浪涌保护器之间的线路长度不受限制。浪涌保护器应有过电流保护装置和劣化显示功能。

9.4.4 电源系统 SPD 选择中几个问题说明

（1）关于供电系统 TN-S 制式选择问题

1）根据《低压电气装置　第 4-44 部分：安全防护　电压骚扰和电磁骚扰防护》GB/T 16895.10—2010/IEC 60364-4-44：2007 中 444.4.3.1 条"装有或可能装有大量信息技术设备的现有的建筑物内，建议不宜采用 TN-C 系统。装有或可能装有大量信息技术设备的新建的建筑物内，不应采用 TN-C 系统。"444.4.3.2 条"由公共低压电网供电且装有或可能装有大量信息技术设备的现有建筑物内，在装置的电源进线点之后宜采用 TN-S 系统。在新建的建筑物内，在装置的电源进线点之后应采用 TN-S 系统。"

2）在 TN-S 系统中中性线电流仅在专用的中性导体（N）中流动，而在 TN-C 系统中，中性线电流将通过信号电缆中的屏蔽或参考地接地、外露可导电部分和装置外可导电部分（例如建筑物的金属构件）流动。

3）对于敏感电子信息系统的每栋建筑物，因 TN-C 系统在全系统内 N 线和 PE 线是合一的，存在不安全因素，一般不宜采用。当 220/380V 低压交流电源为 TN-C 系统时，应在入户总配电箱处将 N 线重复接地一次，在总配电箱之后采用 TN-S 系统，N 线不能再次接地，以避免工频 50Hz 基波及其谐波的干扰。设置有 UPS 电源时，在负荷侧起点将中性点或中性线做一次接地，其后就不能接地了。

4）图 9-21 为 TN-S 系统配电线路浪涌保护器分级设置位置与接地的示意图，SPD 的选择与安装由工程具体要求确定。当总配电箱靠近电源变压器时，该处 N 对 PE 的 SPD 可不设置。

（2）关于第 Ⅰ 级 SPD 的参数选择问题

SPD 的选择和安装是个比较复杂的问题。它与当地雷害程度、雷击点的远近、低压和高压（中压）电源线路的接地系统类型、电源变电所的接地方式、线缆的屏蔽和长度等情况都有关联。

1）在可能出现雷电冲击过电压的建筑物电气系统中，在 LPZ0$_0$ 或 LPZ1 区交界处，其电源线路进线的总配电箱内应设置第一级 SPD。用于泄放雷电流并将雷电冲击过电压降低，其电压保护水平 U_p 应不大于 2.5kV。如果建筑物装有防直击雷装置而易遭受直接雷击，或近旁具有易落雷的条件，此级 SPD 应是通过 $10/350\mu s$ 波形的最大冲击电流 I_{imp}

（Ⅰ类）试验的 SPD。

2）根据我国有些工程多年来在设计中选择和安装了Ⅱ类试验的 SPD 也能提供较好保护的实际情况，规范 GB 50343—2012 作出了选择性的规定：也可选择Ⅱ类试验的 SPD 作第一级保护。SPD 应能承受在总配电箱位置上可能出现的放电电流。因此，应按式（9-12）或式（9-13）估算确定，当无法计算确定时，可按表 9-21 冲击电流推荐值选择。如果这一级 SPD 未能将电压保护水平 U_p 限制在 2.5kV 以下，则需在下级分配电箱处设置第二级 SPD 来进一步降低冲击电压。此级 SPD 应为通过 8/20μs 波形标称放电电流 I_n（Ⅱ类）实验的 SPD，并能将电压保护水平 U_p 限制在约 2kV。在电子信息系统设备机房配电箱内或在其电源插座内设置第三极 SPD。这级 SPD 应为通过 8/20μs 波形标称放电电流 I_n 试验或复合波Ⅲ类试验的 SPD。它的保护水平 U_p 应低于电子信息设备能承受的冲击电压的水平，或不大于 1.2kV。

3）在建筑物电源进线入口的总配电箱内必须设置第一级 SPD。如果保护水平 U_p 不大于 2.5kV，其后的线缆采取了良好的屏蔽措施，这种情况，可只需在电子信息设备机房配电箱内设置第二级 SPD。

4）通常是在电源线路进入建筑物的入口（LPZ1 边界）总配电箱内安装 SPD1；要确定内部被保护系统的冲击耐受电压 U_w，选择 SPD1 的保护水平 U_{p1}，使有效保护水平 $U_{p/f} \leqslant U_w$，根据本节（16）的规定检查或估算振荡、保护距离 $L_{p0/1}$ 和感应保护距离 $L_{pi/1}$。若满足 $U_{p/f} \leqslant U_w$，而且 SPD1 与被保护设备间线路长度小于 $L_{P0/1}$ 和 $L_{pi/1}$，则 SPD1 有效地保护了设备。否则，应设置 SPD2。在靠近被保护设备（LPZ2 边界）的分配电箱内设置 SPD2；选择 SPD2 的保护水平 U_{p2}，使有效保护水平 $U_{p/f} \leqslant U_w$，检查或估算振荡保护距离 $L_{p0/2}$ 和感应保护距离 $L_{pi/2}$。若满足有效保护水平 $U_{p/f} \leqslant U_w$，而且 SPD2 与被保护设备间线路长度小于 $L_{p0/2}$ 和 $L_{pi/2}$，则 SPD2 有效地保护了设备。否则，应在靠近被保护设备处（机房配电箱内或插座）设置 SPD3。该 SPD 应与 SPD1 和 SPD2 能量协调配合。

5）式（9-12）与式（9-13）是根据 GB/T 21714.1—2008 附录 E 中式（E.4）、式（E.5）、式（E.6）三个公式编写的。当无法确定时应取 I_{imp} 等于或大于 12.5kA 是根据 GB 16895.22—2004 的规定。

6）对于开关型 SPD1 至限压型 SPD2 之间的线距应大于 10m 和 SPD2 至限压型 SPD3 之间的线距应大于 5m 的规定，其目的主要是在电源线路中安装了多级电源 SPD，由于各级 SPD 的标称导通电压和标称导通电流不同、安装方式及接线长短的差异，在设计和安装时如果能量配合不当，将会出现某级 SPD 不动作的盲点问题。为了保证雷电高电压脉冲沿电源线路侵入时，各级 SPD 都能分级启动泄流，避免多级 SPD 间出现盲点，两级 SPD 间必须有一定的线距长度（即一定的感抗或加装退耦元件）来满足避免盲点的要求。同时规定，末级电源 SPD 的保护水平必须低于被保护设备对浪涌电压的耐受能力。

7）各级电源 SPD 能量配合最终目的是，将威胁设备安全的电压电流浪涌值减低到被保护设备能耐受的安全范围内，而各级电源 SPD 泄放的浪涌电流不超过自身的标称放电电流。

8）按规范 GB 50343—2012 第 4.2 节或 4.3 节确定电源线路雷电浪涌防护等级时，用于建筑物入口处（总配电箱点）的浪涌保护器的冲击电流 I_{imp}，按（5）条式（9-12）或式（9-13）估算确定。当无法确定时根据 GB 16895.22—2004 的规定 I_{imp} 值应大于或等于

12.5kA。所以表 9-21 中在 LPZ0 与 LPZ1 边界的总配电箱处，C、D 等级的 I_{imp} 参数推荐值为 12.5kA。12.5kA 这个 I_{imp} 值是 IEC 标准推荐的最小值，本规范考虑到我国幅员辽阔，夏天的雷击灾害多，在雷电防护等级较高的电子信息系统设置的电源线路浪涌保护器能承受的冲击电流 I_{imp} 应适当有所提高，所以 A 级的 I_{imp} 参数推荐值为 20kA；B 级 I_{imp} 推荐值为 15kA。

9）鉴于我国有些工程中，在建筑物入口处的总配电箱处选用安装 II 类试验（波形 8/20μs）的限压型浪涌保护器。所以本规范推荐在 LPZ0 区与 LPZ1 边界的总配电箱也可选用经 II 类试验（波形 8/20μs）的浪涌保护器：A 级 $I_n \geqslant$ 80kA、B 级 $I_n \geqslant$ 60kA、C 级 $I_n \geqslant$ 50kA、D 级 $I_n \geqslant$ 50kA。这些推荐值是征求国内各方面意见得来的。

10）为了提高电子信息系统的电源线路浪涌保护可靠性，应保证局部雷电流大部分在 LPZ0 与 LPZ1 的交界处转移到接地装置。同时限制各种途径入侵的雷电浪涌，限制沿进线侵入的雷电波、地电位反击、雷电感应。建筑物中的浪涌保护器常是多级配置，以防雷区为层次，每级 SPD 的通流容量足以承受在其位置上的雷电浪涌电流，且对雷电能量逐级减弱；SPD 电压保护水平也要逐级降低，最终使过电压限制在设备耐冲击电压额定值以下。

11）表 9-21 中分配电箱、设备机房配电箱处及电子信息系统设备电源端口的浪涌保护器的推荐值是根据电源系统多级 SPD 的能量协调配合原则和多年来工程实践总结确定的。

12）雷电电磁脉冲（LEMP）是敏感电子设备遭受雷害的主要原因。LEMP 通过传导、感应、辐射等方式从不同的渠道侵入建筑物的内部，致使电子设备受损。其中，电源线是 LEMP 入侵最主要的渠道之一。安装电源 SPD 是防御 LEMP 从配电线这条渠道入侵的重要措施。正确安装的 SPD 能把雷电电磁脉冲拒于建筑物或设备之外，使电子设备免受其害。不正确安装的 SPD 不仅不能防御入侵的 LEMP。连 SPD 自身也难免受损。

13）SPD 作用只有两个：①泄流。把入侵的雷电流分流入地，让雷电的大部分能量泄入大地，使 LEMP 无法达到或仅极少部分到达电子设备；②限压。在雷电过电压通过电源线入户时，在 SPD 两端保持一定的电压（残压），而这个限压又是电子设备所能接受的。这两个功能是同时获得的，即在分流过程中达到限压，使电子设备受到保护。

14）目前，防雷工程中电源 SPD 的设计和施工不规范的主要问题有两个：一是 SPD 接线过长，国内外防雷标准凡涉及电源浪涌保护器（SPD）的安装时都强调接线要短直，其总长度不超过 0.5m，但大多情况接线长度都超过 1m，甚至有长达 4~5m 的；二是多级 SPD 安装时的能量配合不当。对这两个问题的忽视导致有些建筑物内部虽安装了 SPD 仍出现其内的电子设备遭雷击损坏的现象。

15）图 9-23：当 SPD 与被保护设备连接时，最终有效保护水平 $U_{p/f}$ 应考虑连接导线的感应电压降 $\triangle U$。SPD 最终的有效电压保护水平 $U_{p/f}$ 为：

$$U_{p/f} = U_p + \Delta U \tag{9-12}$$

式中　ΔU——SPD 两端连接导线的感应电压降。

$$\Delta U = \Delta U_{L1} + \Delta U_{L1} = L(di/dt) \tag{9-13}$$

式中　L——为两段导线的电感量（μH）；

di/dt——为流入 SPD 雷电流陡度。

当 SPD 流过部分雷电流时，可假定 $\Delta U = 1\text{kV/m}$，或者考虑 20% 的裕量。

当 SPD 仅流过感应电流时，则 ΔU 可以忽略。

也可改进 SPD 的电路连接，采用凯文接线法如图 9-24 所示。

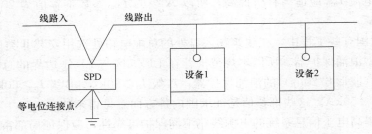

图 9-24　凯文接线法

16）SPD 在工作时，SPD 安装位置处的线对地电压限制在 U_p。若 SPD 和被保护设备间的线路太长，浪涌的传播将会产生振荡现象，设备端产生的振荡电压值会增至 $2U_p$，即使选择了 $U_p \leqslant U_w$，振荡仍能引起被保护设备失效。

保护距离 L_{po} 是 SPD 和设备间线路的最大长度，在此限度内，SPD 有效保护了设备。若线路长度小于 10m 或者 $U_{p/f} < U_w/2$ 时，保护距离可以不考虑。若线路长度大于 10m 且 $U_{p/f} > U_w/2$ 时，保护距离可以由式（9-14）估算：

$$L_{po} = (U_w - U_{p/f})/k \tag{9-14}$$

式中　$k = 25\text{V/m}$。

公式引自《雷电防护　第 4 部分：建筑物内电气和电子系统》GB/T 21714.4—2008（IEC62305-4：2006，IDT）第 D.2.3 条。

当建筑物或附近建筑物地面遭受雷击时，会在 SPD 与被保护设备构成的回路内感应出过电压，它加于 U_p 上降低了 SPD 的保护效果。感应过电压随线路长度、保护地 PE 与相线的距离、电源线与信号线间的回路面积的尺寸增加而增大，随空间屏蔽、线路屏蔽效率的提高而减小。

保护距离 L_{pi} 是 SPD 与被保护设备间最大线路长度，在此距离内，SPD 对被保护设备的保护才是有效的，因此应考虑应保护距离 L_{pi}。当雷电产生的磁场极强时，应减小 SPD 与设备间的距离。也可采取措施减小磁场强度，如建筑物（LPZ1）或房间（LPZ2 等后续防护区域）采用空间屏蔽，使用屏蔽电缆或电缆管道对线路进行屏蔽等。

9.4.5　关于多级电流 SPD 的能量配合相关问题

在一条线路上，级联选择和安装两个以上的浪涌保护器（SPD）时，应当达到多级电源 SPD 的能量协调配合。

雷电电磁脉冲（LEMP）和操作过电压会危及敏感的电子信息系统。除了采取 GB 50343—2012 第 5 章其他措施外，为了避免雷电和操作引起的浪涌通过配电线路损害电子设备，按 IEC 防雷分区的观点，通常在配电线穿越防雷区域（LPZ）界面处安装浪涌保护器（SPD）。如果线路穿越多个防雷区域，宜在每个区域界面处安装一个电源 SPD（图 9-25）。这些 SPD 除了注意接线方式外，还应该对它们进行精心选择并使之能量配合，以便按照各 SPD 的能量耐受能力分摊雷电流，把雷电流导引入地，使雷电威胁值减少到受保护设备的抗扰度之下，达到保护电子系统的效果。这就是多级电源 SPD 的能量配合。

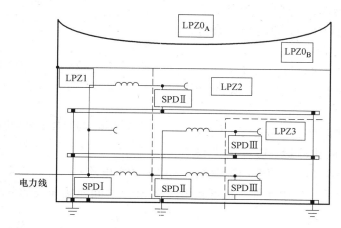

图 9-25 低压配电线路穿越两个防雷区域时在边界安装 SPD 示例

SPD ——浪涌防护器（例如 II 类测试的 SPD）；∿∿∿ ——去耦元件或电缆

有效的能量配合应考虑各 SPD 的特性、安装地点的雷电威胁值以及受保护设备的特性。SPD 和设备的特性可从产品说明书中获得。雷电威胁值主要考虑直接雷击的首次短雷击，后续短时雷击陡度虽大，但其幅值、单位能量和电荷量均较首次短雷击小。而长雷击只是 SPD I 类测试电流的一个附加负荷因素，在 SPD 的能量配合过程中可以不予考虑。因此，只要 SPD 系统能防御直接雷击中的首次短雷击，其他形式的雷击将不至于构成威胁。

（1）SPD 能量配合的目的

电源 SPD 能量配合的目的是利用 SPD 的泄流和限压作用，把出现在配电线路上的雷电、操作等浪涌电流安全地引导入地，使电子信息系统获得保护。只要对于所有的浪涌过电压和过电流，SPD 保护系统中任何一个 SPD 所耗散的能量不超出各自的耐受能力，就实现了能量配合。耐受能力，就实现了能量配合。

（2）能量配合的方法

SPD 之间可以采用下列方法之一进行配合：

1）伏安特性配合

这种方法基于 SPD 的静态伏安特性，适用于限压型 SPD 的配合。该法对电流波形不是特别敏感，也不需要去耦元件，线路上的分布阻抗本身就有一定的去耦作用。

2）使用专门的去耦元件配合

为了达到配合的目的，可以使用具有足够的浪涌耐受能力的集中元件作去耦元件（其中，电阻元件主要用于信息系统中，而电感元件主要用于电源系统中）。如果采用电感去耦，电流陡度是决定性的参数。电感值和电流陡度越大越易实现能量配合。

3）用触发型的 SPD 配合

触发型的 SPD 可以用来实现 SPD 的配合。触发型 SPD 的电子触发电路应当保证被配合的后续 SPD 的能量耐受能力不会被超出。这个方法也不需要去耦元件。

（3）SPD 配合的基本模型和原理

SPD 配合的基本模型如图 9-26 所示。图中以两级 SPD 为例说明 SPD 配合的原理。配电系统中两级 SPD 的两种配合方式介绍如下：

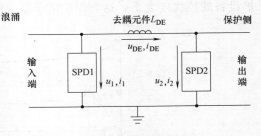

图 9-26　SPD 能量配合电路模型

① 两个限压型 SPD 的配合；

② 开关型 SPD 和限压型 SPD 的配合。

这两种配合共同的特点是：① 前级 SPD1 的泄流能力应比后级 SPD2 的大得多，即通流量大得多（比如 SPD1 应泄去 80％以上的雷电流）；

② 去耦元件可采用集中元件，也可利用两级 SPD 之间连接导线的分布电感（该分布电感的值应足够大）；

③ 最后一级 SPD 的限压应小于被保护设备的耐受电压。

这两种配合不同的特点是：

① 两个限压型 SPD 的伏安特性都是连续的（例如 MOV 或抑制二极管）。当两个限压型 SPD 标称导通电压（U_n）相同且能量配合正确时，由于线路自身电感或串联去耦元件 L_{DE} 的阻流作用，输入的浪涌上升达到 SPD1 启动电压并使之导通时，SPD2 不可能同时导通。只有当浪涌电压继续上升，流过 SPD1 的电流增大，使 SPD1 的残压上升，SPD2 两端电压随之上升达到 SPD2 的启动电压时，SPD2 才导通。只要通过各 SPD 的浪涌能量都不超过各自的耐受能力，就实现了能量配合。

② 开关型 SPD1 和限压型 SPD2 配合时，SPD1 的伏安特性不连续（例如火花间隙（SG）、气体放电管（GDT），半导体闸流管、可控硅整流器、三端双向可控硅开关元件等），后续 SPD2 的伏安特性连续。图 9-27 说明了这两种 SPD 能量配合的基本原则。当浪涌输入时，由于 SPD1（SG）的触发电压较高，SPD2 将首先达到启动电压而导通。随着浪涌电压继续上升，流过 SPD2 的电流增大，使 SPD2 的两端电压 U_2（残压）上升，当 SPD1 的两端电压 U_1（等于 SPD2 两端的残压 U_2 与去耦元件两端动态压降 U_{DE} 之和）超过 SG 的动态火花放电电压 U_{SPARK}，即 $U_1 = U_1 + U_{DE} \geqslant U_{SPARK}$ 时，SG 就会点火导通。只要通过 SPD2 的浪涌电流能量未超出其耐受能力之前 SG 触发导通，就实现了能量配合。否则，没实现能量配合。这一切取决于 MOV 的特性和入侵的浪涌电流的陡度、幅度和去耦元件的大小。此外，这种配合还通过 SPD1 的开关特性，缩短 $10/350\mu s$ 的初始冲击电流的半值时间，大大减小了后续 SPD 的负荷。值得注意的是，SPD1 点火导通之前，SPD2 将承受全部雷电流。

（4）去耦元件的选择

如果电源 SPD 系统采用线路的分布电感进行能量配合，其电感大小与线路布设和长度有关。线路单位长度分布电感可以用下述方法近似估算：两根导线（相线和地线）在同一个电缆中，电感大约为 0.5 到 $1\mu H/m$（取决于导线的截面积）；两根分开的导线，应当假定单位长度导线有更大的电感值（取决于两根导线之间的距离），则去耦电感为单位长度分布电感与长度的积。因此，为了配合，必须有最小线路长度要求。如不满足要求就须

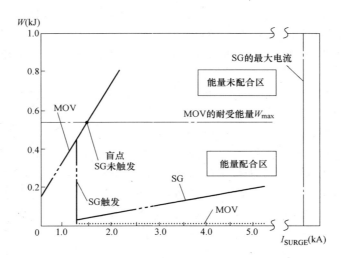

图 9-27 SG 和 MOV 的能量配合原理

加去耦元件（电感或电阻）。

9.4.6 电源 SPD 选择中的其他几个问题

（1）电涌保护器应自备（或附加）泄漏电流超标时自动切除装置，系统内安装的电涌保护器其总泄漏电流应小于该系统正常泄漏电流预留值，并应加装泄漏电流检测电器进行后备保护。

（2）并联在电源回路中的电涌保护器，其最大持续运行电压应满足电源系统电压不平衡和不稳定的需要。

① TN 系统，接闪器的最大持续运行电压应大于 1.15 倍系统供电相电压。

② TT 系统，高压侧系统不接地，当接闪器前装有泄漏电流监测电器时，电涌保护器的最大持续运行电压应大于 1.5 倍系统供电相电压；当接闪器前未装有泄漏电流监测电器时，电涌保护器的最大持续运行电压应大于 1.15 倍系统供电相电压，并应装设在零线与相线、零线与保护地线之间。

③ TT 系统，高压侧系统接地，若变电所设备外壳保护接地和低压侧 N 线系统接地未分开设置，低压侧接闪器的最大长期持续运行电压应大于 1.1 倍系统供电线电压。

④ IT 系统，接闪器的最大持续运行电压应大于 1.15 倍系统供电线电压。

（3）串联在电源回路中的电涌保护器，其标称通流容量应不小于电源侧装设的电路保护电器的动作曲线实际通流容量。

（4）并联在电源回路中的接闪器其熄弧能力应大于安装处的工频最大预期短路电流值，否则应在浪涌保护器回路中加装短路保护电器，该短路保护电器应能承受该处的最大雷电冲击电流值。

9.4.7 浪涌保护器的主要技术特征

（1）SPD 工作原理和基本功能

1）SPD 的基本功能

① 电力系统无电涌时：SPD 对其所应用的系统工作特性无明显影响。

② 电力系统出现电涌时：SPD 呈现低电阻，电涌电流通过 SPD 泄漏，把电压限制到其保护水平，电涌可能引起工频续流通过 SPD。

③ 电力系统出现电涌以后，SPD 在电涌及任何可能出现的工频续流熄灭以后，恢复到高阻抗状态。

④ SPD 的特性功能，在正常使用条件下均应能满足上述功能要求。

2）SPD 的工作原理

浪涌保护器（SPD）是一个非线性阻性元件，它的工作决定于施加其两端的电压 U 和触发电压 U_d 值的大小，对不同产品 U_d 为标准给定值，如图 9-28 所示，当 $U < U_d$ 时：SPD 的电阻值很高（$1M\Omega$），只有很小的漏电电流（$< 1mA$）通过。当 $U \geqslant U_d$ 时：SPD 的阻值减小到只有几欧姆，瞬间泄放过电流，使电压突降。待当 $U < U_d$ 时，SPD 又呈现高阻性。

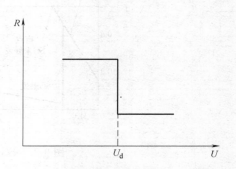

图 9-28　浪涌保护器的基本工作原理

根据上述原理，SPD 广泛用于低压配电系统，用以限制电网中的大气过电压，使其不超过各种电气设备及配电装置所承受的冲击耐受电压，保护设备免受由于雷电造成的危害。但不能保护暂时的工频过电压。

（2）SPD 的主要技术数据

浪涌保护器必须能承受预期通过其上的雷电流，并应能对线路的过电压峰值进行限幅，且应能熄灭雷电流通过后的工频续流。表征性能的参数有：

① 导通时间 t。电涌保护器的导通时间是一个很重要的参数，它决定了所释放的能量值（电荷量：$Q = i \cdot t$），导通时间越长，可释放越多的能量。由于电涌保护器承受高能量会导致组件的老化，因此要求电涌电压到来时，电涌保护器应迅速响应，以便尽快把能量泄放到大地中。

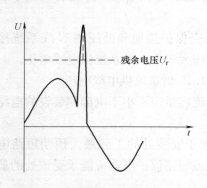

图 9-29　电涌保护器导通时的残余电压

② 残余电压 U_r。当电涌保护器导通时，其两端的电压被称为残余电压。其值取决于保护器的电阻下降时，在其上通过的电流的大小。如果系统的过电压只是瞬间的，短时的电流通过可以吸收过电压及减小通过的波幅，这称为过电压被保护器"斩断"，此时在保护器上的电压即为残余电压，如图 9-29 所示。

③ 开断能力。所有的过电压保护元件都有可承受的最大电流，在这个电流之下不会被损坏，这就是电涌保护器的开断能力。

④ 最大放电电流 I_{max} 为流过电涌保护器具有 $8/20\mu s$ 电流波的峰值电流。

⑤ 标称放电电流 I_n。流过电涌保护器具有 $8/20\mu s$ 电波流的峰值电流。

⑥ 电压保护水平 U_p 表征浪涌保护器限制接线端子间电压的特征参数，该值应大于所测量电压的最高值。

⑦ 最大持续运行电压 U_c。指能持续加在 SPD 上最大交流电压有效值或直流电压。

⑧ 泄漏电流 I_c。指 SPD 在未导通下的泄漏电流，$I_c < 1\text{mA}$。

图 9-30 为电涌保护器的 $U = f(I)$ 特性曲线，从图中可直观地看出各参数的含义。

（3）电涌保护器的两种主要组件的性能

电涌保护器的组件主要有气体放电管和氧化锌（ZnO）压敏电阻，它们的性能如表 9-22 所示。

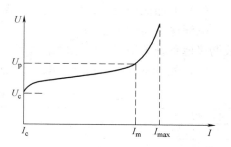

图 9-30　电涌保护器的 $U = f(I)$ 曲线

电涌保护器的主要组件的性能　　　　　　　　　　　　表 9-22

性能 组件	释放能量	电压保护水平 U_p	反应时间
气体放电管	很高	高	长
ZnO 压敏电阻	高	低	短

这两种器件理论上可用于任何形式的过电压防护，但由于它们是非线性元件，对长波（工频）有可变的阻抗，因此电涌保护器不适合用于工频过电压的防护。

（4）SPD 的技术标准

电涌保护器的保护特性和耐受雷击的性能直接与雷电过电压和浪涌电流有关。根据对雷电特性的统计，提出了对电涌保护器试验用的雷电流和雷电压标准波形，如图 9-31 所示。

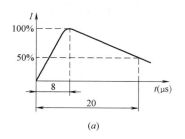
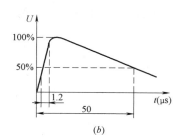

图 9-31　雷电的标准波形

（a）$8/20\mu s$ 雷电流波形　　（b）$1.2/50\mu s$ 雷击过电压波形

电涌保护器的生产厂商必须用标准波形对其产品进行试验，试验依据的标准为 IEC 61643-11（低压配电系统的电涌保护器），标准中规定了三类试验方法，分别称为 I 级分类试验、II 级分类试验、III 级分类试验。

① I 级分类试验是用标准放电电流 I_n、$1.2/50\mu s$ 冲击电压和最大冲击电流 I_{imp}（包括峰值电流 I_{peak} 和电荷 Q）做的试验；II 级分类试验是用标准放电电流 I_n、$1.2/50\mu s$ 冲击电压和最大放电电流 I_{max} 做的试验；III 级分类试验用混合波（$1.2/50\mu s$、$8/20\mu s$）做的试验。

② 不同的试验类别没有等级之分，也没有可比性，每个生产厂商可任选一类试验，如施耐德电气公司的 PRD40 型 SPD 符合其中的 II 类试验。德国的 VDE 标准采用的是 I

类试验，法国 NFC 标准采用的是Ⅱ类试验，而美国 UL1449 标准采用的是Ⅲ类试验。

9.4.8 电涌保护器（SPD）的选择与配合要求

（1）电涌保护器与被保护设备的保护配合

电涌保护器的电压保护水平 U_p 应始终小于被保护设备的冲击耐受电压 U_w，并大于根据接地系统类型得出的电网最高运行电压 U_{xmax}，即：$U_{xmax} < U_p < U_w$。

三相配电系统中，被保护电气设备冲击耐受电压等级如表 9-23 所示。

三相电网电压为 230/440V 被保护设备冲击耐受电压（8/20μs）　　　表 9-23

冲击耐压类别	Ⅰ 类	Ⅱ 类	Ⅲ 类	Ⅳ 类
耐压水平	较低	一般	高	很高
负载类型	电子设备	家用设备	工业电器	工业电器
例子	电视、音响、录像机、计算机等通信设备	洗衣机、电冰箱、电动工具、加热器	电动机、配电柜、电源插头、变压器等	电气计量仪表、一次线过流保护设备
U_{choc} 冲击耐压(kV)	1.5	2.5	4	6

电网的最高运行电压 U_{xmax}，如表 9-24 所示。

不同接地系统的电网最高运行电压 U_{xmax}　　　表 9-24

接地系统	TT	TN-S	TN-C	IT 中性点配出	IT 中性点不配出
电网最高运行电压(V)	345/360	253/264	253/264	398/415	398/415

（2）选用 SPD 的基本原则

电涌保护器的电压保护水平 U_p 应小于被保护设备的冲击耐受电压 U_w，即 $U_p < U_w$。

（3）U_p 过高时限制措施

如果进线端电涌保护器的 U_p 与被保护设备的冲击相比过高的话，则需在设备处加装二级电涌保护器，如图 9-32 所示的 P_2 即是为了降低 U_p 而设置的。

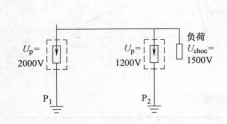

图 9-32 U_p 过高时装设二级保护

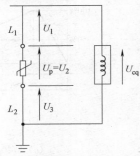

图 9-33 电涌保护器的接线应尽量短

（4）0.5m 原则

电涌保护器与被保护设备的两端引线应尽可能短，即 0.5m 原则，如图 9-33 所示。

当浪涌电压侵入时，负荷两端的等效电压 $U_{eq} = U_1 + U_2 + U_3$，其中 U_2 即为 SPD 的最大钳压 U_p。而 U_1 与 U_3 在工频电流流过时的电感和电阻效应都很小，可忽略不计，但在高频情况下，电感效应很大，不能忽略。

电感电压 $U_L = L(dt/dt)$，对于 8/20μs 电流波，L 取为 $1\mu H/m$。下面两例可说明引线的长度影响加在负荷上的冲击过电压。设电流峰值 $I_{peak} = 10kA$。

【例 9-1】 $L_1 = 0.8\text{m}$，$L_2 = 0.5\text{m}$，$\mathrm{d}i/\mathrm{d}t = 10\text{kA}/8\mu\text{s}$

则 $U_{eq} = L_1\,\mathrm{d}i/\mathrm{d}t + U_p + L_2\,\mathrm{d}t/\mathrm{d}i = U_p + 1625$

【例 9-2】 $L_1 = 0.25\text{m}$，$L_2 = 0.25\text{m}$，$\mathrm{d}t/\mathrm{d}i = 10\text{kA}/8\mu\text{s}$

则 $U_{eq} = L_1\,\mathrm{d}i/\mathrm{d}t + U_p + L_2\quad \mathrm{d}i/\mathrm{d}t = U_p + 625$

可见，例 9-2 中的 U_{eq} 远小于例 9-1 中的 U_{eq}，负荷可得到有效保护。因此，电涌保护器安装接线时要求引线 $L_1 + L_2 < 0.5\text{m}$，并且越短越好。

（5）SPD 两级配合的 10m 原则

为提供最佳的保护，即既能承受更强的电流又有较小的残余电压，通常应用电涌保护器作一级及二级保护。一级保护能承受高电压和大电流，并应能快速灭弧。二级保护用来减小系统端的残余电压，它应具有较高的斩波能力。两级电涌保护器之间的最短距离为10m，如图 9-34 所示。

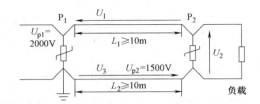

图 9-34　电涌保护器级联时的距离原则

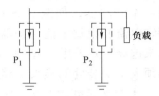

图 9-35　电涌保护器与设备距离大于
30m 时应加二级保护

电涌保护器 P2 安装在 P1 的下级，通常它的各项参数指标都比 P1 小，如果它与 P1 安装得过近，P2 有可能比 P1 更早动作，从而要承受本应由 P1 承受的高能量。为了避免这种情况，通过增加 P1 和 P2 之间的接线长度来使 P2 上承受的电压下降，因 P2 两端的电压等于 P1 两端的电压减去电缆上的感应电压。

给定 P1 的触发电压为 2.5kV，P2 的触发电压为 1.5kV，欲使 P1 动作时，其两端的电压至少要达到 1.5kV，而此时 P1 两端的电压已为 $U_1 + U_2 + U_3$，即 1000V+1500V+1000V，P2 的触发电压 2.5kV，于是 P1 会在 P2 达到它的触发电压前动作，把电流导入大地，释放了引起过电压的能量。而 P2 在 P1 端的残余电压超过 3.5kV 时提供第二级保护。

（6）30m 原则

当进线端的电涌保护器与被保护电气设备之间的距离大于 30m 时，应在离被保护设备尽可能近的地方安装另一个电涌保护器，如图 9-35 所示，反之，如果不增加一级保护，由于电缆距离较长，P1 上的残压加上电缆感应电压仍可能损坏设备，不能起到保护作用。

9.4.9　应用 SPD 保护配合中的几个问题

（1）SPD 的保护措施及损坏模式

1）SPD 的失效或损坏模式

当电涌大于设计最大能量吸收能力和放电电流时，SPD 可能失效或损坏。其失效模式分为：

① 开路模式：在开路模式下，被保护系统不再被保护。因为失效的 SPD 对系统影响很小，所以不容易被发现。因此应设置一个失效损坏装置，以便尽量更换失效的 SPD。

② 短路模式：在短路模式下，失效的 SPD 严重影响系统。系统中的短路电流通过失

效的 SPD。短路电流开通时使能量过度释放后可能引起火灾。因此应在 SPD 的前端配设一个合适的脱离器（断路器或熔断器）以方便将失效的 SPD 从系统中脱离。

　　2）SPD 保护措施

　　电涌保护器都有最大通过电流 I_{max}，这是电涌保护器不被损坏而能承受的最大电流，当超出这个值或长期工作于感应过电压状态时，电涌保护器被击穿造成短路。在图 9-36 中，如果电涌保护器上未串接断路器 D2，则线路断路器 D1 跳闸，由于故障电流 I_{cc} 仍存在，只有电涌保护器被更换后，D1 才能重新合闸，这样系统就不能保证供电的连续性。

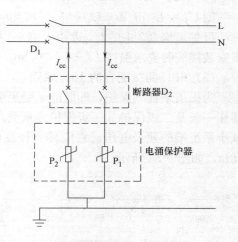

图 9-36　用断路器切除电涌保护器

　　解决上述问题的措施是在电涌保护器的上端串联一个断路器，如图 9-36 中的 D2。断路器的额定电流要根据电涌保护器的最大放电电流 I_{max} 来选择，并采用 C 型脱扣曲线，其分断能力必须大于安装处的最大短路电流，如表 9-25 所示，并且要求断路器在额定电流下施加 20 个标准的 $8/20\mu s$ 和 $1.2/50\mu s$ 测试脉冲时不脱扣，但电涌保护器短路时要确保动作。

SPD 配置熔断器或空气断路器的整定值及导线选择　　　　表 9-25

参数\保护级别	整定电流（A）		放电电流（8/20μs）		连接导线（BX）截面（mm²）		备　注
	空气断路器（曲线 C）	熔断器	I_n（kA）	I_{max}（kA）	电流侧	接地侧	
一级	50	100/80/40	80/60/40	80 以上	6	10	
二级	32	40/32	40/20	50～80	4	6	
三级	20～16	32	20	25～40	2.5	4	
四级	10	20	10	15～20	2.5	4	

注：若生产厂家 SPD 中已带有热保护时，在 3～4 级保护电路中可不另设保护电器装置。

　　当线路负载大于 100A 或连续供电负载时，应在电涌保护器上端安装短路保护器件。

　　当电涌保护器制造商没有上端熔断器的具体配置建议时，则如表 9-26 所示选择。

电涌保护器上端保护器件选择表　　　　表 9-26

电涌保护器最大放电电流	100kA	70kA	45kA	30kA	15kA
电涌保护器上端熔断器额定电流选择	200A	150A	100A	60A	30A

　　（2）选择电涌保护器（SPD）耐受的预期短路电流

　　电涌保护器（SPD）耐受的短路电流（当电涌保护器（SPD）失效时产生）和与之相连接的过电流保护器（设置于内部或外部）一起应承受等于或大于安装处预期产生的最大短路电流，选择时要考虑到电涌保护器（SPD）制造厂规定应具备的最大过电流保护器。

　　此外，制造厂所规定电涌保护器（SPD）的额定阻断续流电流值不应小于安装处的预期短路电流值。

在 TT 系统或 TN 系统中，接于中性线和 PE 线之间的电涌保护器（SPD）动作（例如火花间隙放电）后流过工频续流，电涌保护器（SPD）额定续流电流值应大于或等于 100A。

在 IT 系统中，接于中线和 PE 线之间的电涌保护器（SPD）的额定阻断续流电流值与接在相线和中性线之间的电涌保护器（SPD）是相同的。

（3）SPD 与漏电保护器（RCD）的配合

在出现大气过电压时，电涌保护器将过电流泄放入地时要保证电源的漏电保护开关不能动作。应在电源进线端采用 $I_{\Delta n}=300/500\text{mA}$，并带延时跳闸的漏电保护开关，在设备端选择 $I_{\Delta n}=30\text{mA}$ 的漏电开关，对特别重要负荷（如计算机等）采用 SI 型漏电开关，SI 型对大气过电压不敏感。这样配置的配电系统，可保证上、下级的选择性，同时与电涌保护器也可得到很好的配合，如图 9-37 所示。

（4）SPD 防老化措施

电涌保护器正常泄漏电流很小，但泄漏电流会随雷击次数的增加而增加，导致器件发热老化，绝缘性能变差。因此，电涌保护器一般都带有在达到最大可承受热量前即断开电涌保护器的热分断装置，并要求带温度失效指示，还可带远程指示，如图 9-38 所示。

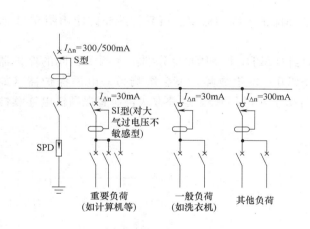

图 9-37　电涌保护器与漏电保护的配合

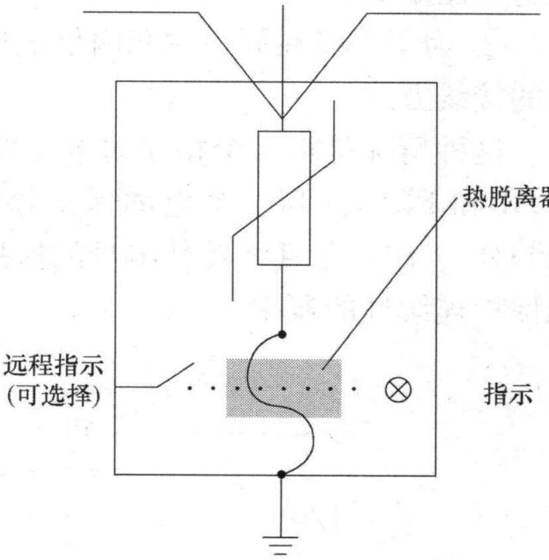

图 9-38　电涌保护器中防老化措施

（5）电涌保护器（SPD）之间的配合

根据 IEC 61312-3 和 IEC 61643-12，应当考虑电气装置中电涌保护器（SPD）之间必需的配合。电涌保护器（SPD）的制造厂应在其文件中提供充分的关于电涌保护器（SPD）之间的配合的资料。

（6）防止电涌保护器（SPD）失效的后果和过电流保护

防止电涌保护器（SPD）短路的保护是采用过电流保护器 F2，应当根据电涌保护器（SPD）产品手册中推荐的过电流保护器的最大额定值选择。

如果过电流保护器 F1（F1 是电气装置的组成部分）的额定值小于或等于推荐用的过电流保护器 F2 最大额定值，则可省去 F2。

连接过电流保护器至相线的导线截面应根据可能的最大短路电流值选择。

电涌保护器的连接线的截面积一般第一级应大于 $6mm^2$（多股铜线），第二级应大于 $4mm^2$（多股铜线）。当电涌保护器制造商有规定时可按其规定选择。下面为某公司电涌保护器连接线选择表，如表 9-27 所示。

电涌保护器连接线选择表（多股铜线 mm^2）　　　　　　　表 9-27

配电电源线	≤35	50	≥70
SPD 连接线	2.5	4	6
接地极连接线	≤4	6	≥10

重点要保证供电的连续性还是保证保护的连续性可取决于在电涌保护器（SPD）故障时，断开电涌保护器（SPD）的过电流保护器所安装的位置。

在所有情况下，应当明确设置的保护器间的区别：

① 若过电流保护器安装在电涌保护器（SPD）的回路中，则可保证供电的连续性，但再发生过电压时，无论是电气装置或是设备都得不到保护（图 9-39）。这些过电流保护器可以是设于内部的电涌保护器（SPD）脱离器。

② 若过电流保护器接入设有电涌保护器（SPD）保护电路的电气装置进线前端，则电涌保护器（SPD）故障时可导致供电中断，要等到更换电涌保护器（SPD）后才能恢复供电（图 9-40）。

③ 为了提高在同一时间内供电连续和保护连续的概率和可靠性，允许使用图 9-41 所示的接线方式。

这种情况是将两个相同的电涌保护器（SPD1 和 SPD2）分别接入两个相同的保护器（PD1 和 PD2）。当一个电涌保护器（SPD1）发生故障，不会影响另一电涌保护器（如 SPD2）工作，并且将使其本身的保护器动作（如 PD1）。这种方式将显著提高供电连续性和保护连续性的概率。

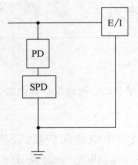

图 9-39　重点保证供电连续性

PD——电涌保护器的保护电器；

SPD——电涌保护器；

E/I——被电涌保护器保护的电气装置或设备

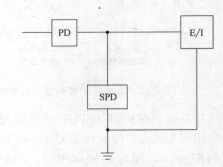

图 9-40　重点保证保护连续性

（7）间接接触防护

IEC 60364-4-41 中所规定的间接接触防护即使当电涌保护器（SPD）故障时，对所保护的电气装置保护保持有效。

当采用自动切断供电时：

在 TN 系统中，可在电涌保护器（SPD）的电源侧装设过电流保护器实现间接接触防护；在 TT 系统中可采用下述 1）或者 2）实现间接接触防护：

1）将电涌保护器（SPD）安装在剩余电流保护器（RCD）的负荷侧；

2）将电涌保护器（SPD）安装在剩余电流保护器（RCD）的电源侧，由于接在中性线和 PE 线之间的电涌保护器（SPD）也可能发生故障，因此：

① 应当符合 IEC　60364-4-41-4-13.1.3 条的规定。

② 应根据接线形式 2 来安装电涌保护器（SPD）。

在 TT 系统中，不需要附加其他措施。

（8）TT 系统与 TN-S 系统中差模保护的重要性

为防低压配电网中的浪涌过电压，采用共模保护方式是必需的，但对于 TT 与 TN-S 系统，除了共模保护外，必要时应采用差模保护，如图 9-42 所示。

图中两级的电涌保护器以共模方式安装来保护配电装置，若系统的中性点接地电阻 R1 远比配电装置的接地电阻 R2 小，雷电流可能会沿着 ABC 这个阻值小的路径流入大地，在极端情况下，会在 A 和 C 两端产生一个等于两个电涌保护器残余电压之和（$U_{p1} + U_{p2}$）的电压，由此损害设备。如果采用差模保护电涌器 P3，A 和 C 两端的电压就被限制在 P3 的电压保护水平 U_{p3} 上，因此差模保护在有些情况下是必须的。

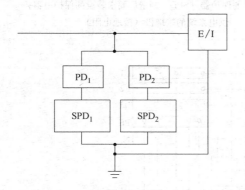

图 9-41　供电连续性和保护连续性的结合

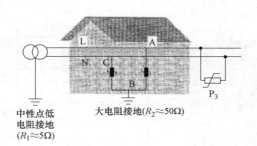

图 9-42　TT 与 TN-S 中差模保护的重要性

共模保护（MC）：指的是相线对地和中性线对地的保护方式。

差模保护（MD）：指的是相线对中性线的保护方式。

单相电源电涌保护器的安装方案如图 9-43 所示。

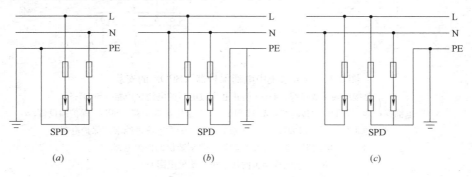

图 9-43　单相电源电涌保护器安装

9.4.10　各种型式接地系统 SPD 安装示例图

各种型式接地系统 SPD 安装示例图如图 9-44~图 9-48 所示。并应符合表 9-20 的规定。

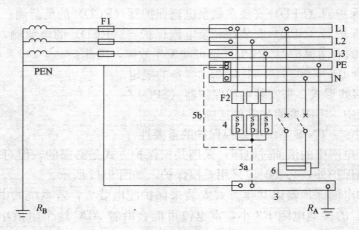

图 9-44　TN 系统中电涌保护器（SPD）的安装

3——总接地端子或母线；4——防止Ⅱ类过电压的电涌保护器（SPD）；

5——电涌保护器（SPD）的接地线，5a 或 5b；6——被电涌保护器（SPD）保护的设备；

F1——安装在电气装置电源进线端的保护电器；F2——电涌保护器（SPD）制造厂要求装设的保护电器；

R_A——电气装置的接地极（接地电阻）；R_B——供电系统的接地极（接地电阻）

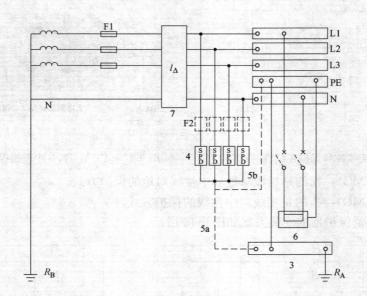

图 9-45　TT 系统中电涌保护器（SPD）的安装

3——总接地端子或母线；4——防止Ⅱ类过电压的电涌保护器（SPD）；

5——电涌保护器（SPD）的接地线，5a 或 5b；6——被电涌保护器（SPD）保护的设备；

7——剩余电器保护器（SPD）；F1——安装在电气装置电源进线端的保护电器；

F2——电涌保护器（SPD）制造厂要求装设的保护电器；

R_A——电气装置的接地极（接地电阻）；

R_B——供电系统的接地极（接地电阻）

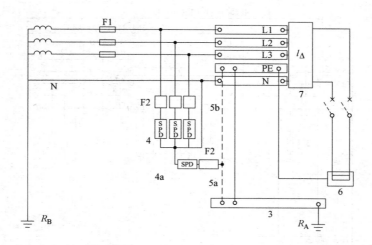

图 9-46　TT 系统电涌保护器（SPD）安装在进户处剩余电流保护器的电源侧

3——总接地端子或母线；4——防止Ⅱ类过电压的电涌保护器（SPD）；

5——电涌保护器（SPD）的接地线，5a 或 5b；6——被电涌保护器（SPD）保护的设备；

7——剩余电器保护器（RCD）安装在母线排的负荷侧或安装在母线排的电源侧；

F1——安装在电气装置电源进线端的保护电器；

F2——电涌保护器（SPD）制造厂要求装设的保护电器；

R_A——电气装置的接地极（接地电阻）；

R_B——供电系统的接地极（接地电阻）

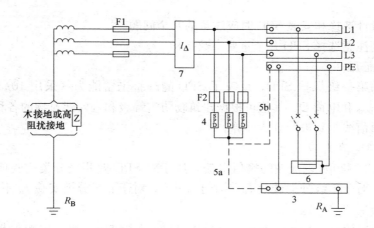

图 9-47　IT 系统电涌保护器（SPD）安装在进户处剩余电流保护器（RCD）的负荷侧

3——总接地端子或母线；4——防止Ⅱ类过电压的电涌保护器（SPD）；

5——电涌保护器（SPD）的接地线，5a 或 5b；

6——被电涌保护器（SPD）保护的设备；7——剩余电器保护器（RCD）；

F1——安装在电气装置电源进线端的保护电器；

F2——电涌保护器（SPD）制造厂要求装设的保护电器；

R_A——电气装置的接地极（接地电阻）；

R_B——供电系统的接地极（接地电阻）

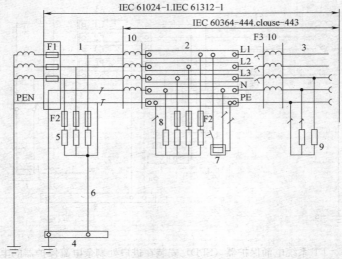

图 9-48　Ⅰ级、Ⅱ级和Ⅲ级试验的电涌保护器（SPD）的安装

1—电气装置的电源进线端；2—配电盘；3—馈出线；4—总接地端子或母线；

5—Ⅰ类试验的电涌保护器（SPD）；6—电涌保护器（SPD）的接地连接线（接地线）；

7—被保护的固定安装的设备；8—Ⅱ级试验的电涌保护器（SPD）；

9—Ⅱ级和Ⅲ级试验的电涌保护器（SPD）；10—去耦器件或配电线路长度；

F1、F2、F3—过电流保护电器

注：1. 电涌保护器（SPD）5 和 8 可能组合为一台电涌保护器（SPD）。其 U_P 应小于或等于 2.5kV。

2. 当 5 和 8 之间的距离小于 10m 时，在 8 处 N 与 PE 之间的电涌保护器可不装。

9.4.11　设计选择和安装 SPD 时应注意的几个问题

（1）应特别注意选择 SPD 几个重要参数指标

① 冲击电流 I_{imp}

用于电源的第一级保护 SPD，反映了 SPD 的耐直击雷能力（采用 $10/350\mu s$ 波形）。包括幅值电流 I_{peak} 和电荷 Q，其值可根据建筑物防雷等级和进入建筑物的各种设施（导电物、电力线、通信线等）进行分流计算。

② 标称放电电流 I_n

流过 SPD 的 $8/20\mu s$ 电流波的峰值电流，用于对 SPD 做Ⅱ级分类实验或做Ⅰ级分类实验的预处理。对于Ⅰ级分类试验 I_n 不小于 15kA，对于Ⅱ级分类实验 I_n 不小于 5kA。

③ 最高保护水平 U_p 或 U_{sp}

在标称放电电流（I_n）下的残压，又称 SPD 的最大钳压，对于电源保护器而言，可分为一、二、三、四级保护，保护级别决定其安装位置，在信息系统中保护级别需与保护系统和设备的耐压能力相匹配。

④ 残压 U_{rse}

由于放电电流而在 SPD 端子间呈现的电压峰值。

（2）安装 SPD 的技术要求

1）安装在 LPZ0$_A$ 与 LPZ0$_B$ 区与 LPZ1 区交界面处的第一级 SPD 应安装符合规定的Ⅰ级分类试验的产品。应能荷载相应的直击雷电流（$10/350\mu s$ 波形）并能在交界处将这些电流的大部分导走，应按要求进行分流计算，计算出每个 SPD 通过的雷电流，使所选 SPD 的 I_{peak} 大于此值，当线路有屏蔽时，通过 SPD 的雷电流可按上述计算的雷电流的 30％。SPD 的标称放电电流不宜小于 $10/350\mu s$，15kA。

2）安装在 LPZ1 区与 LPZ2 区交界面处的第二级 SPD 应考虑由雷电流引发的电磁场的作用及进一步降低第一级接闪器的残压，应安装符合规定的 II 级分类试验的产品。SPD 的标称放电电流不宜小于 $8/20\mu s$，5kA。

3）安装在 LPZ2 区与其后续防雷区交界面处的第三级 SPD 应考虑由雷电流引发的电磁场的作用及进一步降低第二级接闪器的残压，并应具有防操作过电压功能。应安装符合规定的 III 级分类试验的产品。SPD 的标称放电电流不宜小于 $8/20\mu s$，3kA。

4）第一、二、三级 SPD 均应满足以下附加要求：

① 通过电涌时的最大钳压。

② 有能力熄灭在雷电流通过后产生的工频续流。

③ 最大电涌电压，即电涌保护器的最大钳压（U_p）加上其两端的引线的感应电压（U_L）应与所属系统的基本绝缘水平和设备允许的最大电涌电压相一致，即 $U_p + U_L$ 不大于设备耐冲击过电压水平。

④ 不同界面上的各电涌保护器，还应与其相应的能量承受能力相一致。

（3）SPD 在电源系统中的安装位置

① 在 LPZ0$_A$ 区和 LPZ0$_B$ 区与 LPZ1 区交界面处，在从室外引来的线路上应安装第一级 SPD（一般为电压开关型 SPD）。建议安装位置：总电源进线处，如变压器低压侧或总配电柜内。

② 当上述安装的 SPD 保护电压水平加上其两端引线的感应电压后保护不了后续配电盘供电的设备时，应在该级配电盘安装第二级 SPD（一般为限压型），其位置一般设在 LPZ1 区和 LPZ2 区交界面处。建议安装位置：安装于下端带有大量弱电、信息系统设备或需限制暂态过电压的设备的配电箱内，如：楼层配电箱、计算机中心、电信机房、电梯控制室、有线电视机房、楼宇自控室、保安监控中心、消防中心、工业自控室、变频设备控制室、医院手术室、监护室及装有电子医疗设备的场所的配电箱内。

另外，对所有引至室外的照明或动力线路的配电箱，均应加装 SPD，SPD 在此处的作用主要是为了防止高电位窜入。

③ 对于需要将瞬态过电压限制到特定水平的设备（尤其是信息系统设备），宜考虑在该设备前安装具有防操作过电压和防感应雷双重功能的第三级 PSD（一般为浪涌吸收器），其位置一般在：LPZ2 区和其后续防雷区交界面处。建议安装位置：计算机设备、信息设备、电子设备及控制设备前或最近的插座箱内。

（4）SPD 安装的注意事项

① 第一级保护的 SPD 应靠近建筑物的入户线的总等电位连接端子处，第二、三级保护的 SPD 应尽量靠近被保护设备安装。

② 电涌保护器接至等电位连接的导线要尽可能短而直。

③ 为满足信息系统设备耐受能量要求，SPD 的安装可进行多级配合，在进行多级配合时应考虑 SPD 之间的能量配合，当有续流时应在线路中串接退耦装置，若在线路上多级安装且无准确数据时，当电压开关型与限压型 SPD 之间的线路长度小于 10m 时和限压

型 SPD 之间线路长度小于 5m 时宜串接退耦装置。

④ 必须考虑退化或寿命终止后可能产生的过电流或接地故障对信息系统设备运行的影响，因此在 SPD 的电源侧应安装过电流保护装置（如熔断器或空气断路器），在 TT 系统中还应安装剩余电流保护装置，并宜带有劣化显示功能。

⑤ 在爆炸危险场所使用的 SPD 应具有防爆功能。

⑥ 在考虑各设备之间的过电压保护水平 U_p 时，若线路无屏蔽时尚应计及线路的感应电压，在考虑被保护设备的耐冲击过电压水平时宜按其值的 80% 考虑。

⑦ 在供电电压超过所规定的 10% 及谐波使电压幅值加大的场所，应根据具体情况对氧化锌压敏电阻 SPD 提高 U_c 值。

⑧ 在设有信息系统的建筑物需加装 SPD 保护时，若该建筑物没有装设防直击雷装置和不处于其他建筑物或物体的保护范围内时，宜按第三类防雷建筑采取防直击雷的措施。

⑨ 考虑屏蔽的作用，防直击雷接闪器宜采用接闪网。

⑩ 电涌保护器响应时间：对第一级要求不大于 100ns，对第二级（中间级）要求不大于 50ns，对第三级要求不大于 25ns。

（5）SPD 安装问题

① 供电电源线路的各级 SPD 应分别安装在被保护设备电源线路的前端，SPD 各接线端应分别与配电箱内线路的同名端相线连接。

② 带有接线端子的供电电源线路 SPD，应采用压接；带有接线柱的 SPD，宜采用线鼻子与接线柱连接。

SPD 的连接导线最小截面积推荐值如表 9-28。

SPD 连接导线最小截面积推荐值　　　　表 9-28

防护级别	SPD 的类型	导线截面（mm²）	
		SPD 连接相线铜导线	SPD 接地端连接铜导线
第一级	开关型或限压型	6	10
第二级	限压型	4	6
第三级	限压型	2.5	4
第四级	限压型	2.5	4

注：混合型 SPD 参照相应保护级别的截面选择。

③ 供电局电源线路各级 SPD 的接地端与配电箱的 PE 接地端子板连接，配电箱接地端子板应与所处防雷区的等电位接地端子板连接。连接导线应短而直，其长度不宜超过 0.5m。

④ 电源用模块式 SPD 的接地端子与相线和零线之间的连接线长度应小于 1m，且应就近接地。

⑤ 电源用箱式 SPD 接地端子与相线和零线之间的连接线长度，若接线上确有困难，可视具体情况适当放宽连接线长度，但其截面应适当增大；SPD 接地线的长度应小于 1m，且应就近接地。

⑥ 根据 SPD 前端所配带的保护装置（空气断路器或熔断器）的额定电流，保护导线（与 SPD 上端连线）截面选择，可按表 9-29 所示进行选择。

　　　　表 9-29

保护装置(熔丝或其他)的工作电流(A)	截面(mm²)	保护装置(熔丝或其他)的工作电流(A)	截面(mm²)
25	2.5	160	25
35	4	225	35
50	6	260	50
60	10	350	70
80~125	16	450	95

通过以上的几个步骤，能很好地满足在设计中选择电涌保护器以及电涌保护器的保护和接线等问题，在实际工程中方便设计选用和安装。

9.5　信号线路系统的防雷与接地设计

9.5.1　信号线路浪涌保护器的选择原则

（1）电子信息系统信号线路浪涌保护器应根据线路的工作频率、传输速率、传输带宽、工作电压、接口形式和特性阻抗等参数，选择插入损耗小、分布电容小、并与纵向平衡、近端串扰指标适配的浪涌保护器。U_c 应大于线路上的最大工作电压的 1.2 倍，U_p 应低于被保护设备的耐冲击电压额定值 U_w。

（2）电子信息系统信号线路浪涌保护器宜设置在雷电防护区界面处（图 9-49）。根据雷电过电压、过电流幅值和设备端口耐冲击电压额定值，可设单级浪涌保护器，也可设能量配合的多级浪涌保护器。

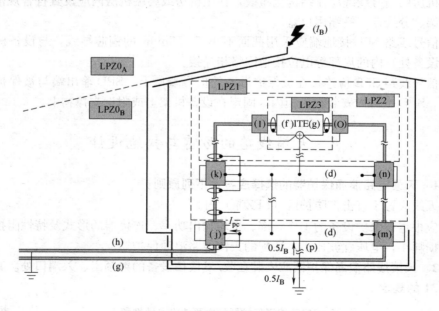

图 9-49　信号线路浪涌保护器的设置

(d)——雷电防护区边界的等电位连接端子板；(m、n、o)——符合Ⅰ、Ⅱ或Ⅲ类试验要求的电源浪涌保护器；
(f)——信号接口；(p)——接地线；(g)——电源接口；LPZ——雷电防护区；(h)——信号线路或网络；
I_{pe}——部分雷电流；(j、k、l)——不同防雷区边界的信号线路浪涌保护器；I_B——直击雷电流

（3）信号线路浪涌保护器的参数宜符合表 9-30 的规定。

信号线路浪涌保护器的参数推荐值　　　　表 9-30

雷电防护区		LPZ0/1	LPZ1/2	LPZ2/3
浪涌范围	$10/350\mu s$	0.5kA～2.5kA	—	—
	$1.2/50\mu s$、$8/20\mu s$	—	0.5kV～10kV 0.25kA～5kA	0.52kV～1kV 0.25kA～0.5kA
	$10/700\mu s$、$5/300\mu s$	4kV 100A	0.5kV～4kV 25A～100A	—
浪涌保护器的要求	SPD(j)	D_1、B_2	—	—
	SPD(k)	—	C_2、B_2	—
	SPD(l)	—	—	C_1

注：1. SPD (j、k、I) 见图 9-49；

2. 浪涌范围为最小的耐受要求，可能设备本身具备 LPZ2/3 栏标注的耐受能力；

3. B_2、C_1、C_2、D_1 等是规范 GB 50343—2012 附录 E 规定的信号线路浪涌保护器冲击试验类型。

9.5.2　信号线路的浪涌保护器设计要求

（1）进、出建筑物的信号传输线缆，应选用有金属屏蔽层的电缆，并应埋地敷设，在 $LPZ0_A$ 或 $LPZ0_A$ 区与 LPZ1 区交界处，电缆金属屏蔽层应做等电位连接。各种电子信息设备机房的信号电缆内芯线相应端口，应安装适配的信号 SPD，SPD 的接地端及电缆内芯的空线对应接地。

（2）信号系统采用屏蔽电缆时，电缆金属外护层作接地。电缆内芯的相应端口应该安装与信号系统参数适配的信号 SPD，SPD 的接地端及电缆内芯的空线对应作接地。楼宇、工作机房的信号线缆应作结构化布线，在主机房或终端机房内应设置符合规范的信号线路配线架、分线盒、终端用户盒。

（3）信号线路 SPD 接地端应采用截面不小于 $1.5mm^2$ 的铜芯导线，与设备机房（或电子信息设备处）内的局部等电位接地网络相连接。

（4）信号线路 SPD 应连接在被保护设备的信号端口上。SPD 输出端与被保护设备的端口相连。SPD 也可以安装在机柜内，固定在设备机架上或附近支撑物上。

9.6　天馈线路的防雷与接地设计

9.6.1　天馈电路浪涌保护器的选择应符合下列原则：

（1）天线应置于直击雷防护区（$LPZ0_B$）内。

（2）应根据被保护设备的工作频率、平均输出功率、连接器的形式及特性阻抗等参数选用插入损耗小，电压驻波比小，适配的天馈线路浪涌保护器。

9.6.2　天馈线路浪涌保护器应安装在收/发通信设备的射频出、入端口处。其参数应符合表 9-31 的规定

天馈线路浪涌保护器的主要技术参数推荐表　　　　表 9-31

工作频率 （MHz）	传输功率 （W）	电压驻波比	插入损耗 （dB）	接口方式	特性阻抗 （Ω）	U_c(V)	I_{imp} (kA)	U_p (V)
1.5～6000	≥1.5 倍系统平均功率	≤1.3	≤0.3	应满足系统接口要求	50/75	大于线路上最大运行电压	≥2kA 或按用户要求确定	小于设备端口 U_w

9.6.3　具有多副天线的天馈传输系统，每副天线应安装适配的天馈线路浪涌保护器。当天馈传输系统采用波导管传输时，波导管的金属外壁应与天线架、波导管支撑架及天线反射器电气连通，其接地端应就近接在等电位接地端子板上。

9.6.4　天馈线路浪涌保护器接地端应采用能承载预期雷电流的多股绝缘铜导线连接到 **LPZ0$_A$ 或 LPZ0$_B$ 与 LPZ1** 边界处的等电位接地端子板上，导线截面积不应小于 **6mm^2**。同轴电缆的前、后端及进机房前应将金属屏蔽层就近接地。

9.6.5　天馈线路 **SPD** 串接于天馈线与被保护设备之间，应安装在机房内设备附近或机架上，也可以直接连接在设备馈线接口上。

9.7　电子信息网络系统的防雷与接地设计

9.7.1　通信接入网和电话交换系统的防雷与接地选择原则：

（1）有线电话通信用户交换机设备金属芯信号线路，应根据总配线架所连接的中继线及用户线的接口形式选择适配的信号线路浪涌保护器。

（2）浪涌保护器的接地端应与配线架接地端相连，配线架的接地线应采用截面积不小于 16mm^2 的多股铜线接至等电位接地端子板上。

（3）通信设备机柜、机房电源配电箱等的接地线应就近接至机房的局部等电位接地端子板上。

（4）引入建筑物的室外铜缆宜穿钢管敷设。钢管两端应接地。

9.7.2　信息网络系统的防雷与接地设计应符合下列规定：

（1）进、出建筑物的传输线路上，在 LPZ0$_A$ 或 LPZ0$_B$ 与 LPZ1 的边界处应设置适配的信号线路浪涌保护器。被保护设备的端口处宜设置适配的信号浪涌保护器。网络交换机、集线器、光电端机的配电箱内，应加装电源浪涌保护器。

（2）入户处浪涌保护器的接地线应就近接至等电位接地端子板；设备处信号浪涌保护器的接地线宜采用截面积不小于 1.5mm^2 的多股绝缘铜导线连接到机架或机房等电位连接网络上。计算机网络的安全保护接地、信号工作地、屏蔽接地、防静电接地和浪涌保护器的接地等均应与局部等电位连接网络连接。

9.7.3　信息传输系统与外界有联系的线路上设置 SPD 的原则：

（1）A 级传输系统中应采取 2～3 级信号 SPD 进行保护；

（2）B 级传输系统应采取 2 级信号 SPD 进行保护；

（3）C、D 级传输系统应采取 1～2 级信号 SPD 进行保护。

9.8　计算机网络系统的防雷与接地设计

9.8.1　计算机网络系统应按雷电风险评估后的防护等级进行保护。

9.8.2　计算机网络系统的防雷与接地，应以中心机房网络设备为主要保护对象。按本章第 **9.3** 节的要求实施屏蔽、综合布线、等电位连接、共用接地系统，并设置防雷电电磁脉冲适配的 **SPD**。

9.8.3　计算机网络中的各类通信接口、计算机主机、服务器、网络交换机、路由器、中继器、各类集线器、调制解调器、各类配线柜等设备的输入输出端口处，应在防雷区 LPZ0$_A$ 或 LPZ0$_B$ 区与 LPZ1 区交界处装设适配的计算机信号 SPD。

9.8.4　各类网络设备的信号线路端口配置计算机信号 SPD 的具体情况主要有如下八类：

（1）进入室内与计算机网络连接的信号线路端口应装设适配的 SPD；

（2）数字数据网（DDN）的外引数据线路端口及与公众电话交换网（PSTN）相连的端口应装设信号线路 SPD；

（3）网络线路中各类集线器（HUB）的输入/输出端口应分别装设数据线路 SPD；当终端设备与集线器之间的距离超过 30m 时，重要终端设备的信息插座内也应加装一个 SPD；

（4）网络系统中各类调制解调器（Modem）的输入/输出端口应分别装设数据线路 SPD；

（5）网络系统中路由器的输出端应装设 SPD；

（6）网络多路中继器的每路输入/输出端口，应分别装设一个数据信号 SPD；

（7）网络系统使用含有金属部件的光缆时，应在光缆的终端将金属部件直接或通过开关型 SPD 连接到等电位连接带上；

（8）对综合业务数据网（ISDN）网络交换设备的输入/输出端应分别采用截面积为 1.5～6mm^2 的多股绝缘铜导线单点连接至机房等电位连接网络上。

9.8.5　计算机网络数据信号线路 SPD 应根据被保护设备的工作电压、接口形式、特性阻抗、信号传输速率、频带宽度及传输介质等参数选用差损小、限制电压不超过设备端口耐受的 SPD。

9.8.6　信号线路 SPD 性能参数如表 9-30。

9.8.7　网络系统的接地

（1）网络系统的接地要求参见本章 9.2 中的内容设计。

（2）计算机网络系统机房内各个信号 SPD 的接地端应分别采用截面积为 1.5～6mm^2 的多股绝缘铜导线单点连接至机房等电位连接网络上；计算机房采用的直流工作地、安全保护地、屏蔽接地、防静电接地、SPD 接地等应采用共用接地系统，共用接地装置的接地电阻 $R \leqslant 1\Omega$。

（3）当多个电子计算机系统共用一组接地装置时，多个电子计算机系统应分别采用 M 型或 M$_m$ 组合型等电位接地网路连接。

9.9　安全防范系统的防雷与接地设计

9.9.1　安全防范系统的防雷与接地设计应符合的基本要求：

（1）置于户外摄像机的输出视频接口应设置视频信号线路浪涌保护器。摄像机控制信号线接口处（如 RS485、RS424 等）应设置信号线路浪涌保护器。解码箱处供电线路应设置电源线路浪涌保护器。

（2）主控机、分控机得信号控制线、通信线、各监控器的报警信号线，宜在线路进出建筑物 LPZ0$_A$ 或 LPZ0$_B$ 与 LPZ1 边界处设置适配的线路浪涌保护器。

（3）系统视频、控制信号线路及供电线路的浪涌保护器，应分别根据视频信号线路、解码控制信号线路及摄像机供电线路的性能参数来选择，信号浪涌保护器应满足设备传输速率、带宽要求，并与被保护设备接口兼容。

（4）系统的户外供电线路、视频信号线路、控制信号线路应有金属屏蔽层并穿钢管埋地敷设，屏蔽层及钢管两端应接地。视频信号线屏蔽层应单端接地，钢管应两端接地。信号线与供电线路应分开敷设。

9.9.2 安全防范系统防雷与接地设计措施：

（1）防护对象风险等级的划分应遵循以下原则：

① 根据被防护对象自身的价值、数量及其周围的环境等因素，判定被防护对象受到威胁或承受风险的程度。

② 防护对象的选择可以是单位、部位（建筑物内外的某个空间）和具体的实物目标。不同类型的防护对象，其风险等级的划分可采用不同的判定模式。

③ 防护对象的风险等级分为三级，按风险由大到小定为一级风险、二级风险和三级风险。

（2）安全防范系统的防护级别应与防护对象的风险等级相适应。防护级别共分为三级，按其防护能力由高到低定位一级防护、二级防护和三级防护。

（3）采用截面不小于 $16mm^2$ 的多股铜芯绝缘导线，并采用单点接地方式。

（4）安防系统的信号控制器、视屏切换器、电源柜的每路引出（入）线端口在进出建筑物的 $LPZ0_A$ 或 $LPZ0_B$ 与 $LPZ1$ 区交界处均应设置相应的 SPD。

（5）安防系统主控机、分控机的信号控制线、通信线、电源线、各监测监控器的报警信号线，在穿过不同防雷分区时，应在防雷分区界面处装设适配的 SPD。

（6）保安电视监控系统视屏、控制信号线路的 SPD，应分别根据视频信号线路、解码器控制信号线路及摄像头供电线路的性能参数来选择。

在视频信号线路、解码器控制信号线路及摄像头供电线路中应装设 SPD 的具体情况如下：

1）视频信号线路应根据摄像头连接形式、线路特性阻抗、工作电压等参数选择插入损耗小、驻波比小的 SPD；

2）编、解码器控制信号线路应根据编、解码器连接形式、线路特性阻抗、工作电压等参数选择插入损耗小，回波损耗大的 SPD；

3）对集中供电的电源线路应根据摄像头工作电压选择适配的电源 SPD。

4）在摄像头视频信号输出端和控制室视频切换器输入端应分别安装视频信号线路 SPD；

5）在摄像头侧解码控制信号输入端和微机控制室信号输出端应分别安装控制信号 SPD；

6）在摄像头侧供电线路输入端应安装一个电源 SPD；

7）摄像头侧 SPD 的接地端可连接到云台金属外壳的保护接地线上，再从云台金属外壳保护接地端连接至摄像头支撑杆地网上；微机控制室一侧的工作机房应设局部等电位连接端子板，各个 SPD 的接地端应分别连接到机房接地端子板上，再从接地端子板引至共用接地网。工作机房所有设备的金属外壳、金属机架和构件，均应与机房接地端子板或共用接地网连接。

（7）安防系统的交流供电线路应有金属屏蔽层或穿钢管敷设，或与信号线路分开敷设。

（8）安防系统的接地应采用共用接地系统，共用接地装置的 $R \leqslant 1\Omega$，系统接地干线应采用截面积不小于 25mm^2 的多股铜芯绝缘导线。直接接至机房内的等电位连接端子板（或）本楼层竖井内的接地端子板。

（9）建于山区、旷野的安全防范系统，或前段设备装于塔顶，或电缆端高于附近建筑物的安全防范系统，应按《建筑物防雷设计规范》GB 50057 的要求设置防雷保护装置。

（10）建于建筑物内的安全防范系统，其防雷设计应采用等电位连接与共用接地系统的设计原则。

（11）安全防范系统的接地母线应采用铜质线，接地端子应有地线符号标记。接地电阻不得大于 4Ω；建造在野外的安全防范系统，其接地电阻不得大于 10Ω；在高山岩石的土壤电阻率大于 $2000\Omega \cdot \text{m}$ 时，其接地电阻不得大于 20Ω。

（12）高风险防护对象的安全防范系统的电源系统、信号传输系统、天线馈线以及进入监控室的架空线缆入室端均应采取防雷电感应过电压、过电流的保护措施。

（13）安全防范系统的电源线、信号线经过不同防雷区的截面处，宜安装电涌保护器；系统的重要设备应安装电涌保护器。电涌保护器接地端和防雷接地装置应做等电位连接。等电位连接带应采用铜质线，其截面积应不小于 16mm^2。

（14）监控中心内应设置接地汇集环或汇集排，汇集环或汇集排宜采用裸铜线，其截面积应不小于 35mm^2。

（15）不得在建筑物屋顶上敷设电缆，必须敷设时，应穿金属管进行屏蔽并接地。

（16）架空电缆吊线的两端和架空电缆线路中的金属管道应接地。

（17）光缆传输系统中，各光端机外壳应接地。光端加强芯、架空光缆续护套应接地。

9.10 火灾自动报警及消防联动系统的防雷与接地设计

9.10.1 火灾自动报警及消防联动控制系统的防雷与接地应符合的基本要求：

① 火灾报警控制系统的报警主机、联动控制盘、火警广播、对讲通信等系统的信号传输线缆宜在线路进出建筑物 $LPZ0_A$ 或 $LPZ0_B$ 与 LPZ1 边界处设置适配的信号线路浪涌保护器。

② 消防控制中心与本地或城市"119"报警指挥中心之间联网的进出线路端口应装设适配的信号线路浪涌保护器。

③ 消防控制室内所有的机架（壳）、金属线槽、安全保护接地、浪涌保护器接地端均应就近接至等电位连接网络。

④ 区域报警控制器的金属机架（壳）、金属线槽（或钢管）、电气竖井内的接地干线、接线箱的保护接地端等，应就近接至等电位接地端子板。

⑤ 火灾自动报警及联动控制系统的接地应采用共用接地系统。接地干线应采用铜芯绝缘线，并宜穿管敷设接至本楼层或就近的等电位接地端子板。

9.10.2　火灾自动报警及消防联动系统防雷与接地设计措施：

（1）建筑物消防等级，是根据建筑物的高度和建筑物的重要性等来划分的，其系统设计应严格按照国家现行相关标准、规范执行。

（2）火灾自动报警系统的系统形式选择分级，应按国家现行标准《火灾自动报警系统设计规范》GB 50116，《高层民用建筑设计防火规范》GB 50045、《建筑设计防火规范》GB 50016 等有关规定执行。雷电防护的分级应按本书第七章防护分级执行。

（3）消防控制室与 BAS、SA 等系统合用控制中心时，室内各个系统应占有各自独立的空间，且互不干扰，又便于系统的集成和管理。

（4）消防电子设备凡采用交流供电时，在交流电源系统中应设置 SPD 保护，由消防控制室引出的信号线，联动控制线等应根据建筑物的重要性，装设适配的 SPD。

（5）火灾报警控制系统的报警主机、联动控制盘、火警广播、对讲通信等系统的信号传输线缆应在进出建筑物 LPZ0$_A$ 或 LPZ0$_B$ 与 LPZ1 区交界处装设适配的信号 SPD。

（6）消防控制室（独用或与其他信息系统合用）内，应设置 S 型等电位接地网络，室内所有设备主机，联动控制盘等设备的机架（壳）配线线槽、设备保护接地、电源保护接地、电源系统保护接地、SPD 接地端均应做等电位连接。

（7）建筑物各处设置的区域报警控制器的金属机架（壳）、金属走线槽（或穿线钢管）、电气竖井内的接地干线、接地箱的接地端子板等，应就近至等电位接地端子板等。

（8）消防控制中心与本地区（或城市）指挥中心之间联网的网络系统的调制解调器的进出线端、对外 119 报警电话出线端，均应装设信号 SPD。

（9）消防联动控制系统所控制的水、风、空调系统等设备的金属机架（壳）、管道均应就近与等电位接地端子板有良好的电气连接。

（10）火灾自动报警及联动控制系统应采用共用接地系统，其接地装置的接地电阻值不应大于 1Ω。采用专用接地装置时，其接地电阻值不应大于 4Ω。由 S 型网络的基准点（ERP）处，采用专用接地干线，其线芯截面不应小于 25mm^2 的铜芯绝缘线，应穿硬质塑料管埋设接至本层（或就近）的等电位接地端子板。

9.11　建筑物设备管理自动化系统（BAS）的防雷与接地设计

9.11.1　建筑设备管理系统的防雷与接地应符合的基本要求

① 系统的各种线路在建筑物 LPZ0$_A$ 或 LPZ0$_B$ 与 LPZ1 边界处应安装适配的浪涌保护器。

② 系统中央控制室宜在机柜附近设等电位连接网络。室内所有设备金属机架（壳）、金属线槽、保护接地和浪涌保护器的接地端等均应做等电位连接并接地。

③ 系统的接地应采用共用接地系统，其接地干线宜采用铜芯绝缘导线穿管敷设，并就近接至等电位接地端子板，其截面积应符合 GB 50343—2012 中表 5.2.2-1 的规定。

9.11.2　BAS 系统防雷与接地设计措施

（1）BAS 系统的保护分级和雷电防护分级，应按本书第七章中防护分级措施及《智能建筑设计标准》GB/T 50314—2006 及《建筑物防雷工程施工与质量验收规范》GB 50601—2010 中相关规定执行。根据《智能建筑设计标准》规定，BAS 系统根据使用功能、管理要求、建设投资等划分为甲、乙、丙三级。应根据建筑物的重要性，结合风险评估计算结果，综合考虑各方面因素，以确定合适的雷电防护等级。

（2）当 BAS 系统的中央控制与消防报警系统，公共广播系统，闭路监控系统，BAS 系统等设置在一个总控制中心时，中心内部应做适当分隔。即对控制中心内的各个系统设置各自的 S 型等电位连接网络。若机房内设有与建筑物结构钢筋相连接的等电位接地端子板时，BAS 系统和其他信息系统的接地干线，可直接由各基准点（ERP）处引至等电位接地端子板。若只有机房所在楼层电气竖井内才设有等电位连接端子板时，应将各系统的接地干线接至设在合用机房内的等电位连接用 MS 网络母排。再由等电位 MS 母排用总接地干线接至就近竖井楼层电气竖井内的等电位接地端子板。总接地干线应采用截面不小于 50mm^2 的铜芯绝缘线穿管敷设。

（3）BAS 系统中央控制室（独用或与其他信息系统合用）内，应敷设有 S 型等电位连接网络。在控制机房内设置等电位接地端子板，系统所有设备机架（壳）、走线架（或线槽）、设备保护接地、现场终端设备保护接地、电源系统保护接地、SPD 的接地端等均应做等电位连接。

（4）由建筑物外引入（出）中控室内的信号电缆、电源线、控制线网络总线等，应在 $LPZ0_A$ 或 $LPZ0_B$ 与 LPZ1 区的防雷分区截面处装设适配的 SPD 及电源 SPD。由具体工程决定装设部位及数量。各 SPD 的参数选择参照本章相关部分选配。

（5）BAS 系统的网络总线（BUS）应按本章 9.8 节中计算机网络系统的设计要求，配置信号系统的 SPD，各信号 SPD 的接地端应就近接至各现场分站的等电位连接端子板。

（6）BAS 系统各种信号传输线缆的敷设要求，与本章 9.5 节要求相同。

（7）现场智能控制器到各类被控设备的线缆金属外护套（或穿线钢管），应同被控设备的金属架（壳），一起接至就近的等电位连接端子板。

（8）BAS 系统的接地系统应采用共用接地系统，其接地装置的接地电阻应不大于 1Ω，由 S 型网络的基准点（ERP）处，采用专用接地干线，其线芯截面不应小于 16mm^2 的铜芯绝缘线。若另设置专用接地体时，接地电阻应不大于 4Ω。且与其他接地体的距离不应小于 15m。

（9）当中控室设有屏蔽笼（层）时，屏蔽设施的接地端应采用接地线与等电位连接端子板相连接。

当中控室设有防静电架空地板时，防静电地板支架应接地。

（10）中控室内各系统设备的接地干线和接地线的规格按照本章 9.4 节中要求选择。

9.12 有线广播扩声系统及会议系统的防雷与接地设计

9.12.1 有线广播系统的防雷与接地设计

（1）一般设计原则：

1）公共广播系统工程设计应在安全、环保、节能和节约资源的基础上满足用户的合理要求。

2）公共广播系统可同时具有多种广播用途。各种广播用途的等级设置可互相不同。公共广播均为单声道广播。

3）广播系统中的业务广播，背景音乐广播的其他应备功能均分为三级。

4）应急广播系统的备用功能如下：

① 当公共广播系统有多种用途时，紧急广播应具有最高级别的优先权。公共广播系统应能在手动或警报信号触发的 10s 内，向相关广播区播放警示信号（含警笛）、警报语声文件或实时指挥语声。

② 以现场环境噪声为基准，紧急广播的信噪比应等于或大于 12dB。

③ 紧急广播系统设备应处于热备用状态，或具有定时自检和故障自动告警功能。

④ 紧急广播系统应具有应急备用电源，主电源与备用电源切换时间不应大于 1s；应急备用电源应能满足 20min 以上的紧急广播。以电池为备用电源时，系统应设置电池自动充电装置。

⑤ 紧急广播音量应能自动调节至不小于应备声压级界定的音量。

⑥ 当需要手动发布紧急广播时，应设置一键到位功能。

⑦ 单台广播功率放大器失效不应导致整个广播系统失效。

⑧ 单个广播扬声器失效不应导致整个广播分区失效。

（2）广播系统宜采用定电压输出，输出电压应为 70V 或 100V。

（3）广播系统广播线传输电线可选择 RVV 或 RVVP，线缆截面积取 $1.0 \sim 1.5 \text{mm}^2$。

（4）室内广播线路宜采用双绞多股铜芯塑料绝缘软线穿管或线槽敷设。主干线金属线槽应敷设在弱电竖井内。

（5）当业务广播系统、服务性广播系统和火灾广播系统合并为一套广播系统，或共用相声器和馈电线路时，广播线路的选用和敷设方式应符合"火灾自动报警系统"的有关规定。

（6）广播系统交流电源供电等级应与建筑物的供电等级相适应。对重要的广播系统宜由两路供电，并在末端配电箱处自动切换。交流电源容量应为终期广播设备容量的 $1.5 \sim 2$ 倍。功率放大器的容量，按输出额定功率的 3 倍。

（7）广播系统的防雷与接地措施：

① 广播系统机房的交流电源输入线、直流电池电源柜输入端处，均应装设适配的 SPD 装置。

② 扩声系统的信号传输线，应采用屏蔽（或非屏蔽）非平衡式电缆线，其前端声源设有天线信号输入时，应在前端每路输入信号线上装设（串接式）SPD 电涌保护器。对 A、B、C 类广播系统，每路出线信号线上应装设 SPD 浪涌保护器，对屏蔽电缆应做好接地处理。

③ 有线广播系统的信号传输线，应穿钢管暗设，并应在每路输出信号线上应装设 SPD 电涌保护器，钢管应作好保护接地。

④ 进、出建筑物的广播线缆，宜选用有金属屏蔽层的电缆。应在屏蔽层两端做等电位连接并接地。在直击雷非防护区（LPZ0$_A$）或直击雷防护区（LPZ0$_B$）与第一防护区（LPZ1）交界处，电缆金属屏蔽层应做等电位连接并接地。

⑤ 广播控制室内，应设置等电位连接网络，室内所有的机架（壳）、金属线槽（或钢管）、弱电间内的接地干线、接线箱的保护接地端等，应就近接至等电位接地端子板。

⑥ 进、出建筑物的广播输电线缆，应在入、出口处适配的浪涌保护器。广播系统信

号线路浪涌保护器的选择，应根据线路的工作频率、传输介质、传输带宽、工作电压、接口形式、特性阻抗等参数，选用电压驻波比和插入损耗小的适配的浪涌保护器。

⑦ 广播设备的金属机架（壳）、金属线槽（或钢管）、弱电线内的接地干线、接线箱的保护接地端等，应就近接至等电位接地端子板。

(8) 广播控制室应设置保护接地和工作接地，一般按下列原则处理：

① 单独设置专用接地装置时，接地电阻不应大于 4Ω；

② 接至共同接地网时，接地电阻不应大于 1Ω；

③ 工作接地应构成系统一点接地。

9.12.2 扩声系统的防雷与接地设计

(1) 多功能厅、专用歌舞厅、娱乐厅、会议场所等部位宜设置扩声系统。

(2) 视听场所的扩声系统一般分为：

① 语音扩声系统；② 音乐扩声系统；③ 语音和音乐兼用的扩声系统。

(3) 扩声控制室不应与电气设备机房（包括灯光控制室），特别是设有可控设备的机房等相邻或在上、下层对应位置。

(4) 各种节目的信号线应采用屏蔽线并穿钢管敷设，应做好接地处理。

(5) 供电、防雷与接地措施：

1) 扩声系统的交流电源供电级别应与建筑物供电级别相适应。对重要的扩声系统要求两路供电，末端配电设备处互投，扩声设备的功放机柜采用单相三线放射式供电。引至调音台（或前级、信号处理机柜）功放设备的交流电源的电压波动超过设备规定时，应加装自动稳压装置，电源的总容量宜为功放额定功率的两倍以上。

2) 扩声设备的供电电源应由不带可控硅调光负荷的变压器供电。当无法避免时，应对扩声设备的电源采取防干扰措施。

3) 控制室和邻近的房间或走廊，应安装无闪烁效应的照明灯具。

4) 扩声系统的电源线及信号馈线应设置浪涌保护器。

5) 接地设计：

① 单独接地电阻不大于 4Ω。

② 在高层建筑里的多功能厅堂，一般采用共用接地极，其接地要求：工频接地电阻不大于 1Ω，并应设置专用接地干线。传声器馈线的屏蔽层应直接和调音台或前置放大器的输入插孔和公共端相连，并做一点接地。

9.12.3 会议系统的防雷与接地设计

(1) 会议系统包括：会议室会议系统，报告厅会议系统，电视电话会议系统，视频会议系统，多功能厅灯光音响系统。

(2) 会议系统设备包括：投影设备，视频信号处理分配系统，扩声系统等设备。

(3) 控制室（扩声）不应与电气设备机房（包括灯光控制室），特别是设有可控设备的机房比邻或在上、下两层对应布置，并应远离通风机房及其他一些场所。

(4) 电源及防雷与接地措施

1) 系统交流供电的防雷措施

① 系统的交流电源供电级别应与建筑物供电级别相适应。对重要的扩声系统要求两路供电，末端配电设备处互投。扩声设备的功放机柜采用单相三线放射式供电。引至调音

台（或前级、信号处理机柜）功放设备的交流电源的电压波动超过设备规定时应加装稳压装置。

②设备的供电电源不宜由带可控硅调光设备的变压器供电；电源电压不稳定或受干扰严重时，应配备电源稳压器或隔离变压器。电源的总容量宜为功放额定功率总和的两倍以上。

③控制室和邻近的房间或走廊，应安装无闪烁效应的照明灯具。

2）防雷接地措施

①控制室内应设置等电位接地端子箱（板），将控制室内所有需要接地的设备连接到等电位接地端子箱（板）上，接地干线接到就近的室外等电位接地装置上。

会议系统，译音设备等接地应是一点接地，在条件允许的情况下，具有单独接地装置并需设计单独的接地箱，其接地电阻要求 $R < 4\Omega$。

②在高层建筑内的多功能厅，一般采用共用接地极。其接地电阻要求等于或小于 1Ω。传声器馈线和语音线路的屏蔽层应直接和调音台或前置放大器的输入插孔的公共端相连，并做一点接地。

③会议系统的各种线路，包括电源线，在建筑物直击雷防护区（LPZ0$_A$）或直击雷防护区（LPZ0$_B$）与第一防护区（LPZ1）交界处应设置浪涌保护器。

9.13　有线电视系统的防雷与接地设计

9.13.1　有线电视系统的防雷与接地应符合的基本要求：

（1）进、出有线电视系统前端机房的金属芯信号传输线宜在入、出口处安装适配的浪涌保护器。

（2）有线电视网络前端机房内应设置局部等电位接地端子板，并采用截面积不小于 $25mm^2$ 的铜芯导线与楼层接地端子板相连。机房内电子设备的金属外壳、线缆金属屏蔽层、浪涌保护器的接地以及 PE 线都应接至局部等电位接地端子板上。

（3）有线电视信号传输线路宜根据其干线放大器的工作频率范围、接口形式以及是否需要供电电源等要求，选用电压驻波比和插入损耗小的适配的浪涌保护器。地处多雷区、强雷区的用户端的终端放大器应设置浪涌保护器。

（4）有线电视信号传输网络的电缆、同轴电缆的承重钢绞线在建筑物入户处应进行等电位连接并接地。光缆内的金属加强芯及金属护层均应良好接地。

9.13.2　有线电视系统的防雷与接地设计措施：

（1）有线电视系统的规模分类，按国家相关标准分为大型、大中型、中型、小型四类，雷电防护分级时应参照之，并按本书第七章的防护分级标准，综合进行防护分级。

（2）有线电视系统的接收天线（包括各类竖杆天线、微波卫星天线等）装置，不论装设在建筑物屋顶上，还是装设在地面铁塔上，天线装置均应在所装设的接闪针（天线竖杆（架）上应装设接闪针）的保护范围内，接闪针和天线竖杆均应可靠接地。

（3）出入建筑物的有线电视信号传输线（同轴电缆或光缆），均按各规定装设 SPD 电涌保护器（光缆仅只做接地）。

（4）有线电视系统的防雷系统应采用共用接地系统，共用接地装置的接地电阻 $R\leqslant$ 1Ω，在前端设备机房内，应设置专用接地端子板，采用单点接地方式应采用铜芯绝缘线（25mm²）穿管保护，就近接至等电位接地端子板。

（5）有线电视（CATV）信号传输线路，应根据传输线路干线放大器的工作频率范围、接口型式以及是否需要信号线路供电等条件，选用电压驻波比和插入损耗小的适配的 SPD。

（6）有线电视（CATV）信号传输线路的防雷与接地应按如下方法实施：

1）CATV 系统中放大器的输入、输出端应安装适配的干线放大器 SPD；

2）系统设备机房内各 SPD 的接地端应按本章 9.7 节的要求处理；室外的 SPD 接地端可连接至信号电缆吊线的钢绞绳上。若吊线分段敷设时，在分段处应采用截面积大于 16mm² 的多股铜线将前、后段吊线连接起来，接头处应做防腐处理。吊线两端均应接地，接地电阻 $R\leqslant$ 4Ω。

9.14　移动通信基站的防雷与接地

9.14.1　基本设计原则

（1）移动通信基站的雷电防护宜进行雷电风险评估后采取防护措施。

（2）基站的天线应设置于直击雷防护区（$LPZ0_B$）内。

（3）移动通信基站的防雷应根据地网的雷电冲击半径、浪涌电流就近疏导分流、站内线缆的屏蔽接地、电源线和信号线的雷电过电压保护等因素，选择技术经济比较合理的方案。

（4）移动通信基站的地网设计应根据基站构筑物的形式、地理位置、周边环境、地质气候条件、土壤组成、土壤电阻率等因素进行设计，地网周边边界应根据基站所处地理环境与地形等因素确定其形状。

（5）移动通信基站的防雷与接地应从整体的概念出发将基站内几个孤立的子系统设备，集成为一个整体的通信系统全面衡量基站的防雷接地问题。

（6）移动通信基站的雷击风险评估、雷电过电压保护、SPD 最大通流容量，应根据年雷暴日、海拔高度、环境因素、建筑物形式、供电方式及所在地的电压稳定度等因素确定，且应确保各级 SPD 的协调配合。

9.14.2　移动通信基站接地网设计

（1）移动基站接地网应由机房地网、铁塔地网或者由机房地网、铁塔地网和变压器地网组成。基站地网应充分利用机房建筑基础（含地桩）、铁塔基础内的主钢筋和地下其他金属设施作为接地体的一部分。

（2）机房地网应沿机房建筑物散水点外设环形接地装置，并应利用机房建筑物基础横竖梁内 φ16 两根以上主钢筋共同组成机房地网。机房建筑物基础有地桩时，应将地桩内两根以上主钢筋与机房地网焊接连通。

（3）铁塔位于机房旁边时，铁塔地网应采用 40mm×4mm 的热镀锌扁钢将铁塔地基四塔脚内部金属构件焊接连通组成铁塔地网，其网格尺寸不应大于 3×3m。铁塔地网与机房地网之间应每隔 3~5m 焊接连通一次，且连接点不应少于两点。

（4）电力变压器设置在机房内时，变压器地网可共用机房和铁塔组成的联合地网。电力变压器设置在机房外，且距机房地网边缘大于 30m 时，可设立独立的地网；电力变压器距机房地网边缘 30m 以内时，则变压器地网、机房地网和铁塔地网之间应焊接连通。

（5）地网形式应符合下列要求：

1）铁塔建在机房顶时，铁塔四脚应与楼（房）顶接闪带就近不少于两处焊接连通，除铁塔接闪杆外，还应利用建筑物框架结构建筑四角的柱内钢筋作为雷电引下线。接地系统除利用建筑物自身的基础还应外设环形地网作为其接地装置，同时还应在机房地网四角设置 20m 左右的水平接地体作为辐射式接地体。

2）铁塔四角包含机房时，接地系统应利用建筑物基础和铁塔四角外设的环形地网作为其接地装置，接地网面积应大于 15m×15m。

3）铁塔建在机房旁边的地网时，应将机房、铁塔、变压器地网相互连通组成一个联合地网。在土壤电阻率较高的地区，应在铁塔地网远离机房一侧的铁塔两角加辐射型接地体。

4）自立式铁塔、抱杆或杆塔的地网应采用塔基基础内的金属作为接地体的一部分，且应符合下列要求：

① 建在建筑物上的自立式铁塔接地系统，应和建筑物的接地预留端子或接闪带相连，且宜围绕建筑物做一个地网。

② 当使用抱杆或杆塔时，宜围绕杆塔 3m 远范围设置封闭环形（矩形）接地体，并与杆塔地基钢板四角可靠焊接连通。杆塔地网应与机房地网每隔 3～5m 相互焊接连通一次。没有机房时，杆塔地网四角应设置 20m 左右的水平接地体作为辐射式接地体。

5）利用办公楼、大型建筑作为机房地网，应充分利用建筑物自身各类与地构成回路的金属管道，并应与大楼顶接闪带或与大楼顶预留的接地端多个点焊接连通。在条件允许时还应敲开数根柱钢筋与大楼顶部的接闪带、接闪网、预留接地端相互连接。

（6）基站地网的接地电阻值不宜大于 10Ω。土壤电阻率大于 1000Ω·m 的地区，可不对基站的工频接地电阻予以限制，应以地网面积的大小为依据。地网等效半径应大于 10m，地网四角还应敷设 10～20m 的热镀锌扁钢作辐射型接地体，且应增加各个端口的保护和提高 SPD 通流容量、加强等电位连接等措施予以补偿。

（7）移动通信基站地网可按图 9-50 设计。

9.14.3 移动通信基站直击雷防护

（1）移动通信基站天线、机房、馈线、走线架等设施均应在接闪杆的保护范围内，保护范围宜按滚球法计算。

（2）移动通信基站天线安装在建筑物顶时，天线应设在接闪杆的保护范围内，移动通信基站可不另设接闪杆。

（3）铁塔接闪杆应采用 40mm×4mm 的热镀锌扁钢作为引下线，若确认铁塔金属构件电气连接可靠，可不设置专门的引下线。

9.14.4 移动通信基站天馈线接地

（1）铁塔上架设的馈线及同轴电缆金属外护层应分别在塔顶、离塔处及机房入口处外侧就近接地；当馈线及同轴电缆长度大于 60m 时，则宜在塔的中间部位增加一个接地点。室外走线架始末两端均应接地，接地连接线应采用截面积不小于 10mm² 的多股铜线。

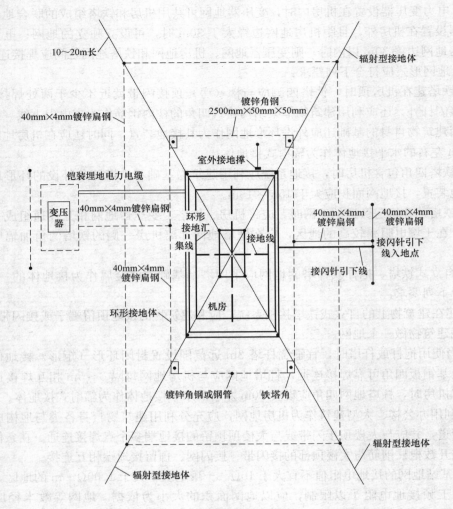

图 9-50　典型地网示意图

（2）馈线及同轴电缆应在机房馈线窗处设一个接地排作为馈线的接地点，接地排应直接与地网相连。

（3）接地排严禁连接到铁塔塔角。

（4）安装在建筑物顶的天线、抱杆及室外走线架，其接地线宜就近与楼顶接闪带或预留接地端子连接。

（5）建在城市内孤立的高大建筑物或建在郊区及山区地处中雷区以上的基站，当馈线较长时，应在机房入口处安装馈线 SPD，也可在设备中内置 SPD，馈线 SPD 的接地线应连接到馈线窗接地排。

（6）基站设在办公大楼、大型宾馆、高层建筑和居民楼内时，其天馈线接地，应充分利用楼顶接闪带、接闪网、预留的接地端子以及建筑物楼顶的各类可能与地构成回路的金属管道。

（7）安装小微波的基站应将室内和室外单元可靠接地，内外单元之间射频线的金属护层应在上部、下部就近与铁塔或地网连通，并应在进机房前可靠接地，接地连接线应为截

面积不小于 $10mm^2$ 的多股铜线，室内单元 2M 接口应安装保护器。

9.14.5 移动通信基站直流远供系统的防雷与接地

（1）直流远供馈电线应采用具有对雷电电磁场有屏蔽功能的电缆，电缆屏蔽层应在电缆两端接地，机房侧的屏蔽层接地应在馈线窗附近实施。

（2）设计时应根据机房布置，安装室内型直流配电防雷箱于合理位置，直流配电防雷箱安装位置应符合接地线短、直的原则。

（3）射频拉远单元、天线和室外直流防雷箱可直接利用桅杆或抱杆的杆体接地，可不单独设置接地线。桅杆或抱杆应直接与接闪带、楼顶接地端子焊接连通。

（4）桅杆及抱杆不具备与建筑物的电气连接时，天线、射频拉远单元、室外防雷箱应用 $\phi8$ 圆钢直接与接闪带、楼顶接地端子等焊接连通。

（5）当直流馈电线水平长度大于 60m 时，应在直流馈电线中部增加一个接地点。

（6）室外防雷箱与射频拉远单元固定在墙体或女儿墙上时，应引入接地线与防雷箱和射频拉远单元的外壳连接。

9.14.6 GPS 天馈线的防雷与接地

（1）GPS 天馈线应在接闪杆的有效保护范围之内。

（2）铁塔位于机房旁边时 GPS 天线宜设计在机房顶部。

（3）GPS 天线安装在铁塔顶部时，GPS 馈线应分别在塔顶、机房入口处就近接地；当在机房入口处已安装同轴防雷器时，可通过防雷器实现馈线接地；当馈线长度大于 60m 时，则宜在塔的中间部位增加一个接地点。

（4）GPS 天线设在楼顶时，GPS 馈线在楼顶布线严禁与接闪带缠绕。

（5）GPS 室内馈线应加装同轴防雷器保护，同轴防雷器独立安装时，其接地线应接到馈窗接地汇流排。当馈线室外绝缘安装时，同轴防雷器的接地线也可接到室内接地汇集线或总接地汇流排。

（6）当通信设备内 GPS 馈线输入、输出端已内置防雷器时，不应增加外置的同轴馈线防雷器。

（7）基站天馈线应从铁塔中心部位引下，同轴电缆在其上部、下部和经走线桥架进入机房前，屏蔽层应就近接地。当铁塔高度大于或等于 60m 时，同轴电缆金属屏蔽层还应在铁塔中间部位增加一处接地。

（8）机房天馈线入户处应设室外接地端子板作为馈线和走线桥架入户处的接地点，室外接地端子板应直接与地网连接。馈线入户下端接地点不应接在室内设备接地端子板上，亦不应接在铁塔一角上或接闪带上。

（9）当采用光缆传输信号时，应将光缆的所有金属接头、金属护套、金属挡护层、金属加强芯等在进入建筑物处直接接地。

（10）移动基站的地网应由机房地网、铁塔地网和变压器地网相互连接组成。机房地网由机房建筑基础和周围环形接地体组成，环形接地体应与机房建筑物四角主钢筋焊接连通。

9.14.7 移动通信基站机房内的等电位连接

（1）基站等电位连接，应符合下列要求：

① 采用网状连接时，应在机房内沿走线架或墙壁设置环形接地汇集线，材料应采用 30mm×3mm 铜排或 40mm×4mm 镀锌扁钢，环形接地汇集线靠近墙壁时可用安装挂卡

等方法将其固定在墙壁上，靠近走线架时可将挂卡固定在走线架上。环形接地汇集线可根据机房内设备现有情况及扩容布置成"口"字、"日"字或"目"字形。环形接地汇集线与地网应采用40mm×4mm镀锌扁钢或截面积不小于95mm²的多股铜线相连，并应在机房四边进行多点连接，所有需要接地的设备均应就近接地，可按图9-51所示设计。

　　② 采用星形连接时，基站的总接地排，应设在配电箱和第一级电源SPD附近，开关电源、收发信机以及其他设备的接地线均应由总接地排引接。如设备机架与总接地排相距较远可采用两级接地排，第一级电源SPD、交流配电箱及光纤加强芯和金属护层的接地线应连接至总接地排；站内其他设备的接地线应接至第二级接地排。两个接地排之间应用截面积不小于70mm²的多股铜线相连。可按图9-52所示设计。

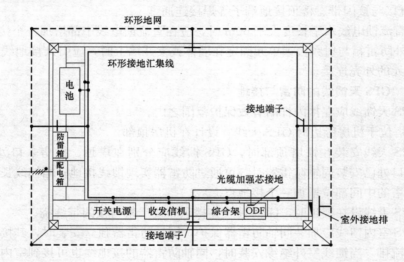

图9-51　网状等电位连接方式示意图

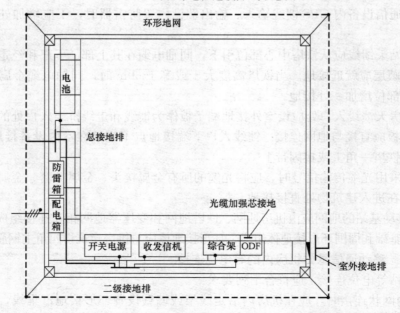

图9-52　星形等电位连接方式示意图

（2）接地汇集线、总接地排（接地参考点）应设在配电箱和第一级电源保护器附近，并应以此为基点再用截面积大于 $70mm^2$ 的多股铜线与设备接地排相连，所有设备的接地均应以此电位为基准参考点进行等电位连接。

（3）机房采用一个接地排时，应采用星形接地方式，并应预留相应的螺孔；第一级防雷器、配电箱、光缆金属加强芯和金属外护层、直流电源地、设备地、机壳、走线架等，均应就近接地，且接地线应短直。

（4）机房采用两个接地排时，第一个接地排宜与第一级防雷器、配电箱、光缆金属加强芯和金属外护层连接；第二个接地排宜与设备地、直流电源地、机壳、走线架等连接。第一个接地排应直接与地网连通，所有接地线应短直。

9.14.8　接地引入线和室内接地处理

（1）接地引入线与地网的连接点应避开接闪杆、接闪带或铁塔接地的引下线连接点。接地引入线埋设时，宜避开排污沟（管）、导流渠等，其出土部位应采取防机械损伤和防腐措施。

（2）机房内设置的接地汇集线应与接地引入线可靠连接。接地汇集线宜在机房沿内墙或地槽、走线架敷设成环形，宜采用截面积不小于 $90mm^2$ 铜材或 $160mm^2$ 热镀锌扁钢。可在接地汇集线上设置若干接地排，接地排应为规格不小于 $400mm \times 100mm \times 5mm$ 的铜板，并应预留相应的螺孔。

（3）机房内接地排及所有的接地线应用不易脱落、不怕受潮的标签注明接地线名称及接地线两端所连接设备的名称；接地线宜采用黄绿双色电线，并应绑扎牢固、整齐，且应避免弯折。

9.14.9　其他引入缆线的接地处理

（1）基站的建筑物航空障碍灯、彩灯、监控设备及其他室外设备的电源线，应采用具有金属护层的电力电缆或穿钢管布放，其电缆金属外护层或钢管应在两端和进入机房处分别就近接地。

（2）引入机房的信号线路的空线对应在机房内做接地处理。出入基站的信号电缆屏蔽层应在机房入口处就近接地。

（3）需上报监控信号的无人值守移动基站的外引线 E1 线、电话线及 RS422 等信号线应安装 SPD。

9.14.10　通信设备的直流配电系统的接地

（1）基站通信设备的直流配电系统的接地可按图 9-53 所示设计。

（2）通信设备的直流配电系统雷电过电压保护设计应符合移动通信基站规范第 9 章的有关规定。

9.14.11　小型通信站的防雷与接地

（1）基本设计原则

1）小型通信站包括室外站、边际站、无线市话站以及其他小型无线站点。

2）小型通信站防雷接地应在经济合理的基础上，根据直击雷防护、各端口雷电过电压保护、接地系统及防雷装置的特点，并根据运营和安装环境的特殊性，采用恰当的防雷接地措施。

3）建在城市中的小型通信站接地，宜利用建筑物原有的接闪带或建筑物接地作为直

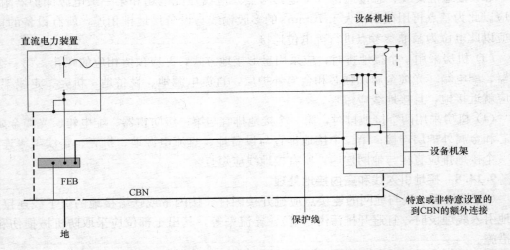

图 9-53　基站通信设备的直流配电系统的接地

击雷防护的措施。

（2）地网设计

1）小型通信站的地网应符合下列要求：

① 安装在新建的公共建筑物、办公大楼上的小型通信站应直接利用建筑物的防雷接地系统。

② 民用建筑物应直接利用建筑基础钢筋混凝土内钢筋作为地网，应将接闪带与基础钢筋混凝土内钢筋相连。接闪杆和设备的接地线应直接连到接闪带上，应专门设置引下线。

③ 在建筑基础结构质量差的民用建筑物中，当建筑物没有合格的接闪带或建筑物为砖混结构时，应在楼下设置接地体（网），并应根据周围环境和地质条件，选择不同的接地方式或采用专用接地体。新设地网中的接地线应与建筑物基础钢筋混凝土内的钢筋相连，并应引至楼顶接地排。

2）室外站、边际站的地网应符合下列要求：

① 室外站、边际站使用通信杆塔时，宜围绕杆塔半径 3m 范围设置封闭环形接地体，并应与杆塔地基钢板可靠焊接连通，在环形接地体的四角还应向外做 10～20m 的辐射型水平接地体。通信杆塔地网可按图 9-54 所示设计。

② 室外站、边际站使用室外通信平台时，应围绕室外通信平台 4 个柱子 3m 远的距离设置封闭环形接地体，接闪杆引下线应直接与地网相连，并应在环形接地体的四角辅以 10～20m 的辐射型水平接地体。

（3）直击雷防护设计

1）室外站、边际站应在其杆塔或通信平台上方安装接闪杆，接闪杆的杆尖应高出天线顶端 1m，收发天线应在接闪杆保护范围内。

2）接闪杆至地网、接地排至地网应设置专门的接地引下线。接地引下线应采用 40mm×4mm 的热镀锌扁钢或截面积不小于 35mm² 的多股铜线。

3）小型通信站的直击雷防护，应采用在天线支架上安装接闪杆作为接闪器的方式。

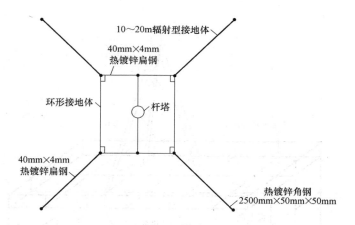

图 9-54 通信杆塔地网示意图

天线及设备应在接闪杆或其他防雷装置的保护范围内。

4）接闪杆宜采用圆钢或钢管，采用圆钢时其直径不应小于 16mm；采用钢管时其直径不应小于 25mm，管壁厚度不应小于 2.5mm。

5）建筑物上小型无线通信站接闪杆的接地，应符合下列要求：

① 建筑物有完善的雷电流引下线或建筑物为钢结构时，接闪杆应通过二条不小于 40mm×4mm 的热镀锌扁钢与楼顶预留的端子或接闪带可靠连接。

② 建筑物无合格的接闪带和接地引下线或其接闪带和接地引下线不能确定是否完善时，应新建接地引下线与地网相连，接地引下线应采用 40mm×4mm 的热镀锌扁钢或截面积不小于 50mm² 的多股铜线，在入地端距地面 1m 内还应套金属管作防机械碰撞处理。

6）无线市话站设备挂在墙壁，且与接闪带距离较近时，应将设备安装到接闪带下方的位置。

（4）其他防雷措施

1）小型无线站点设备下方应安装专用接地排，作为其接地参考点。基站设备、基站外部防雷装置、电源 SPD、信号 SPD 及天馈线 SPD 的接地线应接至专用接地排。

2）室外站、边界站与地网连接的接地排应设置在防雷箱内，接地排的大小和螺柱孔的数目应根据实际使用情况确定。

3）出入小型通信站的缆线应选用具有金属护层的电缆，也可将缆线穿入金属管内布放，电缆金属护层或金属管应与接地排或基站金属支架进行可靠的电气连接。

4）小型通信站设备的机壳及机架等非通信用的金属构件应进行接地处理。

5）入站的电缆空余线对应进行接地处理。

6）缆线严禁系挂在接闪网或接闪带上。

9.14.12 电力系统微波通信站防雷与接地

（1）电力系统调度通信综合楼的防雷与接地，如图 9-55 所示：

（2）接地与均压

① 接地电阻越小过电压值越低，因此在经济合理的前提下应尽可能降低接地电阻，其要求如表 9-32 所示。

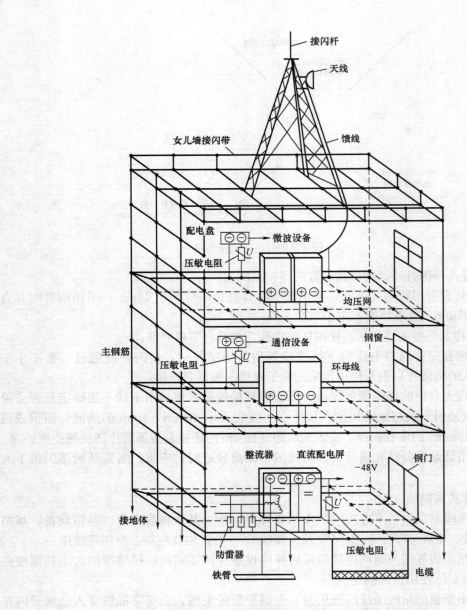

图 9-55　调度通信综合楼接地系统笼式结构示意图

接地电阻要求值　表 9-32

序号	接地网名称	接地电阻（Ω）	
		一般	高土壤电阻率
1	调度通信综合楼	＜1	＜5
2	通信站（塔）	＜5	＜10
3	独立接闪杆	＜10	＜30

② 调度通信综合楼内的通信站应与同一楼内的动力装置、建筑物防雷装置共用一个接地网。大楼及通信机房接地引下线可利用建筑物主体钢筋，钢筋自身上、下连接点应采用搭焊接，且其上端应与房顶防雷装置、下端应与接地网、中间应与各层均压网或环形接地母线焊接成电气上连通的笼式接地系统，如图 9-55 所示。

③ 位于发电厂、变电（开关）站的通信站的接地网应至少用两根规格不小于 40mm×4mm 的镀锌扁钢与厂、站的接地网均压相连。

④ 接地体一般应采用镀锌钢材，其规格应根据最大故障电流来确定，一般应不小于如下数值：

角钢：50mm×50mm×5mm；

扁钢：40mm×4mm；

圆钢直径：8mm；

钢管壁厚：3.5mm。

⑤ 微波通信站建筑物及其敷设管线防雷：

通信站建筑应由防直击雷的接地保护措施，或所在房顶上应敷设闭合均压网（带）并与接地网连接，房顶平面任意一点到均压带的距离均不应大于 5m。

⑥ 通信机房内，应围绕机房敷设环形接地母线（简称环母线）。环形接地母线一般应采用截面不小于 90mm² 的铜排或 120mm² 的镀锌扁钢。在机房外，应围绕机房建筑敷设闭合环形接地网。机房环形接地母线及接地网和房顶闭合均压带间，至少应用 4 条对称布置的连接线（或主钢筋）相连，相邻连接线间的距离不宜超过 18m。

⑦ 机房内各种电缆的金属外皮、设备的金属外壳和框架、进风道、水管等不带电金属部分、门窗等建筑物金属结构以及保护接地、工作接地等，应以最短距离与环行接地母线连接。采用螺栓连接的部位可用含银环氧树脂导电胶粘合。

⑧ 各类设备保护地线宜用多股铜导线，其截面应根据最大故障电流确定，一般为 25～95mm²；导线屏蔽层的接地线截面面积，应大于屏蔽层截面面积的 2 倍。接地线的连接应确保电气接触良好，连接点应进行防腐处理。

⑨ 金属管道引入室内前应水平直埋 10m 以上，埋深应大于 0.6m，并在入口处接入接地网。如不能埋入地中，至少应在金属管道室外部分沿长度均匀分布在两处接地，接地电阻应小于 10Ω，在高土壤电阻率地区，每处接地电阻不宜大于 30Ω，但宜适当增加接地处数量。

⑩ 微波塔上同轴馈线金属外皮的上端及下端应分别就近与铁塔连接，在机房入口处与接地体再连接一次；馈线较长时（60m 以上）宜在中间加一个与塔身的连接点；室外馈线桥始末两端均应和接地网连接。上述连接如图 9-55 所示。

⑪ 微波塔上的航标灯电源线应选用金属外皮电缆或将导线穿入金属管，各段金属管之间应保证电气连接良好（屏蔽连续），金属外皮或金属管至少应在上下两端与塔身金属结构连接，进机房前应水平直埋 10m 以上，埋地深度应大于 0.6m，如图 9-55 所示。

⑫ 引入机房的电缆空线对，应在配线架上接地，以防引入的雷电在开路导线末端产生反击。

⑬ 微波塔接地网应围绕塔基做成闭合环形接地网。铁塔接地网与微波机房接地网间

至少要用 2 根规格不小于 40mm×4mm 的镀锌扁钢连接，如图 9-55 所示。

⑭ 电缆沟道、竖井内的金属支架至少应两点接地，接地点间距离不应大于 30m。

（3）微波通信站屏蔽措施

① 为减少外界雷电电磁干扰，通信机房及调度通信综合楼的建筑钢筋、金属地板构架等均应相互焊接，形成等电位法拉第笼。如设备对屏蔽有较高要求时，机房六面应敷设金属屏蔽网，屏蔽网应与机房内环形接地母线均匀多点相连。

② 架空电力线由站内终端杆引下后应更换为屏蔽电缆，进入室内前应水平直埋 10m 以上，埋地深度应大于 0.6m，屏蔽层两端接地；非屏蔽电缆应穿镀锌铁管并水平直埋 10m 以上，铁管两端应接地，如图 9-55 所示。

③ 室外通信电缆应采用屏蔽电缆，屏蔽层两端应接地；对于既有铠带又有屏蔽层的电缆，在机房内应将铠带和屏蔽层同时接地，而在另一端只将屏蔽层接地。电缆进入室内前应水平直埋 10m 以上，埋地深度应大于 0.6m。非屏蔽电缆应穿镀锌铁管水平直埋 10m 以上，铁管两端应接地。

④ 机房内的电力电缆（线）、通信电缆（线）宜采用屏蔽电缆，或敷设在金属管内，屏蔽层或金属管两端必须就近接地。

（4）微波通信站限幅措施

① 通信电缆进入机房要首先接入保安配线架（箱）。配线架应装有抑制电缆线对横向、纵向过电压的限幅装置。

② 配线架限幅装置主要包括压敏电阻器、气体放电管、熔丝、热线圈等。对于微电子设备应优先采用压敏电阻器。

③ 高压架空配电线路终端杆杆体金属部分应接地，如距主接地网较远可做独立接地，接地电阻不应大于 30Ω。杆上三相对地要分别装设防雷器。

④ 配电变压器高、低压侧应在靠近变压器处装设防雷器。变压器在室内时，高压侧防雷器一般应装于户外，且离本体不得超过 10m。机房配电屏或整流器入端三相对地亦应装氧化锌防雷器（箱）。

⑤ 直流电源的"正极"在电源设备侧和通信设备侧均应接地，"负极"在电源机房侧和通信机房侧应接入压敏电阻。

⑥ 各种防雷器件均应尽可能缩短引线，直接装于被保护的电（线）路点上。各种防雷器件必须符合标准要求，并经专用仪器检验合格方可使用。

（5）微波通信站隔离措施

① 不同接地网之间的通信线宜采取防止高、低电位反击的隔离措施，如光电隔离、变压器隔离等。

② 在电力调度通信综合楼内，需另设接地网的特殊设备，其接地网与大楼主接地网之间可通过击穿保险器或放电器连接，以保证正常时隔离，雷击时均衡电位。

③ 微波塔和天线到周围建筑物的距离，应符合避免对建筑物发生闪络的要求，其距离应大于 5m。

④ 微波塔上除架设本站必须的通信装置外，不得架设或搭挂会构成雷击威胁的其他装置，如电缆、电线、电视天馈线等。

9.15 通信局（站）及综合通信大楼的防雷与接地设计

9.15.1 基本设计原则

（1）通信局（站）的接地系统必须采用联合接地的方式。

（2）大（中）型通信局（站）必须采用 TN-S 或 TN-C-S 供电方式。

（3）小型通信局（站）、移动通信基站及小型站点可采用 TT 供电方式。

（4）综合通信大楼应采用外部防雷装置、内部等电位连接和雷电电磁脉冲防护等综合防雷系统。

（5）综合通信大楼应建立在联合接地的基础上，将建筑物基础和各类设备、装置的接地系统所包含的所有电气连接与建筑物金属构件、低压配电接地线、防静电接地等连接在一起，并应将环形接地体与建筑物水平基础内钢筋焊接连通。

（6）当综合通信大楼由多个建筑物组成时，应使用水平接地体将各建筑物的地网相互连通，并应形成封闭的环形结构。距离较远或相互连接有困难时，可作为相互独立的局站分别处理。

（7）综合通信大楼内部的接地系统应通过总接地排、楼层接地排、局部接地排、预留在柱内接地端子等构成一个完善的等电位连接系统，并应将各子接地系统用接地导体进行连接，构成不同的接地参考点。

（8）综合通信大楼内部的接地系统亦可从底层接地汇集线引出一根或多根至高层的垂直主干接地线，各层分接地汇集线应由其就近引出，构成垂直主干接地线网。

（9）变压器装在大楼内时，变压器的中性点与接地汇集线之间宜采用双线连接。

（10）通信局（站）的接地系统可按图 9-56 所示设计。

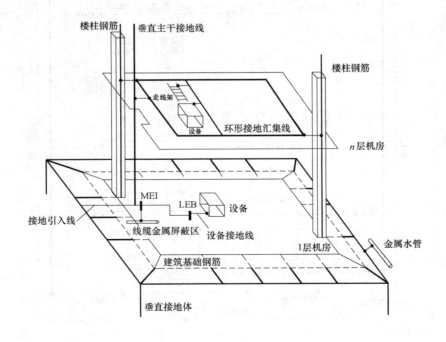

图 9-56　通信局（站）接地系统

（11）接地汇集线、接地线应以逐层辐射方式进行连接，宜以逐层树枝型方式或者网状连接方式相连，并应符合下列要求：

① 垂直接地汇集线应贯穿于通信局（站）建筑体各层，其一端应与接地引入线连通，另一端应与建筑体各层钢筋和各层水平分接地汇集线相连，并应形成辐射状结构。垂直接地汇集线宜连接在建（构）筑底层的环形接地汇集线上，并应垂直引到各机房的水平分接地汇集线上。

② 水平接地汇集线应分层设置，各通信设备的接地线应就近从本层水平接地汇集线上引入。

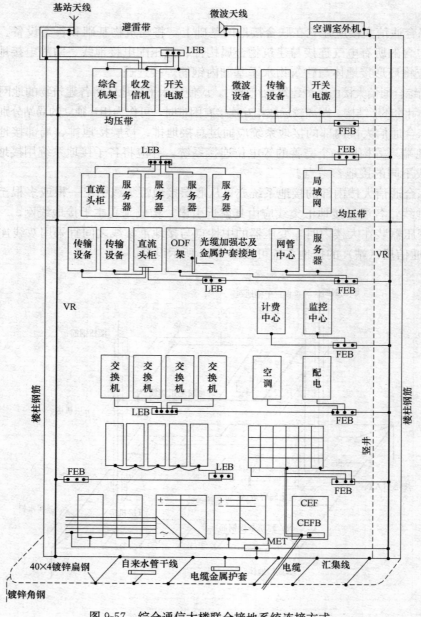

图 9-57　综合通信大楼联合接地系统连接方式

（12）通信大楼联合接地系统型式如图9-57所示。

（13）通信局（站）及综合通信大楼接地连接方式：

1）综合通信大楼接地连接方式可分为外设环形接地汇集线连接系统和垂直主干接地线连接系统。

2）外设环形接地汇集线连接系统可按图9-58所示设计。

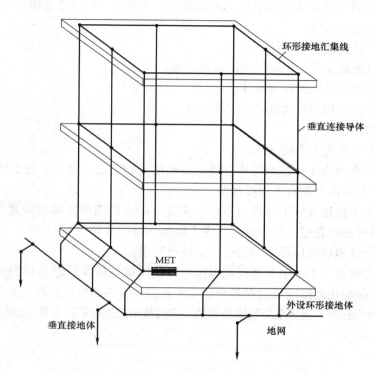

图9-58　外设环形接地汇集线连接系统

3）在每层设施或相应楼层的机房沿建筑物的内部一周安装环形接地汇集线，环形接地汇集线应与建筑物柱内钢筋的预留接地端连接，环形接地汇集线的高度应依据机房情况选取。

4）垂直连接导体应与每一层或相应楼层机房环形接地汇集线相连接，垂直连接导体的数量和间距，应符合下列要求：

① 建筑物的每一个角落应至少有一根垂直连接导体；

② 当建筑物角落与中间导体的间距超过30m时，应加额外的垂直连接导体，垂直连接导体的间距宜均匀布放。

5）第一层环形接地汇集线应每间隔5～10m与外设的环形接地体相连一次，且应将下列物体接到环形接地汇集线上：

① 每一电缆入口设施内的接地排；

② 电力电缆的屏蔽层和各类接地线的汇集点；

③ 构筑物内的各类管道系统；

④ 其他进入建筑物的金属导体。

165

6）可在相应机房增加分环形接地汇集线，并应与环形接地汇集线相连。

7）在大型通信建筑物内，接地系统的环形接地汇集线的范围可缩小到有通信设备机房的建筑物区域，其垂直连接导体的范围和数量宜根据实际情况设置。

8）大型通信建筑物内应向上每隔一层设置一个均压网。

（14）垂直主干接地线连接系统可按图 9-59 所示设计，并应符合下列要求：

1）总接地排宜设计在交流市电的引入点附近，且应与下列设备连接：

① 地网的接地引入线；

② 电缆入口设施的连接导体；

③ 交流市电屏蔽层和各类接地线的连接导体；

④ 构筑物内水管系统的连接导体；

⑤ 其他金属管道和埋地构筑物的连接导体；

⑥ 建筑物钢结构；

⑦ 一个或多个垂直主干接地线。

2）一个或多个垂直主干接地线从总接地排到建筑物的每一楼层，建筑物的钢结构在电气连通的条件下可作为垂直主干接地线。

3）各垂直主干接地线应为以其为中心、长边为 30m 的矩形区域内的通信设备提供服务，处于此区域外的设备应由另外的垂直主干接地线提供服务。

4）垂直主干接地线间应每隔两层或三层进行互连。

5）每一层应建立一个或多个楼层接地排，各楼层接地排应就近连接到附近的垂直主干接地线，且各楼层接地排应设置在各子通信系统需要提供通信设备接地连接的中央。

6）各种设备连接网、直流电力装置及其他系统的接地应连接到所在楼层的楼层接地排。

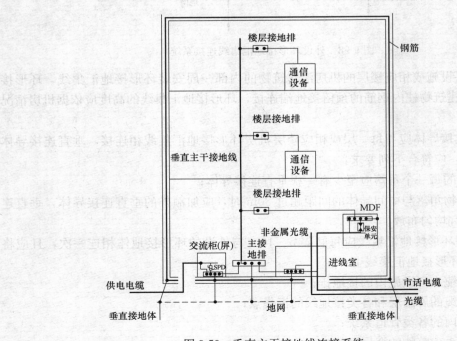

图 9-59 垂直主干接地线连接系统

（15）对雷电较敏感的通信设备应远离总接地排、电缆入口设施、交流市电和接地系统间的连接导线。

9.15.2 通信局（站）内部等电位接地连接方式

（1）通信局（站）内应采用星形—网状混合型接地结构，应符合相关的规定。

（2）环形接地汇集线方式的混合型接地连接可按图 9-60 所示设计。

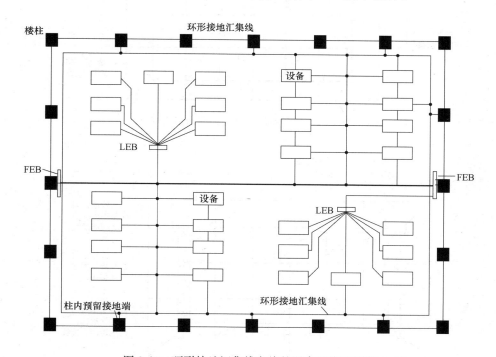

图 9-60 环形接地汇集线方式的混合型接地连接

（3）建筑物采取等电位连接措施后，各等电位连接网络均应与共用接地系统有直通大地的可靠连接，每个通信子系统的等电位连接系统，不宜再设单独的引下线接至总接地排，而宜将各个等电位连接系统用接地线引至本楼层接地排。

（4）通信系统内部等电位连接型式有 S、M、MS 等，按相关要求执行。

9.15.3 通信大楼的地网型式

（1）综合通信大楼的地网可按图 9-61 所示设计，环形接地体与均压网之间每相隔 5～10m 应相互做一次连接。

（2）采用环形接地汇集线的综合通信楼，其汇集线与地网之间的连接可按图 9-62 所示设计。

（3）环形接地汇集线与环形接地体除在建筑物四角连接外，每相隔一个柱子应相互连接一次。

9.15.4 通信局（站）防雷过电压防护

（1）基本技术要求

1）通信局（站）雷电过电压保护设计，应根据通信局（站）内通信设备安装的具体情况，确定被保护对象和保护等级。

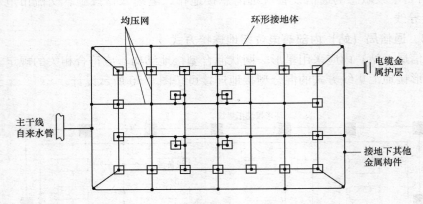

图 9-61　综合通信大楼的地网组成方式

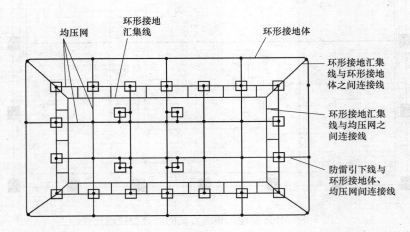

图 9-62　环形接地汇集线与地网连接

2）通信局（站）的雷电过电压保护设计，应建立在联合接地、均压等电位基础上，并应根据雷电电磁场分布情况对局（站）内的接地线进行合理布放。

3）通信局（站）雷电过电压保护设计，应合理设置各防雷区的 SPD，其保护水平应小于该防雷区内被保护设备的耐压水平。防雷区的划分可按《通信局（站）防雷与接地工程设计规范》GB 50689—2011 中附录 A 的规定确定。

（2）SPD 防雷器的使用要求

1）通信局（站）交流电源系统的雷电过电压保护应采用多级保护、逐级限压的方式。

2）在使用多级保护时，各级防雷器之间应保持不小于 5m 的退耦距离或增设退耦器件。

3）通信局（站）交流配电系统限压型防雷器，其标称导通电压宜取 $U_n = 2.2U$（U 为最大运行工作电压）。

4）移动通信基站、接入网站等中小型站点所使用的交流配电系统防雷器的最大持续运行工作电压，不宜小于 385V。

5）在 TT 供电系统的局（站）内，应使用"3＋1"模式的交流电源 SPD，供电方式对安装 SPD 的要求应符合规范 GB 50689—2011 中附录 C 的规定。

6）在电源 SPD 的引接线上，应串接空开或保险丝。空开或保险丝的标称电流不宜大于前级供电线路空开或保险丝的 1/1.6 倍。当设备交流供电回路电流小于 10A 时，且已在回路中加空开，可不在防雷器前另加空开或保险丝。

7）在雷击频繁地区宜采用自恢复功能的智能重合闸防雷器。

8）通信局（站）雷电过电压保护应采用限压型 SPD。

9）可插拔防雷模块严禁简单并联作为 80kA、120kA 等量级的 SPD 使用。

（3）通信局（站）电源系统雷电过电压保护原则

1）雷电过电压保护应符合下列要求：

① 通信局（站）各级保护点可根据实际情况选择在变压器低压侧、低压配电室（柜）、楼内（层）配电室（井）、交流配电屏（箱）、用电设备配电柜及精细用电设备端口等处。多级保护应根据当地的雷电环境因素、供电系统的分布范围、分布特点及站内等电位连接情况确定。

② 交流电源供电系统第一级 SPD 的最大通流容量，应根据通信局（站）性质、地理环境、和当地雷暴日大小确定。雷暴日可按相关的规定确定，全国年平均雷暴日数区划图可按 GB 50689—2011 中附录 C 的规定确定。

③ 通信局（站）位于下列一种或多种情况时，应确定为易遭雷击环境因素：

A. 局（站）高层建筑、山顶、水边、矿区和空旷高地；

B. 局（站）内设有铁塔或塔楼；

C. 各类设有铁塔的无线通信站点；

D. 无专用变压器的局（站）；

E. 虽然地处少雷区或中雷区，根据历年统计，时有雷击发生；

F. 土壤电阻率大于 1000Ω·m 时。

④ 当通信局（站）供电线路架空引入时，应将交流供电系统第一级 SPD 的最大通流容量向上提高一个等级。

⑤ 在第一级 SPD 满足所需的最大通流容量前提下，应选择更大量级的 SPD。

2）SPD 的选择应符合下列要求：

① SPD 可由气体放电管、金属氧化物压敏电阻、SAD、齐纳二极管、滤波器、保险丝等元件混合组成；选择 SPD 应在同一测试指标下，应考虑 SPD 所选元器件的参数及元器件组合方式。

② SPD 的选择应满足通信局（站）遥信及监控的需要。

③ SPD 的最大通流容量应为每线的通流容量。

3）电源用 SPD 应符合下列要求：

① 通信局（站）采用的电源用第一级模块式 SPD，应具有下列功能：

A. SPD 模块损坏告警；

B. 遥信；

C. SPD 劣化指示；

D. 热熔和过流保护；

E. 雷电记数。

② 通信局（站）采用的电源用第一级箱式 SPD，应根据通信局（站）的具体情况选择，并应具有下列功能：

A. SPD 劣化指示；

B. SPD 损坏告警；

C. 热容和过流保护；

D. 保险跳闸告警；

E. 遥信；

F. 雷电记数。

4）综合通信大楼、交换局、数据局电源供电系统防雷器的设置和选择，应符合表 9-33的规定，表中雷电流值为最大通流容量（I_{max}）。

综合通信大楼、交换局、数据局电源供电系统防雷器的设置和选择　　　表 9-33

环境因素 \ 气象因素			当地雷暴日（日/年）		
			<25	25~40	≥40
第一级	平原	易遭雷击环境因素	60kA	100kA	
		正常环境因素	60kA		
	丘陵*	易遭雷击环境因素	60kA	100kA	120kA
		正常环境因素	60kA		
第二级		—	40kA		
精细保护		—	10kA		
直流保护		—	15kA		

注：综合通信大楼交流供电系统的第一级 SPD（Ⅰ/B 级）可根据实际情况选择在变压器低压侧或低压配电室电源入口处安装；第二级 SPD（Ⅱ/C 级）可选择在后级配电室、楼层配电箱、机房交流配电柜或开关电源入口处安装；精细保护可选择在控制、数据、网络机架的配电箱内安装或使用拖板式防雷插座；直流保护 SPD 可选择在直流配电柜、列头柜或用电设备端口处安装；直流集中供电或 UPS 集中供电的通信综合楼，在远端机房的（第一级）直流配电屏或 UPS 交流配电箱（柜）内，应分别安装 SPD，集中供电的输出端也应安装 SPD；向系统外供电的端口，以及从外系统引入的电源端口应安装 SPD。

（4）通信局（站）电源系统雷电过电压保护原则

移动通信基站电源供电系统防雷器的设置和选择应符合表 9-34 的规定，表中雷电流值为最大通流容量（I_{max}）。

市话接入网点、模块局、光中继站供电系统防雷器设置和选择　　　表 9-34

环境因素 \ 气象因素			雷暴日（日/年）			安装位置
			<25	25~40	≥40	
第一级	城区	易遭雷击环境因素	60kA		80kA	变压器次级或者交流配电柜前
		正常环境因素	60kA			
	郊区*	易遭雷击环境因素	80kA		100kA	
		正常环境因素	60kA			
	山区*	易遭雷击环境因素	80kA	100kA	120kA	
		正常环境因素	80kA			

气象因素 环境因素	雷暴日（日/年）			安装位置
	<25	25～40	≥40	
第二级	—	40kA		开关电源
直流保护	—	15kA		开关电源及头柜

注：*市话接入网点、模块局、光中继站宜加装自恢复功能的智能重合闸过流保护器。

（5）其他设施防雷要求

1）对建筑物上的彩灯、航空障碍灯以及其他楼外供电线路，应在机房输出配电箱（柜）内加装最大通流容量为 50kA 的 SPD。

2）当低压配电系统采用多个配电室配电，且总配电屏与分配电屏之间的电缆长度大于 50m 时，应在分配电室电源入口处安装最大通流容量不小于 60kA 的限压型 SPD。

3）交流配电屏（箱、柜）之间的电缆线长度超过 30m 或长度虽然未超过 30m 但等电位连接情况不好或用电设备对雷电较为敏感时，应安装最大通流容量不小于 25kA 的限压型 SPD。

4）−48V 直流电源防雷器的标称工作电压应为 65～90V。

5）直流配电屏（箱、柜）之间的电缆线长度超过 30m 或长度虽然未超过 30m 但等电位连接情况不好或用电设备对雷电较为敏感时，应安装最大通流容量不小于 25kA 的限压型 SPD。

6）太阳能电池的馈电线路两端可分别对地加装 SPD，SPD 的标称工作电压应大于太阳能电池最大供电电压的 1.2 倍，SPD 的最大通流容量不应小于 25kA。

（6）电源防雷器安装要求

1）在通信局（站）的建筑设计中，应在 SPD 的安装位置预留接地端子。

2）用于电源的 SPD 的连接线及接地线截面积，应符合表 9-35 的规定。

用于电源的 SPD 的连接线及接地线截面积　　　　　　　　表 9-35

名称	多股铜线截面积 $S(\text{mm}^2)$		
配电电源线	$S \leqslant 16$	$S \leqslant 70$	$S > 70$
引接线	S	16	16
接地线	S	16	35

3）使用模块式电源 SPD 时，引接线长度应小于 1m，SPD 接地线的长度应小于 1m。

4）使用箱式 SPD 时，引接线和接地线长度均应小于 1.5m。

5）各类 SPD 的接线端子应采用与接地线截面积相适应的铜材料制造。

6）SPD 的引接线和接地线，应通过接线端子或铜鼻子连接牢固。铜鼻子和缆芯连接时，应使用液压钳紧固或浸锡处理。

7）电源 SPD 的引接线和地线应布放整齐，并应在机架上进行绑扎固定，走线应短直，不得盘绕。

（7）计算机网络及各类信号线雷电过电压保护设计原则

1）进入通信局（站）的电缆芯线及各类信号线应在终端处线间或对地加装 SPD，空线对应就近接地。

2）进入无线通信局（站）的缆线应加装 SPD 后，再与上下话路的终端设备相连。

3）对多雷区通信局（站）内的计算机网络干线（两端设备在同一机房内除外）及引到建筑物外的线路，其线路两侧设备输入口处均应安装 SPD。高速网络接口可采用由半导体器件组成的 SPD。

4）对各类控制、数据采集接口和传输信号线，应使用相同物理接口的 SPD，SPD 的动作电压应与设备的工作电压相适应，应为工作电压的 1.2～2.5 倍，SPD 的插入损耗不应大于 0.5dB。

5）各类端口 SPD 的接地线，应就近由被保护设备的接地汇流排（端）接地。

6）位于联合地网外或远离视频监控中心的摄像机，应分别在控制、电源、视频线两端安装 SPD，云台和防雨罩应就近接地。

7）移动基站及小型无线基站的同轴馈线 SPD，其插入损耗应小于等于 0.5dB，驻波比不应大于 1.2。

8）计算机网络及各类信号线防雷器的设置和选择，应符合表 9-36 的规定。

计算机网络及各类信号线防雷器设置和选择　　　　　　　　　　表 9-36

条件要求 线型		SPD 安装要求	SPD 性质	标称放电 电流(kA)	最大通流 容量(kA)	环境性质	局站类别	雷暴日
网络数据线	楼内用户线 ＞50m	一端安装	GDT+SAD 或 SAD	≥3kA 或 ≥300A	≥8kA 或 ≥800A	城市	A	＞40
	设备间距 50m 以上及楼外 用户线	两端安装						
	楼内用户线 ＞30m	一端安装				郊区或 山区	A	＞40
	设备间距 30m 以上及楼外用 户线	两端安装						
信号线	用户话路 信号线	一端安装	GDT+PTC	≥3kA	≥8kA		ABC	＜40
			SAD+PTC	≥300A	≥800A		ABC	＞40
	PCM 传输信号线 ＞30m	两端安装	GDT+PTC	≥3kA	≥8kA	郊区或 山区	ABC	
	网管监控线 ＞30m	两端安装						
同轴天馈线		在终端处安装 SPD	GDT 型 滤波器型 1/4λ 型	≥5kA	≥10kA	郊区或山区	ABC	＞25

注：1. GDT 表示气体放电管；SAD 表示半导体保护器件；PTC 表示热敏电阻。

2. 当雷暴日小于 40d，但局（站）数据信号设备有雷击事故发生时，也应安装防雷器。

3. 一端（或两端）安装的端指主设备端。

9.15.5　通信局（站）的接地

综合通信大楼应设立电缆入口设施，并应通过接地排将电缆入口设施各个户外电缆与主接地排或环形接地汇集线连接。可按图 9-63 设计，并应符合下列要求：

① 所有连接应靠近建筑物的外围。

② 入口设施特别是电源引入设施和电缆入口设施应根据实际情况紧靠在一起。

③ 入口设施的连接导体应短、直。

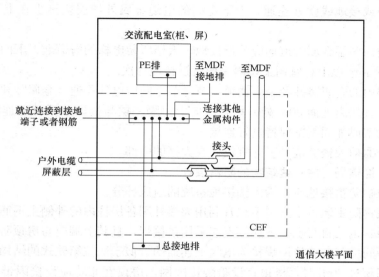

图 9-63　使用接地排的电缆入口设施内电缆连接示例

9.15.6　通信局（站）内通信设备的接地

（1）在通信机房总体规划时，总配线架应安装在一楼进线室附近，接地引入线应从地网两个方向就近分别引入。

（2）非屏蔽信号电缆或电力电缆应避免在外墙上布放。必需布放时，则应将电缆全部穿入屏蔽金属管，并应将金属管两端与公共连接网连接。

（3）通信设备应放置在距外墙楼柱 1m 以外的区域，并应避免设备的机柜直接接触到外墙。

（4）综合通信大楼的通信系统，当其不同子系统或设备间因接地方式引起干扰时，宜在机房单独设立一个或者数个局部接地排，不同通信子系统或设备间的接地线应与各自的局部接地排相连后再与楼层接地排连接。

（5）传输设备因不同的接地方式引起干扰时，可采取将屏蔽传输线一端屏蔽层断开进行隔离处理等抗干扰措施处理方式。

（6）有单独保护接地要求的通信设备机架接地线应从总接地汇集线或机房内的分接地汇集线上引入。

（7）DDF 架、ODF 机架或列盘、数据服务器及机架应做接地处理。

（8）综合通信大楼的通信设备的直流配电系统接地应符合各个系统的相关要求的接地型式。

9.15.7　通信局（站）内通信电源的接地

（1）集中供电的综合通信大楼电力室的直流电源接地线应从接地汇集线上引入。

（2）分散供电的高层综合通信大楼直流电源接地线应从分接地汇集线上引入。

9.15.8 通信局(站)其他设施的接地

(1) 楼顶的各种金属设施,必须分别与楼顶接闪带或接地预留端子就近连通。

(2) 楼顶的航空障碍灯、彩灯、无线通信系统、铁塔上的航空障碍灯及其他用电设备的电源线,应采用有金属护层的电缆。横向布设的电缆金属外护层或金属管应每隔5~10m与接闪带或接地线就近连通,上下走向的电缆金属外护层应至少在上下两端就近接地一次。

(3) 大楼内各层金属管道均应就近接地。大楼所装电梯的滑道上、下两端均应就近接地,且离地面30m以上,宜向上每隔一层就近接地一次。

(4) 大楼内的金属竖井及金属槽道,节与节之间应电气连通。金属竖井上、下两端均应就近接地,且从离地面30m处开始,应向上每隔一层与接地端子就近连接一次。金属槽道亦应与机架或加固钢梁保持良好连接。

(5) 综合通信大楼的信号竖井宜设计在大楼的中部。

9.15.9 通信局(站)建筑物的防雷设计

(1) 建筑物防雷接地应作为大楼接地系统的组成部分。

(2) 建筑物防雷装置中的引下线宜利用大楼外围各房柱内的外侧主钢筋,外侧主钢筋不应小于二根。钢筋自身上、下连接点应采用搭接焊,且其上端应与房顶防雷装置、下端应与地网、中间应与各均压网焊接为电气上连通的近似于法拉第笼式的结构。

(3) 楼高超过30m时,楼顶宜设暗装接闪网,房顶女儿墙应设接闪带,塔楼顶应设接闪杆,且接闪网、接闪带、接闪杆应相互多点焊接连通。

(4) 楼高超过30m时,从30m处开始应向上每隔一层设置一次均压网。

(5) 暗装接闪网、各均压网(含基础底层)可利用该层梁或楼板内的二根主钢筋按网格尺寸不大于 10m×10m 相互焊接成周边为封闭式的环形带。网格交叉点及钢筋自身连接均应焊接牢靠。均压网可按图9-64所示设计,交叉点应采用对角线焊接方式。

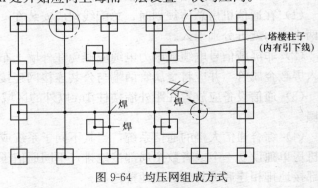

图 9-64 均压网组成方式

(6) 应按规范 GB 50057—2010 中二类防雷要求进行设计和施工。

9.15.10 交换局、数据局的防雷与接地

(1) 总配线架保安单元应符合下列要求:

① 地处少雷区和中雷区的交换局总配线架,可采用由气体放电管或半导体保护器件与正温度系数热敏电阻组成的保安单元。

② 地处多雷区和强雷区的交换局总配线架,应采用由半导体保护器件与高分子正温度系数热敏电阻组成的保安单元。

③ 地处少雷区和中雷区的交换局,若交换机用户板时有雷击事故发生,总配线架保安单元选取的雷区分类可增加一级;地处多雷区和强雷区的交换局总配线架,若交换机用户板雷击事故仅偶有发生,总配线架保安单元选取的雷区分类可减少一级。

（2）等电位连接应符合下列要求：

① 机房可采用星—网混合型等电位连接的方式，程控交换机应采用星形接地方式，其他通信设备应采用网状接地方式。

② 对容量较大、机房长度超过 30m 的交换局、数据局，宜在机房内设置环形接地汇集线。

（3）交换局、数据局的接地除应符合规范 GB 50689—2011 中第 3 章的有关规定外，尚应符合下列要求：

① 在机房总体规划时，总配线架宜安装在一楼进线室附近，且应从建筑物预留的接地端子或从接地汇集线上就近接地，接地引入线应从地网两个方向分别就近引入。

② 市话电缆空线对，应在配线架上就近接地。

（4）集中监控系统的接地与接口的保护应符合规范 GB 50689—2011 的相关规定。

（5）交换局、数据局接地系统可按图 9-65 所示设计。

（6）交换局、数据局的地网可按图 9-65 所示设计。

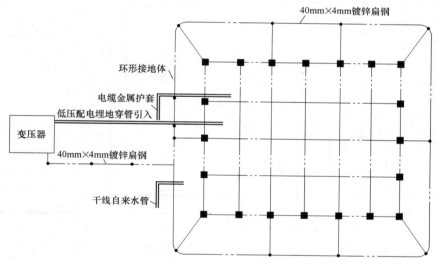

图 9-65　交换局、数据局地网示意图

9.15.11　接入网站、模块局的防雷与接地

（1）开关电源内的 SPD 安装位置应符合下列要求：

① 机房采用上走线方式时，宜选择 SPD 位置在机柜内上部的开关电源。

② 机房采用下走线方式时，宜选择 SPD 位置在机柜内下部的开关电源。

（2）总配线架的接地应符合下列要求：

① 总配线架的接地线应采用截面积不小于 $35mm^2$ 的多股铜线直接引至总接地排或就近接至室外的环形接地体上。引入线应从地网两个方向就近分别引入。

② 当接入网站内部的总配线架与接入网机架相距较远时，总配线架应就近与环形接地网相连。

③ 应避免总配线架的接地排直接作为总接地排。

（3）总接地排应设置在进局供电线入口处的配电箱旁；第一级防雷箱应就近安装在配

电箱附近，并应就近接地。

（4）接入网站的地网应为由机房建筑物基础与外设的环形接地体组成联合接地系统，环形接地体应与建筑物基础内钢筋焊接连通，接地网的面积应大于 $100 \mathrm{m}^2$，在土壤电阻率较高的地区宜在地网的四角辅以辐射型水平接地体。接入网站地网可按图 9-66 所示设计。

（5）无线接入网站应符合下列要求：

① 无线接入网站地网宜按图 9-67 所示设计，接入网站与移动通信基站共站时，机房地网应符合规范 GB 50689—2011 中第 6 章的有关规定。

② 建在居民小区的接入网站，利用城市小区建筑物内地下室和一层房间作为机房时，应充分利用建筑物与地可能构成回路的金属管道、楼内预留接地端共同构成接地体，在可能情况下还可敲开数根房柱内的钢筋与预留接地端连在一起作为接入网站的接地。

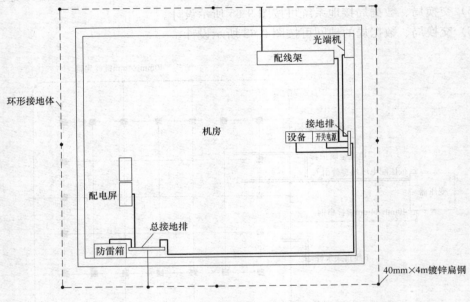

图 9-66　典型接入网站地网示意图

9.15.12　宽带接入点的防雷与接地

（1）宽带接入点用户单元的设备必须接地。

（2）宽带接入点用户单元的接地宜直接利用建筑物基础内钢筋作为接地体。

（3）宽带接入点网络线应有金属屏蔽层，网络线的金属屏蔽层两端应可靠接地，楼间网络线应避免架空飞线。

（4）出入建筑物的网络线必须在网络交换机接口处加装网络数据 SPD。

（5）网络交换机、集线器、光端机的供电配电箱内应加装二端口 SPD。

9.15.13　光缆中继站的防雷与接地

（1）光缆中继站第一级保护器应安装在配电箱附近，且应就近接地。光缆中继站接地系统可按图 9-66 所示设计。

（2）站内 ODF、DDF 机架应就近接地。

（3）光缆中继站宜采用星形辐射的接地方式。

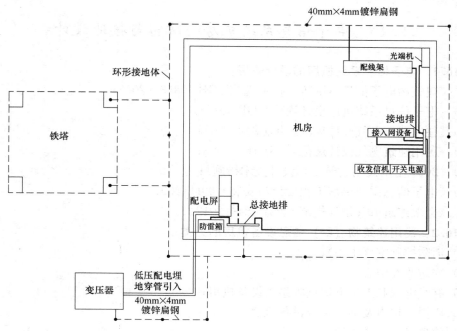

图 9-67　典型无线接入网站地网示意图

9.15.14　通信设备的直流配电系统接地

（1）接入网、模块局与基站共站时，通信设备的直流配电系统的接地可按图 9-68 所示设计。

（2）通信设备的直流配电系统雷电过电压保护设计应符合规范 GB 50689—2011 中第 9 章的有关规定。

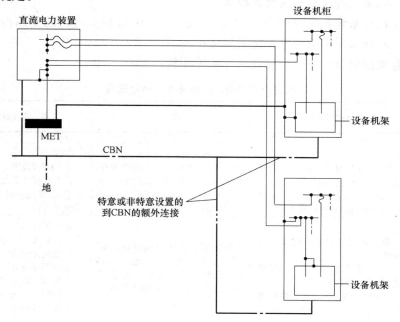

图 9-68　通信设备的直流配电系统的接地

9.16　电子信息系统机房的防雷与接地设计

9.16.1　电子信息系统机房的设计依据：
（1）《建筑物电子信息系统防雷技术规范》GB 50343—2012；
（2）《电子信息系统机房设计规范》GB 50174；
（3）《住宅建筑电气设计规范》JGJ 242—2011；
（4）《民用建筑电气设计规范》JGJ 16—2008；
（5）《2009 全国民用建筑工程设计技术措施》；
（6）《电子信息系统机房工程设计与安装》09DX009；
（7）《金融建筑电气设计规范》JGJ 284—2012。

9.16.2　民用建筑物（群）信息设备机房的分类：
（1）消防控制室（中心）；
（2）安防监控中心；
（3）有线电视和卫星电视接收系统设备机房；
（4）广播、扩声及会议系统设备机房；
（5）信息显示设备机房；
（6）建筑设备监控系统机房；
（7）计算机网络机房；
（8）通信网络机房；
（9）综合布线系统设备间；
（10）其他智能化系统设备机房。

9.16.3　信息系统机房分级性能要求：
（1）电子信息系统机房应分为 A、B、C 三级，设计时应根据机房的使用性质、管理要求及其在经济和社会中的重要性确定所属防护级别。
（2）信息机房分级标准，性能要求和系统配置：

机房分级标准、性能要求和系统配置　　　　　　　　　　表 9-37

要求 等级	分级标准	性能要求	系统配置
A 级	符合下列情况之一的机房为A级： （1）电子信息系统运行中断将造成重大的经济损失； （2）电子信息系统运行中断将造成公共场所秩序严重混乱	A级机房内的场地设施应按容错系统配置，在电子信息系统运行期间，场地设施不应因操作失误、设备故障、外电源中断、维护和检修而导致电子信息系统运行中断	系统配置： $2N,2(N+1)$ 系统配置说明： 　具有两套或两套以上相同配置的系统，在同一时刻，至少有两套系统在工作
B 级	符合下列情况之一的机房为B级： （1）电子信息系统运行中断将造成较大的经济损失； （2）电子信息系统运行中断将造成公共场所秩序混乱	B级机房内的场地设备应按冗余要求配置，在系统运行期间，场地设施在冗余能力范围内，不应因设备故障而导致电子信息系统运行中断	系统配置： $N+X(X=1\sim N)$ 系统配置说明： 　系统满足基本需求外，增加了X个单元，X个模块或X个路径。任何X个单元、模块或路径的故障或维护不会导致系统运行中断

178

续表

要求 等级	分级标准	性级要求	系统配置
C 级	不属于 A 级或 B 级机房的为 C 级机房	C 级电子信息系统机房内的场地设备应按基本需求配置,在场地设施正常运行情况下,应保证电子信息系统运行不中断	系统配置:N 系统满足基本需求,没有冗余

注:1. 冗余:重复配置系统的一些或全部部件,当系统发生故障时,冗余配置的部件介入并承担故障部件的工作,由此减少系统的故障时间。
　　2. 容错:具有两套或两套以上相同配置的系统,在同一时刻,至少有两套系统在工作。按容错系统配置的场地设备,至少能经受住一次严重的突发设备故障或人为操作失误事件而不影响系统的运行。

(3) 各级信息系统机房分级示例表:

各级信息系统机房分级示例　　　　　　　　　　　　　　表 9-38

等　级	机 房 举 例
A 级	以下部门的数据机房、通信机房、控制室、电信接入间等为 A 级机房; 国家气象局;国家级信息中心、计算中心;重要的军事指挥部门;大中城市的机场、广播电台、电视台、应急指挥中心;银行总行;国家和区域电力调度中心等
B 级	以下部门的数据机房、通信机房、控制室、电信接入间等为 B 级机房; 科研院所;高等院校;三级医院;大中城市的气象台、信息中心、疾病预防与控制中心、电力调度中心、交通(铁路、公路、水运)指挥调度中心;国际会议中心;大型博物馆、档案馆、会展中心、国际体育比赛场馆;省部级以上政府办公楼;大型工矿企业等
C 级	一般企业、学校、设计院等单位的机房、控制室、弱电间等。 除 A、B 级机房外,民用建筑工程中为智能化和信息化系统服务的机房、弱电间、控制室的建设标准不宜低于 C 级

注:1. 其他企事业单位、国际公司、国内公司应按照机房分级与性级要求,结合自身需求与投资能力确定本单位机房的建设等级和技术要求。
　　2. 各单位的机房按照哪个等级标准进行建设,应由建设单位根据数据丢失或网络中断在经济或社会上造成的损失或影响程度确定,同时还应综合考虑建设投资。等级高的机房可靠性提高,但投资也相应增加。

(4) 住宅建筑机房工程设计要求:

1) 住宅建筑信息系统机房工程应包括控制室、弱电间、电信间等。并宜按规范 GB 50174 中 C 级机房标准设计。

2) 控制室应包括住宅建筑内消防控制室、安全防范监控中心、建筑设备管理控制室等这几类控制室,应采用合适方式组建。并符合下列规定:

① 综合布线设备间宜与计算机网络机房及电话交换机房靠近或合并;

② 消防控制室可单独设置,亦可与安防系统、建筑设备监控系统合用控制室;

③ 公共广播可与消防控制室合并设置,亦可与有前端的有线电视系统合设机房;

④ 安防控制室宜靠近保安值班室设置。

3) 弱电间及弱电竖井应根据弱电系统进出线缆所需的最大通道、弱电设备数量、系统出线的数量,设备安装与维修等因素,确定其所需的弱电间和电气竖井使用面积。

9.16.4　电子信息系统机房工程中的其他设计内容:

本章主要内容为电子信息系统机房防雷与接地设计,其他内容不在本章中详述。

(1) 机房位置选择原则和要求应按 GB 50174—2008 中 4.1 节要求执行。

(2) 机房组成及机房面积规模应按 GB 50174—2008 中 4.2 节要求执行。

(3) 机房内设备布置应按 GB 50174—2008 中 4.3 节要求执行。

（4）机房环境要求应按 GB 50174—2008 中 5.1 和 5.2 节执行。

（5）机房建筑、结构、防火和疏散、室内装修等要求应按 GB 50174—2008 中 6.1、6.2、6.3 节执行。

（6）空调系统、环境净化、设备选择等要求，应按 GB 50174—2008 中 7.1、7.2、7.3、7.4、7.5 节执行。

9.16.5 各类机房对电气、暖通专业要求，应符合表 9-39 中相关规定。

各类机房对电气、空调、通风专业的要求　　　　　表 9-39

房间名称		空调、通风			电气			备注
		温度（℃）	相对湿度（%）	通风	照度（LX）	交流电源	应急照明	
电话站	程控交换机室	18～28	30～75	—	500	可靠电源	设置	注2
	总配线架室	10～28	30～75	—	200	—	设置	注2
	话务室	18～28	30～75	—	300	—	设置	注2
	电力电池室	18～28	30～75	注2	200	可靠电源	设置	—
	电缆进线室	—	—	注1	200	—	—	—
计算机网络机房		18～28	40～70	—	500	可靠电源	设置	注2
建筑设备监控机房		18～28	40～70	—	500	可靠电源	设置	注2
综合布线总配线间		18～28	30～75	—	200	可靠电源	设置	注2
广播室	录播室	18～28	30～80	—	300	—	—	—
	设备室	18～28	30～80	—	300	可靠电源	设置	—
消防控制中心		18～28	30～80	—	300	消防电源	设置	注2
安防监控中心		18～28	30～80	—	300	可靠电源	设置	注2
有线电视前端机房		18～28	30～75	—	300	可靠电源	设置	注2
会议电视	电视会议室	18～28	30～75	注3	一般区≥500 主席区≥750（注4）	可靠电源	设置	注2
	控制室	18～28	30～75	—	≥300	可靠电源	设置	—
	传输室	18～28	30～75	—	≥300	可靠电源	设置	—
弱电间	有网络设备	18～28	40～70	注1	≥200	可靠电源	设置	注2
	无网络设备	5～35	20～80					

注：1. 地下电缆进线室一般采用轴流式通风机，排风按每小时不大于 5 次换风量计算，并保持负压。

2. 有空调的机房应保持微正压。

3. 电话会议室新鲜空气换气量应按每人不小于 30m³/h。

4. 投影电视屏幕照度不高于 75lx，电视会议室照度应均匀可调，会议室的光源应采用色温 3200K 的三基色灯。

9.16.6 机房供电要求：

（1）电子信息设备机房供电电源质量要求如表 9-40 所示。

电子信息设备供电电源质量要求　　　　　表 9-40

电源质量	A 级	B 级	C 级	备注
稳态电压偏移范围（%）	±3		±5	—
稳态频率偏移范围（Hz）	±0.5			电池逆变工作方式

续表

电源质量	A 级	B 级	C 级	备注
输入电压波形失真度(%)	≤5			设备正常工作时
电源中性线 N 与 PE 线之间的电压(V)	<2			应满足设备使用要求
允许断电持续时间(ms)	0~4	0~10	—	—

（2）A 级机房的供电电源应按一级负荷中特别重要的负荷考虑，除应由两个电源供电（一个电源发生故障时，另一个电源不应同时受到损坏）外，还应配置柴油发电机作为应急电源。B 级机房的供电电源按一级负荷考虑，当不能满足两个电源供电时，应配置应急柴油发电机系统。C 级机房的供电电源应按二级负荷考虑。当机房未配置应急柴油发电机系统时，应为消防和安防等涉及生命安全的系统配置其他应急电源。

（3）由户外引入机房的供电线路宜采用直接埋地、排管埋地或电缆沟敷设，以防止供电线路受到自然因素（如台风、雷电、洪水等）和人为因素的破坏而导致供电中断。

（4）机房低压配电系统不应采用 TN-C 系统，可采用 TN-S、TN-C-S、TT、IT 系统。

（5）当机房用电容量较大时，应设置专用配电变压器供电，变压器宜采用干式变压器；机房用电容量较小时，可由专用低压馈电线路供电。

（6）电子信息设备应由 UPS 供电。确定 UPS 的基本容量时应留有余量，UPS 的基本容量可按下式计算：

$$E \geqslant 1.2P \qquad (9\text{-}15)$$

式中　E——UPS 的基本容量（不包含备份 UPS 设备）（kW/kVA）；

　　　P——电子信息设备的计算负荷（kW/kVA）。

（7）敷设在防静电活动地板下（作为空调静压箱）及吊顶上（用于空调回风）的低压配电线路宜采用阻燃铜芯电缆，电缆沿线槽、桥架或局部穿管敷设；当配电电缆线槽（桥架）与通信缆线线槽（桥架）并列或交叉敷设时，配电电缆线槽（桥架）应敷设在通信缆线线槽（桥架）的下方。

（8）配电线路的中性线截面积不应小于相线截面积。

（9）机房内的主要照明光源应采用高效节能荧光灯，灯具应采用分区、分组的控制措施。

（10）机房应设置备用照明，其照度值不应低于一般照明照度值的 10%；有人值守的房间，备用照明的照度值不应低于一般照明照度值的 50%；备用照明可为一般照明的一部分。

（11）机房的地板或地面应有静电泄放措施和接地构造，防静电地板或地面的表面电阻或体积电阻值应为 $2.5 \times 10^4 \sim 1.0 \times 10^9 \Omega$。

（12）机房应根据实际工程情况，预留电子信息系统工作电源和维修电源，电源宜从配电室（间）直接引来。

（13）电信间内应留有设备电源，其电源可靠性应满足电子信息设备对电源可靠性的要求。

（14）照明电源不应引自电子信息设备配电盘。

（15）机房一般应设置专用动力配电箱。机房内的动力设备与电子信息设备不间断电源系统应由不同回路供电。

（16）电子信息设备专用配电线（柜）应配备电源浪涌保护器，电源检测和报警装置，并应提供远程通信接口，当输出端中性线与 PE 线之间的电位差不能满足电子信息设备使用要求时候，应配备隔离变压器。

（17）机房供电电源示例图：

B 级和 C 级机房供电系统方案如图 9-69～图 9-74 所示：

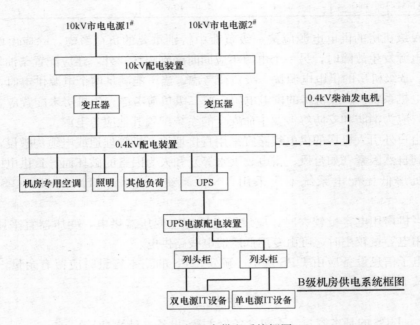

图 9-69　B 级机房供电系统框图

注：1. 根据机房用电量的大小，市电电源电压可选用 10kV、0.4kV。

　　2. 无两路市电电源时，选择一路市电电源加一路柴油发电机方案。

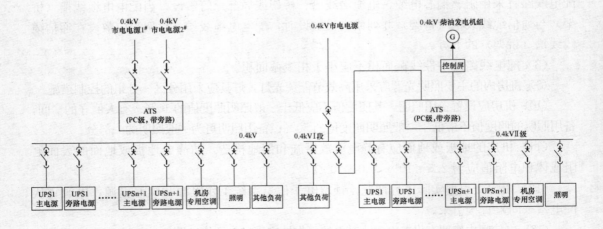

图 9-70　B 级机房供电系统图（0.4kV 市电）

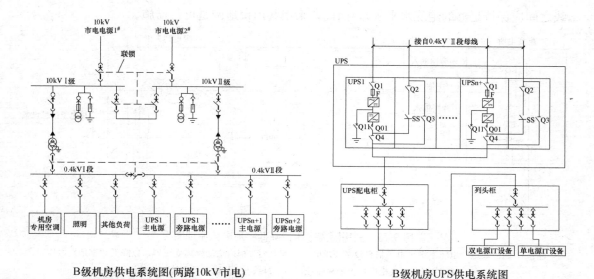

图 9-71　B 级机房供电系统图（10kV 市电）

注：1. 本方案 UPS 为 N＋1 配置。

2. 对于双电源 IT 设备，也可采用两组 UPS（2N）供电。

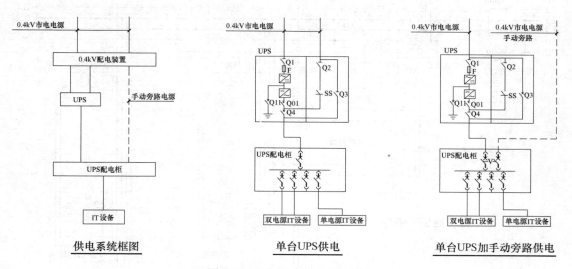

图 9-72　C 级机房供电系统图

注：C 级机房供电电源按二级负荷考虑

9.16.7　机房防雷接地与等电位连接

（1）机房内所有设备的可导电金属外壳、各类金属管道、金属线槽、建筑物金属结构等均应做等电位连接并接地。

（2）保护性接地（防雷接地、防电击接地、防静电接地、屏蔽接地等）和功能性接地（交流工作接地、直流工作接地、信号接地）宜共用一组接地装置，其接地电阻应按其中最小值确定。民用建筑中，如果电子信息系统要设置一个或几个专用的接地网，将很难确保这些"地"与强电系统接地网之间的独立性（例如这些地极之间应保持足够的距离、引线之间应保持足够的绝缘水平等），因此，采用共用接地网是可行措施。

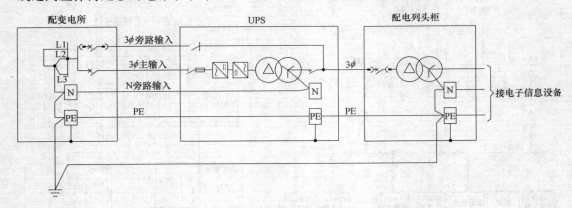

图 9-73　利用隔离变压器降低零地电压原理图

注：1. 当"零地"电压不满足电子信息设备要求时，在配电列头柜内增加隔离变压器，以降低"零地"电压。

　　2. 在配电列头柜内装设隔离变压器后，N 线与 PE 线才可短接并接地。

　　3. UPS 设备在逆变器输出侧设置隔离变压器，使逆变器中性点接地，并与旁路电源隔离。

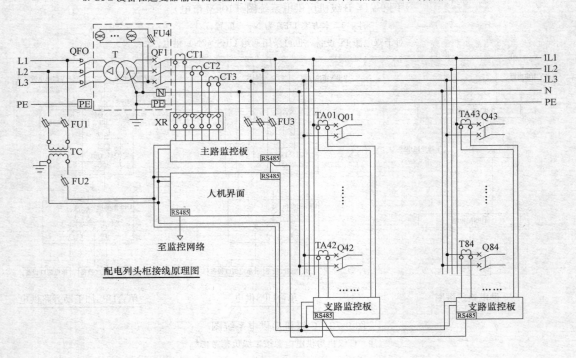

图 9-74　配电列头柜接线原理图

注：1. 图中 TA、Q 的数量由具体工程设计确定，本图仅为示例。

　　2. 点划线框内的元器件为可选件。风扇由厂家配套供给。

　　（3）当同一电子信息系统涉及几幢建筑物时，这些建筑物之间的接地网宜做等电位连接（但由于地理原因难以连接时除外），当数栋相邻建筑物由一套 BA 系统监控时，BA 系统中的许多现场控制箱将分别接在各自所在建筑物的接地网中，由于地理、雷击等原因，很可能造成这几栋建筑物接地网之间的电位不等，从而造成差模干扰。因此，相关建筑物的接地网之间做等电位连接是可取的方法。但如果建筑物之间相距过远或被河流阻隔，则应采取其他措施来解决干扰问题。

（4）保护接地导体，功能性接地导体，应分别接向总等电位端子板或接地装置。

（5）建筑物每一层内的等电位连接网络应联成封闭式环形，且其安装位置应方便接线。机房等电位连接示意，如图9-75所示。

（6）当电子信息系统接地母线用于功能性目的时，建筑物的总接地端子可用接地母线延伸，使信息技术装置可自建筑物内任一点以最短路径与其相连接。当此接地母线用于具有大量信息技术设备的建筑物内等电位连接网络时，宜做成一封闭环路〔用于功能性目的的电子信息系统接地母线可与建筑物总接地端子合一（将总接地端子的某一段用作电子信息系统的功能性接地母线），以确保该接地母线的接地性能。而将该母线做成封闭环路是为了确保接地母线上任意两点间的电位基本相等〕。

（7）UPS不间断电源装置输出端的中性导体应重复接地。为了避免UPS输出端中性点悬浮，这一措施对于三相UPS下带多个单相负载时尤为重要，因为在此情形下一旦中性点悬浮，很容易发生中性点偏移，从而造成某相过电压，并引起过压回路中设备损坏。

（8）电子信息系统机房内的电子信息设备应进行等电位连接，并应根据电子信息设备易受干扰的频率及电子信息系统机房的等级和规模，确定等电位连接方式，可采用S型、M型或SM混合型。

1）S型（星形结构、单点接地）等电位连接方式适用于易受干扰的频率在0～30kHz（也可高至300kHz）的电子信息设备的信号接地。从配电箱PE母排放射引出的PE线兼做设备的信号接地线，同时实现保护接地和信号接地。对于C级电子信息系统机房中规模较小（建筑面积100m² 以下）的机房，电子信息设备可以采用S型等电位连接方式。

2）M型（网形结构、多点接地）等电位连接方式适用于易受干扰的频率大于300kHz（也可低至30kHz）的电子信息设备的信号接地，电子信息设备除连接PE线作为保护接地外，还采用两条（或多条）不同长度的导线尽量短直的与设备下方的等电位连接网格连接，大多数电子信息设备应采用此方案实现保护接地和信号接地。

3）SM混合型等电位连接方式是单点接地和多点接地的组合，可以同时满足高频和低频信号接地的要求。具体做法为设置一个等电位连接网格，以满足高频信号接地的要求；再以单点接地方式连接到同一接地装置，以满足低频信号接地要求。

4）机房等电位网络方案型式，如图9-75所示。

5）等电位连接网络应采用截面积不小于25mm² 的紫铜带或裸铜线，并应在防静电活动地板下构成边长为0.6～3.0m的矩形网格。

6）等电位连接带，接地线和等电位连接导体的材料和最小截面积，应满足GB 50343—2012中表5.2.1、表5.2.2-2的相关规定（本书第9章9.2节中表9-2、表9-3）。

（9）防雷措施：

1）应按GB 50343—2012中要求，电子信息系统设备由TN交流配电系统供电时，从建筑物内总配电柜（箱）开始引出的配电线路必须采用TN-S系统的接地形式。由电子信息系统机房电源进线端起，中性导体（N）与保护导体PE应分开敷设。这样可以有效地避免由中性导体电流（不平衡电流）引起的信号干扰。

2）应按GB 50343—2012中5.4节要求，在进入建筑物的交流供电线路，在线路的

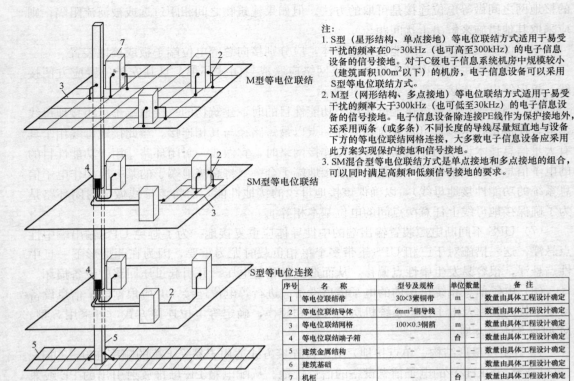

注:
1. S型（星形结构、单点接地）等电位联结方式适用于易受干扰的频率在0～30kHz（也可高至300kHz）的电子信息设备的信号接地。对于C级电子信息系统机房中规模较小（建筑面积100m² 以下）的机房，电子信息设备可以采用S型等电位联结方式。
2. M型（网形结构、多点接地）等电位联结方式适用于易受干扰的频率大于300kHz（也可低至30kHz）的电子信息设备的信号接地。电子信息设备除连接PE线作为保护接地外，还采用两条（或多条）不同长度的导线尽量短直地与设备下方的等电位联结网格连接，大多数电子信息设备应采用此方案实现保护接地和信号接地。
3. SM混合型等电位联结方式是单点接地和多点接地的组合，可以同时满足高频和低频信号接地的要求。

序号	名　称	型号及规格	单位	数量	备　注
1	等电位联结带	30×3紫铜带	m	—	数量由具体工程设计确定
2	等电位联结导体	6mm² 铜导线	m	—	数量由具体工程设计确定
3	等电位联结网格	100×0.3铜箔	m	—	数量由具体工程设计确定
4	等电位联结端子箱	—	台	—	数量由具体工程设计确定
5	建筑金属结构	—	—	—	数量由具体工程设计确定
6	建筑基础	—	—	—	数量由具体工程设计确定
7	机柜	—	台	—	数量由具体工程设计确定

图 9-75　等电位连接示意图

总配电箱界面处，设置适配的各级浪涌电压保护器。

3) 谐波较严重的大容量设备应采用专线供电，并按低阻抗的要求进行设计（这里所指的设备为大功率 UPS，直流设备的谐波源）。

4) 信号线路的防护措施：

① 户外信号传输电缆的金属外护层和户外光缆的金属增强线应在进户处接地。这是为了防止过电压经由电缆的金属保护层和户外光缆的金属增强线进入电子信息设备。

② 户外信号传输电缆的信号线，应在进户配线架处设置适配的浪涌电压保护器。

③ 用于信号线的浪涌电压保护器，应根据线路的工作频率、工作电压、线缆类型、接口形式等要素，选用电压驻波比和插入损耗小的适配的浪涌电压保护器。应特别注意被保护信号线路的额定工作电压以及浪涌电压保护器与被保护信号线路的连接方式。

④ 电缆电视系统、微波通信系统、卫星通信系统、移动通信室内信号覆盖系统等的室外天线馈线，应在进户后首个接线装置处，设置适配的浪涌电压保护器。

9.16.8　机房对消防，安防，环境和设备监控系统的要求：

（1）机房应设置火灾自动报警系统，并应符合现行国家标准《火灾自动报警系统设计规范》GB 50116 的规定。

（2）采用管网式洁净气体灭火系统的机房，应同时设置两组独立的火灾探测器，且火灾报警系统应与灭火系统联动。两组独立的火灾探测器可以采用感烟和感温探测器、感烟和离子探测器；感烟和光电探测器的组合，也可以采用两组不同灵敏度的感烟探测器。对于空气高速流动的机房，由于烟雾被气流稀释，致使一般感烟探测器的灵敏度降低；此外，烟雾可导致电子信息设备损坏，如能及早发现火灾，可减少设备损失，因此机房宜采用吸气式烟雾探测火灾报警系统作为感烟探测器。

（3）机房内设置灭火系统的区域和采用灭火剂的种类如表 9-41 所示。

机房内设置灭火系统的区域和采用灭火剂的种类 表 9-41

设置灭火系统的区域	采用灭火剂的种类		
	A 级	B 级	C 级
主机房	应设置洁净气体灭火系统	宜设置洁净气体灭火系统；可设置高压细水雾灭火系统	可设置高压细水雾灭火系统或自动喷水灭火系统（采用预作用系统）
变配电、UPS 和电池室	宜设置洁净气体灭火系统；可设置高压细水雾灭火系统		

（4）机房安全防范系统要求如表 9-42 所示。

机房安全防范系统要求 表 9-42

区域名称	机房安全防范系统要求		
	A 级	B 级	C 级
发电机室、配电室	入侵探测器、视频监视	入侵探测器	机械锁
UPS 室、机电设备间	出入控制（识读设备采用读卡器）、视频监控		
安防设备间	出入控制（识读设备采用读卡器）		
监控中心	出入控制（识读设备采用读卡器）、视频监视		
紧急出口	推杆锁、视频监视、监控中心连锁报警		推杆锁
主机房出入口	出入控制（识读设备采用读卡器）或人体生物特征识别、视频监视	出入控制（识读设备采用读卡器）、视频监视	机械锁入侵探测器
主机房内	视频监视		—

（5）环境和设备监控系统、安全防范系统的主机和人机界面一般设置在同一个监控中心内（安全防范系统也可设置在消防控制室），为了提高供电电源的可靠性，各系统应采用独立的 UPS 电源。当采用集中 UPS 电源供电时，应采用单独回路为各系统配电。

（6）机房环境和设备监控系统要求如表 9-43 所示。

机房环境和设备监控系统要求 表 9-43

监控项目	监控内容		
	A 级	B 级	C 级
空气质量	温度、相对湿度、压差、含尘度（离线定期检测）		温度、相对湿度
机房专用空调	状态参数：开关、制冷、加热、加湿、除湿 报警参数：温度、相对湿度、传感器故障、压缩机压力、加湿器水位、风量		—

续表

监控项目	监控内容		
	A 级	B 级	C 级
供配电系统 （电能质量）	开关状态、电流、电压、有功功率、功率因数、谐波含量		根据需要选择
柴油发电机系统	油箱(罐)油位、柴油机转速、输出功率、频率、电压、功率因数		—
UPS	输入和输出功率、电压、频率、电流、功率因数、负载比率；电池输入电压、电流、容量； 同步/不同步状态、UPS/旁路供电状态、市电故障、UPS 故障		根据需要选择
电池	监控每一个蓄电池的电压、阻抗和故障	监控每一组蓄电池的电压、阻抗和故障	—
漏水检测报警	装设漏水感应器		
集中空调、新风系统、动力系统	设备运行状态、滤网压差		

（7）各级电子信息系统机房的技术要求，参见规范 GB 50174—2008 附录 A。

9.16.9　机房防静电设计应符合下列规定：

① 机房地面及工作面的静电泄漏电阻，应符合国家标准《防静电活动地板通用规范》SJ/T 10796—2001 的规定。

② 机房内绝缘体的静电电位不应大于 1kV。

③ 机房不用活动地板时，可铺设导静电地面；导静电地面可采用导电胶与建筑地面粘牢，导静电地面电阻率应为 $1.0 \times 10^7 \sim 1.0 \times 10^{10} \Omega \cdot cm$，其导电性能应长期稳定且不易起尘。

④ 机房内采用的活动地板可由钢、铝或其他有足够机械强度的难燃材料制成；活动地板表面应是导静电的，严禁暴露金属部分；单元活动地板的系统电阻应符合国家标准《防静电活动地板通用规范》的规定。

⑤ 电子信息机房内所有设备的金属外壳，各类金属管道，金属线槽，建筑物金属结构等，必须进行等电位连接并接地。

9.16.10　金融设施的电子信息机房的防雷与接地设计：

（1）金融设施的电子信息机房用电负荷分级，应按金融设施的等级确定。金融设施分级原则如下：

1）金融设施等级应根据建筑物中金融设施在国家金融系统运行、经济建设及公众生活中的重要程度，以及该金融设施运行失常可能造成的危害程度等因素确定。

2）运行失常时将产生下列情形之一的金融设施，应确定为特级：

① 在全国或更大范围内造成金融秩序紊乱的金融设施；

② 给国民经济造成重大损失的金融设施；

③ 在全国或更大范围内对公众生活造成严重影响的金融设施。

3）运行失常时将产生下列情形之一的金融设施，应确定为一级：

① 在大范围内造成金融秩序紊乱的金融设施；

② 给国民经济造成较大损失的金融设施；

③ 在大范围内对公众生活造成严重影响的金融设施。

4）运行失常时将产生下列情形之一的金融设施，应确定为二级：

① 在有限范围内造成金融秩序紊乱的金融设施；

② 给国民经济造成损失的金融设施；

③ 在小范围内对公众生活造成严重影响的金融设施。

5）不属于特级、一级和二级的，应确定为三级金融设施。

6）金融设施的用电负荷等级应符合表 9-44 的规定。

金融设施的用电负荷等级 表 9-44

金融设施等级	用电负荷等级	金融设施等级	用电负荷等级
特级	一级负荷重的特别重要负荷	二级	二级负荷
一级	一级负荷	三级	三级负荷

（2）金融设施机房电子信息系统的防雷与接地措施：

1）电子信息系统的雷电防护等级应根据金融设施的等级、发生雷电事故的可能性、雷击可能造成的直接损失和间接损失等因素确定，并应符合下列规定：

① 数据中心主机房及其辅助区的雷电防护等级应按表 9-45 确定。

数据中心主机房及其辅助区的雷电防护等级 表 9-45

雷电防护等级	机房类型
A级	特级、一级金融设施数据中心的主机房及其辅助区
B级	二级金融设施数据中心的主机房及其辅助区
C级	三级金融设施数据中心的主机房及其辅助区

② 除数据中心主机房及其辅助区外的电子信息系统的雷电防护等级，应按现行国家标准《建筑物电子信息系统防雷技术规范》GB 50343—2012 执行。

2）金融设施供配电系统的防雷设计应符合下列规定：

① 特级、一级、二级金融设施的数据中心主机房供电专线应逐级设置电涌保护器；三级金融设施的数据中心主机房供电专线宜逐级设置电涌保护器。

② 数据中心主机房以外的电子信息系统电源线路，技术经济合理时，可在其交流配电柜（箱）处设电涌保护器。

3）网络传输线路的防雷设计应符合下列规定：

① 特级、一级、二级金融设施的数据中心主机房及其辅助区的网络传输线路进户处宜设电涌保护器。

② 其他电子信息系统的网络传输线路，技术经济合理时，可在其线路进户处设置电涌保护器。

4）特级金融设施可选用具有数字化监测功能的电涌保护器。

5）建筑物防雷与接地设计应符合现行国家标准《建筑物防雷设计规范》GB 50057、《建筑物电子信息系统防雷技术规范》GB 50343 的规定。

（3）电能质量与传导干扰的抑制措施：

1）金融建筑电源进户处的电能质量应符合现行国家标准《电能质量——公用电网谐波》GB/T 14549 的规定。当不符合规定时，应在其金融设施专用回路上采取电源净化措施。

2）金融设施供配电系统应采取下列措施预防和治理电源性传导干扰：

① 当 UPS 总容量大于 100kVA，且其总谐波电流畸变率（THD_i）大于 15% 时，宜在 UPS 电源输入端采取谐波治理措施。

② 滤波装置宜布置在谐波源设备附近。

9.16.11　机房接线图例如图 9-76～图 9-85 所示；SPD 设备选型见表 9-46。

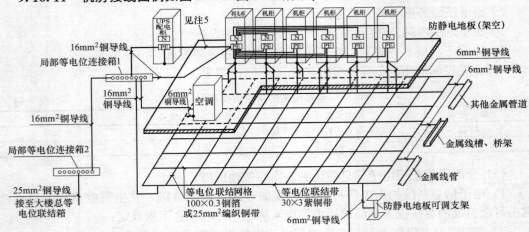

注：
1. 本图中等电位连接带就近与局部等电位联结箱、各类金属管道、金属线槽、建筑物金属结构进行连接。
2. 机柜采用两根不同长度的6mm²铜导线与等电位联结网格(或等电位联结带)连接。
3. 本图中的列头柜带隔离变压器。当列头柜不带隔离变压器时，列头柜的N线需与UPS配电柜的N线联结，同时列头柜里的N与PE断开。
4. 从列头柜至机柜的 N、PE 线的截面积与相线相同。

5. 从UPS配电柜至列头柜的 PE 线最小截面见下表。

相线芯线截面$S(mm^2)$	PE线最小截面(mm^2)
$S \leqslant 16$	S
$16 < S \leqslant 35$	16
$S > 35$	$S/2$

图 9-76　机房接地示意图（就近连接）

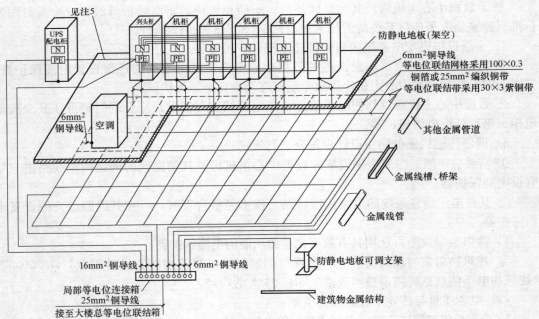

注：
1. 本图中等电位联结带、各类金属管道、金属线槽、建筑物金属结构均与局部等电位联结箱连接后，再接至大楼总等电位联结箱。
2. 机柜采用两根不同长度的6mm²铜导线与等电位联结网格(或等电位联结带)连接。
3. 本图中的列头柜带隔离变压器。当列头柜不带隔离变压器时，列头柜的N线需与UPS配电柜的N线连接，同时列头柜里的N与PE断开。
4. 从列头柜至机柜的 N、PE 线的截面积与相线相同。

5. 从UPS配电柜至列头柜的 PE 线最小截面见下表。

相线芯线截面$S(mm^2)$	PE线最小截面(mm^2)
$S \leqslant 16$	S
$16 < S \leqslant 35$	16
$S > 35$	$S/2$

图 9-77　机房接地示意图（集中连接）

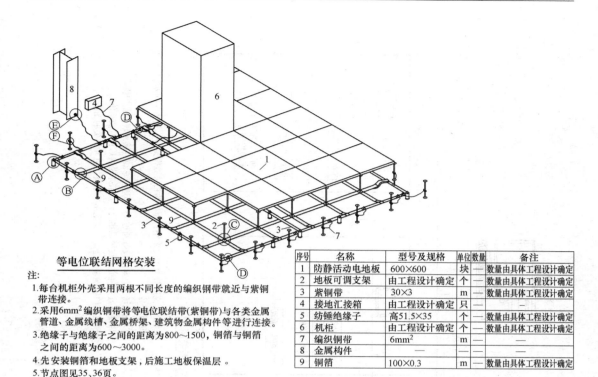

等电位联结网格安装

注:
1. 每台机柜外壳采用两根不同长度的编织铜带就近与紫铜带连接。
2. 采用6mm²编织铜带将等电位联结带(紫铜带)与各类金属管道、金属线槽、金属桥架、建筑物金属构件等进行连接。
3. 绝缘子与绝缘子之间的距离为800~1500,铜箔与铜箔之间的距离为600~3000。
4. 先安装铜箔和地板支架,后施工地板保温层。
5. 节点图见35、36页。

序号	名称	型号及规格	单位	数量	备注
1	防静活动电地板	600×600	块	—	数量由具体工程设计确定
2	地板可调支架	由工程设计确定	个	—	数量由具体工程设计确定
3	紫铜带	30×3	m	—	数量由具体工程设计确定
4	接地汇接箱	由工程设计确定	只	—	—
5	纺锤绝缘子	高51.5×35	个	—	数量由具体工程设计确定
6	机柜	由工程设计确定	个	—	数量由具体工程设计确定
7	编织铜带	6mm²	m	—	—
8	金属构件	—	—	—	—
9	铜箔	100×0.3	m	—	数量由具体工程设计确定

图 9-78　等电位联结网格安装图(铜箔)

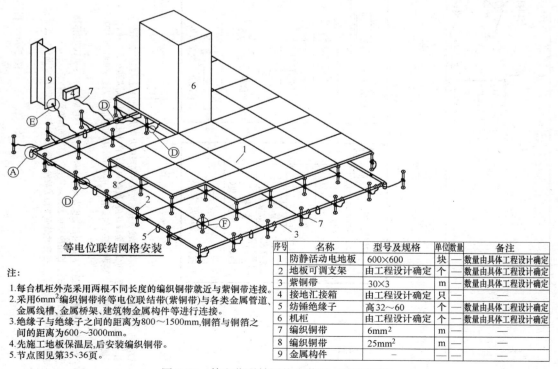

等电位联结网格安装

注:
1. 每台机柜外壳采用两根不同长度的编织铜带就近与紫铜带连接。
2. 采用6mm²编织铜带将等电位联结带(紫铜带)与各类金属管道、金属线槽、金属桥架、建筑物金属构件等进行连接。
3. 绝缘子与绝缘子之间的距离为800~1500mm,铜箔与铜箔之间的距离为600~3000mm。
4. 先施工地板保温层,后安装编织铜带。
5. 节点图见第35、36页。

序号	名称	型号及规格	单位	数量	备注
1	防静活动电地板	600×600	块	—	数量由具体工程设计确定
2	地板可调支架	由工程设计确定	个	—	数量由具体工程设计确定
3	紫铜带	30×3	m	—	数量由具体工程设计确定
4	接地汇接箱	由工程设计确定	只	—	—
5	纺锤绝缘子	高32~60	个	—	数量由具体工程设计确定
6	机柜	由工程设计确定	个	—	数量由具体工程设计确定
7	编织铜带	6mm²	m	—	—
8	编织铜带	25mm²	m	—	—
9	金属构件	—	—	—	—

图 9-79　等电位联结网格安装图(编织铜带)

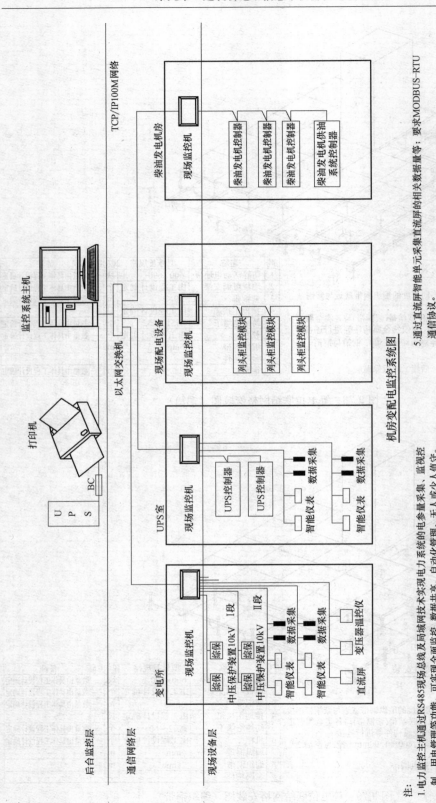

图 9-80 机房变配电监控系统图

注：
1. 电力监控主机通过RS485现场总线及局域网技术实现电力系统的电参量采集、监视控制、用电管理等功能，可实现全面监控，数据共享，自动化管理，无人或少人值守。

2. 系统与中压继保通信，要求中压继保仪表具有RS485接口，标准通信协议或MODBUS-RTU通信协议。

3. 系统与低压智能仪表通信，低压智能仪表具有RS485接口，标准MODBUS-RTU通信协议：根据机房内的特殊性，回路测量仪表最好具有2~31次的谐波测量功能。

4. 通过变压器温控仪采集变压器的温度及相关故障信号；要求MODBUS-RTU通信协议。

5. 通过直流屏智能单元采集直流屏的相关数据量等；要求MODBUS-RTU通信协议。

6. 以上现场所有智能设备通过RS485通信总线连接到现场监控机，由现场监控机完成数据采集并地显示到后台监控系统。

7. 现场监控机能够完全显示变电站的所有信息和相关的图形。

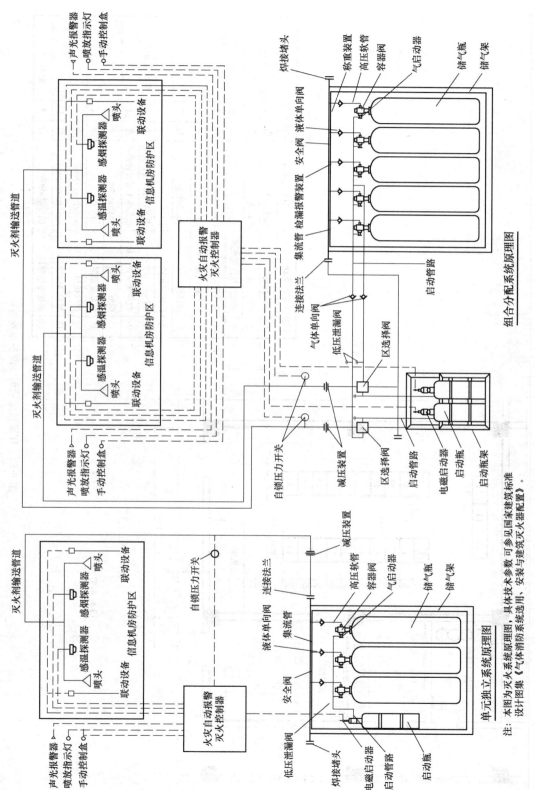

图 9-81 IG541 灭火系统原理图

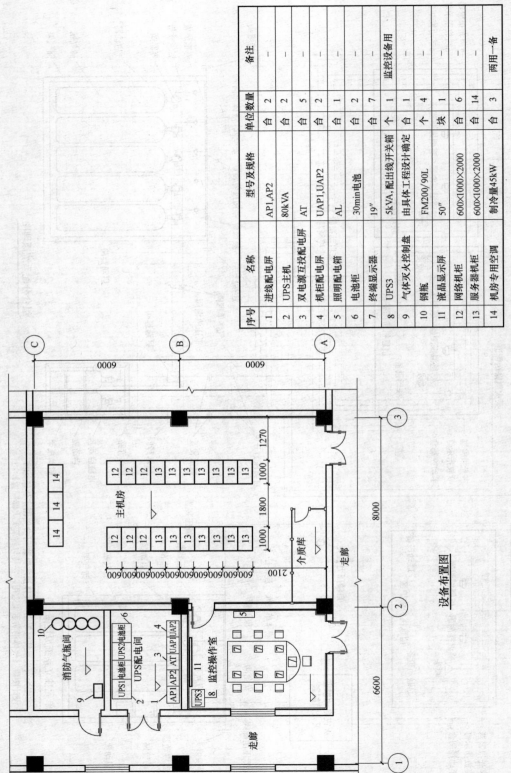

序号	名称	型号及规格	单位	数量	备注
1	进线配电屏	AP1,AP2	台	2	—
2	UPS主机	80kVA	台	2	—
3	双电源互投配电屏	AT	台	5	—
4	机柜配电屏	UAP1,UAP2	台	2	—
5	照明配电箱	AL	台	1	—
6	电池柜	30min电池	台	2	—
7	终端显示器	19"	台	7	—
8	UPS3	5kVA,配出线开关箱	个	1	监控设备用
9	气体灭火控制盘	由具体工程设计确定	台	1	—
10	钢瓶	FM200/90L	个	4	—
11	液晶显示屏	50"	块	1	—
12	网络机柜	600×1000×2000	台	6	—
13	服务器机柜	600×1000×2000	台	14	—
14	机房专用空调	制冷量45kW	台	3	两用一备

设备布置图

图9-82　B级机房示例（设备布置图）

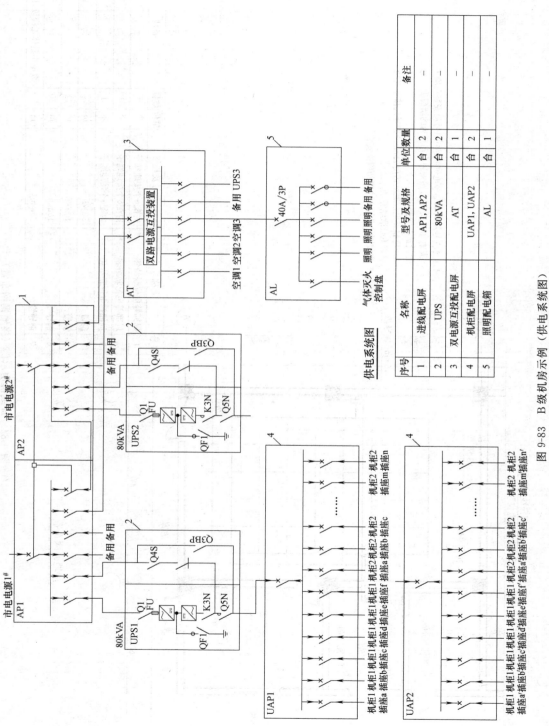

供电系统图				
序号	名称	型号及规格	单位	数量	备注
1	进线配电屏	AP1,AP2	台	2	—
2	UPS	80kVA	台	2	—
3	双电源互投配电屏	AT	台	1	—
4	机柜配电屏	UAP1,UAP2	台	2	—
5	照明配电箱	AL	台	1	—

图 9-83　B 级机房示例（供电系统图）

195

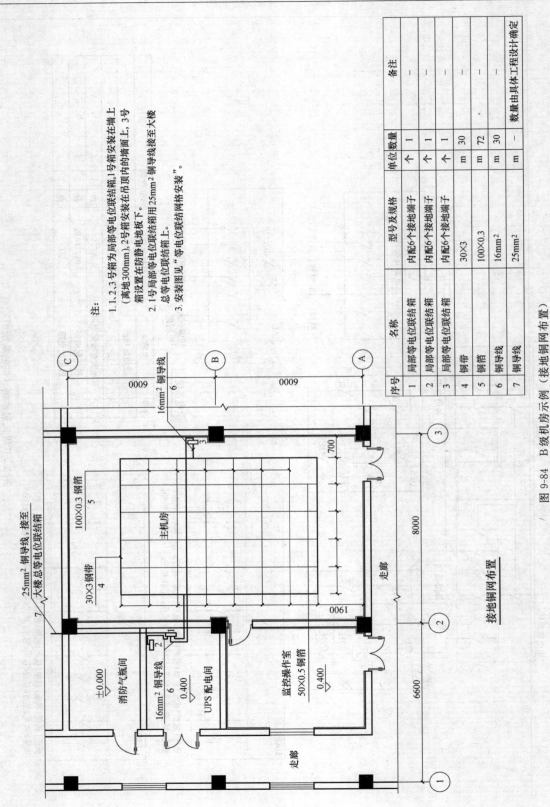

注:
1. 1、2、3号箱为局部等电位联结箱,1号箱安装在墙上(离地300mm),2号箱安装在吊顶内的墙面上,3号箱设置在防静电地板下。
2. 1号局部等电位联结箱用25mm²铜导线接至大楼总等电位联结箱上。
3. 安装图见"等电位联结网格安装"。

序号	名称	型号及规格	单位	数量	备注
1	局部等电位联结箱	内配6个接地端子	个	1	—
2	局部等电位联结箱	内配6个接地端子	个	1	—
3	局部等电位联结箱	内配6个接地端子	个	1	—
4	钢带	30×3	m	30	—
5	铜箔	100×0.3	m	72	—
6	铜导线	16mm²	m	30	—
7	铜导线	25mm²	m	—	数量由具体工程设计确定

接地铜网布置

图9-84　B级机房示例（接地铜网布置）

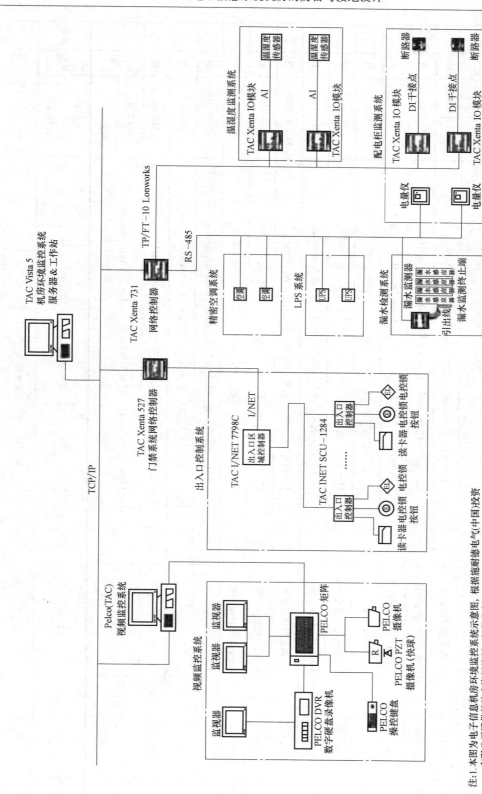

图 9-85 电子信息系统机房环境监控系统示意图

注:1. 本图为电子信息机房环境监控系统示意图,根据施耐德电气(中国)投资有限公司提供的技术资料编制,仅供参考。

2. 实际机房工程环境监控系统及产品选型应根据机房的规模及需求等因素确定。

表 9-46 SPD 设备选型表

序号	编号		名称	设计要求参数	设备选型 方案Ⅰ	单位	数量
13							
12							
11							
10	SPD-G		监控信号电涌保护器	$U_n=6V$ $U_p=1.8U_n$ $I_n=1kA(8/20us)$ $n_f=100M$	EC-RJ45	组	
9	SPD-J		计算机信号电涌保护器	$U_n=12V$ $U_p=1.8U_n$ $I_n=3kA(8/20us)$ $n_f=100MHz$	EC-RJ45	组	
8	SPD-X6		BA系统信号电涌保护器	$U_n=6V$ $U_p=1.8U_n$ $I_n=1kA(8/20us)$ $n_f=100M$	EC-RJ45	组	
7	SPD-X5		广播信号电涌保护器	$U_n=150V$ $U_c=1.55U_n$ $I_n=5kA$ $fe=0\sim10M$	EC-RJ11	组	
6	SPD-X4		火灾报警信号电涌保护器	$U_n=24V$ $U_c=1.55U_n$ $U_s=2\sim3U_n$ $I_n=3kA(8/20us)$	ECU-36	组	
5	SPD-X3		共用天线信号电涌保护器	$U_s=2\sim3U_n$ $Pe=100W$ $fe=40\sim860M$ $I_n=5kA(8/20us)$	ECC50-N230	组	
4	SPD-X2		卫星天馈信号电涌保护器	$U_s=2\sim3U_n$ $Pe=100W$ $fe=1500M$ $I_n=5kA(8/20us)$	ECC50-N230	组	
3	SPD-X1		电话信号电涌保护器	$U_n=110V$ $U_p=1.8U_n$ $I_n=5kA(8/20us)$ $U_s=2\sim3U_n$	ECU-S/RJ11	组	
2	SPD-DC		直流电源电涌保护器	$U_n=24V$ $U_c=1.55U_n$ $U_p=1.8U_n$ $I_n=5kA(8/20us)$	SDDC-24	组	
1	SPD-BC-□ 交流电源电涌保护器	BC-4		$U_n=220V$ $U_c=1.55U_n$ $U_p\leqslant0.75\sim1.2kV$ $I_n=10kA(8/20us)$	ECP-10A	组	
		BC-3		$U_n=220V$ $U_c=1.55U_n$ $U_p\leqslant0.75\sim1.8kV$ $I_n=20kA(8/20us)$	MS145	组	
		BC-2		$U_n=220V$ $U_c=1.55Un$ $U_p\leqslant0.75\sim2.5kV$ $I_n=40kA(8/20us)$	MS180	组	
		BC-1		$U_n=220V$ $U_c=1.55U_n$ $U_p\leqslant0.75\sim3.0kV$ $I_n=20kA(10/350us)$ $I_n=80kA(8/20us)$	GC130 MS1100-T	组	

9.17 工控计算机系统及电子信息设备的防雷与接地设计

9.17.1 设计范围及设计原则

本章主要涉及对工业控制计算机系统和工业电子信息设备为主的计算机控制系统。对于各民用的电子信息系统机房的设计内容，应按本章 9.16 节执行。

本章设计时可参照《电子信息系统机房设计规范》GB 50174 中相关内容执行。

（1）工控系统中电子设备接地，包括电力电子设备、各类（工业与民用）电子设备、电子仪表，工控计算机系统中的可编程序控制器、DCS 系统、过程控制的输入/出装置及其他外围控制设备的接地。

（2）为保护电子设备的正常工作，抑制外部干扰，并保证电子设备和操作人员的人身安全。所有电子设备均应采取接地措施。

（3）电子设备的系统工作地、功率地、保护接地、屏蔽接地等四类接地系统，应根据电子设备的不同使用环境和电子设备的使用功能要求，采取相应的接地方式。不允许将不同类别的接地系统简单地、任意地连接在一起，而是要分成：系统地接地干线、保护地接地干线、屏蔽地接地干线系统，每个干线接地系统都应有其共同的接地点，最后才将三种干线接地系统连接在一起，实行总接地。

（4）在电子设备的接地系统设计时，应做到：

① 应尽可能采用最短的接地路径建立一个对所有电子设备装置均是等电位的接地干线系统。

② 不应形成接地环路。

③ 应避免自电源零线引入干扰。

（5）对于电磁兼容性好的电子设备，对干扰比较不太敏感的电子设备，宜与强电设备共用接地装置。对于干扰敏感的电子设备，一般应按单点接地方式，再与强电设备采用共用接地系统。

（6）当电子设备为低频电路，其工作频率在 1MHz 及以下时，应采用一点接地方式：放射式接地或干线式接地（并联或串联）。

当电子设备为高频电路，其工作频率在 $10\sim30$MHz 范围内时，应采用多点接地方式。但当接地线长度小于 $\lambda/20$，也可采用一点接地方式，否则应采用多点接地方式。

（7）电子设备的信号线的屏蔽和接地技术要求：

① 电子设备信号线采用屏蔽电缆时，信号线的屏蔽层应采用一点接地。

② 若电子设备信号屏蔽电缆的长度大于 $\lambda/4$ 时，对某些灵敏度高的高频输入信号电缆的屏蔽层，均应采用在信号电缆屏蔽层两端分别接地方式。

③ 电子设备信号电缆屏蔽层应在接地的信号源或信号接收器的一侧接地。工控计算机系统应在计算机输入输出柜侧接地。

④ 当电子设备信号屏蔽电缆采用双层屏蔽的电缆时，一般应将其外屏蔽层接在屏蔽地线上，将其内屏蔽层接至系统地线上。

9.17.2 电子设备一点接地原则

电子设备的系统地只能有一点与接地体或接地干线相连接。如果两点接地，则在两个接地点之间会有电位差，给电子设备带来干扰。当电子设备由多台装置组成时，整套设备的系统也只允许有一点和大地相连接。

一点接地的原则也适合于电子设备内部的各单元或各电路的基准电位点与设备内系统地（可以是端子或母线）的连接，但对高频电路则需采用多点接地（不是大地），下面分别予以说明：

（1）低频电路应遵循一点接地的原则，具体接法又可分为：

① 放射式接地，又称并联一点接地，如图 9-86（a）所示，将各单位的系统接地点用导线直接连到系统地上，这种做法能有效地避免公共阻抗和接地闭合回路造成的干扰。当信号频率高时，连接导线的阻抗增大。当导线的长度为 $\lambda/4$（λ——波长）的奇数倍时，由于分布电容和线路电感的耦合时，导线可能变成天线，向外发射干扰信号。为防止这种情况发生，连接导线的长度应小于 $\lambda/20$。

② 干线式接地又称串联一点接地，如图 9-86（b）所示，将各单元的系统的接地点用尽可能短的导线就近接到一截面足够大的导体上，该导体作为系统地在一点与接地体相接。由于系统的阻抗足够低，有可能将公共阻抗干扰减弱到允许的程序。但是如果各电路电平相差很大时，应将低电平电路的连接导线接到系统地的接大地点的附近。

（2）高频电路应用多点接地，以尽量缩短单元的系统接地点接至系统地导线的长度。系统地可为一导电平面，如底板、多层印刷电路板的导电平面层，如图 9-86（c）所示。

当频率在 1MHz 及以下的电路，可用一点接地方式；高于 10～30MHz 应采用多点接地方式，在 1～30MHz 之间，只要接地线长度小于 $\lambda/20$，可用一点接地，否则要用多点接地方式。

（3）系统地接地的注意事项

图 9-87 表示系统地、保护地和屏蔽地在接至接地体时的相互连接关系，其中图 9-87（a）适用于独立的控制设备和计算机；图 9-87（b）适用于成组设备；图 9-87（c）适用于保护地线中干扰比较严重的场合，即保护地与系统地不能在柜内连接。

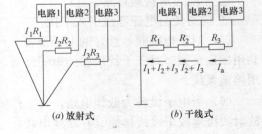

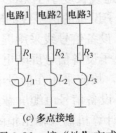

图 9-86　接"地"方式

由于保护地内存在大量的噪声，因此，系统地接地时应注意：

① 系统地与保护地的连接点选在柜内还是接地体处，应根据系统地是否受干扰来决定；

② 应注意系统地线与保护地线分开敷设；

③ 交流系统的 N 线不能代替 PE 线和系统地线相连；

④ 如果在接地体处将系统地和保护地相接，仍受干扰，则系统地应设置单独的接地体。

9.17.3　电子设备的屏蔽接地

无论是用导电体构成的静电屏蔽或导磁材料做成的电磁屏蔽均应接地，以减小和抑制外部噪声的干扰。屏蔽范围小至设备的某一元件；大至整个房间，屏蔽接地的接地电阻应不大于 4Ω。

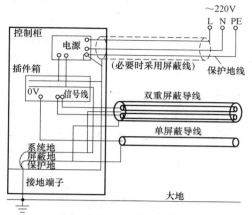

(a) 独立装置的三种地线在接地端子上相连

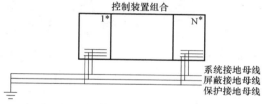

(b) 组合装置通过三条接地母线接地

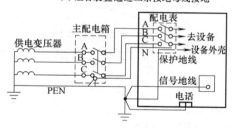

(c) 独立装置中系统地和保护地分开接地

图 9-87 接地的相互连接关系

外部噪声通过传感器、信号传输以及供电线路以电阻耦合、电容耦合、电感耦合等方式进入电子设备内部。因此，抑制干扰的主要方法之一就是切断耦合通道。通常的做法有：

（1）隔离。隔离的含义为：有外部噪声的部分与内部电子设备之间有可靠的绝缘，漏泄电流不致影响正常信号的波形；并合理配线，信号线与动力线，不同电平的信号线之间，应有一定的间距或不敷设在同一管内。

（2）绞扭。将两个导线绞扭，这对导线周围有磁场干扰的低电平信号线十分有效。因为同一回路导线相邻两绞扭环中所感应的电势正好抵消，绞扭越紧，环中穿过的磁力线也越少，绞扭的节距可取 $3\sim4$cm。

（3）屏蔽。金属导体屏蔽，对抑制外部噪声的电容耦合特别有效。设有平行敷设的导线 1 和 2，若导线 1 上有噪声电压 e_1，则导线 2 上将出现噪声电压 e_2，这是因为导线 1 与 2 间存在分布电容 C_{12}。导线 2 如有屏蔽层，则在屏蔽层上出现噪声电压 e_2，此时，如屏蔽层未曾接地，则通过屏蔽层和导线间的分布电容，导线 2 上仍会出现噪声电压 e'_2，只有屏蔽层接地，$e_2 = 0$ 时，导线 2 上才不会出现噪声电压 e'_2。

（4）电子设备内部的元件及线路的屏蔽和接地，属电子设备的电磁兼容设计的范围。本节只涉及电子设备外部的信号线的屏蔽和接地。有关信号线的屏蔽和接地的做法如下：

① 一点接地和两点接地。信号电缆的屏蔽层原则上应一点接地，因为两点接地极易引入干扰。如图 9-88 所示，接地点 A、B 间只要有电位差，就会有电流流过屏蔽层，如有雷电时，此电流更大。经过屏蔽层和信号线间的电容，这一电流会耦合到信号线上。因此，一点接地的原则是通常应遵循的原则。但是在下列情况下，信号电缆的屏蔽层需两点接地。

② 当电缆长度为 $\lambda/4$ 时，如图 9-89 所示，电缆的屏蔽层上产生驻波，如一端一点接地，电缆将相当于天线，向周围发射干扰信号。为此，采用两端分别接地。当信号频率超

过 30MHz 和长度超过 1m 时，集肤效应显著，由地电位差或接地环路产生的高频电流在屏蔽层表层流过，对电缆芯线影响很小。因此两点接地不会引起像低频那样大的问题。

③ 某些灵敏的高频输入电缆的屏蔽层应两端接地，电缆应紧贴接地线敷设，以减小接地环路的面积。

必要时，还可紧靠屏蔽线敷设一根截面较大的导线来分流流入屏蔽层的电流。

④ 某些场合，信号电缆的信号源端和信号接收端都必须接地。此时应将两个接地点做电气隔离，例如可以采用隔离变压器。

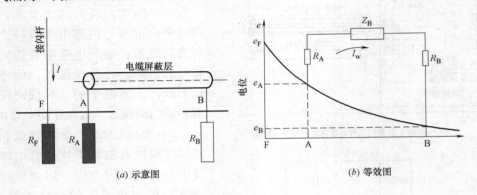

(a) 示意图　　　　　　　　　(b) 等效图

图 9-88　电缆屏蔽两端接地

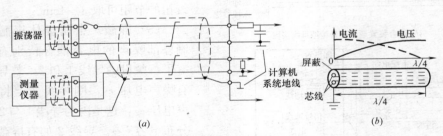

(a)　　　　　　　　　(b)

图 9-89　电缆屏蔽层的接地方法

(a)——电缆屏蔽层一点接地；(b)——屏蔽层上的驻波

(5) 信号电缆屏蔽层接地位置的选择：信号电缆的屏蔽层应在接地的信号源或接收器一侧接地，传递控制信号的电缆的屏蔽层，应在对地电容大的一端接地，以减少信号电缆对地分布电容的影响。电缆的屏蔽层大多在电缆数量最多的控制装置侧接地，例如在可编程序控制器的计算机输入输出柜侧接地。

有些装置，如接地型热电偶、pH 计的溶液和电磁流量计等需将其信号电缆屏蔽层在测量装置一侧接地。特别是热电偶，它所测量的对象不少是大电流或中高频装置，而且这些装置也接地。如屏蔽层在信号接收侧接地，则强噪声电流将会流过屏蔽层而在芯线中产生很大的感应噪声电流，因而是不可取的。

采用双重屏蔽的电缆，一般将其外屏蔽层接至屏蔽地线，将其内屏蔽层接至系统地，如图 9-87 (b) 所示。

某些接有交流线路滤波器的装置，其电源线常采用屏蔽电缆，此时屏蔽层应接保护地，与此对应，滤波器的接地端子也接至保护地。

(6) 屏蔽接地的具体做法如下：

① 对较小的单台装置，如控制箱等，可设一专用的屏蔽接地端子，汇集各根电缆的屏蔽层的引线。对大的装置，在柜内设屏蔽接地母线，各屏蔽层接至此母线。并将屏蔽接地端子或母线与其他种类接地连接后一起引至接地体，如图 9-87（a）所示。

② 当有多台装置时，设独立的屏蔽接地母线，此母线可单独引至独立的接地体，也可与其他种类接地连接后一起引至接地体，如图 9-87（b）所示。

③ 为保证一点接地，屏蔽层必须有绝缘护套，而且应保证施工时不致损坏护套，屏蔽层经过装置时，应接至专用端子，以确保屏蔽层的连接性，如图 9-89（a）所示。

(7) 屏蔽室接地

屏蔽室的作用是将干扰源发出的电噪声限制在屏蔽室内或者相反，防止外部干扰进入室内，影响对干扰敏感的设备的正常工作。前者如高频电热设备，后者如大、中规模的计算机装置。

是否设置屏蔽室应按实际情况而定，例如，高频电炉一般在 30kW 时就要求装在屏蔽室内，但如附近有干扰敏感的电子设备干扰源时，即使小于 30kW，也宜设在屏蔽室内。

屏蔽室可以是一个镶有金属板或网的建筑物，也可以是一个金属结构装置室。

屏蔽室对干扰起隔离作用，因此需接地，屏蔽室接地也可称为隔离接地，接地电阻应不大于 4Ω。

9.17.4 工控系统计算机系统的防雷与接地设计原则

(1) 对集中布置的大中型工控计算机系统的接地方式，应采用集中一点接地方式，或接地母线式一点接地方式。接地线均应采用截面大于 $25mm^2$ 的铜导线，接地干线应采用截面大于 $60mm^2$ 的铜排。

(2) 若工控计算机系统的系统地是单独设置的接地体，则接地电阻值 R 应不大于 10Ω，且计算机接地体与电气设备的接地体之间的距离应大于 10m。

(3) 小型工控计算机设备，其系统特点为低速率高电平，该类系统的系统地宜采用悬浮方式系统。

(4) 数控机床和计算机设备，其系统特点为高速率低电平，该类计算机系统的系统地应采用多点接地系统。

(5) 对于中型工控计算机系统，其接地系统应设置系统地，屏蔽地，保护地三种接地干线系统，各电子设备的相应接地端分别与各类接地干线系统相连接，然后三种接地干线各自引至专用接地端子板，再由接地总干线（截面不小于 $95mm^2$ 铜线）接引至接地装置。

(6) 对于特大型成套控制计算机系统，系统电子设备为分散式成套设备，其接地系统应采用大分散、小集中的原则设置。一般宜将分布在 15m 范围内的控制设备划为一组，每组设置系统地、屏蔽地、保护地三条接地母线，通过各组的各类接地母线，分别对应接至系统接地体。系统的接地方法宜采用多干线法或等电位法，视工程具体条件选择。

(7) 电子设备及工控计算机系统的接地电阻值：

① 电子设备的接地电阻值一般应不大于 10Ω。

② 工控计算机设备的接地电阻不应大于 4Ω。

③ 屏蔽接地电阻应不大于 4Ω。

④ 采用综合共用接地系统时，接地电阻应不大于 1Ω。

（8）工控计算机的每路信号控制线上，应装设适配的各种 SPD 电涌保护器（可参照本章 9.5 节，9.6 节内容选择），若信号线采用屏蔽电缆时应在两端做好接地。

（9）分散式成套控制工控机系统中，每组控制设备的信号线，应经过电源隔离变压器进行相互隔离，信号电缆应埋地穿钢管暗设，钢管应接地。

9.17.5　工控计算机系统接地的要求

计算机系统是一种规模大、速度高、电平低的电子系统，良好的接地对系统的可靠工作具有很大的意义。计算机系统内，各电子线路的接地必须做到可靠，接地线的电阻和电感应尽可能小，各电子插件板底板与框架导轨、插件的地线与框架的系统地接地母线之间应牢固连接，并将整个机架底板设计成为一个完整的接地系统，方法是将每排插件的系统地接地母线焊在一薄铜板上。此外，为了有良好的安全接地和提高设备整体的屏蔽效果，计算机系统柜体的各部分，特别是可移动的抽屉或门和柜体间，必须有良好的电气连接。

9.17.6　工控计算机系统接地实例

（1）图 9-90 表示机柜内部的接地连接，各插件框架、抽屉等外壳与柜体框架相连，并接柜体，形成安全地，0V 母线是系统地，和安全地连接后，形成柜体中心接地点并与整个系统的中心接地点相连。

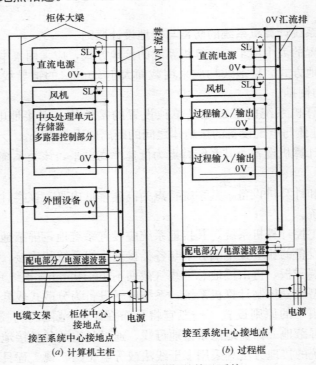

图 9-90　机柜内部的接地系统

（2）图 9-91 表示各个机柜与接地体连接的方式。图 9-91（a）为集中一点接地方式，适用于集中布置的计算机系统。图 9-91（b）是接地母线接地方式，要求该母线阻抗低。各装置的接地线采用截面大于 25mm^2 的铜导线，接地干线采用截面大于 60mm^2 的铜排。如果装置布置得很分散，可在计算机房活动地板下设置导电铜网，导电铜网的计算可参阅航空工业部第四规划设计研究院等编写的《工厂配电设计手册》。若计算机系统的系统地是单独接地的，则接地电阻应不大于10Ω，接地体与电气设备的接地点的距离应大于10m。

（3）图 9-92 是一轧机的小型控制机的接地线路，曾采用系统地悬浮，屏蔽地与保护地各自独立的方式，结果系统受干扰而不能工作，后改成本线路图，系统便能正常工作。

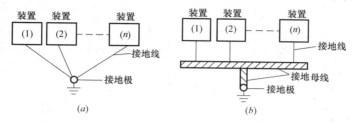

图 9-91 接地方式

（a）集中一点接地；（b）接地母线

目前，计算机制造厂已将计算机系统的各个装置的各类接地连在一起，并做了抗干扰的试验，用户只需将接地端子直接引至接地体便可，这样做方便了用户。

（4）图 9-93 是某电站控制用小型计算机接地线路，这是一种典型的集中一点或放射式接地线路。各装置至地线汇集板的导线采用截面为 25mm² 铜导线索，汇集板到接地体间采用截面为 50mm² 的铜导线连接。

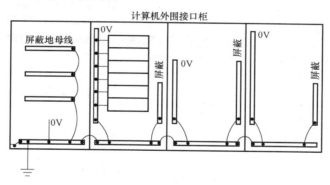

图 9-92 某轧机小型控制机的接地线路

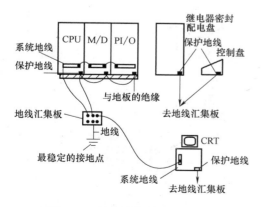

图 9-93 某电站控制用小型计算
机系统接地线路

图 9-94 是一过程控制计算机的接地连接。图 9-94（a）表示电子计算机各装置间的电缆连接，内部信号电缆的屏蔽层的两端与柜体或设备外壳连接，而且稍长的信号线均用双绞线，外部信号即输入输出信号电缆的屏蔽层与柜体连接，另一端是否接地，可按相应原则决定。电源电缆与信号电缆应分开敷设。图 9-94（b）表示的接线原则与图 9-93 一致，计算机系统的各柜间的最大距离为 30m。

如果过程柜设置的现场较大，且主柜与控制柜接地点间的电位差超过最大允许值（42V）时，则需设电位均衡线后，才允许过程柜在现场接地，如图 9-95 所示。

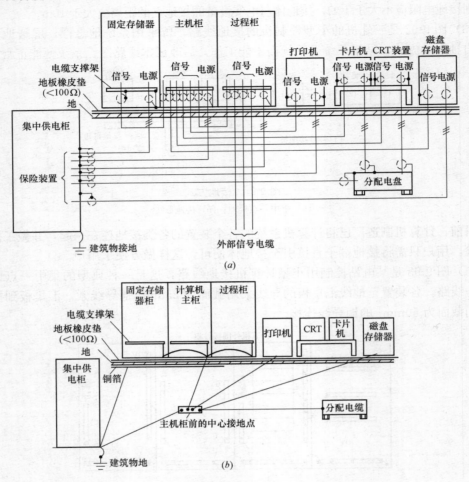

图 9-94　过程控制计算机设备的接地连接

(a)——电源和信号电缆的连接；(b)——接地系统

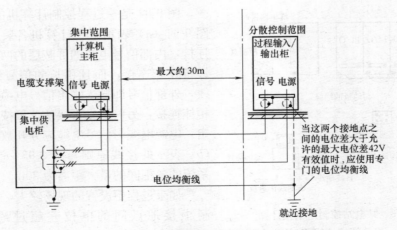

图 9-95　分散安装的过程计算机设备的接地

（5）计算机系统的防静电干扰

在一定条件下，人的活动可使人体带上高达数千伏的高压静电，此时，若触及计算机系统，轻者计算机误动作，重者损坏集成电路块。为使计算机系统免遭静电影响，应做到：

1）提高计算机的静电试验电压，如规定必须用一定的电压（25kV）试验合格后，才能出厂。

2）创造"无静电"的环境及条件。如保持机房的湿度，保证室温在22℃左右时，相对湿度在40%～60%；操作人员的服装及机房地面应采用不易产生静电的材料等。

3）选用抗静电干扰的地坪并做好接地。

推荐采用专用的导电橡皮地板和抗静电地板，并与大地做电气连接。有一种做法是在塑料活动地板块下面复合一层金属板，并涂以导电胶冻后，放在电缆层的活动支架上，活动支架再接地，此时活动地板的漏泄电阻不应小于100MΩ。

9.17.7 典型成套控制设备的接地

（1）小型控制设备

包括单台机械的晶闸管传动装置、顺序控制装置、可编程序控制器等，特点是低速高电平这类装置的系统地可用悬浮方式，系统地对金属外壳的绝缘电阻要求数兆欧，如图9-96所示。

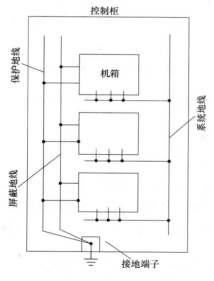

图 9-96 浮地线路

（2）数控和计算机设备

数控和计算机设备的特点是高速低电平，故系统地要接地。一般计算机控制设备的接地在上文中已有说明。这里推荐一种可改变连接方式的接地线路，如图9-97所示。

在这一线路中，接至保护地线的有机柜、线路滤波器、电源电缆屏蔽层、电源变压器一次绕组的屏蔽层。接至屏蔽地线的有信号电缆的屏蔽层、电源变压器二次绕组的屏蔽层。系统地与屏蔽地在柜内已连接，然后，接至专用的独立接地体。保护接地与系统地的连接是可拆卸的，是接通还是断开，根据现场的抑制干扰的效果而定。

（3）成套控制设备

这里指的是中等规模的控制设备，如单台复杂机械的简单生产线的控制设备。其特点是设系统、屏蔽和保护三条接地母线，连接各电子设备的相应接地端，然后三条母线各自引至一专用的独立接地体，也可以将屏蔽地母线和系统地母线在柜内合一，仅系统和保护两条母线引至接地体，如图9-87（b）。成套控制设备的范围以15m为限，超过15m应按相关要求处理。

图9-98表示轧机成套传动控制设备的接地线路。这是一套采用模拟量调节的晶闸管变流装置，并带有继电器控制柜。其保护接地母线接至厂房钢结构，系统地和屏蔽地接地母线用一个大截面绝缘导线引至独立的接地体，该接地体距电气设备的接地体的距离应大于15m。

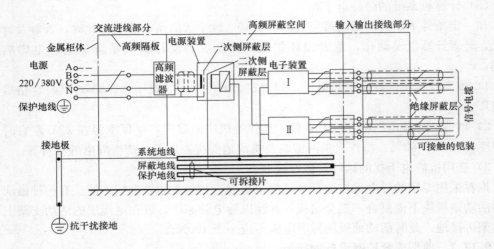

图 9-97　可改变连接方式的接地线路

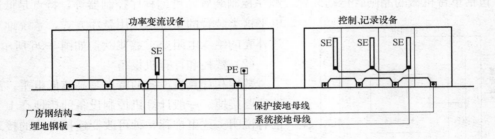

图 9-98　某大型轧机成套控制设备的接地系统

（4）分散的成套控制设备

分散的成套控制设备指的是规模更大的成套控制设备，如一个现代化热轧带钢车间的控制设备，其接地设计遵循大分散、小集中的原则，即将分布在 15m 范围内的控制设备划成一组，每组设置系统地、屏蔽地、保护地三条母线，再将各组母线一一对应接至接地体。连接方式有：

1）多干线法（图 9-99a）：在成套设备区域内设三条接地干线，并与各组的母线相连，最后这三条干线在同一接地体处接地。此方法较简单，但易引入干扰。

2）等电位法（图 9-99b）：将厂房钢结构和钢桩用多层水平敷设的等电位线连接，形成等电位线接地网，在控制装置下层的电缆层内设置"电位平衡线"，此线应尽可能多点和接地网连接。各组母线自身连接后，和"电位平衡线"相连。这种接地网的特点是网上各点地电位基本一致、空间电场近似为一匀强电场、接地电阻小、干扰小。我国某厂热连轧车间的接地就是采用等电位法。利用 1912 根直径为 400～600mm，长约 60～70m 的钢桩作为接地体，在 -13.7m、-8m、-5m、-3.2m、-0.5m 的施工作业层上，用 40mm×4mm 镀锌扁钢将可能连接到的接地体即钢桩连接起来，形成的网格的间距一般在 6～40m 之间。这样的接地网接地电阻低，抽样实测 20 点的接地电阻，均小于 0.06Ω，最小处为 0.028Ω，而且不受气温的影响。接在这一接地网上的有管理计算机系统、晶闸管变流设备、仪表系统、通信系统的各类接地及防雷接地、电气的工作接地、保护接地等。过程控制计算机系统的接地则另设专用的接地系统，这样做的原因，只是由于供货厂家的不同。采用等电位投资较高，因此若无大量的自然接地体和导体可资利用，一般不用此方法。

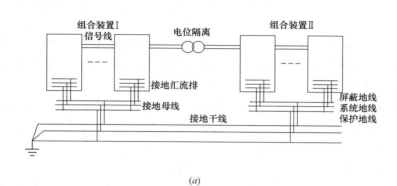

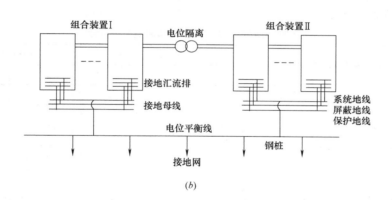

图 9-99　分散成套设备的接地方式

(a)——多干线式接地系统；(b)——等电位式接地系统

无论采用干线法或等电位法接地，各组成套控制设备接地点间总有一定距离，形成一定的电位差，如果这一电位差使信号失真，则各组装置间的信号传输应加隔离。

一般，管理计算机系统、过程控制计算机系统都应用独立的接地系统。

电子设备接地用的接地体与其他装置接地用的接地体之间的最小距离如表 9-47 所示。

接地体间的最小距离　　　　　　　　　　　　　　　　表 9-47

接地设备类别	接地体间最小距离(m)	接地设备类别	接地体间最小距离(m)
电子设备与动力变压器中性点	20	电子设备与一般电气设备	15
电子设备与接闪杆	20	计算机与其他控制设备	15

计算机设备的接地电阻应不大于 4Ω。

屏蔽接地电阻应不大于 4Ω。

电子控制设备的接地电阻一般应不大于 10Ω。

9.18 医院医疗电气设备及手术室的防雷与接地

9.18.1 设计范围

（1）主要考虑医疗设备在医院建筑物内的 LPZ1 区或更高区域内使用时防雷与接地保护措施。

（2）按《建筑物电气装置 第 7-710 部分：特殊装置或场所的要求 医疗场所》GB 16895.24—2005 医疗场所安全设施的类别和级别划分原则，对医院内的医疗场所及设备的安全运行，包括供电可靠性及安全接地措施进行设计。

（3）对于国标《医疗电气设备 第 1 部分：安全通用要求》GB 9706.1—2007 标准中的规定，要求所生产的医疗设备应有必要的安全保护措施，本节不涉及医疗设备本身的各类防护措施所包括的内容。

9.18.2 设计原则

（1）医院内医疗电气设备与人体电气接触状况的场所分组和允许间断供电时间长短的场所分组原则，参照 GB 16895.24—2005 标准执行（表 9-48）。

医疗场所安全设施的类别和级别划分示例 表 9-48

医疗场所及设备	医疗场所类别			电源自动切换时间	
	0	1	2	$t \leqslant 0.5s$	$0.5s < t \leqslant 15s$
1. 按摩室	×	×			×
2. 普通病房	×				
3. 产房		×		×①	×
4. 心电图（ECG）室 脑电图（EEG）室 子宫电图（EHG）室		×			×
5. 内窥镜室		×②			×②
6. 检查或治疗室		×			×
7. 泌尿科诊疗室		×②			×②
8. 放射线诊断治疗室 （不包括第 21 项所列内容）		×			×
9. 水疗室		×			×
10. 理疗室		×			×
11. 麻醉室			×	×①	×
12. 手术室			×	×①	×
13. 手术预备室		×	×	×①	×
14. 上石膏室		×	×	×①	×
15. 手术苏醒室			×	×①	×
16. 心导管室			×	×①	×
17. 重症监护室（ICU）			×	×①	×
18. 血管造影室			×	×①	×

续表

医疗场所及设备	医疗场所类别			电源自动切换时间	
	0	1	2	$t \leqslant 0.5s$	$0.5s < t \leqslant 15s$
19. 血液透析室		×			×
20. 磁共振成像(MRI)室		×			×
21. 核医学室		×			×
22. 早产婴儿室			×	×①	×

注：X 表示有此项目。

① 指需在 0.5s 内或更短时间内恢复供电的照明器和维持生命用的医用电气设备。

② 并非指手术室。

（2）在医疗场所内严禁采用 TN-C 系统供电。在采用 TN-S 系统，TT 系统、IT 系统供电时尚应满足其他相关条件要求。各种不同供电系统中 SPD 的装设技术要求，应按 A（大型系统），B（中、小型系统）类设防。

（3）医疗电气设备的位置及相关管线应避免在遭受雷电反击作用的范围内布置。

（4）医疗及诊断电气设置，应根据使用功能要求采用保护接地、功能性接地、等电位接地或不接地等型式。心脏外科手术室必须设置有隔离变压器的功能性接地系统。

（5）需要防止微电击保护的医疗电气设备按 A 级防护设防，其防护措施应采用等电位连接方式，并按 2 类医疗场所条件供电。

（6）手术室及对心脏或心脏内部接触有作用的医疗电气设备按 A 级别防护设防，其场所应采用局部 IT 系统供电，作为场所内高度不超过 2.5m 的电气设备的电源系统应设置绝缘监察器。这类电子设备在正常工作时或发生第一次接地故障时，其装置外导电部分，插座接地端子板和等电位连接端子板间的电位差不应超过 10mV。

（7）医疗电气设备的保护线及接地线应采用铜芯绝缘导线，截面应符合相关规范要求。

（8）医院手术室及抢救室应根据需要采取防静电措施。

（9）医疗仪器应采用专用接地系统，若单独设置接地装置，其接地电阻值不应大于 4Ω。

（10）X 线机部件之铁皮、操作台、高压电缆金属保护层、电动床、管式立柱等金属部分，除应采取等电位连接措施，接到专用接地端子板外，还应就近设置一组重复接地装置，其接地电阻不应大于 4Ω。

（11）在离静电治疗机 3m 以内的范围内，不应设置任何金属物，设在静电治疗室中的空调，供暖等设备的金属管件应做防静电感应的等电位连接。

（12）医院设置供氧管道，不得与电缆、电话线和可燃气管道，敷设在同一管井或管道沟内，并应单独接地。

（13）医疗电子设备的接地电阻值除设备另有规定外，一般均不宜大于 4Ω，并采用单点接地方式，电子设备接地应与防雷接地采用共用接地装置，接地电阻不应大于 1Ω。若与防雷接地系统分开，则两个接地系统的接地装置之间的距离不应小于 20m。

（14）医疗用电子设备应根据所设置的防护区级别，决定是否采用屏蔽措施。

（15）手术室内禁止设置无线通信设备。

（16）供电安全设施的级别划分及安全电源要求如表 9-49 所示。

供电安全设施的级别划分及安全电源要求

表 9-49

安全设施分级	供电系统要求	安全电源的种类
0 级（不间断）	不间断自动供电	UPS（在线式）
0.15 级（很短时间间隔）	0.15s 内自动恢复有效供电	UPS
0.5 级（短时间间隔）	0.5s 内自动恢复有效供电	UPS，EPS 应急电源（EPS 适用于允许中断供电时间为 0.1~0.25s 以上）
15 级（不长时间间隔）	15s 内自动恢复有效供电	EPS、自备应急柴油发电机组
＞15 级（长时间间隔）	超过 15s 后自动恢复有效供电	EPS、自备应急柴油发电机组

9.18.3　主要医疗电气设备简介

（1）人体生物电信息处理装置：用来探知人体各部分是否正常，主要设备有动态心电分析系统（Holter）、心电图机、脑电图机、脑地形图仪、肌电诱发电位仪以及重症监护、冠心监护、手术监护、胎儿心电监护系统。

（2）医用超声装置：用来判断人体运动体的状况，医用超声除了用于诊断外（如 B 超），还可用于治疗、理疗、手术、如超声波水疗按摩装置、超声波体外碎石机、超声波手术刀（有创治疗、用于普通手术）、超声波聚焦手术刀（无创治疗、用于肿瘤）。

（3）医用光电子装置：有三种形式，一是医用内窥镜、电子显微镜等；二是利用红外线热成像技术，探查人体内不同部位、不同浓度的温度，从而诊断疾病；三是由光电子发射装置作用为能量源，利用光电的生物效应，如热效应、冲击效应、电磁场效应和光化学效应等来对人体疾病进行诊断和治疗。典型产品有 X 光机、X—CT 机、医用直线加速器、激光治疗仪、激光手术刀。

（4）核素类装置：是用来诊断疾病的设备，如化学荧光免疫分析仪、同位素扫描仪和 γ 照相机、正电子发射计算机断层扫描装置（PECT）和单光子发射计算机断层扫描装置（SPECT）。

（5）生化分析装置：常用设备有血气分析仪、葡萄糖分析仪、电解质分析仪、尿液分析仪、酶标仪、血球计数仪、血凝分析仪等。

（6）电磁医疗装置：利用电刺激和电磁场的作用来达到治疗疾病保护健康的目的，如磁共振图像成像装置（MRI）、微波治疗仪、电脑中频治疗仪、电子针灸仪、穴位探测仪、场效应治疗仪等。

（7）医用计算机专家管理系统：将计算机技术及医院专家诊治的经验结合起来，开发出的医用管理信息系统。

（8）GB 16895.24—2005 按医疗电气设备与人体接触的状况将医疗场所作如下分组：

0 类医疗场所：不使用接触部件的医疗场所。

1 类医疗场所：以下列方式使用接触部件的医疗场所：接触部件接触躯体外部；除 2 类医疗场所除外，接触部件侵入躯体的任何部分。

2 类医疗场所：将接触部件用于诸如心内诊疗术、手术室以及断电（故障）将危及生命的重要治疗的医疗场所。

接触部件：医疗电气设备的部件，它在正常使用中：为使设备发挥其功能需与患者有躯体上的接触，或可取来将其与患者接触，或需要被患者触摸。

除上述所列电源自动切换时间要求外，医院内还有一些特殊的场所和电气设备也有在15s内恢复供电的不间断供电要求，其事故电源应保持24h的供电周期，若医疗的要求和医疗场所及设备的使用，包括所有的治疗过程能在3h内结束，而且建筑物内人员能在远远不到24h以内很快提前疏散完毕，供电周期可减至不少于3h。

9.18.4　医疗设备的直击雷防护

(1) 根据国家规范《建筑物防雷设计规范》GB 50057—2010对医疗设备所处的建筑物按其类别进行防直击雷的设计，一般采用二类及三类防雷设计。对设置精密医疗设备的建筑物，不论建筑物的类别如何，应至少按三类防雷设计。

(2) 建筑物屋面应设置接闪网格，该网格不仅可用来防止直击雷损坏楼内设备，而且还能作为第一道外来电磁干扰的防护。网格线宜选用25mm×4mm（镀锌扁钢），二类防雷网格不大于10m×10m或12m×8m，三类防雷网格不大于20m×20m或24m×16m，对精密医疗设备所处的建筑物，屋面接闪网格作加密处理是有必要的，其网格值可按上述网格值的一半设置。

9.18.5　医疗设备的供电电源的雷电防护：医疗设备的低压配电系统接地型式应采用TN-S和局部IT系统，IT系统用于与心脏相关的医疗设备，电源系统的雷电防护措施详见本章9.3节。

(1) 防电击措施的应用

1) 采用TN-S系统时，2类医疗场所内的X光设备和功率大于5kVA的设备以及1类医疗场所内的I类设备在伸臂范围内者，其供电线路上均应装设RCD，RCD的额定动作电流当断路器额定电流为63A以下时不大于0.01A，当断路器额定电流大于63A时不大于0.03A。

2) 采用IT系统时除按上条规定装用RCD外，全医院的电气线路和设备都应处于RCD的保护之下。

3) 在2类医疗场所内应采用IT系统。进行心脏手术的电气手术台的正常泄漏电流IEC标准规定不得大于$10\mu A$。在发生一个绝缘故障时，其泄漏电流不得大于$50\mu A$，因进行心脏手术时对通过病人心脏的电流如超过$50\mu A$可导致病人发生心室纤颤而死亡，它被称作微电击。为将正常泄漏电流和故障泄漏电流分别降至$10\mu A$和$50\mu A$以下，必须安装一台1:1的隔离变压器，变压器的二次回路不接地，以IT系统供手术室用电。这时如发生接地故障，故障电流仅为线路对地电容电流，其值将大大减少，如图9-100所示。为进一步减少电位差和故障电流，在手术室内还须做局部等电位连接。从图9-100可知发生一个接地故障时的电位差仅为一小段PE线（从设备外护物至局部等电位连接端子板）中的电压降，其故障电流仅为一小段非故障带电导体的对地电容的电容电流，这样才能满足故障泄漏电流不超过$50\mu A$的要求。

此IT系统应装设绝缘监察器，如果在做心脏手术时发生绝缘故障，它应发出声光信号。由于故障电流极小并不危及病人，手术可继续进行，医生或护士可切断声信号而只保留光信号。待手术结束后才由电气人员排除故障，以便下一次手术的照常进行。IEC标准规定绝缘监察器的内阻不应小于$100k\Omega$，试验电压不应大于25V，试验电流不应大于1mA，当手术室内对地绝缘电阻小于$50k\Omega$时它应发出声光信号。

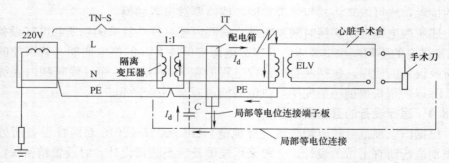

图 9-100 心脏手术室内的 IT 系统和局部等电位连接

（2）IT 系统接地故障保护

1）第一次接地故障的保护要求

IT 系统主要用于不间断供电要求高的负荷，当系统内发生第一次接地故障时，如图 9-100 所示，故障电流仅为另二个无故障相对地电容电流的向量和，其值甚小，一般不允许外露导电部分对地故障电压大于安全电压限值 50V。这时不需切断电路，但应装设图示的绝缘监察器，以发出第一次接地故障信号，以便及时排除故障，避免另外二相发生接地故障时形成两相对地短路使过流保护或漏电保护动作引起供电中断。因此 IT 系统对第一次接地故障保护的要求是故障电压不超过安全电压限值 U_L，在一般场所以下式表示：

$$R_A \cdot I_d \leqslant 50V \tag{9-16}$$

式中 I_d——发生第一次接地故障时的故障电流，它计及电气装置的泄漏电流和所有接地

发生第一次接地故障后，不发生电气事故也不中断对装置的供电是 IT 系统的优点。

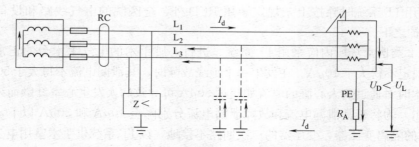

图 9-101 IT 系统第一次故障时不需切断电源

2）第二次接地故障的保护要求

IT 系统发生第一次接地故障后如未及时排除故障，接着又发生另一相的接地故障，这时成为两相对地短路，过流保护或漏电保护将动作而使供电中断。这时对保护动作的要求是避免发生人体心室纤颤导致死亡事故。当设备外壳为单独接地或几台成组共同接地时，第二次接地故障的切断应符合 IT 系统接地故障保护的要求。当一电气装置所有设备的外壳共用一接地极接地时，则应符合 TN 系统接地故障保护要求。

如 IT 系统不配出中性线，切断故障回路时间不应大于 0.4s，并应符合下式要求：

$$Z_a \leqslant \frac{3U_0}{2I_a} \tag{9-17}$$

式中　Z_a——包括相线和 PE 线在内的故障回路阻抗（Ω）；

　　　I_a——保护电器切断故障回路的动作电流（A）。

如 IT 系统配出中性线，切断故障回路时间不应于大于 0.8s，并应符合下式要求：

$$Z_a \leqslant \frac{U_0}{2I_a} \tag{9-18}$$

式中　Z_a——包括相线、中性线和 PE 线在内的故障回路阻抗（Ω）。

3）IT 系统不宜配出中性线

IT 系统不宜配中性线，这是因为如配出中性线，当中性线发生接地故障，绝缘监察不能给出信号而故障不被觉察，此 IT 系统成为中性点接地的 TT 系统。如发生一相接地故障，此装置将按 TT 系统的保护特性由过流保护或漏电保护切断电源而中断对重要负荷的供电从而失去 IT 系统一相接地不切断电源，不中断对重要负荷供电的优点。IT 系统不配出中性线，其单相负荷需另设置 380/220V 降压变压器供电。

4）总等电位连接和局部等电位连接在 IT 系统中的作用

IT 系统发生第一次接地故障时，其预期接触地电压小于安全电压限值 50V，如果再发生第二次接地故障，故障设备外壳的对地故障电压可能达到危险值，如果设置了总等电位连接，即可降低预期接触电压。就我国常用的中性点不接地的 IT 系统而言，IT 系统设备外壳与电源无电气联系，不存在自建筑物外导入故障电压的问题，由此总等电位连接对 IT 系统的重要性不如 TN 系统。局部电位连接在 IT 系统中应用也较少。

（3）漏电电流保护装置（RCD）的选择

1）对于病人不直接接触而仅由医护人员操作和使用的电气医疗设备，RCD 可选择的参数：$I_n = 30\text{mA}$，$t \leqslant 0.1\text{s}$。

2）对于病人直接接触到的，由医护人员操作和使用的电气医疗设备，RCD 可选择的参数：$I_n = 6\text{mA}$，$t \leqslant 0.1\text{s}$。

3）对于直接接触病人的内脏、心脏、大脑等器官的电气医疗设备，不宜设置漏电电流动作保护，而应采用前述的 IT 系统供电及局部等电位和绝缘监视报警等措施。

9.18.6　接地及等电位连接措施

（1）对防雷保护空间内的医疗设备必须实施接地及等电位连接，才能保护设备与人身的安全。设计中采用联合共用接地装置及局部等电位措施，对建筑物内的医疗设备，不宜按厂商要求对设备单独设置接地体。局部等电位连接的实施范围如表 9-50 所示。

医疗场所等电位连接接地的适用范围　　　　　　表 9-50

医疗场所	等电位连接接地	医疗场所	等电位连接接地
胸部手术室	应设	心血管 X 射线造影室	应设
胸部手术以外的手术室	宜设	分娩室	宜设
理疗室（恢复室）	宜设	生理检查室	宜设
ICU（集中治疗室）	应设	内视镜室	宜设
CCU（冠状动脉病集中治疗室）	应设	X 射线检查室	应设
重症病室	宜设	阵痛室	宜设
心功能总检查室	应设	一般病房（床头带）	宜设

（2）由于医疗场所的特殊性，IEC有关条文规定医疗电气设备允许通过患者的漏电流值为：电流通过皮肤时，正常状态为 $100\mu A$ 及以下，单一故障状态为 $500\mu A$ 及以下；电流通过心脏时，正常状态为 $10\mu A$ 及以下，单一故障状态为 $50\mu A$ 及以下。

使用插入体内接近心脏或直接插入心脏内的医疗电气设备的器械，应采取防止微电击保护措施。防微电击措施采用等电位接地方式，并使用Ⅱ类电气设备供电。防止微电击等电位连接，应包括室内给水管、金属窗框、病床的金属框架及患者有可能在 2.5m 的范围内直接或间接触及的各部分金属部件。用于上述部件进行等电位连接的保护线（或接地线）的电阻值，应使上述金属导体相互间的电位差限制在 10mV 以下。

在手术室内设置局部等电位端子箱，用于手术室内的等电位连接，如图 9-102 所示，局部等电位端子箱的主母线的截面不应小于手术室内配电箱中最大 PE 干线截面的一半，工程上对于手术室内配电箱的 PE 排与局部等电位端子排之间采用 $16mm^2$ 的铜芯绝缘导线连接；对于手术室内不带电的金属部件的连接线由局部等电位端子箱放射式引来，连接线采用 $2.5\sim6mm^2$ 铜芯绝缘导线穿绝缘管实施，手术室所有电气设备的金属外壳（含隔离变压器）等电位连接，由手术室配电箱引出的 PE 线作等电位连接线。为限制接地故障时各金属导体相互间的电位差，各等电位连接线电阻（包括接线端子接触电阻）不应超过 0.2Ω。不同截面导线的电阻值如表 9-51 所示。医院手术室局部等电位连接平面图如图 9-103 所示。

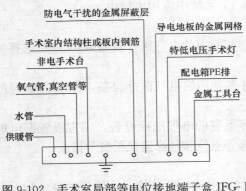

图 9-102　手术室局部等电位接地端子盒 JFG-Ⅱ
（或 LEP 端子箱）

不同截面导线的电阻值（欧姆）（20℃）

表 9-51

铜导线截面（mm^2）	每 10 米的电阻值（Ω）
2.5	0.073
4	0.045
6	0.03
10	0.018
50	0.0038
150	0.0012

（3）对于高频（MHz级）医疗电子设备及大型精密医疗设备机房，宜采用 S 型和 M 型的组合型等电位连接网络（参见本章 9.2 节相关内容）。工程中可在医疗设备机房的防静电地板下敷设 600mm×600mm 的金属网格，由于高频集肤效应，网格线宜采用薄而宽的铜带（100mm×1mm），在每台设备外壳的两个对角处，用截面不小于 $10mm^2$ 的绝缘导线与金属网格就近做等电位连接，该金属网格除与机房局部等电位连接外，还应与机房内的结构柱内钢筋连接，若室内没有柱子时，应每隔 5m 与周围的圈梁或地面内钢筋连接。

9.18.7　线路屏蔽及 SPD 保护

（1）引至医疗电气设备的电源线及信号线应采取屏蔽措施（穿金属管或选用屏蔽电缆），屏蔽层应做局部等电位连接，线路应合理布局（相互平行敷设及远离干扰源），避免雷击时产生较强的感应电压及电磁干扰，影响设备正常使用。

（2）电源线及信号线应装设 SPD 防护，应在防雷区交界面及设备处设置 SPD，SPD

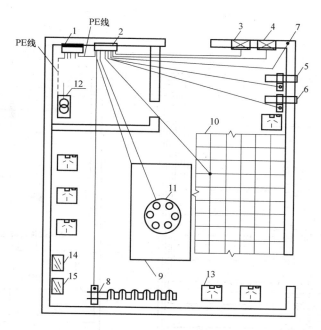

图 9-103 医院手术室局部等电位连接平面图

1——分配电盘；2——LEB端子板；3——无影灯控制箱；4——手术台控制箱；5——水管；6——氧气管、真空管等；
7——建筑物钢筋；8——供暖管；9——非电手术台；10——导电地板金属网格；11——特低电压手术灯；
12——隔离变压器（用于胸部手术室）；13——插座；14——冰箱；15——保温箱

的选用可参见本章第 9.4 和 9.5 节的相关内容。

9.18.8 设备电磁屏蔽措施

（1）有些电磁类的医疗设备本身产生强烈的电磁辐射，如磁共振图像成像装置。对某些精密医疗设备，如脑电、肌电仪器、微波治疗仪、耳声发射仪、声阻抗、电测听仪等，产生很大电磁信号的干扰。因此定义于 LPZ1 区或更高区的电磁屏蔽措施是有必要的。在需保护的医疗设备机房采用 6 面金属网屏蔽（重要机房宜用双层屏蔽室），也可采用建筑物外墙钢筋加密的措施，注意门窗及其他孔洞也必须采用相应的屏蔽措施，以满足机房全屏蔽的要求。屏蔽网格的规格需依照医疗设备的要求及相关的屏蔽计算决定，工程中屏蔽网格宽（10～1000mm 左右）均可使用。

（2）屏蔽接地

室内屏蔽网格应与室内局部等电位端子箱实现单点连接，应采用联合共用接地装置。

9.19 综合布线系统防雷与接地设计

综合布线系统包括的布线系统内容较多，防雷与接地设计应包括对各个布线系统的防护设计。在图 9-104 中，以 IBS 智能大型布线系统的结构示意图为例：

由图 9-104 可以看出，综合布线可包括：计算机网络系统；通信网络系统；建筑设备自动化系统；安全防范系统；保安监控系统等。而消防报警及联动控制系统由于防火规范要求，一般应单独设置布线网络系统，不纳入综合布线系统。

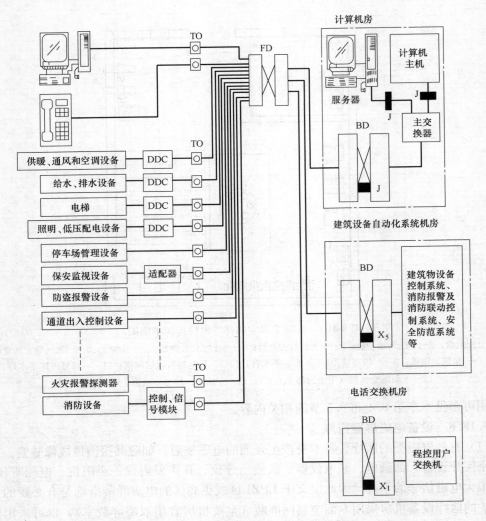

图 9-104 IBS智能大楼布线系统结构示意图

BD——大楼配线设备（主配线架）；FD——楼层配线设备（楼层配线架）；

TO——信息插座（电信出线插座）；DDC——直接数字控制器

综合布线系统等级与类别的分类原则：

布线系统等级与类别的选用　　　　　　　　　　表 9-52

业务种类	配线子系统		干线子系统		建筑群子系统	
	等级	类别	等级	类别	等级	类别
语音	D/E	5e/6	C	3（大对数）	C	3（室外大对数）
数据	D/E/F	5e/6/7	D/E/F	5e/6/7（4 对）		
	光纤	62.5μm 多模/50μm 多模/<10μm 单模	光纤	62.5μm 多模/50μm 多模/<10μm 单模	光纤	62.5μm 多模/50μm 多模/<10μm 单模
其他	可采用 5e/6 类 4 对对绞线和 62.5 多模/50μm 多模/<10μm 单模光纤					

9.19.1　综合布线系统的防护原则

随着信息时代的高速发展，各种高频率通信设施不断出现，相互之间的电磁辐射和电磁干扰影响也日趋严重，在国外，已把电磁影响看作一种环境污染，成立专门的机构对电信和电子产品进行管理。制定电磁辐射限值标准加以控制已很必要，我国已制定相应的防护标准及防护措施。

对于综合布线系统工程，也有类似的情况，当应用计算机网络时，传输率越来越高，如果不加以限制电磁辐射的强度，将会造成相互的影响。因此，有规范规定：利用综合布线系统组成的网络，应防止由射频频率产生的电磁污染，影响周围其他网络的正常运行。

1. 综合布线系统在遇到下列情况时，应采取防护措施：

（1）在大楼内部存在下列干扰源，且不能保持安全间隔时：

① 配电箱和配电网产生的高频干扰；

② 大功率电动机电火花产生的谐波干扰；

③ 有荧光灯管的电子镇流器；

④ 有高频开关电源；

⑤ 有电话网的振铃电流；

⑥ 信息处理设备产生周期性脉冲。

（2）在大楼外部存在下列的干扰源，且处于较高电磁场强度的环境时：

① 雷达；

② 无线电发射基站；

③ 移动通信基站

④ 高压电线；

⑤ 电气化铁路；

⑥ 雷击区周围环境的干扰信号。

（3）周围环境的干扰信号场强或综合布线系统的噪声电平超过下列规定时：

① 对于计算机局域网，引入 10kHz 至 600MHz 以下的干扰信号，其场强为 1V/m；600MHz 至 2.8GHz 的干扰信号，其场强为 5V/m；

② 对于电信终端设备，通过信号、直流或交流等引入线，引入 RF0.15MHz 至 80MHz 的干扰信号，其场强度为 3V/m（幅度调制 80%，1kHz）；

③ 具有模拟/数字终端接口的终端设备，提供电话服务时，噪声信号电平应符合表 9-53的规定；

噪声基准范围　　　　　　　　　　　　　表 9-53

频率范围	噪声信号极限（dBm）	频率范围	噪声信号极限（dBm）
0.15～30	−40	890～915	−40
30～890	−20①	915～1000	−20①

①噪声电平超过-40dBm 的带宽总和应小于 200MHz。

④ ISDN 的初级接入设备的附加要求，在 10s 测试周期内，帧行丢失的数目应小于 10 个。

⑤ 背景噪声最少应比基准电平小−12dB。

⑥ 射频应用设备（ISM）在国内的设备分类表如表 9-54 所示。

射频应用设备（ISM）在国内的设备分类表　　表 9-54

序号	CISPR 推荐设备	我国常见 ISM 设备
1	塑料缝焊机	介质加热设备，如热合机等
2	微波加热器	微波炉
3	超声波焊接与洗涤设备	超声波焊接与洗涤设备
4	非金属干燥器	计算机及数控设备
5	木材胶合干燥器	电子仪器，如信号发生器
6	塑料预热器	超声波探测仪器
7	微波烹饪设备	高频感应加热设备，如高频熔炼炉等
8	医用射频设备	射频溅射设备、医用射频设备
9	超声波医疗器械	超声波医疗器械，如超声波诊断仪等
10	电灼器械、透热疗设备	透热疗设备，如超短波理疗机等
11	电火花设备	电火花设备
12	射频引弧弧焊机	射频引弧弧焊机
13	火花透热疗法设备	高频手术刀
14	摄谱仪	摄谱仪用等离子电源
15	塑料表面腐蚀设备	高频电火花真空检漏仪

注：国际无线电干扰特别委员会称 CISPR。

综合布线系统的发射干扰波的电场强度超过规定的，综合布线系统是否需要采取防护措施的因素比较复杂，其中危害最大的莫过于防电磁干扰和电磁辐射。电磁干扰将影响综合布线系统能否正常工作；电磁辐射则涉及综合布线系统在正常运行情况下信息不被无关人员窃取的安全问题，或者造成电磁污染。在进行综合布线系统工程设计时，必须根据建筑单位的要求，进行周密的安排与考虑，选用合适的防护措施。

（4）根据综合布线的不同使用场合，应采取不同的防护措施要求，智能建筑设计，规范列举了各种类型的干扰源，提示设计时应加以注意，现将防护要点说明如下：

1）抗电磁干扰

① 对于计算机局域网，600MHz 以下的干扰信号，对计算机网络信号的影响较大，属于同频干扰的范畴，600MHz 及以上则属于杂音干扰，相对而言，影响要小一些，前者规定干扰信号场强度限值为 1V/m，后者规定为 5V/m。

② 对于电信终端设备，通过信号、直流或交流等引入线，引入 RF0.15MHz 至 80MHz 的干扰信号，强度为 3V/m，调制度为 80% 的 1MHz 正弦波干扰时，电信终端设备的性能将不受影响。例如：上海贝尔电话设备制造有限公司生产的 S12 数字程控交换系统能满足上述要求。

③ 对于具有模拟或数字终端接口的终端设备：提供电话服务时，噪声信号电平的限值规定为：比相对于电话接续过程中信号电平低 −40dBm，而且限定噪声电平超过 −40dBm 的宽带总和应小于 200dBm；提供声学接口服务时（例如：话筒），噪声信号电平的限值规定为：基准电平（定义为：1~40dBm 的正弦信号）或基准电平加 20dBm，同样，限定噪声电平超过基准电平的宽带总和应小于 200MHz。

④ 对于 ISDN 的初级接放设备，规范规定增加附加要求，在 10s 测试周期内，帧行丢

失的数目应小于 10 个。

一般来说,背景噪声最小应比基准电平小－12dB。

制定电磁干扰标准主要参考 EN 55024 信息技术设备的抗干扰标准,同时还参考了 IEC 802-2～4 和 EN 50082-X 等相关国际标准中的有关部分。

2) 防电磁辐射

① 综合布线系统用于高速率传输的情况下,由于对绞电缆的平衡度公差等硬件原因,也可能造成传输信号向空间辐射。在同一大厦内,很可能存在不同的单位或部门,相互之间不希望窃取对方的信息或造成对方网络系统工作的不稳定。因此,在设计时应根据用户要求,除了考虑抗电磁干扰外,还应该考虑电磁辐射的要求,这是一个总体的两个方面,采取屏蔽措施后,两者都得以解决。然而,只要用户提出抗干扰或防辐射的任何一种要求,都应采取措施。

② 通过的测量条件为:

A. 噪声电平最低限度应低于 6dB 特定限值。

B. 信号源加上环境条件的环境噪声电平最低限度应低于 6dB。

C. 环境噪声电平最低限度应低于 4.8dB 特定的限值。

D. 综合布线系统与其他干扰源的间距应符合下列表中的要求。

a. 综合布线电缆与电力电缆的间距应符合表 9-55 的规定。

综合布线电缆与电力电缆的间距 表 9-55

类别	与综合布线接近状况	最小间距(mm)
380V 电力电缆 ＜2kV·A	与缆线平行敷设	130
	有一方在接地的金属线槽或钢管中	70
	双方都在接地的金属线槽或钢管中①	10①
380V 电力电缆 2～5kV·A	与缆线平行敷设	300
	有一方在接地的金属线槽或钢管中	150
	双方都在接地的金属线槽或钢管中②	80
380V 电力电缆 ＞5kV·A	与缆线平行敷设	600
	有一方在接地的金属线槽或钢管中	300
	双方都在接地的金属线槽或钢管中②	150

注:① 当 380V 电力电缆＜2kV·A,双方都在接地的线槽中,且平行长度≤10m 时,最小间距可为 10mm。
② 双方都在接地的线槽中,系指两个不同的线槽,也可在同一线槽中用金属板隔开。

b. 综合布线系统缆线与配电箱、变电室、电梯机房、空调机房之间的最小净距宜符合表 9-56 的规定。

综合布线缆线与电气设备的最小净距 表 9-56

名　　称	最小净距(m)	名　　称	最小净距(m)
配电箱	1	电梯机房	2
交电室	2	空调机房	2

c. 墙上敷设的综合布线线缆及管线与其他管线的间距应符合表 9-57 的规定。

综合布线缆线及管线与其他管线的间距　　　　　　表 9-57

其他管线	平行净距 （mm）	垂直交叉净距 （mm）	其他管线	平行净距 （mm）	垂直交叉净距 （mm）
防雷引下线	1000	300	热力管(不包封)	500	500
保护地线	50	20	热力管(包封)	300	300
给水管	150	20	煤气管	300	20
压缩空气管	150	20			

d. 综合布线系统发射干扰波电场强度限值表如表 9-58 所示。

综合布线系统发射干扰波电场强度限值表　　　　　　表 9-58

测量距离 频率范围	A 类设备 30m	B 类设备 10m
30～230MHz	30dB μV/m	30dB μV/m
30MHz～1GHz	37dB μV/m	37dB μV/m

e. 环境干扰信号电场强度限值表如表 9-59 所示。

环境干扰信号电场强度限值表　　　　　　表 9-59

场强限值 干扰频率	综合布线系统应用领域	
	计算机局域网	一般电信设备
10～600MHz	<1V/m	—
600MHz～2.8GHz	<5V/m	—
0.15～80MHz	—	<3V/m[①]

注：① 幅度调制 80%，1kHz 正弦波干扰不大于此值。

2. 综合布线按环境条件选用的缆线设备基本要求：

（1）各种缆线和配线设备的抗干扰能力，采用屏蔽后的综合布线系统平均可减少 20dB。

（2）综合布线系统应根据环境条件选用相应的缆线和配线设备，或采取防护措施，并应符合下列规定：

① 当综合布线区域内存在的电磁干扰场强低于 3V/m 时，宜采用非屏蔽电缆和非屏蔽配线设备。

② 当综合布线区域内存在的电磁干扰场强低于 3V/m 时，或用户对电磁兼容性有较高要求时，可采用屏蔽布线系统和光缆布线系统。

③ 当综合布线路由上存在干扰源，且不能满足最小净距要求时，宜采用金属管线进行屏蔽布线系统及光缆布线系统。

（3）在电信间、设备间及进线间应设置楼层或局部等电位接地端子板。

（4）综合布线系统应采用共用接地的接地系统，如单独设置接地体时，接地电阻不应大于 4Ω。如布线系统的接地系统中存在两个不同的接地体时，其接地电位差不应大于 1V（r·m·s）。

（5）综合布线系统选择缆线和配线设备，应根据用户要求，并结合建筑物的环境状况进行考虑，其选用原则说明如下：

　　① 当建筑物还在建设或虽已建成但尚未投入运行时，要确定综合布线系统的选型时，应测定建筑物周围环境的干扰强度及频率范围；与其他干扰源之间的距离能否符合规范要求应进行调查；综合布线系统采用何种类别也应有所预测。根据这些情况，用规范中规定的各项指标要求进行衡量，选择合适的硬件和采取相应的措施。

　　② 当现场条件许可，或进行改建的工程，有条件测量综合布线系统的噪声信号电平时，可采用规范中规定的噪声信号电平限值来衡量，选择合适的硬件和采取相应的措施。

　　③ 各种电缆和配线设备的抗干扰能力可参考下列数值：

- UTP 电缆（无屏蔽层）　　　　　　　　　　　　　　　　　40dB
- FTP 电缆（纵包铝箔）　　　　　　　　　　　　　　　　　85dB
- SFTP 电缆（纵包铝箔，加铜编织网）　　　　　　　　　　90dB
- STP 电缆（每对式线和电缆包铝箔，加铜编织网）　　　　 ≤98dB
- 配线设备插入损耗≤30dB

　　④ 在选择缆线和连接硬件时，确定某一类别后，应保证其一致性。例如，选择 5 类，则缆线和连接硬件都应是 5 类；选择屏蔽，则缆线和连接硬件都应是屏蔽的，且应作良好的接地系统。

　　⑤ 在选择综合布线系统时，应根据用户对近期和远期的实际进行考虑，不宜一刀切。应根据不同的通信业务要求，综合考虑，在满足近期用户要求的前提下，适当考虑远期用户的要求，有较好的通用性和灵活性，尽量避免建成后较短时间又要进行改扩建，造成不必要的浪费；如果满足时间过长，又将造成初次投资增加，也不一定经济合理。一般来说，水平配线扩建难，应以远期需要为主，垂直干线易扩建，应以近期需要为主，适当满足远期的要求。

　　3. 综合布线系统采用屏蔽措施时，应有良好的接地系统，并应符合下列规定：

　　（1）地网的接地电阻值，单独设置接地体时，不应大于 4Ω；采用联合接地体时，不应大于 1Ω。

　　（2）综合布线系统的所有屏蔽层应保持连续性，并应注意保证导线相对位置不变。

　　（3）屏蔽层的配线设备（FD 或 BD）端应接地，用户（终端设备）端视具体情况宜接地，两端的接地应尽量连接同一接地体。若接地系统中存在两个不同的接地体时，其接地电位不应大于 1V（r•m•s）。

　　4. 每一楼层的配线柜都应单独布线至本层竖井中的接地体端子板，接地导线的选择应符合表 9-60 的规定。

　　5. 信息插座的接地可利用电缆屏蔽层连至每层的配线柜上。

　　6. 综合布线的电缆采用金属槽道或钢管敷设时，槽道或钢管应保持连续的电气连接，并在两端应有良好的接地。

　　综合布线系统采用屏蔽措施时，应有良好的接地系统，且每一楼层的配线柜都应采用适当截面的导线单独布线至各层接地端子板，接地电阻应符合规定，屏蔽层应连续且宜两端接地，若存在两个接地体，其接地电位差不应大于 1V（r•m•s）。（有效值）。这是屏蔽系统的综合性要求，每一环节都有其特定的作用，不可忽视，否则将降低屏蔽效果。

接地导线的选择 表 9-60

名　称	接地距离≤30m	接地距离≤100m
接入自动交换机的工作站数量（个）	≤50	＞50，≤300
专线的数量（条）	≤15	＞15，≤80
信息插座的数量（个）	≤75	＞75，≤450
工作区的面积（m²）	≤750	＞750，≤4500
配线室或电脑室的面积（m²）	10	15
选用绝缘铜导线物截面（mm²）	6～16	16～50

国外曾对非屏蔽双绞线（UTP）与金属箔双绞线（FTP）的屏蔽效果作过比较。以相同的干扰线路和被测对绞线长度，调整不同的平行间距和不同的接地方式，以误码率百分比入选比较结果，列入表 9-61 中供参考。

屏蔽效果比较表 表 9-61

对绞线	平行间距和接地方式	误码率（%）	对绞线	平行间距和接地方式	误码率（%）
UTP	0 间距	37	UTP	50cm 间距	6
FTP	0 间距不接地	31.2	UTP	100cm 间距	1
FTP	0 间距发送端接地	30	FTP	0 间距排流线两端接地	1
UTP	20cm 间距	6	FTP	0 间距排流线屏蔽层两端接地	0

表 9-60 所示结果，可以说明屏蔽效果与接地系统有着密切的联系，故应重视接地系统的每一个环节。

7. 干线电缆的位置应接近垂直的接地导体（例如建筑物的钢结构）并尽可能位于建筑物的网络中心部分。在建筑物的中心部分的雷电的电流量小，而且干线电缆与垂直接地导体之间的互感作用或最大限度地减少通信线对上感应生成的电势。应避免把干线安排在外墙特别是墙角。在这些地方，雷电的电流最大。

8. 当电缆从建筑物外面进入建筑物内部时容易受到雷击、电源碰地、电源感应电势或地电势上浮等外界影响，必须采用各种电涌保护器。

9. 在下述的任何一种情况下，线路均属于处在危险环境之中，应对其进行过压过流保护措施。

（1）雷击引起的危险影响。

（2）工作电压超过 250V 的电源线路碰地。

（3）地电势上升到 250V 以上而引起的电源故障。

（4）交流 50Hz 感应电压超过 250V。

（5）满足下列任何条件的一个，可认为遭雷击的危险影响可以忽略不计：

1）该地区年雷暴日不大于五天，而且土壤电阻系数小于 100Ω·m；

2）建筑物之间的直埋电缆短于 42m，而且电缆的连续屏蔽层在电缆两端处均接地；

3）电缆完全处于已经接地的邻近高层建筑物或其他高建筑物所提供的保护伞之内，且电缆有良好的接地系统。

10. 综合布线系统的过电压保护宜选用气体放电管保护器。

气体放电管保护器的陶瓷外壳内密封有两个电极，其间有放电间隙，并充有惰性气体。当两个电极之间的电位差超过 250V 交流电压或 700V 雷电浪涌电压时，气体放电管开始出现电弧，为导体和地电极之间提供一条导电通路。固态保护器适合较低的击穿电压（60～90V），而且线路不可有振铃电压，它对数据或特殊线路提供了最佳的保护。

11. 过电流保护宜选用能够自复的保护器。

电缆的导线上可能出现这样或那样的电压，如果连接设备为其提供了对地的低阻通路，它就不足以使过压保护器动作。而产生的电流可能会损坏设备或着火。例如：220V 电力线可能不足以使过压保护器放电，有可能产生大电流进入设备，因此，必须同时采用过电流保护。为了方便维护，规定采用能自复的过流保护器，目前有热敏电阻和雷崩二级管可供选用，但价贵，故也可选用热线圈或熔断器。这两种保护器具有相同的电特性，但工作原理不同，热线圈在动作时将导体接地。而熔断器在动作时将导体断开。

12. 在易燃的区域或大楼竖井内布放的光缆或铜缆必须有阻燃护套；当这些缆线被布放在不可燃管道里，当每层楼板都被采用了隔火措施时，则可以不设阻燃护套。

13. 综合布线系统有源设备的正极或外壳，电缆屏蔽层及连通接地线均应接地，应采用联合接地方式，如同层有接闪带及均压网（高于 30m 时每层都设置）时应与此相接，使整个大楼地接的系统组成一个笼式均压体。

9.19.2 综合布线系统的线缆敷设

1. 综合布线系统工程设计选用的电缆、光缆、各种连接电缆、跳线，以及配线设备等所有硬件设施，均应符合《大楼通信综合布线系统》YD/T 926.1～3—2009 和《数字通信用对绞/星绞对称电缆》YD/T 838.1～4—2003 标准的各项规定。

2. 综合布线应根据环境条件选用相应的缆线和配线设备，或采取防护措施，并应符合下列规定：

（1）当综合布线区域内存在的干扰场强低于 3V/m 时，应采用非屏蔽缆线和非屏蔽配线设备进行布线。

（2）当综合布线区域内存在的干扰场强高于 3V/m 时，或用户对电磁兼容性有较高要求时，应采用屏蔽缆线和屏蔽配线设备进行布线，也可采用光缆系统。

（3）当综合布线路由上存在干扰源，且不能满足最小净距要求时，应采取屏蔽措施。

3. 根据建筑物的防火等级和对材料的耐火要求，综合布线应采取相应的措施。在易燃的区域和大楼竖井内布放电缆或光缆，应采用阻燃的电缆和光缆；在大型公共场所宜采用阻燃、低烟、低毒的电缆或光缆；相邻的设备间或交接间应采用阻燃型配线设备。

4. 配线子系统电缆宜穿钢管或沿金属电缆桥架敷设。当电缆在地板下布放时，应根据环境条件选用地板下线槽布线、网络地板布线、高架（活动）地板布线、地板下管道布线等安装方式。

5. 干线子系统垂直通道有电缆孔、管道、电缆竖井等三种方式可供选择，应采用电缆竖井方式。水平通道可选择预埋暗管或电缆桥架方式。

6. 管内穿放大对数电缆时，直线管路的管径利用率应为 50%～60%，弯管路的管径利用率应为 40%～50%。管内穿放 4 对对绞电缆时，截面利用率应为 25%～30%。线槽的截面利用率不应超过 50%。

7. 允许综合布线电缆、电视电缆、火灾报警电缆、监控系统电缆合用金属电缆桥架，但与电视电缆间宜用金属隔板分开。金属隔板分开是为防电磁干扰要求。

8. 建筑物暗配线一般可采用塑料管或金属配线材料。

9. 综合布线的电缆采用金属槽道或钢管敷设时，槽道或钢管应保持连续的电气连接，并在两端应有良好的接地。

9.19.3　综合布线系统的防雷与接地

1. 防雷与接地的基本原则

雷电电磁场对综合布线网络的影响，主要是由于雷电电流在建筑物的分布直接危及网络设备，计算机网络对雷电极为敏感，几公里以外高空雷闪或地雷闪，甚至都有可能导致网络设备误动作直至损坏，据国外资料介绍，0.03Gs 的磁场强度可使计算机误动，2.4Gs 足以造成元件击穿。因此除了应有良好有效的接地措施外，计算机网络内部接口处安装浪涌保护器，特别在多雷电、重雷地区更是必要的。综合布线网络外部缆线采取屏蔽接地可以有效减少雷电对信号及网络的侵害。

2. 防雷与接地的措施

① 楼层安装的各个配线柜（架、箱）应采用适当截面的绝缘铜导线单独布线至就近的等电位接地装置，也可采用竖井内等电位接地铜排引到建筑物共用接地装置，铜导线的截面应符合设计要求。

② 缆线在雷电防护区交界处，屏蔽电缆屏蔽层的两端应做等电位连接并接地。

③ 综合布线的电缆采用金属线槽或钢管敷设时，线槽或钢管应保持连续的电气连接，并应有不少于两点的良好接地。

④ 当缆线从建筑物外面进入建筑物时，电缆和光缆的金属护套或金属件应在入口处就近与等电位接地端子板连接。

⑤ 当线缆从建筑物外面进入建筑物时，应选用适配的信号线路浪涌保护器，信号线路浪涌保护器应符合本章 9.3 节及 9.4 节的设计要求。

3. 浪涌保护器由气体放电管、放电间隙、压敏电阻、半导体放电管、齐纳二极管、滤波器、熔丝等元器件混合组成，适用于雷击保护 0～2 区，网络浪涌保护器应具有残压低，信号传输性能优越和响应速度快的特点，才能起到过压过流保护作用。

4. 电源与接地

（1）综合布线系统中各系统电源部分的防雷措施，参见本章 9.3 节内容。

（2）电源系统中电源线上干扰问题：

1）电磁兼容问题

电磁兼容（EMC）是指：设备或系统在其电磁环境中能正常工作且不对该环境中任何事物构成不能承受的电磁骚扰的能力。因此必须在滤波、接地、屏蔽等方面采取措施，才能有效地解决电磁兼容问题。

2）过电压保护

提高产品的抗干扰能力，特别是关于电源线上的干扰抑制方法。因为电子设备（计算机通信网络接口和数字逻辑控制的设备）对电源线的干扰与电压波动十分敏感，如计算机内部电路的阀值电压一般不大于 5V，如有大于 5V 的电磁干扰脉冲进入计算机，则会导致误动作或设备损坏。国内外对电源线上的干扰特别重视。

① 干扰的方式

电源干扰复杂性中众多原因之一就是包含着众多的可变因素。电源干扰可以以"共模"或"差模"方式存在。

"共模"干扰是指电源线与大地，或中性线与大地之间的电位差。

"差模"干扰存在于电源相线与中性线之间。对三相电源来讲，差模干扰还存于相线与相线之间。

电源干扰复杂性中的第二个原因是干扰情况可以从持续周期很短暂的尖峰干扰到全失电之间的变化。

② 电源干扰的类型

电源干扰的类型如表 9-62 所示。

电源干扰的类型　　　　　　　　　　　　　　　表 9-62

序号	干扰的类型	典型的起因
1	跌落	雷击,重载接通,电网电压低下
2	失电	恶劣的气候,变压器故障,其他原因的故障
3	频率偏移	发电机不稳定,区域性电网故障
4	电气噪声	雷达,无线电信号,电力公司和工业设备的飞弧,转换器和逆变器
5	浪涌	突然减轻负载,变压器的抽头不恰当
6	谐波失真	整流,开关负载,开关型电源,调速驱动
7	瞬变	雷击,电源线负载设备的切换,功率因数补偿电容的切换,空载电动机的断开

（3）电源干扰进入设备的途径

干扰进入设备的途径，一是电磁耦合，二是电容耦合，三是直接进入。

电源干扰的抑制措施如表 9-63 所示。

电源干扰的抑制措施　　　　　　　　　　　　表 9-63

专 用 线 路	专 用 线 路	专 用 线 路
瞬变干扰吸收器	法拉第屏蔽层	多用途的
灭弧方式—电弧气隙器件	电压调整器	UPS/SPS 系统
箝位方式—齐纳器件	电子的	在线与离线的
滤波器	机械的	带有电池的电子装置
隔离变压器	铁磁共振的电动机发电机组	
不屏蔽的	电净化器	

5. 综合布线系统的接地

综合布线系统采用屏蔽措施时，应有良好的接地系统。综合布线系统的所有屏蔽层应保持连续性，并注意保证导线相对位置不变。具体安装要点如下：

（1）屏蔽层的配线设备（FD 或 BD）端应接地，用户（终端设备）端视具体情况也应接地。两端的接地应尽量连接同一接地体。若接地系统中存在两个不同的接地体时，其接地电位差不应大于 1V（r·m·s）。

（2）楼层安装的各个配线柜（架、箱）应采用适当截面的绝缘铜导线单独布线至就近的等电位接地装置，也可采用竖井内等电位接地铜排引到建筑物共用接地装置，铜导线的截面应符合设计要求。

（3）缆线在雷电防护区交界处，屏蔽电缆屏蔽层的两端应做等电位连接并接地。

（4）综合布线的电缆采用金属线槽或钢管敷设时，线槽或钢管应保持连续的电气连接，并应有不少于两点的良好接地。

（5）当缆线从建筑物外面进入建筑物时，电缆和光缆的金属护套或金属件应在入口处就近与等电位接地端子板连接。

（6）当线缆从建筑物外面进入建筑物时，应选用适配的信号线路浪涌保护器，信号线路浪涌保护器应符合本章9.3～9.5节设计要求。

（7）每一楼层的配线柜都应单独布线本层相应的接地体，接地导线的选择应符合表9-60所示规定。

6. 计算机系统接地

① 计算机各机柜的直流网格机，应采用多股编织软线连接到直流网格的交点上。

② 计算机系统的接地采取单点接地并采取等电位措施。当多个计算机系统共用一组接地装置时，应将各计算机系统分别采用接地线与接地连接。

③ 接地引下线一般应选用截面积大于 $35mm^2$ 的多芯铜电缆，用以减少高频阻抗。

④ 重要部门计算机室内的非计算机系统的管、线、风道或暖气片等金属实体，应做接地处理。接地电阻应小于 4Ω。

⑤ 计算机终端及网格的节点均不宜就地做接地保护，应由"系统"统一设计，否则因地线的电位差足以损坏设备或器件。

7. 信号插座的接地可利用电缆屏蔽层连至每层的配线柜上。工作站的外壳接地单独布线连接至接地体，一个办公室的几个工作站可合用同一条接地导线，应选用截面积不小于 $25mm^2$ 的绝缘铜导线。

8. 综合布线系统的防雷与接地设计。应参照本章9.2、9.3、9.5、9.7节的内容要求进行设计。

接地包括埋设在地下接地体，设备间主接地母线，FD配线间接地母线，电缆竖井内接地干线和相互连接的接地导线。一般均利用建筑物联合接地体方式，将工作接地、保护地和防雷接地共用一组接地装置，接地电阻值不大于 1Ω，若单独设置接地体时，接地电阻不大于 4Ω。

9.19.4　光纤的防雷接地及相关资料

光纤的应用范围及类别：

（1）光纤的种类

① 多模光纤：直径分为 62.5mm、50mm；

波长分为：850nm、1300nm；

模式带宽：160～2000MHz/km；

应用距离：25～300m；

多模光纤规格为：2/4/6/8/12/16/18/24 芯；

参考外径：4.7/5.1/5.6/6.2/7.0/7.0/8.3/12.6mm。

② 单模光纤：直径：小于10mm；

波长：1310、1550、1300nm；

应用距离：10000、3000/4000 、10000（m）。

（2）单模和多模光纤应用范围

单模和多模的选用应符合网络的构成方式、业务的互通互连方式及光纤在网络中的应用传输距离来决定。

①楼内：宜采用多模光纤，建筑物之间宜采用多模或单模光纤。

②需直接与电信业务经营者相连时宜采用单模光纤。

（3）光纤的防雷与接地

光纤的所有金属接头、金属护套、金属挡潮层、金属加强芯等，应在进入建筑物处直接接地。

（4）光纤（缆）的相关技术参数

①各等级的光纤信道衰减值应符合表9-64的规定。

信道衰减值（dB）　　　　　　　　　　表 9-64

信道	多　模		单　模	
	850nm	1300nm	1310nm	1550nm
OF-300	2.55	1.95	1.80	1.80
OF-500	3.25	2.25	2.00	2.00
OF-2000	8.50	4.50	3.50	3.50

②光缆标称的波长，每公里的最大衰减值应符合表9-65的规定。

最大光缆衰减值（dB/km）　　　　　　　表 9-65

项目	OM1,OM2 及 OM3 多模		OS1 单模	
波长	850nm	1300nm	1310nm	1550nm
衰减	3.5	1.5	1.0	1.0

③多模光纤的最小模式带宽应符合表9-66的规定。

多模光纤模式带宽　　　　　　　　　表 9-66

光纤类型	光纤直径（μm）	最小模式带宽（MHz·km）		
		过量发射带宽		有效光发射带宽
		波长		
		850nm	1300nm	850nm
OM1	50 或 62.5	200	500	—
OM2	50 或 62.5	500	500	—
OM3	50	1500	500	2000

9.20　后方军械仓库信息系统设备的防雷与接地设计

9.20.1　后方军械仓库信息系统的防雷与接地设计原则

（1）本节防雷设计原则除了应遵照《建筑物防雷设计规范》外，还应遵照《后方军械仓库电气防爆技术要求》GJB 2268A—2002 及《后方军械仓库防雷技术要求》GJB 2269A—2002、《建筑物电子信息系统防雷技术规范》等规范内容进行设计。

（2）电子信息系统在本节中特指后方军械仓库储存区、作业区内的计算机设备、通信设施、自动监测和安全监控系统的统称。

（3）后方军械仓库设置的电子信息系统，除自身应采取防雷措施外，还应与相关场所的防雷系统相互结合，形成整体防护。

（4）防雷类别的划分：

应按所涉及装备物资的特性、对雷电的敏感程度和发生雷电事故的可能性及产生的后果，将防雷类别划分为以下三类：

1）一类防雷场所；

2）二类防雷场所；

3）三类防雷场所。

（5）GJB 2268A—2002 第 5 章中规定的Ⅰ、Ⅱ级危险场所，为一类防雷场所；GJB 2268A—2002 第 5 章中规定的Ⅱ级危险场所和雷达、指挥仪、导弹发射系统等含有电子设备场所，为二类防雷场所；除一、二类防雷场所外的其他场所为三类防雷场所。

（6）军械仓库的各类地面防雷场所，应按不同的防雷类别，采取防直击雷、防雷电感应和防雷电波侵入的措施；各类地下、半地下防雷场所，应采取防雷电感应和防雷电波侵入的措施。防雷场所内设有电子信息系统时，还应采取防雷击电磁脉冲措施。

（7）防直击雷措施，防雷电感应措施，应遵照 GJB 2269A—2002 中 6.2、6.3 节规定措施执行。

（8）各类防雷场所应采用 TN-S 接地方式，当采用 TN-C 接地方式时，应在进入场所时将 N 线重复接地，通过等电位连接转换成 TN-C-S 系统。

（9）其他防雷电波侵入措施应遵照 GJB 2269A—2002 中 6.4 节中措施执行。

9.20.2　后方军械仓库信息系统防雷击电磁脉冲措施

（1）当防雷场所内设有电子信息系统时，应视电子信息系统所处的环境、电子信息系统的设备的重要性和雷击事故后果的严重程度等因素，进行雷击风险评估，风险评估计算按本书第八章的计算方法进行计算。正确分析和预测可能的损失，并视具体情况在各雷电防护区采取如下防护措施：

1）电源线的电涌保护；

2）信号、数据线的电涌保护；

3）等电位连接；

4）屏蔽。

（2）少雷区、多雷区内的一、二类防雷场所，宜在其电源进线处装设电源电涌保护器；高雷区、强雷区内的一、二类防雷场所，应在其电源进线处装设电源电涌保护器。地下库、半地下库宜将电涌保护器装设在引洞的电源箱内；地面防雷场所宜将电涌保护器装设在缓冲间或配电室的电源箱（柜）内。

（3）高雷区、强雷区内的防雷场所，如存有对电磁效应敏感装备和装设电子信息系统时，应在不同雷电防护区界面附近处和电子设备安装处设置电源电涌保护器。

（4）信号、数据线的信号电涌保护，应根据被保护设备的工作电压、频率范围、接口型式选择适配的信号电涌保护器。

（5）穿过各雷电防护区界面处的导电部分和系统，以及一个雷电防护区内的防雷装置、接地端子板、金属构架、金属装置、各种电线电缆、电气装置、通信、监控等装置，应采用连接导线和螺栓紧固的线夹，在等电位连接端子板处实施可靠连接。当需要时，可采用电涌保护器作等电位连接。

（6）所有作为等电位连接导体用的连接线均应与等电位端子板相连，等电位连接线应有黄绿相间的色标以便识别，方便检测及维修。

（7）为减少电磁干扰，各类防雷场所宜采取以下屏蔽措施：

1）建筑物和房间的结构屏蔽；

2）线路屏蔽；

3）选择合适的线路敷设路径。

这些措施宜联合使用。

（8）应将防雷场所的框架或钢筋混凝土内的钢筋等金属支撑物可靠连接，形成屏蔽层。当采用屏蔽电缆时，其屏蔽层至少需在两端进行接地，当系统要求只在一端进行接地时，可将屏蔽电缆穿钢管敷设或采用双层屏蔽电缆，钢管或外屏蔽层应两端接地。

（9）室内布线应尽量远离外墙，各种干线宜在场所的中心部位敷设，非屏蔽导线应敷设在钢管或电缆桥架内。

（10）电源系统的雷电防护设计参照按本章 9.4 节中措施执行。

（11）信号系统的雷电防护设计参照按本章 9.5 节中措施执行。

（12）等电位连接和屏蔽及布线设计，参照本章 9.2、9.3 节执行。

（13）计算机网络，通信局（站）的雷电防护设计，参照本章 9.8、9.15 节执行。

（14）其他系统参照本章中相关节内容执行。

9.20.3 接地装置设计要求

（1）除独立防雷装置单独设置防雷接地装置外，其他防雷装置的接地方式应采用共用接地系统。

（2）防雷场所内应设置总接地端子板，总接地端子板应装设在便于安装和检查并接近各引入线的位置。地下、半地下库房宜设在引洞内，地面防雷场所宜设在缓冲间或配电间内。接地端子板的连接点应具有牢固的机械强度和良好的导电性。

（3）防雷场所内的接地干线宜采用多股铜芯导线或铜母排及镀锌扁钢，接地线宜采用多股铜芯导线或镀锌扁钢。

（4）接地体应视地域环境采用放射型或环型布置。

（5）一、二类防雷场所的防雷装置，每一引下线的冲击接地电阻应不大于 10Ω；三类防雷场所的防雷装置，每一引下线的冲击接地电阻应不大于 30Ω。共用接地系统的工频接地电阻应不大于 10Ω，当场所内电子信息系统对接地电阻值有特殊要求时，可按其要求降低接地电阻值。

9.20.4 电涌保护器的设计要求

（1）对电源系统的电涌保护器设计原则，应按本章中 9.4 节的原则执行。

（2）应考虑电涌保护器性能退化或功能丧失后可能产生的对地短路对设备运行的影响，电涌保护器的安装应设有过电流保护装置，并宜有性能劣化显示功能。

（3）在供电电压波动较大地区或电压偏差超过额定值 10% 的场所，宜选用带有电涌识别功能的电涌保护器。

（4）电压开关型电涌保护器不宜在一类防雷场所中选用。

9.21　石化系统信息设备的防雷与接地设计

石油化工系统因其特殊的生产环境条件，对信息设备的防雷与接地设计有些特殊的要求。由于其防爆防火环境要求很严格，因此应按照下列国家规范内容要求进行设计。

(1)《爆炸和火灾危险环境电力装置设计规范》GB 50058—1992；

(2)《石油库设计规范》GB 50074—2002；

(3)《石油化工企业设计防火规范》GB 50160—2008；

(4)《输油管道工程设计规范》GB 50253—2003；

(5)《汽车加油加气站设计与施工规范》GB 50156—2012；

(6)《自动化仪表工程施工及质量验收规范》GB 50093—2013；

(7)《石油储备库设计规范》GB 50737—2011；

(8)《石油化工装置防雷设计规范》GB 50650—2011。

9.21.1　爆炸和火灾危险区域划分

1. 爆炸危险气体环境区域划分

划分爆炸危险区域的意义在于，确定易燃油品设备周围可能存在爆炸性气体混合物的范围，以便要求布置在这一区域内的电气设备具有防爆功能以及使可能出现的明火或火花避开这一区域。将爆炸危险区域划分为不同的等级，是为了对防爆电气提出不同程度的防爆要求。

(1) 爆炸性气体混合物环境

对于生产、加工、处理、转运或储存过程中出现或可能出现下列描述的环境，称为爆炸性气体混合物环境：

1) 在大气条件下，有可能出现易燃气体、易燃液体的蒸汽或薄雾等易燃物质与空气混合形成爆炸性气体混合物的环境；

2) 闪点低于或等于环境温度的可燃液体的蒸汽或薄雾与空气混合形成爆炸性气体混合物的环境；

3) 在物料操作温度高于可燃液体闪点的情况下，可燃液体有可能泄漏时，其蒸汽与空气混合物形成爆炸性气体混合物的环境。

(2) 爆炸性气体环境危险区域划分

1) 爆炸性气体环境的分区是根据爆炸性气体混合物出现的频繁程度和持续时间确定的。国家标准《爆炸和火灾危险环境电力装置设计规范》GB 50058—1992 将爆炸性气体环境划分为下述三个危险区域：

0区：连续出现或长期出现爆炸性气体混合物的环境；

1区：在正常运行时可能出现爆炸性气体混合物的环境；

2区：在正常运行时不可能出现爆炸性气体混合物的环境，或即使出现也仅是短时存在的爆炸性气体混合物的环境。

这里的"正常运行"是指正常的开车、运转、停车，易燃物质产品的装卸，密闭容器盖的开闭，安全阀、排放阀以及所有工厂设备都在其设计参数范围内工作的状态。

2) 爆炸性气体环境危险区域的范围。国家标准《石油库设计规范》GB 50074—2002

附录 B 给出了石油库内爆炸危险区域的等级范围划分。爆炸危险区域的划分是参考国外标准以及根据实际测试制定的。

（3）危险物质释放源

可释放出能形成爆炸性混合物的物质所在位置或地点称为危险物质释放源。《爆炸和火灾危险环境电力装置设计规范》GB 50058 将危险物质释放源分为以下三级：

1）连续级释放源：预计会长期释放或短期频繁释放易燃物质的释放源。类似下列情况的，可划为连续级释放源：

① 没有用惰性气体覆盖的固定顶储罐及卧式储罐中的易燃液体的表面；

② 油水分离器等直接与空气接触的易燃液体的表面；

③ 经常或长期向空间释放易燃气体或易燃液体的蒸汽的自由排气孔或其他孔口（如易燃液体储罐的通气孔、盛装易燃液体的油罐车的灌装口等）。

2）第一级释放源：预计正常运行时会周期或偶尔释放易燃物质的释放源，类似下列情况的，可划为第一级释放源：

① 正常运行时会释放易燃物质的泵、压缩机和阀门的密封处；

② 正常运行时会向空间释放易燃物质，安装在储有易燃液体的容器上的排水系统；

③ 正常运行时会向空间释放易燃物质的取样点。

3）第二级释放源：预计正常运行时不会释放易燃物质，即使释放也仅是偶尔短时释放易燃物质的释放源。类似下列情况的，可划为第二级释放源：

① 正常运行时不能释放易燃物质的泵、压缩机和阀门的密封处；

② 正常运行时不能释放易燃物质的法兰、连接件和可拆卸的管道接头；

③ 正常运行时不能释放易燃物质的安全阀、排气孔或其他孔口。

（4）危险物质释放源与爆炸危险区域的关系

爆炸危险区域与释放源密切有关。可按下列危险物质释放源的级别划分爆炸危险区域：

1）存在连续级释放源的区域可划为 0 区；

2）存在第一级释放源的区域可划为 1 区；

3）存在第二级释放源的区域可划为 2 区。

（5）通风条件与爆炸危险区域的关系

1）当通风良好时，应降低爆炸危险区域等级；当通风不良时，应提高爆炸危险区域等级。

2）局部机械通风在降低爆炸性气体混合物浓度方面比自然通风和一般机械通风更为有效时，可采用局部机械通风降低爆炸危险区域等级。

3）在障碍物、凹坑和死角处，应局部提高爆炸危险区域等级。

4）利用堤或墙等障碍物，限制比空气重的爆炸性气体混合物的扩散，可缩小爆炸危险区域的范围。

（6）爆炸性气体混合物的分级、分组

1）爆炸性气体混合物的分级。《爆炸和火灾危险环境电力装置设计规范》GB 50058 根据爆炸性气体混合物的最大试验安全间隙（$MESG$）或最小点燃电流比（$MICR$），将爆炸性气体混合物分为三个级别，如表 9-67 所示。

爆炸性气体混合物分级 表 9-67

级别	$MESG$(mm)	$MICR$	石油库中可产生爆炸性气体混合物的油品举例
ⅡA	≥0.9	>0.8	甲类油品（如原油、汽油、液化石油气）、乙A类油品（如煤油）
ⅡB	0.5<$MESG$<0.9	0.45≤$MICR$≤0.8	
ⅡC	≤0.5	<0.45	

2）爆炸性气体混合物的分组。《爆炸和火灾危险环境电力装置设计规范》GB 50058 根据爆炸性气体混合物的引燃温度，将爆炸性气体混合物分为六个组别，如表 9-68 所示。

爆炸性气体混合物分组 表 9-68

组别	引燃温度 t(℃)	石油库中可产生爆炸性气体混合物的油品举例	组别	引燃温度 t(℃)	石油库中可产生爆炸性气体混合物的油品举例
T1	t>450	甲烷、丙烷	T4	135<t≤200	
T2	300<t≤450	丁烷、丙烷	T5	100<t≤135	
T3	200<t≤300	原油、汽油、煤油	T6	85<t≤100	

2. 火灾危险环境及区域划分

划分火灾危险区域的意义在于，要求布置在这一区域内的电气设备具有事实上的防护功能以及采取其他适当的防火措施。根据可燃物质的特性，将火灾危险环境划分为三个区域，是为了对电气设备提出适当的防护要求。

（1）火灾危险环境

对于生产、加工、处理、转运或储存过程中出现或可能出现火灾危险物质的环境，称为火灾危险环境。

在火灾危险环境中能引起火灾危险的可燃物质有以下四种：

1）可燃液体：如柴油、润滑油、变压器油、重油等；

2）可燃粉尘：如铝粉、焦炭粉、煤粉、面粉、合成树脂粉等；

3）固体状可燃物质：如煤、焦炭、木等；

4）可燃纤维：如棉花纤维、麻纤维、丝纤维、毛纤维、木质纤维、合成纤维等。

（2）火灾危险区域划分

根据火灾事故发生的可能性和后果、危险程度及物质状态的不同，国家标准《爆炸和火灾危险环境电力装置设计规范》GB 50058 将火灾危险环境划分为下述三个危险区域：

21 区：具有闪点高于环境温度的可燃液体（如石油库中储存的柴油、润滑油、重油等闪点大于45℃的油品），在数量和配置上能引起火灾危险的环境。

22 区：具有悬浮状、堆积状的可燃粉尘或可燃纤维，虽不可能形成爆炸混合物，但在数量和配置上能引起火灾危险的环境。

23 区：具有固体状可燃物质，在数量和配置上能引起火灾危险的环境。

GB 50058 没有明确划分火灾危险区域范围，石油库设计中应将下列区域划分为火灾危险区域：

1）可燃液体设备；

2）可燃液体（即乙B和丙类液体）罐组；

3）桶装可燃液体库房；

4）设置有可燃液体设备的房间。

9.21.2 石油及石油产品火灾危险分类

对危险品的火灾危险性予以分类，是为了针对危险品火灾危险性的特点，制定相应的安全规定。不同的工程建设标准由于所涉及的危险品不同，对危险品火灾危险性分类也有所不同，下面列举常用的有关国家标准对危险品的火灾危险分类。

1. 国家标准《石油库设计规范》GB 50074—2002 的分类（表 9-69）。

石油库储存油品的火灾危险性分类　　　　　　　　　　　　　　表 9-69

类 别		油品闪点 F_1（℃）	举例
甲		$F_1 < 28$	汽油
乙	A	$28 < F_t < 45$	煤油
	B	$45 < F_t < 60$	轻柴油
丙	A	$60 < F_t < 120$	柴油
	B	$F_t > 120$	润滑油

2. 国家标准《建筑设计防火规范》GB 50016—2006 的分类（表 9-70～表 9-72）。

储存物品的火灾危险性分类　　　　　　　　　　　　　　表 9-70

储备物类别	储备物类别
甲	1. 闪点＜28℃的液体； 2. 爆炸下限＜10%的气体，以及受到水或空气中水蒸气的作用，能产生爆炸下限＜10%气体的固体物质； 3. 常温下能自行分解或空气中氧化即能导致自燃或爆炸的物质； 4. 常温下受到水或空气中水蒸气的作用能产生可燃气体并引起燃烧或爆炸的物质； 5. 遇酸、受热、撞击、摩擦以及遇有机物或硫磺等易燃的无机物及易引起燃烧或爆炸的强氧化剂； 6. 受撞击、摩擦或与氧化剂、有机物接触时能引起燃烧或爆炸的物质
乙	1. 闪点≥28℃但小于60℃的液体； 2. 爆炸下限≥10%的气体； 3. 不属于甲类的氧化剂； 4. 不属于甲类的化学易燃危险固体； 5. 阻燃气体； 6. 积热不散引起自燃的物品
丙	1. 闪点≥60℃的液体； 2. 可燃固体
丁	难燃烧物体
戊	不燃烧物品

注：难烧物品、非燃烧物品的可燃包装重量超过物品本身重量1/4时，其火灾危险性为丙类。

储存物品的火灾危险性分类　　　　　　　　　　　　　　表 9-71

储备物类别	储备物类别
甲	1. 闪点＜28℃的液体； 2. 爆炸下限＜10%的气体，以及受到水或空气中水蒸气的作用，能产生爆炸下限＜10%气体的固体物质； 3. 常温下能自行分解或空气中氧化即能导致自燃或爆炸的物质； 4. 金属钾、钠、锂、钙、锶、氢化锂，四氢化锂铝，氢化钠； 5. 遇酸、受热、撞击、摩擦以及遇有机物或硫磺等易燃的无机物及易引起燃烧或爆炸的强氧化剂； 6. 受撞击、摩擦或与氧化剂、有机物接触时能引起燃烧或爆炸的物质

续表

储备物类别	储　备　物　类　别
乙	1. 闪点≥28℃但小于60℃的液体； 2. 爆炸下限≥10％的气体； 3. 不属于甲类的氧化剂； 4. 不属于甲类的化学易燃危险固体； 5. 阻燃气体； 6. 积热不散引起自燃的物品
丙	1. 闪点≥60℃的液体； 2. 可燃固体
丁	难燃烧物体
戊	不燃烧物品陶瓷棉,硅酸铝纤维,矿棉,石膏及其无纸制品,水泥,石,膨胀珍珠岩

注：难烧物品、非燃烧物品的可燃包装重量超过物品本身重量1/4时，其火灾危险性应为丙类。

储存物品的火灾危险性分类举例　　　　　　　　　　　　表 9-72

储存物品类别	举　　例
甲	1. 乙烷,戊烷,石脑油,环戊烷,二硫化碳,苯,甲苯,甲醇,乙醇,乙醚,蚁酸甲酯,醋酸甲酯,硝酸乙酯,汽油,丙酮,丙烯,乙醚,60°以上的白酒； 2. 乙炔,氢,甲烷,乙烷,丙烯,丁二烯,环氧乙烷,水煤气,硫化氢,氯乙烯,液化石油气,电石,碳化铝； 3. 硝化棉,硝化纤维胶片,喷漆棉,火胶棉,赛璐珞棉,黄磷； 4. 金属钾,钠,锂,钙,锶,氢化锂,四氢化锂铝,氢化钠； 5. 氯酸钾,氯酸钠,过氧化钾,过氧化钠,硝酸铵； 6. 赤磷,五硫化磷,三硫化磷
乙	1. 煤油,松节油,丁烯醇,异戊醇,丁醚,醋酸丁酯,硝酸戊酯,乙酰丙酮,环乙胺,溶剂油,冰醋酸,樟脑油,蚁酸； 2. 氨气,液氯； 3. 硝酸铜,铬酸,亚硝酸钾,重铬酸钠,铬酸钾,硝酸,硝酸汞,硝酸钴,发烟硫酸,漂白粉； 4. 硫磺,镁粉,铝粉,赛璐珞板(片),樟脑,萘,生松香,硝化纤维漆布,硝化纤维色片； 5. 氧气,氟气； 6. 漆布及其制品,油布及其制品,油纸及其制品,油绸及其制品
丙	1. 动物油,植物油,沥青,蜡,润滑油,机油,重油,闪点≥60℃的柴油,糠醛,50°～60°的白酒； 2. 化学、人造纤维及其织物,纸张,棉,毛,丝,麻及其织物,谷物,丙棉,天然橡胶及其制品,竹、木及其制品,中药材,电视机,收录机等电子产品,计算机房记录数据的磁盘储存间,冷库中的鱼、肉间
丁	自熄性塑料及其制品,酚醛泡沫塑料及其制品,水泥刨花板
戊	钢材,铝材,玻璃及其制品,搪瓷制品,陶瓷制品,不燃气体,玻璃棉,岩棉,陶瓷棉,硅酸铝纤维,矿棉,石膏及其无纸制品,水泥,石,膨胀珍珠岩

3. 国家标准《爆炸和火灾危险环境电力装置设计规范》GB 50058 的分类（表 9-73）。

危险性液体、气体分类　　　　　　　　　　　　表 9-73

类别	特　征	举　例
易燃液体	闪点低于45℃的液体	汽油、煤油
可燃液体	闪点大于或等于45℃的液体	柴油
易燃气体	以一定比例与空气混合能形成爆炸性气体混合物的气体	天然气、LPG气体、油气

4. 石油化工产品的爆炸、火灾危险性参数选择，如表 9-74 所示。

几种石油化工产品的爆炸、火灾危险性参数　　　　　　表 9-74

产品名称	闪点（℃）	自燃点（℃）	比重		爆炸极限%（体积）	
			液态	气态	下限	上限
汽油	−50～10	510～530	0.73	＞2.20	1.40	7.60
煤油	28～45	380～425	0.78	—	1.40	7.50
轻柴油	45～120	350～380	0.84	—	—	—
重柴油	＞120	300～330	—	—	—	—
蜡油	＞120	300～320	—	—	—	—
润滑油	180～210	300～350	—	—	—	—
渣油	＞120	230～240	—	—	—	—
70#、90#、120#、190#溶剂油	＜28	510～530	0.73		1.40	6.00
200#溶剂油	≥33	380～425	0.78		1.40	—
260#溶剂油	≥65	350～380	0.81			—
甲烷	—	595		0.55	5.00	15.00
乙烷	—	515	—	1.03	3.22	12.45
丙烷	—	470	0.50	1.52	2.37	9.50
丁烷	—	300～450	—	2.00	1.80	8.40
戊烷	—	—	0.60	2.48	1.40	7.80
己烷	—	—	0.66	3.00	1.10	7.50
乙烯	—	—	—	0.97	3.00	34.00
丙烯	—	—	0.50	1.45	2.00	11.10
丁烯	—	—	0.60	1.93	1.70	9.00
甲醇	11	470	0.79	1.43	5.50	36.50
乙醇	11～13	425	0.79	2.06	3.10	20.00

注：表中的比重是常温下的大致比重。

9.21.3 爆炸危险环境中防爆电气设备选型

一般的电气设备很难完全避免电火花的产生，因此在爆炸危险的场所必须根据物质的危险性正确选用不同的防爆电气设备。

1. 根据结构和防爆原理不同，防爆电气设备可分为以下几种类型：

(1) 隔爆型（d）。这种电气设备具有隔爆外壳，即使内部有爆炸性混合物进入并引起爆炸，也不致引起外部爆炸性混合物的爆炸。它是根据最大不传爆间隙的原理而设计的，具有牢固的外壳，能承受 1.5 倍的实际爆炸压力而不变形；设备连续运转其上升的温度不能引燃爆炸性混合物。

(2) 增安型（e）。也叫防爆安全型，这种电气设备在正常运行条件下，不会产生点燃爆炸性混合物的火花，设备外壳也不会达到危险的温度。

(3) 本质安全型（ia，ib）。在设计或制造上采取一些措施（如增加安全栅），使在正常运行或标准试验条件下所产生的火花或热效应均不能点燃爆炸性混合物的电路电气设备，也就是说这类设备产生的能量低于爆炸物质的最小点火能量。

（4）正压型（p）。这种电气设备具有保护外壳，壳内充有保护气体（如惰性气体），其压力高于周围爆炸性混合物气体的压力，以避免外部爆炸性混合物进入壳内发生爆炸。

（5）充油型（o）。将可能产生火花、电弧或危险温度的部件浸在绝缘油中，起到熄弧、绝缘、散热、防腐的作用，从而不能点燃油面以上和外壳周围的爆炸性混合物。

（6）充砂型（q）。这种设备外壳内充填细砂颗粒材料，以便在规定使用条件下，外壳内产生的电弧、火焰传播，壳壁或颗粒材料表面的过热温度均不能点燃周围的爆炸性混合物。

（7）防爆特殊型（s）。上述描述以外的防爆电气设备。

（8）无火花型（n）。这种电气设备在正常运行的条件下不产生火花或电弧，也不产生能点燃周围爆炸性的混合物的高温表面或灼热点。

各种防爆电气设备都有标明防爆合格证号和防爆类型、类别、级别、温度组别等的铭牌作为标志。其分类、分级、分组与爆炸性物质的分类、分级、分组方法相同，等级参数及符号也相同。例如：电气设备Ⅱ类隔爆型B级T1型其标志为dⅡBT1；Ⅱ类本质安全型ia级B级T3组，其标志为iaⅡBT3。如果采用一种以上的复合型防爆电气设备，须先标出主体防爆型式后再标出其他防爆型式，如：主体为增安型，其他部件为隔爆型B级T4组，则其标志为edⅡBT4。

2. 防爆电气设备应根据爆炸危险场所的区域和爆炸物质的类别、级别、组别进行选型。当同一场所存在两种或两种以上爆炸混合物时，应按危险程度较高的级别选用。表9-75中列出了爆炸危险场所用的电气设备防爆类型。

气体爆炸危险场所用电气设备防爆类型选型表　　　　　　　　表 9-75

爆炸危险区域	适用的防护型式	符号	爆炸危险区域	适用的防护型式	符号
	电气设备类型			电气设备类型	
0区	1. 本质安全型（ia级）	ia	1区	5. 充油型	o
	2. 其他特别为0区设计的电气设备（特殊型）	s		6. 正压型	p
				7. 充砂型	q
1区	1. 适用于0区的防护类型	—		8. 其他特别为1区设计的电气设备（特殊型）	s
	2. 隔爆型	d	2区	1. 适应于0区或1区的防护类型	—
	3. 增安型	e		2. 无火花型	n
	4. 本质安全型（ib级）	ib			

3. 按规范 GB 50058 要求各种电气设备防爆结构选型：

旋转电机防爆结构的选型　　　　　　　　表 9-76

爆炸危险区域	1区			2区			
防爆结构 电气设备	隔爆型 d	正压型 p	增安型 e	隔爆型 d	正压型 p	增安型 e	无火花型 n
鼠笼型感应电动机	○	○	△	○	○	○	○
绕线型感应电动机	△	△	·	○	○	○	×

续表

爆炸危险区域	1 区			2 区			
防爆结构 电气设备	隔爆型 d	正压型 p	增安型 e	隔爆型 d	正压型 p	增安型 e	无火花型 n
同步电动机	○	○	×	○	○	○	
直流电动机	△	△		○	○		
电磁滑差离合器(无电刷)	○	△	×	○	○	○	△

注：1. 表中符号：○为适用；△为慎用；×为不适用（下同）。
　　2. 绕线型感应电动机及同步电动机采用增安型时，其主体是增安型防爆结构，发生电火花的部分是隔爆或正压型防爆结构。
　　3. 无火花型电动机在通风不良及户内具有比空气重的易燃物质区域内慎用。

低压变压器类防爆结构的选型　　　　　　表 9-77

爆炸危险区域	1 区			2 区			
防爆结构 电气设备	隔爆型 d	正压型 p	增安型 e	隔爆型 d	正压型 p	增安型 e	无火花型 o
变压器(包括起动用)	△	△	×	○	○	○	○
电抗线圈(包括起动用)	△	△	×	○	○	○	○
仪表用互感器	△		×	○		○	○

低压开关和控制器类防爆结构的类型　　　　　　表 9-78

爆炸危险区域	0 区	1 区					2 区				
防爆结构 电气设备	本质 安全型 ia	本质 安全型 ia,ib	隔爆 型 d	正压 型 p	充油 型 o	增安 型 e	本质 安全型 ia,ib	隔爆 型 d	正压 型 p	充油 型 o	增安 型 e
刀开关、断路器			○					○			
熔断器			△					○			
控制开关及按钮	○	○	○		○		○	○		○	
电抗起动器和起动补偿器			△					○			○
起动用金属电阻器			△	△	×			○			○
电磁阀用电磁铁			○		×			○			○
电磁摩擦制动器			△		×			○			△
操作箱、柱			○					○			
控制盘			△	△				○			
配电盘			△					○			

注：1. 电抗起动器和起动补偿器采用增安型时，是指将隔爆结构的起动运转开关操作部件与增安型防爆结构的电抗线圈或单绕组变压器组成一体的结构。
　　2. 电磁摩擦制动器采用隔爆型时，是指将制动片、滚筒等机械部分也装入隔爆壳体内者。
　　3. 在 2 区内电气设备采用隔爆型时，是指除隔爆型外，也包括主要有火花部分为隔爆结构而其外壳为增安型的混合结构。

灯具类防爆结构的选型　　　　　　表 9-79

爆炸危险区域	1 区		2 区	
防爆结构 电气设备	隔爆型 d	增安型 e	隔爆型 d	增安型 e
固定式灯	○	×	○	○
移动式灯	△		○	

续表

爆炸危险区域	1 区		2 区	
防爆结构 电气设备	隔爆型 d	增安型 e	隔爆型 d	增安型 e
携带式电池灯	○		○	
指示灯类	○	×	○	○
镇流器	○	△	○	○

信号、报警装置等电气设备防爆结构的选型　　　　　　表 9-80

爆炸危险区域	0 区	1 区				2 区			
防爆结构 电气设备	本质 安全型 ia	本质 安全型 ia,ib	隔爆型 d	正压型 p	增安型 e	本质 安全型 ia,ib	隔爆型 d	正压型 p	增安型 e
信号、报警装置	○	○	○	○	×	○	○	○	○
插接装置			○				○		
接线箱（盒）			○		△		○		○
电器测量表计			○	○	×		○	○	○

爆炸性气体环境电缆配线技术要求　　　　　　表 9-81

技术 要求 爆炸危险区域	电缆明设或在沟内敷设时的最小截面			接线盒	移动 电缆
	电力	照明	控制		
1 区	铜芯 2.5mm² 及 以上	铜芯 2.5mm² 及 以上	铜芯 2.5mm² 及 以上	隔爆型	重型
2 区	铜芯 1.5mm² 及以上，或铝芯 4mm² 及以上	铜芯 1.5mm² 及 以 上，或 铝 芯 2.5mm² 及以上	铜芯 1.5mm² 及 以上	隔爆、 增安型	中型

爆炸危险环境钢管配线技术要求　　　　　　表 9-82

技术 要求 爆炸危险区域	钢管明配线路用绝缘导线的最小截面			接线盒 分支盒 挠性连接管	管子连接要求
	电力	照明	控制		
1 区	铜芯 2.5mm² 及以上	铜芯 2.5mm² 及以上	铜芯 2.5mm² 及以上	隔爆型	对 *DN*25mm 及 以下的钢管螺纹旋 合不应少于 5 扣， 对 *DN*32mm 及 以上的不应少于 6 扣 并有锁紧螺母
2 区	铜芯 1.5mm² 及以上，或铝芯 4mm² 及以上	铜芯 1.5mm² 及以上，或铝芯 2.5mm² 及以上	铜芯 1.5mm² 及以上	隔爆、 增安型	对 *DN*25mm 及 以下的螺纹旋合不 应少于 5 扣，对 *DN*32mm 及以上 的不应少于 6 扣

注：钢管应采用低压流体输送用镀锌焊接钢管。

4. 火灾危险环境电气设备选型。根据区域等级和使用条件，火灾危险环境内的电气设备防护结构选型如表 9-83 所示。

电气设备防护结构的选型 表 9-83

防护结构 电气设备	火灾危险区域	21 区	22 区	23 区
电机	固定安装	IP44	IP54	IP21
	移动式、携带式	IP54		IP54
电器和仪表	固定安装	充油型、IP54、IP44	IP54	IP44
	移动式、携带式	IP54		IP44
照明灯具	固定安装	IP2X	IP5X	IP2X
	移动式、携带式	IP5X		
配电装置		IP5X		
接线盒				

注：1. 在火灾危险环境 21 区内固定安装的正常运行时有滑环等火花部件的电机，不宜采用 IP44 结构。
    2. 在火灾危险环境 23 区内固定安装的正常运行时有滑环等火花部件的电机，不应采用 IP21 型结构，而应采用 IP44 型。
    3. 在火灾危险环境 21 区内固定安装的正常运行时有火花部件的电器和仪表，不宜采用 IP44 型。
    4. 移动式和携带式照明灯具的玻璃罩，应有金属网保护。
    5. 表中防护等级的标志应符合现行国家标准《外壳防护等级的分类》的规定。

9.21.4 石油设施的防雷设计

1. 雷电对石油设施造成的危害

（1）直击雷危害：直击雷危害造成的电效应、热效应和机械力效应的破坏作用很大。

1）电效应：雷云对大地放电时，雷电流通过具有电阻或电感的物体时，因雷电流的变化率大（几十微秒时间内变化几万或几十万安），能产生高达数万伏甚至数十万伏的冲击电压，足以使电力系统的设施烧毁，导致可燃易燃易爆物品的爆炸和火灾，引起严重的触电事故。

2）热效应：很高的雷电流通过导体时，能使放电通道的温度高达数万度，在极短时间内将转换成大量的热能。雷击点的发热能量约为 500～20000J，会将金属熔化、点燃油气引起爆炸事故。

3）机械力效应：雷电流作用于导体时，由于雷电的热效应，使被击物体内部出现强大的机械力，从而导致被击物体遭受严重破坏或造成爆炸。

（2）间接雷电危害。间接雷电可引起静电感应和电磁感应危害。

1）静电感应：雷云的静电感应危害是指带电的雷云接近地面时，在地面的物体上感应出与雷云符号相反的电荷；当雷云消失时，对地绝缘导体或非导体等建筑物或设备顶部大量感应电荷不能迅速流入大地，结果将呈现因感应静电荷而产生很高的对地电压即静电感应电压，它可达到几万伏，可击穿数十厘米的空气间隙发生火花放电，足以引起可燃气体燃烧或爆炸。雷电的静电感应会将接地不良或电气连接不良的物体或空气击穿，形成火花放电，引起可燃气体燃烧或爆炸。

2）电磁感应：雷击具有很高的电压和很大的电流，又是在短短的时间内发生，当雷电流通过导体导入大地时，在其周围空间里将产生很强的交变电磁场，不仅会对处在这一电磁场中的导体感应出较大的电动势，还会在闭合回路的金属物体上产生感应电流，这时如回路上有的地方接触电阻很大或有缺口，就会局部发热或击穿缺口间空气，形成火花放电，引起可燃气体燃烧或爆炸。油罐或管道接地可导走电磁感应电流。

（3）雷电波侵入危害。雷击在架空线路、金属管道上会产生冲击雷电波，使雷电波沿线路或管道迅速传播，若侵入建筑物内可造成配电装置和电器绝缘层击穿产生短路，或使建筑物内的易燃易爆物品燃烧或爆炸。

（4）防雷装置上的高电压对建筑物的反击作用。当防雷装置受到雷击时，接闪器、引下线及接地体上都有很高的电压，它足以击穿 3m 以内的空气，形成火花放电。雷电对 3m 以内的导体发生跳闪放电，这种现象称为"反击"。如防雷装置与建筑物内外的电器、电气线路或其他金属管道的距离小于 3m 时，它们之间就会产生放电，可引起电器绝缘破坏、金属管道击穿、造成易燃易爆物品爆炸或着火。

2. 防雷装置。一套完整的防雷装置包括接闪器、引下线和接地装置。

（1）接闪器。接闪器又称受雷器，是直接接受雷电的金属构件。不同的保护对象可以选择不同的接闪器。

石油库的油罐可不装设接闪杆做接闪器，而直接以罐顶做接闪器。

（2）引下线。引下线上接接闪器，下接接地装置，将雷电流自接闪器导入接地装置。金属油罐可用罐本体及接地线做引下线。

（3）接地装置。接地装置用来向大地泄放雷电流，它包括接地体和接地线两个部分。以油罐做接闪器、以罐壁做引下线时，接地线连接端子与油罐壁的连接如图 9-105、图 9-106 所示。

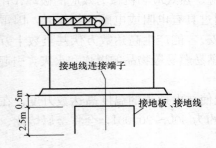

图 9-105　金属油罐接地

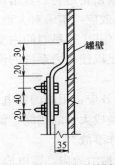

图 9-106　接地线连接端子

3. 油罐防雷总体要求

（1）钢油罐必须做防雷接地，接地点不应少于 2 处。

（2）油罐接地电阻不宜大于 10Ω。

（3）钢油罐不应装设接闪杆，应符合下列规定：

1）装有阻火器的地上卧式油罐的壁厚等于或大于 4mm 时，不应装设接闪杆。

2）覆土油罐的罐体以及呼吸阀、量油孔等金属附件，应做电气连接并接地，接地电阻不宜大于 10Ω。

（4）信息系统应做防雷接地。

4. 静电对石油设施造成的危害及防护措施

（1）静电危害。油品在流动、搅拌、过滤、灌注等过程中，由于不断地进行相对运动、摩擦、碰撞，使油品产生静电、积累静电荷。当静电荷积聚到一定程度时就可能发生火花放电，如果此时环境中有爆炸性混合物存在时，就有可能引起爆炸和着火。油品在生产和储运过程中，由于静电造成重大爆炸着火事故的现象屡见不鲜，如何做好防静电危害，具有非常重要的现实意义。

（2）防止静电措施。防止静电的措施可从以下几个方面考虑采取各种有效的办法：

1）减少静电的产生和积聚。

① 控制流速。油品在管道中流动所产生的流动电荷和电荷密度的饱和值与油品流速的二次方成正比。因此控制流速是减少静电产生的一个有效办法。当油品在层流状态时，产生的静电量只与流速有关，而与管径大小无关；当油品处于紊流状态时，产生的静电量与流速的 1.75 次方成正比，与管径的 0.75 次方成反比。

油罐及灌装容器中一般都存在油气与空气相混合的气相空间，这样的气相空间属于爆炸危险 0 区或 1 区，如在这样的气相空间发生静电放电，极易引起爆炸和燃烧事故，所以特别要重视输油管道在进罐、灌装、加油时的流速。《石油库设计规范》GB 50074—2002 规定汽油、煤油和轻柴油的灌装流速不宜大于 4.5m/s，初始流速不大于 1m/s，同时规定装油鹤管的出口在淹没后方可提高灌装流速。

② 采用合理的灌装、加油方式。从顶部喷溅灌装方式产生的静电荷比从底部进油产生的静电荷多一倍，因此应尽量采用从底部进罐方式。

③ 防止不同闪点的油品相混或油品中含空气、含水。严禁使用压缩空气进行甲、乙类油品的调和作业和清扫作业。

④ 经过过滤器的油品，应有足够的漏电时间。经过过滤器的油品其静电荷大量增加。为了避免将经过过滤器而产生的静电荷带进过滤器之后的容器（油罐或罐车），在过滤器之后应有一定长度或流经一定时间的管段，将静电荷泄漏掉。一般规定需有 30s 的时间才允许进入容器。

2）采取导走静电、减少静电积聚的措施。

① 接地和跨接。静电接地是为了导走或消除导体上的静电，是消除静电危害最有效的措施。其具体做法是把容器或管道通过金属导线及接地体与大地连通，而且有一个电阻值的最小要求，我国的规范中一般规定防静电接地装置的接地电阻不大于 100Ω。

防静电接地的要求还有下面几点：

储存甲、乙、丙A类油品的钢油罐、非金属油罐，均应做防静电接地。钢油罐的防雷接地装置可兼作防静电接地装置。非金属油罐应在罐内设置静电导体引至罐外接地，并与油罐的金属管线连接，形成等电位。

铁路装卸油品设施，包括钢轨、输油管线、鹤管、钢栈桥等应做电气连接并接地。石油库专用铁路线与电气化铁路接轨时，应符合有关规定。

甲、乙、丙A类油品的汽车油罐车，应做防静电接地。装卸油场地上，应设有为油罐车跨接的防静电接地装置。

装卸油品码头，应设有为油船跨接的防静电接地装置。此接地装置应与码头上装卸油品设备的静电接地装置相连接。

地上或管沟敷设的输油管道的始末端、分支处及直接段每隔 200～300m 处，应设防静电和防感应雷接地装置，接地电阻不宜大于 30Ω。接地点宜设在固定管墩架处。

② 添加抗静电添加剂。接地只能导走导体上的静电，不能消除油品中的静电，所以有了可靠的接地后，为了减少静电危害还可采取控制或减少油品中静电的措施，如在油品中加入微量的抗静电添加剂，使油品的导电率增加到小于 $10^8\Omega\cdot m$，可加速静电泄漏、导走，消除或减少静电危害。

③ 设置静电缓和器。静电缓和器是一个装在管道上有一段扩大了管径的金属容器，可以起到消除静电荷的作用。带电油品在进入此容器中流速减慢，油品停留时间相对加长，管道中的电荷可部分导走，起到了静电缓和作用。

3）消除火花放电促发物。在油罐和油罐车中可能引起爆炸着火事故的火花放电促发物有下列几种：金属油罐中未经铲除的焊瘤子，容器内的浮漂用品，检测用的取样、量油器具，测温仪表及导线等等。在施工和生产管理、操作中应十分注意这些火花放电促发物，因为它们有可能造成放电，导致火花事故发生。尽量采用一些自动化的固定的检测手段。

4）防止形成爆炸性混合气体的环境。设置有易燃液体或气体设备的房间，通常是采取加强通风的办法，使房间及时地排出爆炸性气体，使之不积聚，达不到爆炸下限的浓度，即可防止静电引起的爆炸火灾事故。

5. 爆炸性环境中的接地设计要求

（1）爆炸性气体环境接地设计应符合下列要求。

1）按有关电力设备接地设计技术规程规定不需要接地的下列部分，在爆炸性气体环境内仍应进行接地。

① 在不良导电地面处，交流额定电压为 380V 及以下和直流额定电压为 440V 及以下的电气设备正常不带电的金属外壳；

② 在干燥环境，交流额定电压为 127V 及以下，直流电压为 110V 及以下的电气设备正常不带电的金属外壳；

③ 安装在已接地的金属结构上的电气设备。

2）在爆炸危险环境内，电气设备的金属外壳应可靠接地。爆炸性气体环境 1 区内的所有电气设备以及爆炸性气体环境 2 区内除照明灯具以外的其他电气设备，应采用专门的接地线。该接地线若与相线敷设在同一保护管内时，应具有与相线相等的绝缘。此时爆炸性气体环境的金属管线，电缆的金属包皮等，只能作为辅助接地线。

爆炸性气体环境 2 区内的照明灯具，可利用有可靠电气连接的金属管线系统作为接地线，但不得利用输送易燃物质的管道。

3）接地干线应在爆炸危险区域不同方向不少于两处与接地体连接。

4）电气设备的接地装置与防止直接雷击的独立接闪杆的接地装置应分开设置，与装设在建筑物上防止直接雷击的接闪杆的接地装置可合并设置；与防雷电感应的接地装置亦可合并设置。接地电阻值应取其中最低值。

（2）爆炸性粉尘环境接地设计应符合下列要求：

1）按有关电力设备接地设计技术规程，不需要接地的下列部分，在爆炸性粉尘环境内，仍应进行接地。

① 在不良导电地面处，交流额定电压为 380V 及以下和直流额定电压 440V 及以下的

电气设备正常不带电的金属外壳；

② 在干燥环境，交流额定电压为 127V 及以下，直流额定电压为 110V 及以下的电气设备正常不带电的金属外壳；

③ 安装在已接地的金属结构上的电气设备。

2）爆炸性粉尘环境内电气设备的金属外壳应可靠接地。爆炸性粉尘环境 10 区内的所有电气设备，应采用专门的接地线，该接地线若与相线敷设在同一保护管内时，应具有与相线相等的绝缘。电缆的金属外皮及金属管线等只作为辅助接地线。爆炸性粉尘环境 11 区内的所有电气设备，可利用有可靠电气连接的金属管线或金属构件作为接地线，但不得利用输送爆炸危险物质的管道。

3）为了提高接地的可靠性，接地干线宜在爆炸危险区域不同方向且不少于两处与接地体连接。

4）电气设备的接地装置与防止直接雷击的独立接闪杆的接地装置应分开设置，与装设在建筑物上防止直接雷击的接闪杆的接地装置可合并设置；与防雷电感应的接地装置亦可合并设置。接地电阻值应取其中最低值。

（3）火灾危险环境接地设计应符合下列要求：

1）在火灾危险环境内的电气设备的金属外壳应可靠接地；

2）接地干线应有不少于两处与接地体连接。

（4）爆炸危险环境里仪表的接地设计及施工：

1）用电仪表的外壳、仪表盘、柜、箱、盒和电缆槽、保护管、支架、底座等正常不带电的金属部分，由于绝缘破坏而有可能带危险电压者，均应做保护接地。对于供电电压不高于 36V 的就地仪表、开关等，当设计文件无特殊要求时，可不做保护接地。

2）在非爆炸危险区域的金属盘、板上安装的按钮、信号灯、继电器等小型低压电器的金属外壳，当与已接地的金属盘、板接触良好时，可不做保护接地。

3）仪表保护接地系统应接到电气工程低压电气设备的保护接地网上，连接应牢固可靠，不应串联接地。

4）保护接地的接地电阻值，应符合设计文件规定。

5）在建筑物上安装的电缆槽及电缆保护管，可重复接地。

6）仪表及控制系统应做工作接地，工作接地包括信号回路接地和屏蔽接地，以及特殊要求的本质安全电路接地，接地系统的连接方式和接地电阻值应符合设计文件规定。

7）仪表及控制系统的信号回路接地、屏蔽接地应共用接地装置。

8）各仪表回路只应有一个信号回路接地点，除非使用隔离器将两个接地点之间的直流信号回路隔离开。

9）信号回路的接地点应在显示仪表侧，当采用接地型热电偶和检测元件已接地的仪表时，不应再在显示仪表侧接地。

10）仪表电缆电线的屏蔽层，应在控制室仪表盘柜侧接地，同一回路的屏蔽层应具有可靠的电气连续性，不应浮空或重复接地。

11）当有防干扰要求时，多芯电缆中的备用芯线应在一点接地，屏蔽电缆的备用芯线与电缆屏蔽层，应在同一侧接地。

12）仪表盘、柜、箱内各回路的各类接地，应分别由各自的接地支线引至接地汇流排或接地端子板，由接地汇流排或接地端子板引出接地干线，再与接地总干线和接地极相连。各接地支线、汇流排或端子板之间在非连接处应彼此绝缘。

13）接地系统的连线应使用铜芯绝缘电线或电缆，采用镀锌螺栓紧固，仪表盘、柜、箱内的接地汇流排应使用铜材，并有绝缘支架固定。接地总干线与接地体之间应采用焊接。

14）本质安全电路本身除设计文件有特殊规定外，不应接地。当采用二极管安全栅时，其接地应与直接电源的公共端相连。

15）接地线的颜色应符合设计文件规定，并设置绿、黄色标志。

16）防静电接地应符合设计文件规定，可与设备、管道和电气等的防静电工程同时进行。

6. 石化库的防雷与接地设计

(1) 钢油罐必须做防雷接地，接地点不应少于 2 处。

在钢油罐的防雷措施中，油罐良好接地很重要，它可以降低雷击点的电位、反击电位和跨步电压。

(2) 钢油罐接地点沿油罐周长的间距，不宜大于 30m，接地电阻不宜大于 10Ω。

(3) 储存易燃油品的油罐防雷设计，应符合下列规定：

1）装有阻火器的地上卧式油罐的壁厚和地上固定顶钢油罐的顶板厚度等于或大于 4mm 时，不应装设接闪杆。铝顶油罐和顶板厚度小于 4mm 的钢油罐，应装设接闪杆（网）。接闪杆（网）应保护整个油罐。

2）浮顶油罐或内浮顶油罐不应装设接闪杆，但应将浮顶与罐体用 2 根导线做电气连接。浮顶油罐连接导线应选用横截面不小于 $25mm^2$ 的软铜复绞线。对于内浮顶油罐，钢质浮顶油罐连接导线应选用横截面不小于 $16mm^2$ 的软铜复绞线；铝质浮顶油罐连接导线应选用直径不小于 1.8mm 的不锈钢钢丝绳。

3）覆土油罐的罐体及罐室的金属构件以及呼吸阀、量油孔等金属附件，应做电气连接并接地，接地电阻不宜大于 10Ω。

(4) 储存可燃油品的钢油罐，不应装设接闪杆（线），但必须做防雷接地。

(5) 装于地上钢油罐上的信息系统的配线电缆应采用屏蔽电缆。电缆穿钢管配线时，其钢管上下 2 处应与罐体做电气连接并接地以使钢管对电缆产生电磁封锁，以减少雷电波沿配线电缆传输到控制室，将信息系统装置击坏。

(6) 石油库内信息系统的配电线路首端需与电子器件连接时，应装设与电子器件耐压水平相适应的过电压保护（电涌保护）器，是为了防止雷电电磁脉冲过电压损坏信息装置的电子器件。过电压保护（电涌保护）器必须符合相应场所防爆等级要求。

(7) 石油库内的信息系统配线电缆，宜采用铠装屏蔽电缆，且宜直接埋地敷设。电缆金属外皮两端在进入建筑物处应接地。当电缆采用穿钢管敷设时，钢管两端在进入建筑物处应接地。建筑物内电气设备的保护接地与防感应雷接地应共用一个接地装置，接地电阻值应按其中的最小值确定。

为了尽可能减少雷电波的侵入，避免建筑物内发生雷电火花，发生火灾事故。将建筑内电气设备保护接地与防感应雷接地共用，达到等电位连接，以防止雷电过电压火花。

(8) 油罐上安装的信息系统装置，其金属的外壳应与油罐体做电气连接。使信息系统装置与油罐体达到等电位连接，以防止信息装置被雷电过电压损坏。

（9）石油库的信息系统接地，宜就近与接地汇流排连接。

因信息系统连线存在电阻和电抗。若连线过长，在其上的压降过大，会产生反击，将信息系统装置的电子元件损坏。

（10）储存易燃油品的人工洞石油库，应采取下列防止高电位引入的措施：

1）进出洞内的金属管道从洞口算起，当其洞外埋地长度超过 $2\sqrt{\rho m}$（ρ 为埋地电缆或金属管道处的土壤电阻率，单位 $\Omega \cdot m$）且不小于 15m 时，应在进入洞口处做一外接地。在其洞外部分不埋地或埋地长度不足 $2\sqrt{\rho m}$ 时，除在进入洞口处做一外接地外，还应在洞外做二处接地，接地点间距不应大于 50m，接地电阻不宜大于 20Ω。

2）电力和信息线路应采用铠装电缆埋地引入洞内。洞口电缆的外皮应与洞内的油罐、输油管道的接地装置相连。若由架空线路转换为电缆埋地引入洞内时，从洞口算起，当其洞外埋地长度超过 $2\sqrt{\rho m}$ 时，电缆金属外皮应在进入处做接地。当埋地长度不足 $2\sqrt{\rho m}$ 时，电缆金属外皮除在进入洞口处做接地外，还应在洞外做二处接地，接地点间距不应大于 50m，接地电阻不宜大于 20Ω。电缆与架空线路的连接处，应装设过电压保护器。过电压保护器、电缆外皮和瓷瓶铁脚，应做电气连接并接地，接地电阻不宜大于 10Ω。过电压保护器必须具有符合相应场所防爆等级要求。

3）人工洞石油库油罐的金属通气管和金属通风管的露出洞外部分，应装设独立接闪杆，爆炸危险 1 区应在接闪杆的保护范围以内。接闪杆的尖端应设在爆炸危险 2 区之外。

储存易燃油品的人工洞石油库需要设置防止高电位引入的理由如下：

1）地上或管沟敷设的金属管道，当受雷击或雷电感应时，会将高电位引入洞内，故应将金属管道埋地敷设进洞或进行多点接地进洞。

2）雷击时高电位可能沿低压架空线侵入洞内发生事故，因此，要求电力和通信线采用铠装电缆埋地入洞。当从架空线上转换一段电缆埋地进洞时，有必要采取本款所规定的保护措施。

3）人工洞石油库油罐的金属呼吸管与金属通风管暴露在洞外，当直击或感应雷的高电位通过这些管道引入洞内时，就有可能在某一间隙处放电引燃油气而造成爆炸火灾事故。因此，露出洞外的金属呼吸管与金属通风管应装设独立接闪杆保护。

（11）易燃油品泵房（棚）的防雷，应符合下列规定：

1）油泵房（棚）应采用接闪带（网）。接闪带（网）的引下线不应少于 2 根，并应沿建筑物四周均匀对称布置，其间距不应大于 18m。网格不应大于 10m×10m 或 12m×8m。

2）进出油泵房（棚）的金属管道、电缆的金属外皮或架空电缆金属槽，在泵房（棚）外侧应做一处接地，接地装置应与保护接地装置及防感应雷接地装置合用。

3）易燃油品泵站（棚）属爆炸和火灾危险场所，故应设置接闪带（网）防直击雷。

4）若雷电直接击在金属管道及电缆金属外皮或架空线槽上，或其附近发生雷击，都会在其上产生雷电过电压。为防止过电压进入易燃油品泵站（棚），应在其外侧接地，使雷电流在其外侧就泄入地下，降低或减少过电压进入泵站（棚）内。接地装置与保护及防感应雷接地装置合用，是为了均压等电位，防止反击雷电火花发生。

（12）可燃油品泵房（棚）的防雷，应符合下列规定：

1) 在平均雷暴日大于 40d/a 的地区，油泵房（棚）宜装设接闪带（网）防直击雷。接闪带（网）的引下线不应少于 2 根，其间距不应大于 18m。

2) 进出油泵房（棚）的金属管道、电缆的金属外皮或架空电缆金属槽，在泵房（棚）外侧应做一处接地，接地装置宜与保护接地装置及防感应雷接地装置合用。

可燃油品泵站（棚）属火灾危险场所，防雷要比易燃油品泵站（棚）的防雷要求宽一些。在雷暴日大于 40d/a 的地区才装设接闪带防直击雷。

(13) 装卸易燃油品的鹤管和油品装卸栈桥（站台）的防雷应符合下列规定：

1) 露天装卸油作业的，可不装设接闪杆（带）。

2) 在棚内进行装卸油作业的，应装设接闪杆（带）。接闪杆（带）的保护范围应为爆炸危险 1 区。

3) 进入油品装卸区的输油（油气）管道在进入点接地，接地电阻不应大于 20Ω。

4) 露天进行装卸油作业的，雷雨天不应也不能进行装卸油作业，不进行装卸油作业，爆炸危险区域将不存在，所以可不装设接闪杆（带）防直击雷。

5) 当在棚内进行装卸油作业时，雷雨天可能要进行装卸油作业，这样就存在爆炸危险区，所以要安装接闪杆（带）防直击雷。雷击中棚是有概率的，爆炸危险区域内存在爆炸危险混合物也是有概率的。1 区存在的概率相对 2 区存在的概率要高些，所以接闪杆（带）只保护区 1 区。

6) 装卸油作业区属爆炸危险场所，进入装卸油作业区的输油（油气）管道在进入点接地，可将沿管传输过来的雷电流泄入地中，减少作业区雷电流的侵入，防止反击雷电火花。

(14) 在爆炸危险区域内的输油（油气）管道，应采取下列防雷措施：

1) 输油（油气）管道的法兰连接处应跨接。当不少于 5 根螺栓连接时，在非腐蚀环境下可不跨接。

2) 平行敷设于地上或管沟的金属管道，其净距小于 100mm 时，应用金属线跨接，跨接点的间距不应大于 30m。管道交叉点净距小于 100mm 时，其交叉点应用金属线跨接。

(15) 石油库生产区的建筑物内 400V/230V 供配电系统的防雷，应符合下列规定：

1) 当电源采用 TN 系统时，从建筑物内总配电盘（箱）开始引出的配电路和分支线路必须采用 TN-S 系统。

2) 建筑物的防雷区，应根据现行国家标准《建筑物防雷设计规范》GB 50057 划分。工艺管道，配电线路的金属外壳（保护层或屏蔽层），在各防雷区的界面处应做等电位连接。在各被保护的设备处，应安装与设备耐压水平相适应的过电压（电涌）保护器。过电压保护（电涌保护）器必须具有符合相应场所防爆等级要求。

3) 当电源采用 TN 系统时，在建筑物内总配电盘（箱）开始引出的配电线路和分支线路线，PE 线与 N 线必须分开。使各用电设备形成等电位连接，对人身设备安全都有好处。

4) 在建筑物的防雷区，所有进出建筑物的金属管道、配电线路的金属外壳（保护层或屏蔽层），在各防雷区介面做等电位连接，主要是为均压各金属管道电位，防止雷电火花。在各被保护设备处，安装过电压（电涌）保护器，是为箝制过电压，使其过电压限制在设备所能耐受的数值内，使设备受到保护，避免雷电损坏设备。

（16）避雷针（网、带）的接地电阻，不宜大于 10Ω。

7. 石化库防静电设计

（1）储存甲、乙、丙 A 类油品的钢油罐，应采取防静电措施。

输送甲、乙、丙 A 类油品时，由于油品与管道及过滤器的摩擦会产生大量静电荷，若不通过接地装置把电荷导走就会积聚在油罐上，形成很高的电位，当此电位达到某一间隙放电电位时，可能发生放电火花，引起爆炸着火事故。

（2）钢油罐的防雷接地装置可兼作防静电接地装置。

（3）铁路油品装卸栈的首末及中间处，应与钢轨、输油（油气）管道、鹤管等相互做电气连接并接地。

为使鹤管和油罐车形成等电位，避免鹤管与油罐车之间产生电火花，要求铁路装卸油品设施的钢轨、油管、鹤管和金属栈等做电气接地。之所以要求相互做电气连接并接地，是因为分别接地达不到均压电位的目的，不能消除相互之间的电位差，有产生电火花的可能，不利于安全。

（4）石油库专用铁路线与电气化铁路接轨时，电气化铁路高压电接触网不宜进入石油库装卸区。

（5）当石油库专用铁路线与电气化铁路接轨，铁路高压接触网不进入石油库专用铁路线时，应符合下列规定：

1）在石油库专用铁路线上，应设置 2 组绝缘轨缝。第一组设在专用铁路线起始点 15m 以内，第二组设在进入装卸区前。2 组绝缘轨缝的距离，应大于取送车列的总长度。

2）在每组绝缘轨缝的电气化铁路侧，应设 1 组向电气化铁路所在方向延伸的接地装置，接地电阻不应大于 10Ω。

3）铁路油品装卸设施的钢轨、输油管道、鹤管、钢栈桥等应做等电位跨接并接地，两组跨接点间距不应大于 20m，每组接地电阻不应大于 10Ω。

（6）当石油库专用铁路与电气化铁路接轨，且铁路高压接触网进入石油库专用铁路线时，应符合下列规定：

1）进入石油库的专用电气化铁路线高压接触网应设 2 组隔离开关。第一组应设在与专用铁路线起始点 15m 以内，第二组应设在专用铁路线进入装卸油作业区前，且与第一个鹤管的距离不应小于 30m。隔离开关的入库端应装设防雷器保护。专用线的高压接触网终端距第一个装卸油鹤管，不应小于 15m。

2）在石油库专用铁路上，应设置 2 组绝缘轨缝及相应的回流开关装置。第一组设在专用铁路线起始点 15m 以内，第二组设在进入装卸区前。

3）在每组绝缘轨缝的电气化铁路侧，应设 1 组向电气化铁路所在方向延伸的接地装置，接地电阻不应大于 10Ω。

4）专用电气化铁路线第二组隔离开关后的高压接触网，应设置供搭接的接地装置。

5）铁路油品装卸设施的钢轨、输油管道、鹤管、钢栈桥等应做等电位跨接并接地，两组跨接点的间距不应大于 20m，每组接地电阻不应大于 10Ω。

6）在铁路高压接触网上设两组隔离开关的主要作用，是保证装卸油作业时，石油库内高压接触网不带电。距作业区近的一组开关除调车作业外，均处于常开状态，防雷器是保护开关用的。距作业区远的一组（与铁路起始点 15m 以内），除装卸油作业外，一般处于常闭状态。

7）在石油库专用铁路线上，设两组绝缘轨缝与回流开关，是为了保证在调车作业时，高压接触网电流畅通，在装卸油作业时，装卸油作业区不受高压接触网影响。使铁路信号电流、感应电流通过绝缘轨缝隔离，不至于侵入装卸油作业区，确保装卸作业安全。

8）在绝缘轨缝的铁路侧安装向电气化铁路所在方向延伸的接地装置，主要是为了将铁路信号及高压接触网的回流电流引回铁路专用线，确保装卸油作业区安全。

9）在第二组隔离开关断开的情况下，石油库内的高压接触网上，由于铁路高压接触网的电磁感应关系，仍会带上较高的电压。设置供搭接的接地装置，可消除接触网的感应电压，确保人身安全。

（7）甲、乙、丙 A 类油品的汽车油罐车或油桶的灌装设施，应设置与油罐车或油桶跨接的防静电接地装置。这是为了导走汽车油罐车和油桶上的静电。

（8）油品装卸码头，应设置与油船跨接的防静电接地装置。此接地装置应与码头上的油品装卸设备的防静电接地装置合用。

为消除油船在装卸油品过程中产生的静电积聚，需在油品装卸码头上设置跨接油船的防静电接地装置。此接地装置与码头上的油品装卸设备的静电接地装置合用，可避免装卸设备连接时产生火花。

（9）地上或管沟敷设的输油管道的始端、末端、分支处以及直线段每隔 200～300m 处，应设置防静电和防感应雷的接地装置。

输油管道在输油过程中由于油的流动和油品与管壁的摩擦，将产生大量静电。本条规定可防止静电的积聚，并保证静电接地电阻不超过安全值（不大于 100Ω）。

（10）地上或管沟敷设的输油管道的防静电接地装置可与防感应雷的接地装置合用，接地电阻不宜大于 30Ω，接地点宜设在固定管墩（架处）。

当输油管道的防静电接地装置与防感应雷接地装置合用时，接地电阻不宜大于 30Ω 是按防感应雷的接地装置要求设置的。接地点设在固定管墩（架处），是为了防止机械或外力对接地装置的损害。

（11）油品装卸场所用于跨接的防静电接地装置，宜采用检测接地状况的防静电接地仪器。

（12）移动式的接地连接线，宜采用绝缘护套导线，通过防爆开关，将接地装置与油品装卸设施相连。

（13）下列甲、乙、丙 A 类油品（原油除外）作业场所，应设消除人体静电装置：

① 泵房的门外。

② 储罐的上罐扶梯入口处。

③ 装卸作业区内操作平台的扶梯入口处。

④ 码头上下船的出入口处。

（14）当输送甲、乙类油品的管道上装有精密过滤器，油品自过滤器出口流至装料容器入口应有 30s 的缓和时间。

甲、乙类油品经过输送管道上的精密过滤器时，由于油品与精密过滤器的摩擦会产生大量静电积聚，有可能出现危险的高电位，试验证明，油品经精密过滤器时产生的静电高电位需有 30s 时间才能消除，故制定该条规定。

（15）防静电接地装置的接地电阻，不宜大于 100Ω。

因静电的电压较高，电流较小，故其接地电阻值一般不大于 100Ω 即可。

（16）石油库内防雷接地、防静电接地、电气设备的工作接地、保护接地及信息系统的接地等，宜共用接地装置，其接地电阻不应大于 4Ω。

8. 输油管道的防雷接地设计

本条适用于陆上新建、扩建或改建的输送原油，成品油，液态液化石油气管道工程及附属站场的防雷与接地设计。

（1）输油站场爆炸危险区域的划分及电气装置的选择，应符合国家现行标准《石油储备库设计规范》GB 50737—2011 和现行国家标准《爆炸和火灾危险环境电力装置设计规范》GB 50058 规定。

（2）输油站场的变配电所、工艺装置等建（构）筑物的防雷、防静电设计，应符合现行国家标准《工业与民用电力装置的过电压保护设计规范》GBJ 64、《石油库设计规范》GB 50074 和《建筑物防雷设计规范》GB 50057 的规定。

（3）输油站的工业控制计算机、通信、控制系统等电子信息系统设备的防雷击电磁脉冲设计应符合下列规定：

1）信息系统设备所在建筑物，应按第三类防雷建筑物进行防直击雷设计。

2）应将进入建筑物和进入信息设备安装房间的所有金属导电物（如电力线、通信线、数据线、控制电缆等的金属屏蔽层和金属管道等），在各防雷区界面处做等电位连接，并宜采取屏蔽措施。

3）在全站低压配电母线上和 UPS 电源进线侧，应分别安装电涌保护器。

4）当数据线、控制电缆、通信线等采用屏蔽电缆时，其屏蔽层应做等电位连接。

5）在一个建筑物内，防雷接地、电气设备接地和信息系统设备接地宜采用共用接地系统，其接地电阻值不应大于 1Ω。

（4）爆炸危险场所内安装的电动仪表，其防爆型式应按表 9-84 确定。

防爆结构电动仪表选择   表 9-84

分区	0 区	1 区	2 区
防爆型式	本质安全型 ia	本质安全型 ia、ib、隔爆型 d	本质安全型 ia、ib、隔爆型 d

注：分区应符合现行国家标准《爆炸和火灾危险环境电力装置设计规范》GB 50058 的规定。

（5）输油站内应设站控制室，安装必要的站控仪表设备和通信设备。

（6）站控制室的设计应符合下列规定：

① 站控制室应设置照明、隔热、防尘、防振和防噪声的设施。

② 站控制室周围不得有对室内电子仪表产生大于 400A/m 的持续电磁干扰。

③ 站控制室内宜设置火灾自动报警与消防装置。

9. 汽车加油加气站的防雷与接地设计

（1）加油加气站的供电负荷等级可为三级。加气站及加油加气合建站的信息系统应设不间断供电电源。

（2）油罐、液化石油气罐和压缩天然气储气瓶组必须进行防雷接地，接地点不应少于两处。

（3）加油加气站的防雷接地、防静电接地、电气设备的工作接地、保护接地及信息系统的接地等，应采用共用接地装置，其接地电阻不应大于4Ω。

（4）当各自单独设置接地装置时，油罐、液化石油气罐和压缩天然气储气瓶组的防雷接地装置的接地电阻、配线电缆金属外皮两端和保护钢管两端的接地装置的接地电阻不应大于10Ω；保护接地电阻不应大于4Ω；地上油品、液化石油气和天然气管道始、末端和分支处的接地装置的接地电阻不应大于30Ω。

（5）当液化石油气罐的阴极防腐采取相关措施时，可不再单独设置防雷和防静电接地装置。

（6）埋地油罐、液化石油气罐应与露出地面的工艺管道相互做电气连接并接地。

（7）当加油加气站的站房和罩棚需要防直击雷时，应采用接闪带（网）保护。

（8）加油加气站的信息系统应采用铠装电缆或导线穿钢管配线。配线电缆金属外皮两端、保护钢管两端均应接地。

（9）加油加气站信息系统的配电线路首、末端与电子器件连接时，应装设与电子器件耐压水平相适应的过电压（电涌）保护器。

（10）380/220V供配电系统宜采用TN-S系统，供电系统的电缆金属外皮或电缆金属保护管两端均应接地，在供配电系统的电源端应安装与设备耐压水平相适应的过电压（电涌）保护器。

（11）地上或管沟敷设的油品、液化石油气和天然气管道的始、末端和分支处应设防静电和防感应雷的联合接地装置，其接地电阻不应大于30Ω。

（12）加油加气站的汽油罐车和液化石油气罐车卸车场地，应设罐车卸车时用的防静电接地装置，并宜设置能检测跨接线及监视接地装置状态的静电接地仪。

（13）在爆炸危险区域内的油品、液化石油气和天然气管道上的法兰、胶管两端等连接处应用金属线跨接。当法兰的连接螺栓不少于5根时，在非腐蚀环境下，可不跨接。

（14）防静电接地装置的接地电阻不应大于100Ω。

（15）加气站、加油加气合建站应设置可燃气体检测报警系统。

（16）当采用电缆沟敷设电缆时，电缆沟内必须充砂填实。电缆不得与油品、液化石油气和天然气管道、热力管道敷设在同一沟内。

（17）加油加气站内爆炸区域的等级范围划分应按相关标准确定。爆炸危险区域内的电气设备选型、安装、电力线路敷设等，应符合国家标准《爆炸和火灾危险环境电力装置设计规范》GB 50058的规定。

（18）加油加气站内爆炸危险区域以外的站房、罩棚等建筑物内的照明灯具，可选用非防爆型，但罩棚下的灯具应选用防护等级不低于IP44级的节能型照明灯具。

（19）低压配电装置可设在加油加气站的站房内。

（20）加油加气线路宜采用电缆并直埋敷设。电缆穿越行车道部分，应穿钢管保护。

（21）电气装置的接地应以单独的接地线与接地干线相连接，不得采用串接方式。

（22）设备和管道的静电接地应符合设计文件的规定。

（23）爆炸及火灾危险环境电气装置和施工除应执行现行国家标准《电气装置安装工程爆炸和火灾危险环境电气装置施工及验收规范》GB 50257外，尚应符合下列规定：

1）接线盒、接线箱等的隔爆面上不应有砂眼、机械伤痕。

2）电缆线路穿过不同危险区域时，在交界处的电缆沟内应充砂、填阻火堵料或加设防火隔墙，保护管两端的管口处应将电缆周围用非燃性纤维堵塞严密，再填塞密封胶泥。

3）钢管与钢管、钢管与电气设备、钢管与钢管附件之间的连接，应采用螺纹连接方式，丝扣处应涂以电力复合脂或导电性防锈脂。

（24）仪表的安装调试除应执行国家现行标准《石油化工仪表工程施工技术规程》SH/T 3521 规定外，尚应符合下列规定：

1）仪表设备外壳、仪表盘（箱）、接线箱等，当其在正常情况下不带电，但有可能接触到危险电压的裸露金属部件时，均应做保护接地。

2）电缆的屏蔽单端接地宜在控制室一侧接地（图 9-107），电缆现场端的屏蔽层不能露出保护层外，应与相邻金属体保持绝缘，同一线路屏蔽层应有可靠的电气连续性。

10. 石化系统信息系统的防雷设计

改革开放以来，信息产业飞速发展，计算机、电子仪表、监控系统在石化行业迅速推广利用，如石油库的油罐安装液位控制、温度控制、自动消防系统、火灾自动报警装置、公用电视监视系统等等，极大地提高了石油库的自动化水平，但随之而来的雷害事故也不断增加。

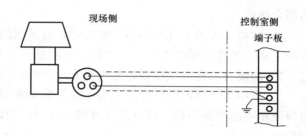

图 9-107　电缆屏蔽单端接地

（1）石油库信息系统防雷的特点与难点：

1）石油库属爆炸和火灾危险场所，非防爆防火的电气元件和器件，不能随便安装，否则会引起爆炸火灾事故。

2）安装于油罐上的信息系统器件，普遍耐过电压水平很低，应根据不同对象，采用多层次防雷保护措施来实现对其保护，因此比较复杂。

3）防雷是一个系统工程，由防直击雷、防感应雷、防雷电波侵入、防雷电电磁脉冲等多个环节组成，哪个环节没有做好，哪个环节就会出问题。

（2）信息系统防雷措施：

1）罐上的液位、温度控制等配线应采用钢管配线；钢管上下两端与油罐体相连，实行电磁封锁措施。

2）配线与电子装置及元件连接的端部，应安装与其耐压水平相适应的过电压保护器。

3）电源变压器两侧应分别装设过电压保护器。

4）信息系统的防雷，需层层设防，采取分流、屏蔽、电磁脉冲封锁、等电位连接等多项防护措施，才能减少或消除信息系统雷电事故，确保信息系统安全运行。

5）过电压保护（电涌保护）器（表 9-84）必须具有符合相应场所的防爆等级要求。

（3）信息系统防雷是一个较为复杂的系统工程，在设计石油库信息系统时，应严格执行石油库防雷规范的有关规定，根据信息系统的实际情况，有针对性地采取各项防雷措施，才能做到完全可靠、经济合理。

（4）应按本小节中第 6 条石油库的防雷与接地设计中的（5）、（6）、（7）、（8）、（9）

条内容执行，采取相应保护措施，并按信息防雷风险评估中 A 级标准设计。

（5）石油系统中各个探测器件，应根据检测地方所处的爆炸危险环境条件，选用适配的防爆级别的检测器件。控制线及其管线敷设均应严格按照防爆条件施工及安装。

（6）在电源系统，信息检测，报警，计算机控制网络系统中应选择适配的各类 SPD，各类 SPD 应安装在相关的配电箱（柜），端子箱内。满足防爆环境施工安装要求（不选用火花间隙的 SPD），确保安全可靠性。

（7）采用共用接地系统，$R \leqslant 1\Omega$。

（8）应作好防静电接地施工。

（9）其他施工相关问题。

1）安装在爆炸危险环境的仪表、仪表线路、电气设备及材料，其规格型号必须符合设计文件规定。防爆设备应有铭牌和防爆标志，并在铭牌上标明国家授权的部门所发给的防爆合格证编号。

2）防爆仪表和电气设备引入电缆时，应采用防爆密封圈挤紧或用密封填料进行封固，外壳上多余的孔应做防爆密封，弹性密封圈的一个孔应密封一根电缆。

3）防爆仪表和电气设备，除本质安全型外，应有"电源未切断不得打开"的标志。

4）采用正压通风的防爆仪表箱的通风管必须保持畅通，且不宜安装切断阀；安装后应保证箱内能维持不低于设计文件规定的压力；当设有低压力连锁或报警装置时，其动作应准确、可靠。

5）本质安全型仪表的安装和线路敷设，应符合下列规定：

① 本质安全电路和非本质安全电路不应共用一根电缆或穿同一根保护管。

② 当采用芯线无分别屏蔽的电缆或无屏蔽的导线时，两个及其以上不同回路的本质安全电路，不应共用同一根电缆或穿同一根保护管。

③ 本质安全电路及其附件，应有蓝色标志。

④ 本质安全电路与非本质安全电路在同一电缆槽或同一电缆沟道内敷设时，应用接地的金属隔板或具有足够耐压强度的绝缘板隔离，或分开排列敷设，其间距应大于50mm，并分别固定牢固。

⑤ 本质安全电路与非本质安全电路共用一个接线箱时，本质安全电路与非本质安全电路接线端子之间，应用接地的金属板隔开。

⑥ 仪表盘、柜、箱内的本质安全电路与关联电路或其他电路的接线端子之间的间距不应小于 50mm；当间距不能满足要求时，应采用高于端子的绝缘板隔离。

⑦ 仪表盘、柜、箱内的本质安全电路敷设配线时，应与非本质安全电路分开，采用有盖汇线槽或绑扎固定，配线从接线端到线束固定点的距离应尽可能短。

⑧ 本质安全电路中的安全栅、隔离器等关联设备的安装位置，应在安全区域一侧或置于另一与环境相适应的防爆设备防护内，需接地的关联设备，应可靠接地。

⑨ 采用屏蔽电缆电线时，屏蔽层不应接到安全栅的接地端子上。

⑩ 本质安全电路内的接地线和屏蔽连接线，应有绝缘层。

⑪ 本质安全电路不应受到其他线路的强电磁感应和强静电感应，线路的长度和敷设方式应符合设计文件规定。

⑫ 本质安全型仪表及本质安全关联设备，必须有国家授权的机构发给的产品防爆合

格证，其型号、规格的替代，必须经原设计单位确认。

6）当电缆槽或电缆沟道通过不同等级的爆炸危险区域的分隔间壁时，在分隔间壁处必须做充填密封。

7）石油库内的集中控制室、变配电间、电缆夹层等场所采用气溶胶灭火装置时，气溶胶喷放出口温度不得大于 80℃。

8）电源系统，信息系统，通信网络，计算机网络，火灾报警系统，电视监控系统等部分的 SPD 选择原则，参见本章中的相关章节，不再重述。

9.21.5 石油储备库的防雷与接地设计

石油储备库是国家投资建设的长期储存原油的大型油库。一般储存低凝原油，储罐为钢质浮顶油罐，原油的火灾危险性类别应划分为甲类。

（1）石油储备库应设置火灾自动报警系统。

（2）石油储备库生产用电负荷等级应为二级，并应设置供信息系统使用的应急电源。

（3）低压 380V/220V 配电应采用 TN-S 系统。

（4）爆炸危险区域的等级划分及防爆措施，应按现行国家标准《石油库设计规范》GB 50074 的有关规定执行。

1. 石油储备库的防雷设计

（1）浮顶油罐防雷应符合下列规定：

① 油罐应做防雷接地，接地点沿罐壁周长的间距不应大于 30m；冲击接地电阻不应大于 10Ω；当防雷接地与电气设备的保护接地、防静电接地共用接地网时，实测的工频接地电阻不应大于 4Ω。

② 油罐不应装设接闪带。应将浮顶与罐体用两根导线做电气连接；浮顶与罐体连接导线应采取横截面不小于 50mm² 扁平镀锡软铜复绞线或绝缘阻燃护套软铜复绞线，连接点宜用铜接线端子及两个 M12 不锈钢螺栓加防松垫片连接。

③ 应利用浮顶排水管线将罐体与浮顶做电气连接，每条排水管线的跨接导线应采用一根横截面不小于 50mm² 扁平镀锡软铜复绞线。

④ 浮顶油罐转动扶梯两侧与罐体和浮顶各两处应做电气连接。

（2）油泵房（棚）防雷应符合下列规定：

① 油泵房（棚）应采用接闪网（带）。接闪网（带）的引下线不应少于两根，并应沿建筑物四周均匀对称布置，其间距不应大于 18m，接闪网网格不应大于 10m×10m 或 12m×8m；接闪网（带）的接地电阻不宜大于 10Ω。

② 进出油泵房（棚）的金属管道、电缆的金属外皮（铠装层）或架空电缆金属槽，在泵房（棚）外侧应做一处接地，接地装置应与保护接地装置及防感应雷接地装置合用。

（3）输油管道防雷应符合下列规定：

① 平行敷设于地上或管沟的金属管道，其净距小于 100mm 时，应用金属线跨接，跨接点的间距不应大于 30m；管道交叉净距小于 100mm 时，其交叉点应用金属线跨接。

② 进入装卸油作业区的输油管道在进入点应接地。

③ 地上或管沟内敷设的输油管道的始端、末端、分支处以及直线段每间隔 200～300m 处，应设置防感应雷的接地装置。

（4）信息系统防雷应符合下列规定：

① 装于地上钢油罐上的信息系统的配线电缆应采用屏蔽电缆；电缆穿钢管配线时，其钢管上、下两处应与罐体连接并接地。

② 石油储备库内信息系统的配电线路首、末端需与电子器件连接时（线路在跨越不同的防雷分区时），应装设与电子器件耐压水平相适应的过电压保护（电涌保护）器。

③ 石油储备库内的信息系统配线电缆，宜采用铠装屏蔽电缆，且宜直接埋地敷设；电缆金属外皮两端及在进入建筑物处应接地；当电缆采用穿钢管敷设时，钢管的两端及在进入建筑物处应接地；建筑物内的电气设备的保护接地与防感应雷接地应共用一个接地装置，接地电阻值应按其中的最小值确定。

④ 油罐上安装的信息系统装置，其金属的外壳应与油罐体做连接。

⑤ 石油储备库的信息系统接地，宜就近与接地汇流排连接。

（5）石油储备库建筑物内 380V/220V 供配电系统的防雷应符合下列规定：

① 建筑物的防雷分类、防雷区划分及防雷措施，应按现行国家标准《建筑物防雷设计规范》GB 50057 的有关规定执行。

② 工艺管道、配电线路的金属外壳（保护层或屏蔽层），在各防雷区的界面处应做等电位连接；在各被保护的设备处，应安装与设备耐压水平相适应的过电压（电涌）保护器。

（6）油罐区内除油罐外的建（构）筑物高度不应超过油罐罐壁顶 5m。

2. 石油储备库的防静电设计

（1）油罐应按下列规定采取防静电措施：

① 油罐的自动通气阀、呼吸阀、阻火器、量油孔应与浮顶做电气连接。

② 油罐采用钢滑板式机械密封时，钢滑板与浮顶之间应做电气连接，沿圆周的间距不宜大于 3m。

③ 二次密封采用 I 类型橡胶刮板时，每个导电片均应与浮顶做电气连接。

④ 电气连接的导线应选用一根横截面不小于 10mm² 镀锡软铜复绞线。

⑤ 在油罐的上罐盘梯入口处，应设置人体静电消除装置。

⑥ 油罐浮顶上取样口的两侧 1.5m 之间应各设一组消除人体静电设施，取样绳索、检尺等工具应与该设施连接。该设施应与罐体做电气连接并接地。

（2）油品装卸码头，应设跨接油船的防静电接地装置。此接地装置应与码头上的油品装卸设备的静电接地装置合用。

（3）地上或管沟敷设的输油管道的始端、末端、分支处以及直线段每隔 200～300m 处，应设置防静电接地装置，接地电阻不宜大于 30Ω。防感应雷接地装置可兼作防静电装置，接地点宜设在固定管墩（架）处。

（4）地上或管沟敷设的输油管道的防静电接地装置可与防感应雷的接地装置合用。

（5）油品装卸场所用于跨接的防静电接地装置，宜采用能检测接地状况的防静电接地仪器。

（6）移动式的接地连接线，宜采用绝缘护套导线，通过防爆开关，将接地装置与油品装卸设施相连。

（7）防静电接地装置的接地电阻，不宜大于 100Ω。

（8）石油储备库内防雷接地、防静电接地、电气设备的工作接地、保护接地及信息系统的接地等，宜共用接地装置，其接地电阻不应大于4Ω。

（9）浮顶油罐良好接地很安全，可以降低雷击点的电位，反击电位和跨步电压，消除放电危险。

3. 自动控制系统的防雷与接地

（1）自动控制系统的技术要求

1）石油储备库应设置计算机监控管理系统，对储备库进行集中监测、控制和管理。油库内主要工艺参数应送入计算机监控管理系统进行控制、记录、显示、报警等操作。

2）每座油罐应设置液位连续测量仪表和高高液位开关、低低液位开关，并应符合下列规定：

① 液位计的精度应优于±1mm。

② 连续液位计应具备高液位报警、低液位报警和高高液位连锁关闭油罐进口阀门的功能，低液位报警设定高度（距罐底板）不宜小于2m。

③ 高高液位开关应具备高高液位连锁关闭油罐进口阀门的功能。

④ 低低液位开关应具备低低液位连锁停输油泵并关闭泵出口阀门的功能，低低液位开关设定高度（距罐底板）不可小于1.85m。

⑤ 液位连续测量信号应以现场通信总线的方式远传送入控制室的灌区液位数据采集系统，并通过串行接口与储备库计算机监控管理系统通信。

3）油罐应设多点平均温度测量仪表并应将温度测量信号远传到控制室。

（2）控制室的技术要求

① 石油储备库应设置控制室，控制室宜设在综合楼一层。

② 控制室宜由操作室、机柜室、工程师室、操作工值班室、仪表值班室、软硬件维护室。备品备件室、UPS室等组成。

③ 消防控制室应能监控火灾报警、灭火系统等各类消防设施日常工作状态，并将有关信息发送至库区消防站。

④ 消防控制室可与其他控制中心合并一处设置，但消防设备的监控管理应相对独立。

⑤ 控制室内应设置空调系统。

⑥ 控制室的雷电防护应按B级机房设防。

⑦ 所有进出控制室的电源和信号系统，均应在引入、引出处设置SPD（电源/信号），并设置等电位端子板（MEB）接地。控制室内设置MS型接地网络。

⑧ 计算机局域网络的骨干网络传输带宽应达到1000MB/s及以上。

⑨ 信息插座宜设在石油储备库办公楼、控制室、化验室等场所。

⑩ 计算机局域网络应通过数据专线接入公用数据网。

（3）仪表电源接地及防雷

1）仪表及计算机监控管理系统应采用不间断电源（UPS）供电，UPS的后备电池组应在外部中断后提供不少于30min的交流供电时间。仪表及计算机监控管理系统应由配电柜配电，仪表电源应为220V（AC）或24V（DC）。

2）仪表及控制系统的保护接地、工作接地、防静电接地和防雷接地应采用等电位连接方式，并应接入公共接地系统。

3）应根据油库所在地区雷击概率及相关标准，在控制室及仪表安装处应设置电涌保护器。

4) 室外仪表电缆敷设应符合下列规定：

① 在生产区敷设的仪表电缆宜采用电缆沟、电缆管道、直埋等地面下敷设方式；采用电缆沟时电缆沟应充砂填实。

② 生产区局部地方确需在地面敷设的电缆应采用保护管或带盖板的电缆桥架等方式敷设。

③ 非生产区的仪表电缆可采用带盖板的电缆桥架在地面以上敷设。

5) 电缆采用电缆桥架架空敷设时宜采用对绞屏蔽电缆。在同一电缆桥架内应设隔板将信号电缆与 220V（AC）电源电缆分开敷设。220V（AC）电源信号也可以单独穿管敷设。

6) 仪表电缆保护管宜采用热浸锌钢管。

（4）电信系统

① 电信系统的设计应满足石油库储备库内部以及储备库与外界之间语音、数据、图像等各种类型信息通信的需要。

② 电信系统应设置行政电话系统、计算机局域网络、无线电通信系统、电视监控系统、周界报警系统、智能卡系统（包括门禁系统和巡更系统）等。可根据需要调度电话系统。

③ 电信设备供电应采用 220V（AC）/380V（AC）作为主电源，在主电源中断的情况下，应有保证电信设备供电的措施。对于有直流供电端的电信设备，应配备直流备用电源，对于无直流供电端的电信设备，应采用 UPS 供电；在已配备直流备用电源的情况下，小容量交流用电设备，也可采用直流逆变器作为保障供电的措施。

（5）电视监控系统的防雷与接地

① 石油储备库电视监控系统宜采用网络数字化系统方案，规模较小、功能简单的系统也可采用模拟矩阵方案。

② 电视监控操作站宜分别设在生产控制室、消防控制室、消防站值班室和保卫值班室等地点。视频信号的传送范围和系统控制的优先等级，应根据电视监视操作监控管理的范围和职责确定。

③ 电视监视系统的监视范围应覆盖油罐区、油泵站、计量站、围墙、大门、主要路口和主要设施出入口等处。具有联动控制要求的摄像机，应具有预置位功能。

④ 监视油罐的摄像机宜设置在油罐区外围较高的建筑物或构筑物的高处。

⑤ 室外安装的摄像机应置于接闪器有效保护范围之内。

⑥ 室外电视监视系统的视频信号和控制信号，宜采用光缆传输。

⑦ 电视监视系统应与火灾自动报警系统和周界报警系统联动。当报警发生时，应能自动联动控制相关的摄像机按预先设置的参数，转向报警区域。

9.22　特殊场所电气设备及电子信息设备的防雷与接地设计

电气设备及电子信息设备根据安装场所的电气危险程度，分为一般场所和特殊场所。同样一个电气故障在一般的场所或装置内不致发生电气事故，但在特殊场所或装置内就能引起这样或那样的事故。当户外电源线路发生接地故障，所供建筑物的户内部分因有等电位连接的作用并不发生电击事故，而建筑物的户外部分因不具备等电位连接作用则可能发生电击事故，不满足等电位连接这一基本要求的建筑户外部分通常就列为特殊场所。又如同样一个电火花，在住宅内并无危险，而在煤矿井下或油罐内却可能引起爆炸起火，则后者被列为特殊场所。又如信息网络内的电子设备对电源扰动、雷电或操作过电压等都较一般电气设备敏感而易招致损坏，则这类信息网络或系统就列为特殊装置。

国际电工标准委员会 IEC 制定的标准《建筑物电气装置标准》IEC 60346 制定有专门的特殊场所或装置的要求的标准（IEC 60345—7），此篇专门规定特殊场所或装置的电气安全要求。我国由于电气规范不完善，对一些具有高度电气危险而又常见的特殊场所或装置尚未制定必要的规范，设计中仍按常规处理，其结果是这类电气事故的不断发生。

由于 IEC 标准文字简短，一般不对条文加以说明，使不熟悉 IEC 标准的设计人员难以理解条文意图，在执行中常遇到一些困难。

本节对几种特殊场所的电气和电子设备的防雷与接地设计原则进行论述。

9.22.1 狭窄导电场所的防护措施

所谓狭窄的导电场所系指空间受到限制的场所，且在此场所主要部分为导电的金属部分，当人进入此场所时人体一部分难以避免与场所内的金属部分相接触，而且在发生电击情况时也难以摆脱与此等金属部分的接触。由于场所内的金属部分与大地往往有良好的接触而带地电位，从而使人体的接触电压达到最大值而使电击致死的危险增大。因此狭窄导电场所，例如金属罐槽内部场所，被 IEC 标准和发达国家电气标准列为电击危险大的特殊场所。

在狭窄导电场所内对不同类型的电气设备应分别采用不同的防护措施，如采用防间接接触电击措施，同时尚应满足其他一些电气安全要求，主要措施如下：

1. 对于手握式工具或移动式测量仪器可采用 SELV 回路供电或用 1:1 的隔离变压器供电。当用隔离变压器时，一个二次绕组只能接用一台 I 类设备（一台隔离变压器可有几个二次绕组），以免接用多台设备时，发生两个接地故障可能引起的电击危险。因此在此等场所内推荐采用 II 类设备，当采用 I 类设备时，即使已采用隔离变压器供电，该设备至少应配一个绝缘的手柄或一个带绝缘衬套的手柄。

2. 对于手提灯可采用 SELV 回路供电。对于灯具内配有双绕组变压器的荧光灯也可采用 SELV 回路供电。

3. 对于固定式设备的供电，可采用以下方式：

（1）直接自电源供电，这时应用 RCD 之类的保护电器在发生接地故障时自动切断电源，且需将固定设备的金属外壳与该处的导电金属部分相连通以实现局部等电位连接。

（2）用 SELV 回路供电。

（3）经隔离变压器供电，变压器二次绕组不接地，一个变压器二次绕组只能接供一台设备。

（4）在狭窄导电场所内的 SELV 回路电源（例如 220/36V 降压隔离变压器）和隔离电源（例如 1:1 的隔离变压器）都应设置在狭窄导电场所之外，即一般的 220V 或 380V 电源线路不得进入狭窄导电场所以内。但对于特低电压升压的手提灯内的双绕组变压器仍可进入狭窄导电场所以内，但此特低电回路的电源仍应置于狭窄导电场所以外。

（5）如果狭窄导电场所内设有固定安装的需作功能性接地的固定设备，例如某些测量或控制设备，则这些设备的功能性接地必须纳入场所的等电位连接范围内，即功能性接地必须和场所内的所有电气装置外露导电部分和装置外导电部分连接在一起，也即这些设备的功能性接地和一般电气设备的安全接地必须共用接地装置。这一要求是十分重要的，因为如果不这样做，此狭窄导电场所内的不同接地装置将在场所内导入不同电位而形成电位差，而电位差正是引起电击事故的根本原因。

（6）供电给狭窄场所电源回路，应按本章9.4节的措施要求，配设 SPD 保护。

（7）进入狭窄场所内的信号线路，应按本章9.5节的措施要求，配设信号 SPD 保护。

9.22.2　喷水池的电气安全设计及接地保护

根据《民用建筑电气设计规范》JGJ 16—2008 要求，其主要内容如下：

（1）适用范围。适用于室内及室外喷水池安装的水下照明装饰灯具、电力驱动的潜水泵等电气设备。喷水池系专供游人观赏，而不是供游泳的场所；保障安全的保护措施应包括，用于正常工作及故障情况下的保护。

（2）喷水池区域划分（图 9-108）：0 区域，水池、水盆的内部；1 区域，距离 0 区外界或水池边缘 2m 的垂直平（地）面或预计有人占用的表面（或地面）之上 2.5m 的水平面，还包括管周围 1.5m 的垂直平面和预计有人的最高表面之上 2.5m 的水平面所限区域。Ⅱ 区域：区外界的垂直平面和距离垂直平面 1.5m 的平行面、地面或预计有人的地面或表面之上 2.5m 的水平面。

（3）室内喷水池应与建筑总体形成总等电位连接，还应进行辅助等电位连接；室外喷水池在 0、1、2 区域范围内均应进行等电位连接。

（4）辅助等电位连接。必须将保护区内所有装置外壳可导电部分与位于这些区域的外露可导电部分的保护线连接起来，并经过总接地端子与接地装置相连。

其具体部件指：喷水池构筑物的所有外露金属部件及墙体内的钢筋；所有成型金属外框架；固定在池或池内的所有金属构件；与喷水池有关的电气设备的金属配件，包括水泵、电动机等；水下照明灯的电源及灯盒、爬梯、扶手、给水口、排水口、变压器外壳、金属穿线管；永久性的金属隔离栏栅、金属网罩等。

（5）喷水池的 0、1 区的供电回路的保护：可采用以下任一种方式：安全超低压供电（交流≤12V，直流≤30V）；隔离变压器供电；允许自动切断电源作为保护，漏电动作电流≤30mA。

（6）喷水池 2 区的供电回路保护，可采用以下任一种方式：安全超低压供电（交流≤25V，直流≤60V）；隔离变压器供电；允许自动切断电源作为保护，漏电动作电流≤0.5A。

（7）在采用安全超低电压的地方，必须用以下方式提供接触保护：保护等级至少是 IP2X 的遮挡或外护物；或能耐受 500V 实验电压历时 1min 的绝缘。

（8）电气设备应满足的保护等级。0 区域为 IPX8；1 区域为 IPX4；2 区域为 IPX2。而在 0、1 及 2 区域内不允许非本工程的配电线路通过；在 0、1 及 2 区域内应选用加强绝缘的铜芯电线或电缆；0 区域设备的供电电缆应尽可能远离池边及靠近用电设备。电缆必须穿套管保护以便于更换线路。

（9）在喷水池电气设计时，必须符合新版 IEC 60364-7-702 的要求，在设计文件中必

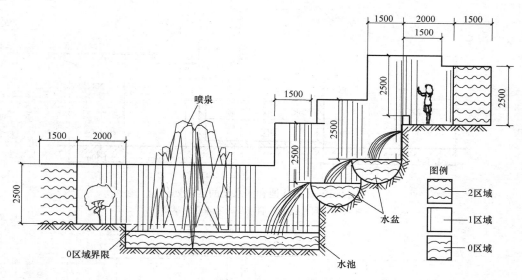

图 9-108　喷水池区域划分示意

须明确以下重点要求，以确保电气安全，避免有人误入喷水池内，造成人员触电伤亡的事故发生。

① 水下电气设备必须满足 IPX8 的防水要求。

② 水下电源回路不得有接头，如有接头必须采取保证接头不进水的措施。

③ 喷水池边树立警示牌，告诫喷水池通电时人体不得进入池内。

④ 确保水下电源回路上的 RCD 的有效动作。

⑤ 应定期测试水下电气装置的绝缘水平。

喷水池与游泳池、澡盆的环境及使用功能上有着相当大的差别，防电击的措施也必然不一样。喷水池的区域划分与游泳池、浴盆及涉水池的区域划分完全不一样，相应区的防电击安全保护措施也不一样，不能套用游泳池的区域划分。游泳池、浴盆是人浸在水中，由于身体电阻降低和身体接触地电位有造成电击危险。而喷水池是观赏性的场所，人有可能接触水面，但人不浸泡在其中，只要及时切断电源，防止电击电位的产生，它的保护几率就相当大了。所以在喷水池的 0、1 区内可采用对地电压为 −220V 的低压系统配电，而不必要一定是采用 12V 的安全压配电系统，或隔离变压器系统。自动切断电源是喷水池电气安全的主要措施，含短路、过流及漏电流保护，其中规定了漏电保护的动作漏电流值。2 区的动作电流显然大大提高，以避免不必要的误动作；各保护区的电气设备选择在规定第 8 条中制定了标准。对于池内的照明灯、潜水泵等电气设备同样适用；等电位连接是防止人身电击的重要措施，设计时一定要做到安全可靠。

9.22.3　游泳池的电气安全及接地设计

1. 游泳池按电击危险程度，划分为三个区域，如图 9-109、图 9-110 所示。

2. 游泳池除采取总等电位连接外，尚应进行辅助等电位连接。

辅助等电位连接必须将 0、1 及 2 区内所有装置外可导电部分，与位于这些区内的外露可导电部分的保护线连接起来，并经过总接地端子板与接地装置相连。

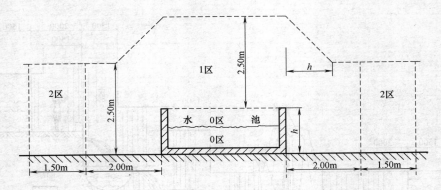

图 9-109 游泳池和涉水池的区域划分
注：所示尺寸已计入墙壁及固定隔墙的厚度。

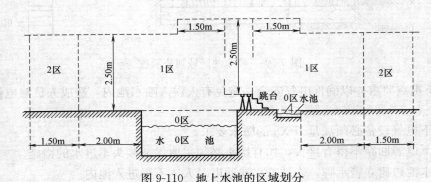

图 9-110 地上水池的区域划分
注：所示尺寸已计入墙壁及固定隔墙的厚度。

具体应包括如下部分：

（1）水池构筑物的所有金属部件，包括水池外框、石砌挡墙和跳水台中的钢筋；

（2）所有成型外框；

（3）固定在水池构筑物上或水池内的所有金属配件；

（4）与池水循环系统有关的电气设备的金属配件，包括水泵电动机；

（5）水下照明灯的电源及灯盒、爬梯、扶手、给水口、排水口及变压器外壳等；

（6）采用永久性间壁将其与水池地区隔离的所有固定的金属部件；

（7）采用永久性间壁将其与水池地区隔离的金属管道和金属管道系统等。

3. 在 0 区内，只允许用标称电压不超过 12V 的安全超低压供电，其安全电源应设在 2 区以外的地方。

4. 在使用安全超低压的地方，不论其标称电压如何，必须用以下方式提供直接接触保护：保护等级至少是 IP2X 的遮栏或外护物，或能耐受 500V 试验电压历时 1min 的绝缘。

5. 不允许采取阻挡物及置于伸臂范围以外的直接接触保护措施；也不允许采用非导电场所及不接地的等电位连接的间接接触保护措施。

6. 在各区内所选用的电气设备必须至少具有以下保护等级：

在 0 区内：IPX8；

在1区内：IPX4；

在2区内：IPX2，室内游泳池时；

IPX4，室外游泳池时。

7. 在0、1及2区内宜选用加强绝缘的铜芯电线或电缆。

8. 在0及1区内，不允许非本区的配电线路通过；也不允许在该区内装设接线盒。

9. 开关、控制设备及其他电气设备的装设，须符合以下要求：

（1）在0及1区内，严禁装设开关设备及辅助设备。

（2）在2区内如装设，插座只在以下情况是允许的。

1）由隔离变压器供电。

2）由安全超低压供电。

3）由采取了漏电保护措施的供电线路供电，其动作电流 $I_{\triangle n}$ 不应超过30mA。

（3）在0区内，只有采用标称电压不超过12V的安全超低压供电时，才可能装设用电器具及照明器（如水下照明器、泵等）。

（4）在1区内，用电器具必须由安全超低供电或采用Ⅱ级结构的用电器具。

（5）在2区内，用电器具可以是：

1）Ⅱ级；

2）Ⅰ级，并采取漏电保护措施，其动作电流值 $I_{\triangle n}$ 不应超过30mA。

3）采用隔离变压器供电。

10. 水下照明灯具的安装位置，应保证从灯具的上部边缘至正常水面不低于0.5m，面朝上的玻璃应有足够的防护，以防人体接触。

11. 对于浸在水中才能安全工作的灯具，应采取低水位断电措施。

12. 埋在地面内场所加热的加热器件，可能装设在1及2区内，但它们必须要用金属网栅（与等电位接地相连的），或接地的金属罩罩住。

9.22.4　游泳池和喷水池的防护措施

1. 对供电系统应采取 TN-S 系统制式，且应在总进线开关及出线开关部位，装设三级 SPD 保护。

2. 控制线及信号线路上应装设电源保护器。

3. 应采用总等电位和局部等电位连接措施。

4. 应按本章9.2～9.5节中相应措施执行。

5. 游泳池局部等电位连接示例图详 08D800-8 中 133 页图施工。

6. 喷水池局部等电位连接示例图详 08D800-8 中 134 页图施工。

9.23　住宅建筑及住宅小区智能化系统的防雷与接地设计

9.23.1　住宅建筑的防雷与接地设计

1. 按照《建筑物防雷设计规范》GB 50057—2010，《住宅建筑电气设计规范》JGJ 242—2011，对住宅建筑的防雷分类如下：

住宅建筑的防雷分类　　　　　　　　　　　　　　　　**表 9-85**

住　宅　建　筑	防雷分类
建筑高度为 100m 或 35 层及以上的住宅建筑	第二类防雷建筑物
年预计雷击次数大于 0.25 的住宅建筑	
建筑高度为 50～100m 且 19 层的住宅建筑	第三类防雷建筑物
年预计雷击次数大于或等于 0.05 且小于或等于 0.25 的住宅建筑	

2. 对于其他 19 层以下的住宅建筑，预计雷击次数大于或等于 0.05 次/a，且小于或等于 0.25 次/a 的住宅建筑、办公楼等一般性民用建筑，均应按第三类防雷设计。

3. 固定在第二、第三类防雷住宅建筑上的节日彩灯、航空障碍标志灯及其他用电设备，应安装在接闪器的保护范围内，且外露金属导体应与防雷接地装置连成电气通路。

4. 住宅建筑屋顶设置的室外照明及用电设备的配电箱，宜安装在室内。

安装在室内的配电箱为室外照明及用电设备供电时，宜在电源出线开关与外露可导电部分之间装设浪涌保护器并可靠接地。

5. 等电位连接：

（1）住宅建筑应做总等电位连接，装有淋浴或浴盆的卫生间应做局部等电位连接。

（2）局部等电位连接应包括卫生间内金属给水排水管、金属浴盆、金属洗脸盆、金属供暖管、金属散热器、卫生间电源插座的 PE 线以及建筑物钢筋网。

（3）卫生间不需要进行等电位连接的设备有下列几种情况：

装有淋浴或浴盆卫生间的设施不需要进行等电位连接的有下列几种情况：

① 非金属物，如非金属浴盆、塑料管道等。

② 孤立金属物，如金属地漏、扶手、浴巾架、肥皂盒等。

③ 非金属物与金属物，如固定管道为非金属管道（不包括铝塑管），与此管道连接的金属软管、金属存水弯等。

（4）等电位连接线的截面应符合表 9-86 的规定。

等电位连接线截面要求　　　　　　　　　　　　　　　　**表 9-86**

	总等电位连接线截面	局部等电位连接线截面	
最小值	6mm²①	有机械保护时	2.5mm²①
		无机械保护时	4mm²③
	50mm²③	16mm²③	
一般值	不小于最大 PE 线截面的 1/2		
最大值	25mm²③		
	100mm²③		

注：① 为铜材质，可选用裸铜线、绝缘铜芯线。
　　② 为铜材质，可选用铜导体、裸铜线、绝缘铜芯线。
　　③ 为铜材质，可选用镀锌扁钢或热镀锌圆钢。

6. 接地

（1）住宅建筑各电气系统的接地宜采用共用接地网。接地网的接地电阻值应满足其中电气系统最小值的要求。

（2）住宅建筑室内下列电气装置的外露可导电部分均应可靠接地：

① 固定家用电器、手持式及移动式家用电器的金属外壳；

② 家居配电箱、家居配线箱、家居控制器的金属外壳；

③ 线缆的金属保护管、接线盒及终端盒；

④ Ⅰ类照明灯具的金属外壳。

（3）接地干线可选用镀锌扁钢或铜导体，接地干线可兼作等电位连接干线。

（4）高层建筑电气竖井内的接地干线，每隔 3 层应与相近楼板钢筋做等电位连接。

7. 民用住宅建筑和住宅小区的智能化和信息化系统服务的各种机房，弱电间，控制室等的防护标准，应按 GB 50343—2012 规范中的不低于 C 级标准设防。

（1）各种信息机房的控制室，包括消防控制室，安全防范监控中心，建筑设备管理控制室等。这几类控制室应采用合适方式组建。

（2）住宅的信息机房及控制室，也应按《电子信息机房设计规范》GB 50174—2008 中的标准进行设计配置，机房的防雷与接地按 GB 50343—2012 中的 C 级标准设防。

9.23.2 住宅小区智能化系统的防雷与接地设计

智能建筑是通过对建筑物的四个基本要素，即结构、系统、服务、管理以及它们之间的内在关联的最优化考虑，提供一个投资合理、高效、快捷、舒适、安全的环境，从而大大提高建筑使用人员的工作效率与生活的舒适感、安全感、便利感，使业主与用户均获得更高的经济效益。

智能小区是智能建筑、智能住宅和国内住宅小区特点相结合而衍生出来的。随着自动控制技术、计算机技术、通信技术的高速发展及其在建筑领域的广泛应用，智能住宅在我国发展极为迅速。由于我国国内住宅产业的特殊性，在概念上，智能小区取代了智能住宅。同时，随着智能化技术从智能大厦走向智能小区，深入到千家万户，智能小区概念的内涵也在不断丰富和发展。

住建部住宅产业化办公室提出了关于住宅小区智能化的基本概念，即：住宅小区智能化是利用 4C（计算机、通信与网络、自控、IC 卡）技术，通过有效的传输网络，将多元信息服务与管理、物业管理与安全、住宅智能化系统集成为住宅小区的服务与管理提供高技术、快捷、高效的智能化手段。可以说，住宅小区的智能化不仅是智能化技术在住宅小区中的简单应用，同时也是与国内房地产业的升温及我国住宅小区的特点相结合的产物。

1. 住宅小区智能化系统防雷与接地设计原则

住宅小区内建筑物的防雷与接地应按照《建筑物防雷设计规范》JGJ 242—2011，《住宅建筑设计规范》要求进行设计，而住宅小区智能化系统的防雷与接地设计应按新规范《建筑物电子信息系统防雷技术规范》GB 50343—2012 要求进行设计。

住宅小区智能化系统包括三大主要内容：①家居智能管理子系统；②物业综合管理子系统；③智能小区网络信息服务系统。各子系统的内容及总体系统图如图 9-111 所示。

按照住建部住宅产业化促进中心编著的《商品住宅性能评定方法和指标体系》，根据住宅的适用性能、安全性能、耐久性能、环境性能和经济性能，康居住宅由低至高依次分为：1A（A）、2A（AA）、3A（AAA）。康居住宅电气设计相应分为：基本型（1A）、提高型（2A）、先进型（3A）。

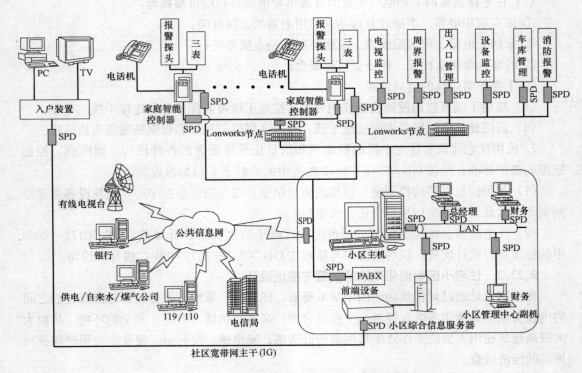

图 9-111　住宅小区智能化系统总体结构图

（1）住宅小区智能化系统防雷设计应按照本书第八章中雷电防护等级分级原则，并结合康居住宅电气设计标准（1A、2A、3A）进行分级，以确定相应的保护措施。

（2）住宅小区智能化系统中各个子系统的防雷与接地设计，应按照本章中相关各节的防护措施执行。

（3）应按照"全国民用建筑工程设计技术措施 2009"中电气部分和《住宅建筑电气设计规范》JGJ 242，不同标准的住宅小区设计标准也不相同，防护措施应与之相对应设置。

（4）住宅小区供配电系统的防雷与接地设计：

① 照明、电力系统：应在变配电所内干线出线端设置第一级电源 SPD，在每幢住宅楼总进线处设置第二级电源 SPD，在每层住宅楼层配电箱或每单元住宅楼总进线处设置第三级电源 SPD。对于 3A 级住宅住户配电箱内设置第四级电源 SPD。对 2A 级住宅宜酌情设置。

② 小区消防用电设备的电源系统：应在变配电所内干线出线端设置第一级电源 SPD，在每个设备用房（水泵房、电梯机房、消防中心等）总进线处设置第二级电源 SPD，屋面风机、水泵、电梯等设备的出线端设置第三级电源 SPD。

③ 各信息系统的设备用房的电源系统：应按照各个信息系统机房的设置标准配置 SPD，一般应配设 2～3 级 SPD。

（5）在小区控制中心、计算机房等智能化系统集中地方，信息电缆进、出机房处应加装相应的信号 SPD。小区控制中心的接地系统，应采用共用接地系统，接地电阻按各系统中最小值确定（一般要求 $R \leqslant 1\Omega$）。

（6）其他防护措施

智能化系统的防雷设计应有防直击雷、感应雷和雷电波入侵的措施。智能化系统的接地设计应将交流工作接地、安全保护接地、直流工作接地、防雷接地等四种接地共用一组接地装置，接地电阻按其中最小值确定。

电视系统、通信系统防直击雷的措施：在接收天线的竖杆（架）上装设接闪杆，接闪杆的高度应能满足对天线设施的保护。当安装独立的接闪杆时，为了在遭受雷击时防止接闪杆对天线的反击，接闪杆与天线之间的最小水平间距应大于 3m。

智能化系统防止感应雷的措施：小区内架空缆线每隔 5~10 根电杆处，均应将电缆外层屏蔽接地。建筑物内的智能化系统设备、线槽、管线等金属物应就近接地，系统线槽、管线平行、垂直敷设净距小于 100mm 时，每隔 30m 采用金属线跨接。

智能化系统防止雷电波入侵措施：当线路全长采用埋地电缆引入时，将电缆金属外皮与接地装置相连。当采用架空电缆直接引入时，应在入口处增设 SPD 电涌保护器，并将电缆外导体接到接地装置上。

2. 住宅小区智能化系统集成的防雷与接地设计

（1）住宅小区管理系统（HMS）是通过家居布线、住宅小区布线对各类信息进行汇总、处理，并保存于住宅小区管理中心单元数据库或家庭数据库，实现信息共享。为居住者提供安全、舒适、便利的生活环境。

（2）住宅小区管理中心具有火灾自动报警、安全防范、家庭信息管理、远程多表数据采集、物业收费、娱乐、电子商务、家政服务、停车场管理、公共设施管理等功能。

（3）住宅小区管理系统（HMS）能向公安、消防等主管部门进行报警，又能将小区局域网与广域网连接起来，通过公共信息网络进行数据传递。

（4）住宅小区管理系统集成的基本内容如图 9-112 所示。

（5）住宅小区管理系统集成联网图如图 9-113 所示。

（6）智能化系统集成的内容应以用户的使用、管理要求为准。它是把若干个相互独立、相互关联的系统如 BAS 系统、安防系统、火灾自动报警及联动系统等集成到一个协调运行的系统中，实现建筑管理系统的集成，达到智能小区的各项功能要求。

（7）系统集成的方式可以有许多种形式，可以某一种系统为基础实现系统集成，也可以是独立于各智能化系统之外，专设计一套集成管理系统，实现系统集成。

（8）智能化系统集成所用设备的通信协议和接口应符合现行有关标准的规定。

（9）智能化系统集成应具有整体性；做到技术先进、可行；使用灵活、可扩展；管理可靠、可容错、可维护；投资合理。

（10）智能化系统的集成应贯彻设计一步到位、分步实施的原则，分步实施就是将集成分成三个步骤进行：

① 完成各个子系统的自身功能，满足用户基本功能的使用、管理要求。

② 进行有限系统间的集成，满足用户较高标准的使用功能、管理需求，实现建筑物管理系统（BMS）集成。

③ 对整个住宅小区内的各个子系统进行集成，完成整个系统的一体化集成，实现更高层次的建筑集成管理系统（IBMS）。

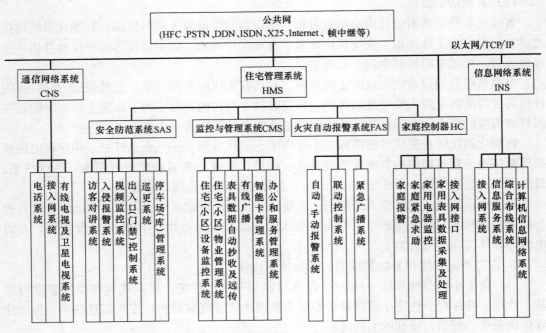

图 9-112　住宅小区管理系统（HMS）集成的基本内容

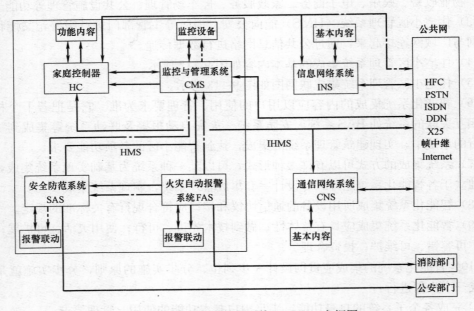

图 9-113　住宅小区管理系统（HMS）方框图

（11）住宅小区智能化系统集成的防雷与接地设计：

住宅小区智能化系统是由各个子系统组成的，因此应分别对各个子系统进行防护措施设计。本章中对大部分子系统的防雷与接地设计要求，已经论述过相关内容，现简述对应设计要求如下：

①信息系统的供电电源系统的雷电防护设计要求，按本章9.4节内容设计。

②信息系统等电位连接与共用接地系统的设计要求，按本章9.2节内容设计。

③信号线路、天馈线路的防雷与接地设计要求，按本章9.5节内容设计。

④通信网络、计算机网络系统的防雷与接地设计要求，按本章9.7节中内容设计。

⑤火灾自动报警及消防联动控制系统，BAS系统的防雷与接地设计要求，按本章9.10、9.11节中内容设计。

⑥安防系统的防雷与接地设计要求，除按本章9.9节中内容设计外，其他子系统在9.17节中另行论述设计要求。

⑦有线电视、有线广播及扩声系统的防雷与接地设计要求，按本章9.13中内容设计。

⑧综合布线系统的防雷与接地设计要求，按本章中9.19节中内容设计。

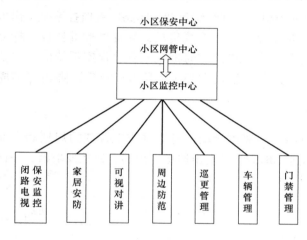

图9-114　小区安防系统的组成

3. 住宅小区安防系统的防雷与接地设计

智能小区安全防范报警系统主要包括以下组成部分：保安监控闭路电视、家居安防（防盗报警、紧急按钮报警，燃气泄漏报警，感烟报警等），可视对讲，周边防范，车辆管理，门禁管理以及巡更管理等。小区保安中心负责集中监控管理各个子系统，系统的结构如图9-114所示。

（1）出入口（门禁）控制系统的集成

出入口控制系统是保安自动化系统（SA）的重要组成部分。通过在重点防范地点实行通道出入控制及采取防盗报警措施，可以进行更严密的保安管理。

在系统集成设计中，出入口控制操作站与BAS中央操作站在同一级（Ethernet TCP/IP）上互联。如图9-115所示。

集中功能还包括：

①（与BAS）在夜间，用磁卡开门后，灯光、空调等设备可以自动启动。

②（与BAS）在BAS平台上可以建立、查询、管理所有持卡人的资料。

③（与BAS及CCTV系统）监视非法侵入的事件。当非法侵入发生时，如非法的持卡人被检出时，通知BAS打开相应地点的照明，CCTV系统转动摄像机到预设位置进行监视，并进行录像。

④（与消防系统）当确认火灾发生时，出入口控制及防盗系统及时封闭有关的通道，自动打开消防紧急通道和安全门的电子门锁，通过紧急广播系统引导并方便楼内人员的疏散。

BAS与保安系统的联网与集成，保安系统的集成与消防自动报警系统一样，需设立

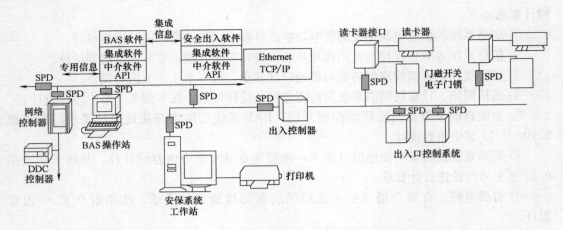

图 9-115　出入口（门禁）控制系统集成

单独的（或与消防控制中心合一）中央控制室。其组织包括：闭路电视监控系统，出入口（门禁）控制系统，防盗、保安系统，巡更系统等。系统集成必须提供标准协议、标准通信接口和特殊的接口协议，在 BAS 操作平台上应能实时地观察到各保安系统的相关信息和图像。BAS 操作平台与保安控制中心的信息和图像两者需具有同步、协调与集成的功能。

（2）在线巡更系统的集成

保安在线巡更系统主要用于规范小区的巡更活动，对巡更作出合理的规划和定期检查，在接到报警后，立即指导保安迅速处理警情。它由巡更定位器、遥控发射器、小区巡更监控中心三部分组成。如图 9-116 所示。

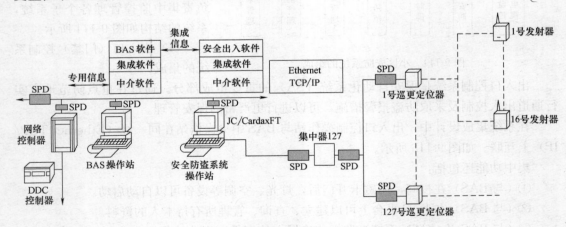

图 9-116　在线巡更系统集成系统图

在线巡更系统运用智能信息技术，巡更点可通过 RS485 总线网络与系统集成联网，时刻监控巡更情况，也可通过总线进行信号传输，直接利用住宅小区楼宇对讲通信网络或家庭内报警网络设备，由中心软件识别与其他保安系统进行集成。

（3）周界防范报警系统

周界报警系统由周界防范管理软件、周界报警智能接口控制器、红外对射探测器、感应线缆及声光报警装置等设备组成。感应线缆与红外对射探测器报警，布设在小区四周的围墙（或栅栏上），与通用智能接收器相连，用于对小区的非法入侵行为进行报警。通用智能接口接收现场探测设备传来的报警信号，再通过 LonWorks 总线传至中控室计算机，从而达到报警目的。系统构成如图 9-117 所示。

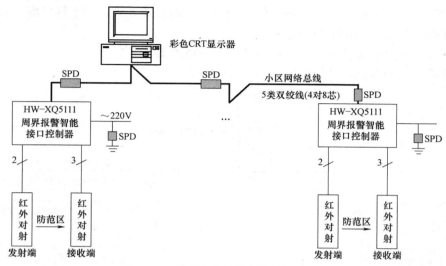

图 9-117　周界防范报警系统结构示意图

周界报警智能接口控制器专用于连接现场主动红外对射防盗探测器、人体感应电缆等周界防范设备，另外，控制器还设有多个无源开关输出触点，可用来联动控制照明灯、控制声光报警以及启动摄像机等监视设备，应用起来非常灵活方便。

（4）停车场管理系统

停车场（库）管理系统的组成包括停车场入口设备、出口设备、收费设备、图像识别设备、中央管理站等，停车场（库）管理系统框图如图 9-118 所示。

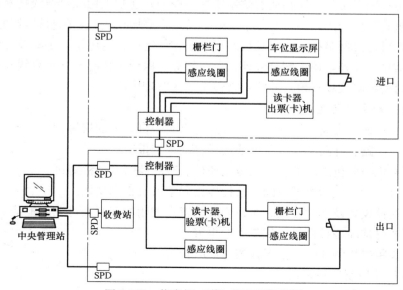

图 9-118　停车场（库）管理系统框图

① 停车场（库）入口设备包括：车位显示屏、感应线圈或光电收发装置、读卡器、出票（卡）机、栅栏门等。

② 停车场（库）出口设备包括：感应线圈或光电收发装置、读卡器、验票（卡）机、栅栏门等。

③ 停车场（库）收费设备。根据停车场（库）的管理方式，停车场（库）收费设备可分为中央收费设备和出口处的收款机。

④ 中央管理站：包括计算机、打印机、UPS 电源等。

⑤ 车库出入口控制系统示意图如图 9-119 所示。

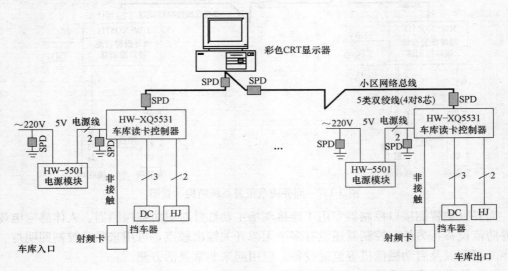

图 9-119 车库出入口读卡控制系统示意图

（5）家居安防报警系统

家庭安防报警系统是小区物业安防系统的一部分，通常采用综合布线技术和无线遥控技术，由微机管理。当用户出现意外情况时，按动家庭墙壁按钮或随身携带的遥控器上的相应按钮，即可通过网络按顺序自动拨通用户事先设定的报警电话、手机及寻呼台，并发送报警语音信息。此外，还可配合红外瓦斯、烟雾、医疗等传感器，集有线和无线报警于一体，紧急启动喇叭现场报警，并将报警传至小区管理中心。

1）家庭报警系统功能：

① 匪情、盗窃、火灾、煤气、医疗等意外事故的自动识别报警。

② 传感器短路、开路、并接及电话断线自动识别报警。

③ 报警主机与分机之间的双音频数据通信、现场监听及免提对讲。

④ 设置百年钟，显示报警时间；遥控器密码学习及识别功能。

⑤ 户外遥控设置及解除警戒；主机隐蔽放置，关闭放音开关可无声报警。

⑥ 遇警及时挂断串接话机，优先上网报警。

⑦ 户外长距离扩频遥控，汽车被盗可即时报警。

2）家居报警控制器系统：

家庭报警控制系统示意图如图 9-120 所示。

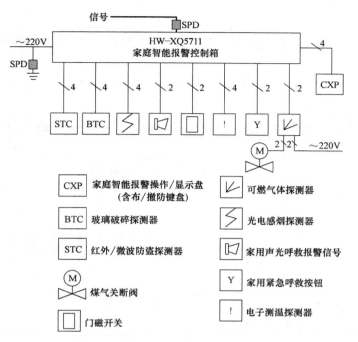

图 9-120　家庭报警控制系统示意图

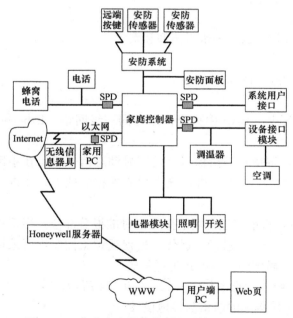

图 9-121　住户家庭报警控制器系统网点示意图

住户家庭报警控制器系统网点示意图，如图 9-121 所示。

家庭控制器及小区系统集成示意图，如图 9-122 所示。

家庭智能报警控制箱是一种安装于住户室内的报警信号采集设备，可以采集单个住户的各类报警信息，可实现各类报警信息的实时监测、记录及控制信号输出、撤/布防等功能。

家庭智能报警控制箱内含 LonWorks 神经元芯片，符合 LonWark 标准，可直接挂接在 LonWorks 总线网络上。此控制箱是家庭安全防范系统的控制核心，可用来连接各类报警信号输入并可发出报警控制信号。为便于室内人员操作，本控制箱需配合 HW-XQ5701 家庭智能报警操作/显示盘（含布/撤防键盘）使用，实现室内各类报警信息显示、运行信息查询、操作密码设定与修改以及防盗报警探测器布防与撤防设置等功能。

（6）闭路电视监控系统（CCTV）的集成

闭路电视监控系统是保安自动化系统（SA）的重要组成部分之一。闭路电视监视系

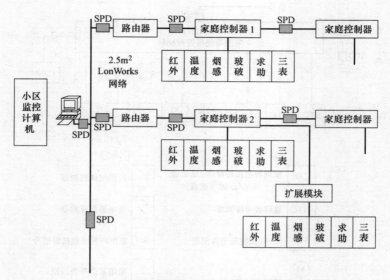

图 9-122　家庭控制器及小区系统集成的示意图

统的操作站，设于小区管理监控中心。

集成的主要作用和内容有：

① 可以以地图方式管理小区内所有的摄像机。

② 可以预设所有摄像机的动作序列。

③ 对每个摄像机的动作进行设置，如控制云台的水平俯仰和聚集。

④ 控制矩阵视频切换器的输出。

⑤ 接收 BAS 及防盗报警的报警信息并进行相应的联动。

⑥ 从窗口中观察实时动态监控图像等。

在系统集成设计中，CCTV 系统操作站与 BAS 中央操作站在同一级网络（Ethernet TCP/IP）上互联，如图 9-123 所示。

⑦（与 BAS）根据 BAS 的报警信息，将指定的摄像机上的实时动态信号显示在小区管理监控中心操作站的显示屏上，或启动预设的摄像机扫描序列监视相应地点，并进行录像。

⑧（与消防系统）当大楼发生火警时，将最接近现场的摄像机对准报警部位。当采用 DVR 数字录像监控系统时，无论是监视、分割、录像、远传、远程视频监控，均可采用数字视频处理技术，通过传输网络 LAN（局域网）的方式进行集成。

闭路监控系统采用网络化云台控制系统的示意图如图 9-123 及 9-124 所示。

4. 三表（四表）水、电、气、热源系统集成的防雷与接地设计

小区住宅耗能表远程抄收智能系统，主要由用户采集器、管理中心服务器、抄表仪、微机中心组成，是一种智能化多用户耗能表集中抄收装置。其原理是将住宅耗能计量表（水、电、气、热）的数据转换为脉冲信号，由用户采集器实时采集、处理、储存。系统集成是通过总线传输到住宅管理中心服务器。经通信接口，集成于住宅小区物业管理系统，方便小区的物业管理，通过微机中心管理，实现耗能表数据的自动处理。电力、煤

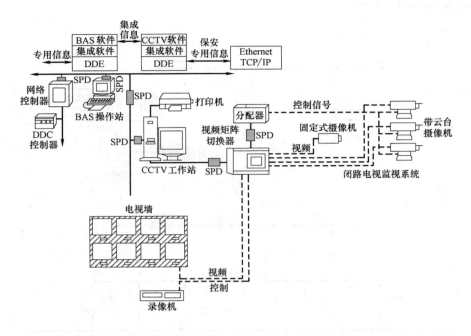

图 9-123 闭路电视监控系统（CCTV）集成系统图

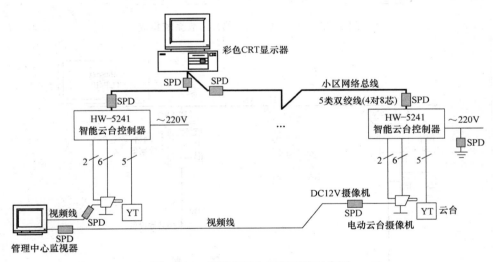

图 9-124 网络化云台控制系统示意图

气、自来水公司可以通过 Internet（LAN）网络直接向各小区物业管理中心读取数据，发出收费通知。实现耗能高效管理。系统集成如图 9-125 所示。

5. 智能小区（楼宇）建筑设备自动化系统集成的防雷与接地设计

METASYS（网络控制器）楼宇建筑设备自动化系统（BAS）的中央操作站是以微处理器为核心的具有高速处理能力的 PC 机及操作系统，是住宅小区智能化系统集成的中央平台。它主要完成对整个小区内住宅楼宇集中空调系统、给水排水系统、变配电系统、送排风系统、照明系统、电梯系统的监控和管理，还完成节能、统计、维护管理等多种功能。系统集成如图 9-126 所示。

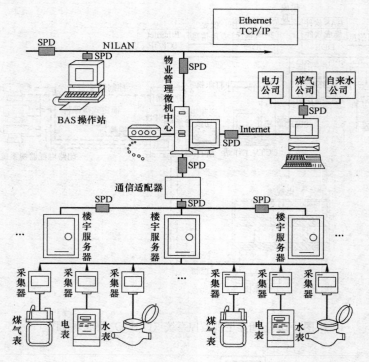

图 9-125　水、电、气（热）三表系统集成

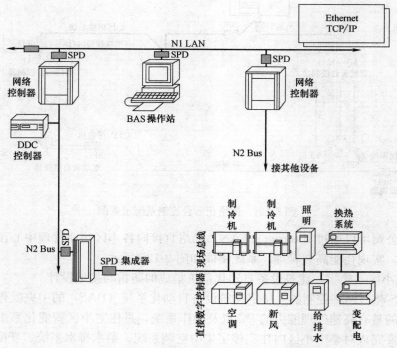

图 9-126　住宅小区楼宇（设备）自动化系统集成

BAS与之集成的子系统（如配电、电梯、供水、供热）应是开放的，应为标准的通信协议和接口，并具有升级、兼容和扩展，进一步提升和完善其系统集成的能力。

6. 广播音响和CATV系统的集成防雷与接地设计

背景音乐与紧急广播系统通常与消防报警系统集成在一起。这种集成不需要使用计算机网络集成方式。

公共广播系统的背景音乐与消防系统的报警广播可以自动切换。

集成功能包括：

（与FAS）当火警发生时，消防报警系统自动在火警发生的楼层及其相近两层进行消防广播，通知有关人员疏散脱险。

CATV的集成通过CATV工作站视音转换开关，编码工作站及工作组转换开关进入集成网络，广播音响和CATV系统集成如图9-127所示。

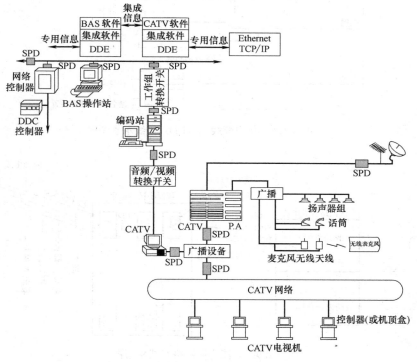

图9-127 广播音响和CATV系统集成图

7. 通信网络系统的防雷与接地设计

（1）应满足住户多媒体及计算机数据通信的需求，可采用综合布线系统，以适应通信网络系统、信息网络系统的发展要求。现在按光纤引户方案设计。

（2）光纤进户线应在住户智能化系统配线箱（DD）内做转接点，便于系统维护、检修，配线箱（DD）接线示意图如图9-128所示。

（3）居室内应采用RJ45标准信息插座式电话出线盒，室内电话线宜采用放射方式敷设。

（4）住宅小区网络布线系统图如图9-129所示。

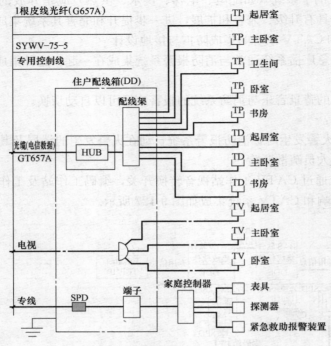

图 9-128　住户配线箱（DD）接线示意图

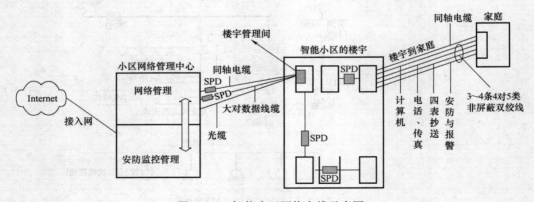

图 9-129　智能小区网络布线示意图

8. 住宅小区管理中心的防雷与接地设计

住宅小区的管理中心，是小区智能化的核心基地，它能否正常工作，是各项功能能否发挥的关键。如前所述，小区管理中心包容了整个小区的安全防范系统、信息管理系统、信息网络系统的控制机构，是消防值班、保安监控、变配电系统监视、给水排水系统值班、物业管理等值班室的总集成，所以小区管理中心的布置设计是否合理直接关系到各系统是否能正常运行。根据住宅小区的一般情况，由工程实例中选取一个布置方案，如图9-130 所示，仅供参考。

图中为公共设备管理系统、消防、保安监控等系统合并设置的小区控制中心平面布置示意图，实际尺寸与布置方式应根据系统的规模及小区的建筑条件决定。

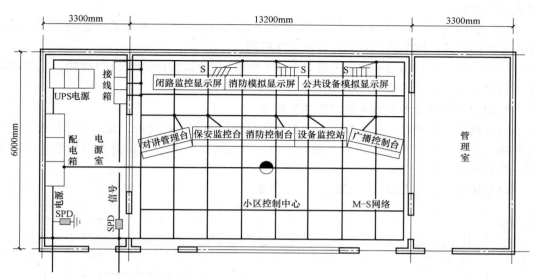

图 9-130　小区控制中心平面布置示意图

（1）管理中心设备的接地要求

管理中心设有多个智能化系统，各设备应采用总等电位连接，各住宅楼、公共建筑的设备机房、接线箱采用局部等电位连接，接地网络采用 MS 型接地网络，接地电阻不应大于 1Ω，当采用单独接地体时，接地电阻不应大于 4Ω。设备的供电系统应采取过电压保护措施等。

（2）管理中心自身的防护要求

管理中心是住宅小区智能化的核心，是应对紧急事故的指挥中心，所以必须具有自身的防护能力，在保证整个智能化系统设备可靠运行的同时，还要保证工作人员的安全，既要考虑水、火、地震等自然灾害，还要考虑歹徒盗窃等非法闯入，因此，管理中心的实体防护要坚实，疏散、救援要便捷、灵活，应设置正常的工作通道、疏散通道和紧急通道，采取不同的控制方式，平时只开正常的工作通道，保证管理中心的安全。在技术防护方面，管理中心应设置自身的安全防范系统，例如闭路电视监视系统、门窗破碎报警系统、火灾自动报警系统、手动和脚挑式报警按钮、110 和 119 直通报警电话等设施，一旦发生异常情况，值班人员可以及早发现，采取保安措施，并向有关部门报警求助。

（3）电源系统的 SPD 设置参见本章 9.4 节要求设计。

（4）信号系统的 SPD 设置参见本章 9.5、9.7、9.8、9.9 节等各节要求进行设计。

（5）控制中心机房内应设计 M-S 组合型等电位连接网络，各子系统采用 S 型网络与 M 型网络相连接。

9.24　呼应（叫）信号及公共显示系统的防雷与接地设计

9.24.1　呼应（叫）信号系统的防雷与接地

（1）医院的呼应（叫）信号系统包括门诊叫号、病房呼叫、探视对讲系统。系统形式包括多线制和总线制两种，目前应用较多的是总线系统。医院呼应（叫）系统应与医院计算机管理系统联网。

（2）宾馆（酒店）、旅馆呼应（叫）信号系统，与医院病房呼叫信号系统相同，系统采用总线制形式，应与酒店管理计算机系统联网。

（3）呼应（叫）信号系统的电源（单相220V）部分应装设电源SPD保护；信号线路中，每路干线上应加设信号SPD保护。

9.24.2　公共显示装置系统的防雷与接地

公共显示装置就是由显示器件阵列组成的显示屏幕和配套设备。通过计算机控制，在公共场合显示文字、文本、图形、图像、动画、行情等各种公众信息以及电视、录像信号。公共显示系统分类如下：

（1）单色、三色LED系统如图9-131所示：

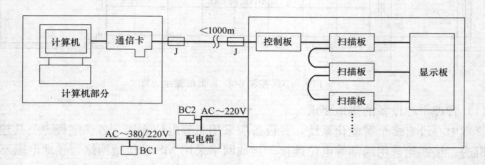

图9-131　单色、三色LED显示系统组成框图

（2）联网显示系统：单色、三色显示系统可以联网方式工作，只需一台计算机和一个通信卡。最多可连接128块显示屏，每台联网的显示屏可以显示相同或不同的内容，如图9-132所示。

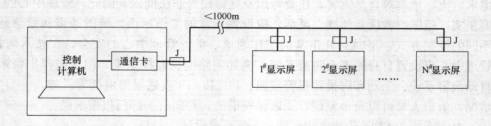

图9-132　单色、三色LED显示系统联网工作示意图

（3）视频显示系统。视频显示系统是通过计算机控制，实时显示计算机监视器上的图像和文字，并兼容于计算机上的任何软件。通过使用系统控制软件，播放各种电视动画和文字图形、编排节目和插播消息等。在配接多媒体卡后，还可以在显示屏幕上播放录像等视频节目。

视频显示系统分为计算机视频系统和电视视频系统两种，都由计算机、控制装置和显示装置组成。在视频显示系统中，计算机控制部分与显示部分的传输距离不得大于300m。

①　计算机视频显示系统

②　电视视频显示系统

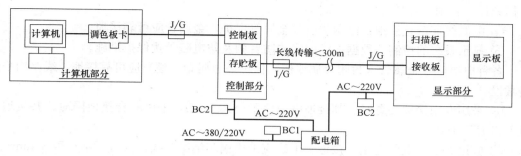

图 9-133　计算机视频显示系统结构组成框图

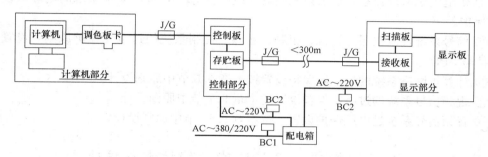

图 9-134　电视视频显示系统结构组成框图

9.24.3　公共显示系统的防雷与接地设计

（1）公共显示装置，当用电负荷不大于 8kW 时，可采用单相交流电源供电；当用电负荷大于 8kW 时，可采用三相交流电源供电，并应尽量做到三相负荷平衡。

（2）公共显示装置当采用单独接地时，接地电阻不应大于 4Ω；当采用建筑物共同接地时，接地电阻不应大于 1Ω。

（3）公共显示装置的供电电源系统接地形式，应采用 TN-S 或 TN-C-S 系统。

（4）为使用安全及防止干扰，公共显示装置宜通过隔离变压器供电。

（5）承担国际、国内重要比赛的体育场馆的显示装置计算机存储、控制系统必须采用 UPS 不间断电源供电，一般体育场馆显示装置的控制室、计算机和控制系统应配稳压电源。

（6）防雷设计：

① 信息显示装置独立安装于室外时，必须对显示装置采取可靠的防雷保护措施，共接地电阻不应大于 4Ω。当显示屏用立柱和基座等独立装于构筑物上时，应和构筑物一并采取防雷保护措施。

② 信息显示装置安装在建筑物上时，显示装置应与建筑物防雷装置可靠电气连接。

（7）接地：

① 控制室的接地：显示装置的控制室的系统接地宜采用一点接地方式，接地母线应采用铜质母线，接地线不得形成封闭回路，不得与强电的电网零线短接或混接。

② 电源接地：供电电源应采用 TN-S 或 TN-C-S 系统。

③ 双面同步显示牌的接地：体育馆内的双面同步显示牌，必须共用同一个接地系统，

不得分设，否则，容易造成显示不同步。

④ 电源线穿钢管接地：电源线应穿金属管保护，金属管应可靠接地。

⑤ 显示系统的控制、数据电缆应采取防音频及防电磁干扰保护措施。

各种电缆应穿金属管（封闭金属线槽）保护，金属管（槽）应可靠接地。线路均采用暗敷设。

⑥ 采用专用接地装置时，其接地电阻值不得大于 4Ω，采用联合接地网时，共接地电阻不得大于 1Ω。

⑦ 应设局部等电位连接，接地引下线应采用铜芯绝缘导线，其截面不小于 35mm^2。

（8）公共显示装置系统的电磁脉冲防护措施：

① 供电电源系统：室外显示系统应设 3 级防护 SPD，室内显示系统的电源应设 2 级 SPD 保护。

② 信号系统：应按照计算机、视频、音频、控制系统的过电压保护原则，设置相适配的信号 SPD。

③ 计算机网络系统的过电压保护设置按本章 9.8 节中原则设计。

④ 视频信号系统的过电压保护设置按本章 9.7 节中原则设计。

⑤ 音频信号系统过电压保护设置，按本章 9.12 节中原则设计。

9.25　微波、卫星地球站的防雷与接地

9.25.1　微波站的防雷与接地

（1）直击雷防护应符合下列要求：

① 微波天线及机房应在避雷针保护范围内，且宜为铁塔接闪杆设置专门的引下线，当铁塔金属构件电气连接可靠时，铁塔接闪杆可不设置专门的引下线，接闪杆与引下线应可靠焊接连通，引下线材料宜采用 $40\text{mm}\times4\text{mm}$ 镀锌扁钢。引下线的入地点应设在与机房地网不相邻的铁塔地网另一侧。

② 微波机房屋顶应设接闪网，其网格尺寸不应大于 $3\text{m}\times3\text{m}$，且应与屋顶接闪带逐点焊接连通。

③ 微波机房四角应设引下线，引下线可利用机房四角房柱内 2 根以上主钢筋，其上端应与接闪带、下端应与地网焊接连通。

④ 机房屋顶上其他金属设施应分别就近与接闪带焊接连通。

⑤ 微波站天线铁塔位于机房旁边时，铁塔地网与机房地网之间，应每间隔 $3\sim5\text{m}$ 相互焊接连通一次，并不应少于两处，铁塔四脚应与其地网就近焊接连通。

⑥ 微波站天线铁塔位于机房屋顶时，其四脚应在屋顶与引下线分别就近电气连通。

（2）出入微波站线缆的保护应采取下列措施：

① 铁塔上架设的微波天线波导馈线、同轴电缆金属外护层，应分别在塔顶、离塔处及机房入口处外侧就近接地，当馈线及同轴电缆长度大于 60m 时，其屏蔽层宜在塔的中间部位增加一个接地连接点，室外走线架始末两端均应做接地连接。塔顶航空障碍信号灯线缆应采用铠装电力电缆，且应在塔顶及机房入口处外侧就近接地，塔灯控制线的每根相线均应在机房入口处分别对地加 SPD，零线应直接接地。

② 出入微波站建筑物的彩灯、监控设备及其他室外设备的电源线，应采用铠装电力电缆或将电源线穿入金属管内布放，其电缆铠装层或钢管应在进入机房的外侧就近接地。

③ 由屋顶进入机房的缆线和太阳能电池馈电线应采用铠装电缆，其铠装层在进入机房入口处应就近与屋顶女儿墙上的接闪带焊接连通，电缆芯线应在入口处就近对地加装防雷器。

（3）微波站地网组成应符合下列要求：

① 微波站地网应由机房地网、铁塔地网和变压器地网组成，同时应利用机房建筑物的基础（含地桩）及铁塔基础内的主钢筋作为接地体的一部分。

② 微波铁塔位于机房旁边时，其地网面积应延伸到塔基四脚外 1.5m 的范围，其周边应为封闭式，并应将塔基地桩内钢筋与地网焊接连通；微波机房位于微波铁塔内或微波铁塔位于机房顶时，宜在机房地网四角设置辐射式外引接地体。

③ 电力变压器设置在机房内时，变压器地网可合用机房及铁塔组成的地网；电力变压器设置在机房外，且距机房地网边缘 30m 以内时，变压器地网与机房地网或与铁塔地网之间，应每间隔 3～5m 相互焊接连通，应至少有两处连通。

④ 为加强雷电流的散流作用、抑制地电位升高，可敷设附加的集中接地装置，一般敷设 3～5 根垂直接地体。在土壤电阻率较高的地区，则敷设多根放射形水平接地体。

⑤ 在土壤电阻率较高的地区，应在地网外围增设一圈环形接地体，并应在地网或铁塔四角设置向外辐射的水平接地体，其长度宜为 20～30m。

⑥ 环形接地装置应由水平接地体和垂直接地体组成，水平接地体周边应为封闭式，水平接地体与地网宜在同一水平面上，环形接地体与地网之间应每间隔 3～5m 相互焊接连通一次。

⑦ 环形接地体的周边可根据地形、地理状况确定形状。当垂直接地体埋设深度困难时，可根据地理环境减少其埋设数量。

⑧ 微波站地网宜按图 9-135 所示设计。

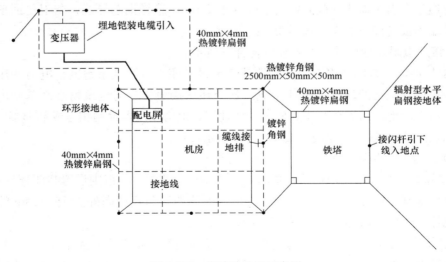

图 9-135 微波站地网示意图

（4）电力室的接地汇集线可设在干燥的地槽内或墙面适宜位置。微波机房的接地汇集线可设在地槽内、墙面适宜位置或走线架上。

（5）微波站的接地电阻宜控制在 10Ω 之内。微波站土壤电阻率大于 $1000\Omega\cdot m$ 时，可不对微波站的接地电阻予以限制，但地网的等效半径应大于 10m，并应根据地理情况在地网周边加数条 $10\sim20m$ 辐射型接地体。

9.25.2　卫星地球站的防雷与接地

（1）进入卫星地球站的光、电缆金属外护层，应在靠近建筑物户外电缆的入口处进行接地。

（2）网管及监控系统的接地应符合下列要求：

① 设计时应对监控系统的线路采取屏蔽、合理布线、等电位连接、接地及加装 SPD 等措施。

② 局（站）范围内，严禁室外架空走线。

③ 线缆的布放应远离铁塔等可能遭受直击雷的构筑物，且应避免沿建筑物的墙角布线。

④ 室内各种网管、监控线缆的布放宜集中在建筑物的中部。

（3）在卫星通信系统的接地装置设计中，应将卫星天线基础接地体、电力变压器接地装置及站内各建筑物接地装置互相连通组成共用接地装置。

（4）设备通信和信号端口应设置浪涌保护器保护，并采用等电位连接和电磁屏蔽措施，必要时可改用光纤连接。站外引入的信号电缆屏蔽层应在入户处接地。

（5）卫星天线的波导管应在天线架和机房入口外侧接地。

（6）卫星天线伺服控制系统的控制线及电源线，应采用屏蔽电缆，屏蔽层应在天线处和机房入口处接地，并应设置适配的浪涌保护器保护。

（7）卫星通信天线应设置防直击雷的接闪装置，使天线处于 $LPZ0_B$ 防护区内。

（8）当卫星通信系统具有双向（收/发）通信功能且天线架设在高层建筑物的屋面时，天线架应通过专引接地线（截面积大于或等于 $25mm^2$ 绝缘铜芯导线）与卫星通信机房等电位接地端子板连接，不应与接闪器直接连接。

（9）接地电阻及地网的面积要求应符合下列要求：

① 卫星地球站地网应由围绕卫星地球站天线基座、微波铁塔地网、电力变压器地网及站内各机房建筑物的环形接地体组成，各个环形接地体应与建筑物水平基础内钢筋焊接，并应与卫星地球站天线基座、微波铁塔地网、电力变压器地网相连成环形接地网。

② 小型卫星地球站的地网可按图 9-136 所示设计。

（10）室外站、边际站的地网应符合下列要求：

① 室外站、边际站使用通信杆塔时，宜围绕杆塔半径 3m 范围设置封闭环形接地体，并宜与杆塔地基钢板可靠焊接连通，在环形接地体的四角还应向外做 $10\sim20m$ 的辐射型水平接地体。通信杆塔地网可按图 9-136 所示设计。

② 室外站、边际站使用室外通信平台时，应围绕室外通信平台 4 个柱子 3m 远的距离设置封闭环形接地体，接闪杆引下线应直接与地网相连，并应在环形接地体的四角辅以 $10\sim20m$ 的辐射型水平接地体。

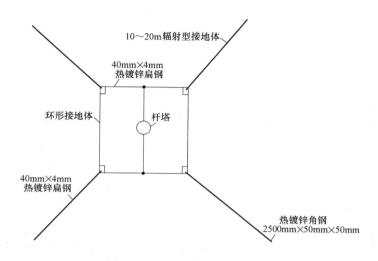

图 9-136 通信杆塔地网

9.26 超高层建筑的防雷与接地设计

一般把建筑高度超过 100m 的高层民用建筑定义为超高层建筑。根据《高层民用建筑设计防火规范》GB 50045—1995（2005 版）中第 11.0.5 条："当高层建筑的建筑高度超过 250m 时，建筑设计采取的特殊防火措施，应提交国家消防主管部门组织专题研究、论证。"与《高层民用建筑设计防火规范》的定义一致，将建筑高度超过 250m 的高层建筑称为"超限高层建筑"。目前我国各大城市的超限高层建筑发展很快，我国民用建筑中典型超限高层建筑如表 9-87 所示（仅供参考）。

超高层及超限高层建筑的特点：建筑高度高，面积大，功能复杂，用电负荷大，供电半径大，消防扑救困难等。对于其防雷接地也具有特殊的安全性，现代超高层建筑大量采用钢结构，钢筋混凝土结构本身引雷能力强，遭受雷击概率也增大，且外立面多采用带金属构件的玻璃幕墙，设计时应综合考虑外部防雷和内部防雷构成统一系统，采取安全可靠的防雷接地体系。

9.26.1 超高层建筑雷击特点

高层建筑高度高，遭受雷击的概率也随着高度的增加而增大，高层建筑内往往有大量的电子设备，这些设备抗干扰能力弱，容易受到雷电流的影响，建筑物受到雷击的时候，如果防雷措施不合理，往往造成巨大的损失。其防雷设计应采用综合防雷的概念，整体考虑外部防雷和内部防雷措施，并结合高层建筑的特点，合理运用接闪、分流、屏蔽、等电位连接、电涌保护等防雷技术。

雷击的主要形式有两种：一种称之为直击雷，是指雷雨云直接对建筑放电，击毁建筑物并损害其内部的电子设备。二是雷电放电过程中强大的脉冲电流在放电通道周围形成瞬变的电磁场，使邻近的导体产生电磁感应而形成高电压。高电压沿金属管线入侵建筑物以至发生闪击现象，通常称为"感应雷"。根据雷电对建筑物的破坏途径，一般把建筑物的

部分高层及超限高层建筑主要参数表

表 9-87

序号	工程名称	建筑概况						结构			屋顶		防雷与接地		供配电情况		
		总层数	总高度 (m)	地下室层数	裙房层数	塔楼层数	总建筑面积 (m²)	主体结构形状	基础形式	柱子形式	停机坪	其他	防雷形式	接地形式	供电电源	变压器总装机容量 (kVA)	单位面积装机容量 (VA/m²)
1	中钢国际广场	83	358				39.5万								两路 35kV 电源同时工作互为备用	40200	101.77
2	天津津塔	75	336.9				31万								3 路 35kV 电源 2 用 1 备	36400	117.42
3	深圳平安国际金融中心	116	558				46万								9 路 10kV 电源 6 用 3 备	56500	120.65
4	上海环球金融中心	101	492	地下 3 层 (65429m²)	1~5 层为裙房 (3.4 万 m²)	6~10 层为塔楼	38.16万	钢结构		钢柱	无	10m×10m 网格每层设均压环等电位连接		共用接地,强、弱电分开设引下线 (R≤1Ω)	3 路 35kV 电源同时工作互为备用	37500	98.27
5	上海金贸大厅	88	420	地下 3 层	1~6 层为裙房 (3.4 万 m²)	88层	29万	筒中筒,外筒为钢结构,内筒为混凝土	钢管柱	柱型钢与钢筋柱子	无	在上部 14 个层面设有 136 根针		基础钢管桩	2 路 35kV 电源同时工作互为备用	40000	137.93
6	北京国贸三期	75	330				29.7万								5 路 10kV 电源 (内设 110kV 变电站)	32400	109.09
7	天津周大福中心	107	530				38万								8 路 10kV 电源两两一组	43000	113.16
8	广州珠江新城	71	309				21万								4 路 10kV 电源 3 用 1 备	26300	123

续表

序号	工程名称	建筑概况						结构			屋顶		防雷与接地		供配电情况		
		总层数	总高度(m)	地下室层数	裙房层数	塔楼层数	总建筑面积(m²)	主体结构形状形式	基础形式	柱子形式	停机坪	其他	防雷形式	接地形式	供电电源	变压器总装机容量(kVA)	单位面积装机容量(VA/m²)
9	广州东塔	111	530				50.8万								10路10kV电源7用3备	74000	146
10	广州西塔	103	432				45.6万								1#、3#变电所3路10kV两用一备,2#、4#变电所,2路10kV	62300	136.62
11	广州塔	84	600				11.4万	钢结构,内筒钢筋混凝土	24根钢管桩						3路10kV电源2用1备	15850	139
12	深圳国贸中心	53	160	3	4	50	10万	筒中筒形式	挖孔灌柱桩	钢筋混凝土	有	10m×10m网格	法拉第笼式	共用接地	2路10kV电源独立互为备用	10600	106
13	烟台世贸海湾1号	57	271.8				14.7万								2路10kV电源5个变电所	13200	89.8
14	上海世贸国际广场	60	249.5				17万								2路35kV电源5个变电所	20000	117.65
15	青岛开发区国际贸易中心	55/46/32层	199.8				22.2万	筒结构	共用接地形式钢棒	钢管混凝土桩	有		10m×10m避雷网格	共有接地系统			
16	迪拜AIH大厅	62	283.4	地下2层		62层	5.2万			桩子钢筋引下线							230

雷电防护分为外部防雷和内部防雷两部分，外部防雷目的是为了防止建筑物及外部设施遭受直接雷电；内部防雷则是为了保护室内人员和设施的安全。

外部防雷通常包括接闪器、引下线和接地装置。接闪器包括接闪杆、接闪带和接闪网等，直接安装在被保护的建筑物上或设置在建筑物上面及近旁。

内部防雷措施包括屏蔽、等电位连接、安装电涌保护器等。现代防雷技术的一个重要概念是防雷区（LPZ），根据雷电电磁环境的不同，将建筑物划分为不同的防雷区（LPZ），在不同的防雷区的交界面上，电磁环境有明显的变化，LPZ 的序号越大，其内部的电磁强度也就越小。

9.26.2 超高层建筑的防雷与接地措施

1. 设计原则

（1）设计依据：

《建筑物防雷设计规范》GB 50057—2010；

《建筑物电子信息系统防雷技术规范》GB 50343—2012；

（2）根据规范要求，确定建筑物的防雷类别。

（3）对重点建筑按 GB 50343—2012 进行风险评估。

（4）最后确定外部防雷和内部防雷的措施。

2. 防雷措施

（1）外部防雷装置：直击雷防护措施

包括接闪器、引下线、接地装置。

1）接闪器

接闪器是直接接受雷击的接闪杆、接闪带（线）或接闪网以及用作接闪的金属面和金属构件等。它由下列的一种或多种组成：

① 独立接闪杆。

② 架空接闪线或架空接闪网。

③ 直接装设在建筑物上的接闪杆、接闪带或接闪网。

2）引下线

引下线是连接接闪器与接地装置的金属导体。

3）接地装置

接地装置是接地体和接地线的总合，接地体是埋入土壤中或混凝土基础中作散流作用的导体。接地线是从引下线断接卡或换线处至接地体的连接导体。

（2）外部防雷措施

外部防雷措施是防止雷电直接袭击建筑物，一般是在建筑物顶部设置接闪器（针，线，网）拦截雷电，按 GB 50057—2010 要求设置接闪器，应能保护建筑物的外沿，引下线也可做接闪器。引下线应沿着建筑物的外围柱子均匀布置，通过合理布设的引下线，将雷电流均匀地沿外围引下线向大地泄放。引下线间距应满足规范要求，对二类防雷建筑物引下线间距不应大于 18m，超高层建筑防侧击雷措施是设置均压环。一般宜每层或每二层设置一道，方便金属门窗、栏杆、幕墙等接地，利用建筑物基础中的钢筋，包括桩基、承台钢筋、钢管桩、地梁钢筋、底板钢筋等组成一个整体作为接地装置。一般要求接地电阻 $R \leqslant 1\Omega$，对于超高层建筑来说都可以达到这个要求。

（3）内部防雷措施：

应按 GB 50343—2012 规范设计。

闪电击中防雷设施后，接闪器、引下线附近会产生瞬变电磁场，并在金属导线上产生很高的感应电压，对建筑物内的电子设备带来极大的伤害。屏蔽、等电位连接、安装电涌保护器（SPD）是建筑物内部防雷的主要方法。

① 屏蔽。高层建筑外部防雷措施把楼层和柱子、剪力墙等建筑物结构钢筋连接成"法拉第笼"并进行接地，对建筑物产生一定的屏蔽，但对电子设备而言，这种保护是不够的，还要对设备及线路进行特别的保护：对进出建筑的线路，应采用铠装电缆或把线路放置在金属槽管内，电子设备机房可以采用金属网格或金属板进行屏蔽。雷击时建筑物的中部、底部电磁环境较好，合理布设线路、机房的位置可提高电子设备的安全。

② 等电位连接。在不同雷电防护区的交界面处应做等电位连接，以防止雷电冲击波穿过雷电防护区的界面进入建筑物内。进出高层建筑的管道一般集中在地下室或地面，进行防雷设计时，应认真考虑等电位连接的需要，预留等电位连接端子，地下室的配电房、电梯井、电井、燃气管、水管进出处等位置应预留接地端子做等电位连接，各楼层的电井、电梯井等也应预留等电位接地端子，供楼层接地用。

③ 电涌保护器（SPD）。电涌保护器应安装在建筑物不同防雷区（LPZ）界面或设备前端等特定的位置，第一级的 SPD 安装在线路的入口端，电源系统应设在总配电箱，选用 I 级试验电涌保护器，通信等信号系统设在终端配线箱；电源系统一般应在楼层的分配电箱设第二级 SPD，选用 II 级试验电涌保护器，并根据设备的耐压水平确定后续的保护措施。

9.26.3 利用钢管桩作引下线的问题分析

在现代超高层建筑中，建筑物的结构形式，随着新产品新工艺水平的提高发生了很大的变化。现在大多采用钢材和混凝土组合形式，分为钢管混凝土结构和钢管混凝土组合梁等各种形式。其中钢管混凝土由于其抗压和抗剪承载力高，柱截面比钢筋混凝土柱截面减少 60% 以上，以及便于选材、制造和施工等特点，在超高层建筑中大量应用。现在就利用钢管作为防雷引下线时的情况分析如下：

在利用建筑物钢结构内的构件作为防雷装置（如引下线）时，雷电流流经引下线，会产生热效应和瞬态电涌效应，以及由此产生的接触电压、跨步电压和在引下线寄生电感上产生的瞬态过电压等。下面对此进行分析：

1. 热效应分析

按照《建筑物防雷规范》的有关要求，防雷装置应尽量利用建筑物混凝土结构内的钢筋和钢柱作为引下线和接地装置，但应对作为防雷装置的钢导体进行截面和温升校验。当雷电直接击中建筑物的防雷装置时，雷电流会经防雷接地装置流向大地。雷电流的持续时间通常可达几百毫秒甚至 1 秒以上。这个过程可以看作是导体通过短时电流的一种短时发热过程，即相当于导体在短路开始至短路切除时为止的发热过程。其特点是：发热时间很短，发出的热量来不及向周围介质扩散，因此损耗的热量可以不计，基本上是一个绝热过程。导体产生的热量，全部作用于使导体温度升高，因为温度变化很大，电阻和比热容也随温度变化，不能作为常数对待。

根据热量平衡关系，电阻损耗产生的热量应等于升高温度所需的热量，就导体的短时发热过程而言，用公式表示为：

$$Q_R = Q_C (\text{W/m}) \tag{9-19}$$

在时间 dt 内，上式可写成

$$I_{dt}^2 R_\theta dt = m C_\theta d\theta (\text{J/m}) \tag{9-20}$$

式中　I_{dt}——短路全电流（A）；

R_θ——温度为 θ℃时导体的电阻（Ω），$R_\theta = \rho_0 (1+\alpha\theta)\dfrac{l}{S}$；

C_θ——温度为 θ℃时导体的比热容 [J/(kg·℃)]，$C_\theta = C_0 (1+\beta\theta)$；

m——导体的质量（kg），$m = \rho_m S l$；

其中　ρ_0——0℃时导体的电阻率（Ω·m）；

α——ρ_0 的温度系数（℃$^{-1}$）；

C_0——0℃时导体的比热容 [J/(kg·℃)]；

β——C_0 的温度系数（℃$^{-1}$）；

l——导体的长度（m）；

S——导体的截面积（m^2）；

ρ_m——导体材料的密度（kg/m^3）。

将 R_θ、m、C_θ 等值代入式（9-20）得导体短时发热的微分方程式：

$$I_{dt}^2 (\rho_0 (1+\alpha\theta)) \frac{l}{S} dt = \rho_m S l C_0 (1+\beta\theta) d\theta \tag{9-21}$$

整理后得：

$$\frac{1}{S^2} I_{dt}^2 dt = \frac{C_0 \rho_m}{\rho_0} \left(\frac{1+\beta\theta}{1+\alpha\theta} \right) d\theta$$

对上式进行积分，当时间由 0 到 dt（dt 为短路切除时间，相当于雷电流终止时间），导体温度由开始温度 θ_K 升到最终温度 θ_s，于是

$$\frac{1}{S^2} \int_0^{dt} I_{dt}^2 dt = \frac{C_0 \rho_m}{\rho_0} \int_{\theta_1}^{\theta_2} \frac{1+\beta\theta}{1+\alpha\theta} d\theta = \frac{C_0 \rho_m}{\rho_0} \left[\frac{\alpha-\beta}{\alpha^2} \ln(1+\alpha z) + \frac{\beta}{\alpha}\theta z - \frac{C_0 \rho_m}{\rho_0} \right] \tag{9-22}$$

$$\left[\frac{\alpha-\beta}{\alpha^2} \ln(1+\alpha\theta_K) + \frac{\beta}{\alpha}\theta_K \right] \tag{9-23}$$

式中，$\int_0^{dt} I_{dt}^2 dt$ 与短路电流产生的热量成正比，称之为短路电流的热效应，对于雷电流而言，即为雷电流的热效应，雷击的单位能量。国际电工委员会（IEC）根据上述公式进行了转化，在 IEC 364-5-54 文件中给出了根据温升而定的导体截面的计算公式为：

$$S = \frac{\sqrt{I^2 t}}{K} = K_C \sqrt{\frac{\rho_{20} \int i^2 dt}{Q_c \times (B+20) \times \ln\left(1 + \frac{\theta_f - \theta_j}{B+\theta_i}\right)}} \tag{9-24}$$

根据截面而定的导体温升为：

$$(\theta_f - \theta_i) = \left[\exp \frac{K_C^2 \times \rho_{20} \times \int i^2 \, dt}{Q_C \times (B + 20) \times S^2} - 1 \right] (B + \theta_i) \qquad (9\text{-}25)$$

上述两式中　S——导体的截面积（mm^2）；

$\quad\quad\quad Q_C$——导体的体积热容量 $[J/(℃ \cdot mm^3)]$；

$\quad\quad\quad B$——导体在 0℃时的电阻率温度系数的倒数（℃）；

$\quad\quad\quad \rho_{20}$——导体在 20℃时的电阻率（$\Omega \cdot mm$）；

$\quad\quad\quad \theta_i$——导体的起始温度（℃）；

$\quad\quad\quad \theta_f$——导体的最终温度（℃）；

$\quad\quad\quad K_C$——雷电流流经引下线的分流系数；

$\int i_{dt}^2 \cdot dt$——雷击的单位能量（J/Ω）。

《钢筋混凝土结构设计规范》规定构件的最高允许表面温度是：对于需要验算疲劳的构件（如吊车梁等承受重复荷载的构件）不宜超过 60℃；对于屋架、托架、屋面梁等不宜超过 80℃；对于其他构件（如柱子、基础）则没有规定最高允许温度值，GB 50057 建议，对于此类构件可按不宜超过 100℃考虑。

由于建筑物遭雷击时，雷电流流经的路径为屋面、屋架（或托架或屋面梁）、柱子、基础，流经需要验算疲劳的构件（如吊车梁等承受重复荷载的构件）的雷电流已分流到很小的数值。因此，雷电流流过构件的钢筋、圆钢或钢管后，其最高温度按 80～100℃考虑。验算时按照最终温度 80℃作为计算值，钢筋的起始温度取 40℃。

以青岛开发区国贸中心工程为例，当利用钢管混凝土结构中的钢管作为引下线时，由地下至屋顶，钢管的截面直径（外径）逐渐从 1200mm 缩小到 800mm，壁厚 12mm。以最小直径的顶层钢管为计算值进行校验，有关的参数按照《工业与民用配电设计手册》（第三版）表 13-1、表 13-4 取值，即：

$$S = \pi (R_1^2 - R_2^2) = \pi (400^2 - 388^2) = 29691.84 \, mm^2$$

$$Q_C = 3.8 \times 10^{-3} \, J/(℃ \cdot mm^3)$$

$$B = 202℃$$

$$\rho_{20} = 138 \times 10^{-6} \, \Omega \cdot mm$$

$$\int I_{dt}^2 \cdot dt = 5.6 \times 10^6 \, J/\Omega$$

$$\theta_1 = 40℃$$

根据分流系统的计算公式，当青岛开发区国贸中心工程的分流系数 K_C 取 0.44 时，按照式（9-25）校验其温升，则导体的温升为：

$$(\theta_f - \theta_i) = \left[\exp \frac{K_C^2 \times \rho_{20} \times \int I^2 \, dt}{Q_C \times (B + 20) \times S^2} - 1 \right] (B + \theta_i)$$

$$= \left[\exp \frac{0.44^2 \times 138 \times 10^{-6} \times 5.6 \times 10^6}{3.8 \times 10^{-3} \times (202 + 20) \times 29691.84^2} - 1 \right] \times (202 + 40)$$

$$= [\exp 2.012 \times 10^{-7} - 1] \times 242$$
$$= [1.000000201 - 1] \times 242$$
$$= 4.87 \times 10^{-5} ℃$$

即起始温度为 40℃ 时，钢管的温升仅为 4.87×10^{-5}℃，远未达到 80℃ 的最高温度。这说明，对于钢管混凝土这种结构形式而言，钢管作为引下线由于其大截面使得导体的温升很小，甚至可以忽略不计。从这个意义上讲，利用钢管混凝土结构中的钢管作为引下线是可行的，并且是有利的。

顺便指出，在常规的建筑物中，如果利用混凝土结构中直径为 10mm 的单根钢筋作为引下线，根据式（9-25）计算，当分流系数取 1 时，则导体的温升为 38.7℃，接近 40℃，也就意味着钢导体的最终温度接近了《钢筋混凝土结构设计规范》所规定的屋架、托架、屋面梁等构件的最高允许温度（80℃）。因此，对于常规的混凝土结构形式，至少应利用不少于两根直径为 10mm 以上的钢筋作为引下线才可以满足温升的要求。同时，混凝土构件内的钢筋实际上是并联的，经过分流后，每根钢筋产生的雷击单位能量大大减小，因此，钢筋的温度升高通常会远远小于 40℃。

2. 导体的瞬态电涌效应分析

当雷电流直接击中防雷装置时，强大的雷电流流经防雷接地装置时，会在引下线及接地体上产生一个极高的瞬态过电压 U，根据《工业与民用配电设计手册》（第三版）式（13-1），其值为

$$U = U_R + U_L = I R_P + L_0 \times h_x \times \frac{\mathrm{d}i}{\mathrm{d}t} \tag{9-26}$$

式中　U_R——雷电流流过防雷装置时，在接地装置上的电阻电压降（kV）；

U_L——雷电流流过防雷装置时，在引下线上距地为 h_x 高度的电感电压降（kV）；

R_P——接地装置的冲击接地电阻（Ω），对于第二类防雷建筑物，其值取 1Ω；

I——流经引下线的雷电流幅值（kA），对于第二类防雷建筑物，其值取 150kA；

L_0——引下线的单位长度电感（μH/m），一般可取 1.5μH/m；

$\dfrac{\mathrm{d}i}{\mathrm{d}t}$——雷电流陡度（kA/μs），对于第二类防雷建筑物，其值取 150kA/μs；

h_x——防雷装置引下线上过电压计算点的地上高度（m）。

以青岛开发区国贸中心 A 座 150 米处为例，计算此处的过电压，按照式（9-26）计算得：

$$U = U_R + U_L = I R_P + L_0 \times h_x \times \frac{\mathrm{d}i}{\mathrm{d}t}$$
$$= 150 \times 1 + 1.5 \times 150 \times 150$$
$$= 150 + 33750 = 33900 \mathrm{kV}$$

其中电阻分量 U_R 为 150kV，也就意味着接地装置的对地电位达到了 150kV，形成了高电位梯度，可能会使得在地面接地装置附近活动的人员因承受过高的"跨步电压"而造成损害。而在建筑物的 150 米高处，会产生 33750kV 的电感过电压，当人体接触时，有遭受"接触电压"的危险。同时 33750kV 的电感过电压会对引下线附近的金属物体"反击"放电，造成对电子设备的损害。数据统计，通常人体对高频、脉冲电压和电流耐受能力要比工频大得多。雷电时间非常短暂，且有脉冲、高频的特征。大量的实验表明。当高

频接触电压达到数十千伏时，人的呼吸就会失常，心脏活动机能就会损伤，甚至有生命危险。由此可见，雷电发生时，如果有人接触正在泄放雷电流的引下线，将会发生触电事故，甚至危及生命。

以上计算说明：雷击瞬态过电压的电阻分量与接地电阻成正比，接地电阻越低，电阻电压越小；电感分量与计算点的高度和雷电流陡度成正比，距地面越高，雷电流陡度越大，电感电压越高。雷击瞬态过电压的电阻分量导致接地装置的对地电位升高，并在接地点附近地面形成高电位梯度。可能造成接地装置附近的人员因承受过高"跨步电压"而受到伤害。当建筑物的防雷分类确定时，雷击的雷电流幅值是一定的，因此，接地电阻越低，越利于雷电流流散入大地，产生高电位的危险越小，使"跨步电压"产生的可能性越小。雷击瞬态过电压的电感分量会使人员直接接触防雷引下线及与其相连的金属物体时，可能遭受"接触电压"的电击危险。同样，当建筑物的防雷分类确定时，雷电流的陡度是一定的。对于超高层建筑物。建筑物越高，则引下线的长度也就越长，在引下线寄生电感上产生的瞬态电感过电压也越高。因此，必须保证人体与引下线保持足够的安全距离，同时在建筑物内的各种金属物与防雷装置之间采取等电位连接的措施来降低这种危险性。

3. 感应电磁场的计算

因为雷电流是高频电流。且波形很陡，所以在直接击中防雷装置时，雷电流沿引下线向大地散流时，会通过引下线对周围的电气设备感应出很大的电磁感应强度。具体计算方法，参见本书第十章相关内容介绍。

以上计算说明，在雷电流击中防雷装置时，在建筑物内中心位置雷电电磁场强度最弱，而其外部位置作为引下线的钢结构附近的雷电电磁场强度最大。

4. 通过以上对钢管混凝土引下线导体的计算分析，可以得出以下几个结论：

（1）对于钢管混凝土这种结构形式而言，钢管作为引下线由于其大截面使得导体的温升很小，甚至可以忽略不计。从这个意义上讲，利用钢管混凝土结构中的钢管作为引下线是可行的，并且是有利的。

（2）对于超高层建筑，当雷电流击中建筑物防雷装置时，位置越高，引下线感应的电感电压越大，直接后果就是人员直接接触引下线及其与之相连的金属物时，遭受接触电压的危险越大。对于常规结构形式的建筑物，如利用混凝土柱中的钢筋作为引下线，由于钢筋外侧至少有25mm的混凝土保护层，再加上建筑抹灰，总的外层厚度超过50mm，混凝土作为绝缘材料，可以避免或者减少接触电压的产生。但是对于钢管混凝土结构，其外表面仅敷设25mm的防火涂料，有时施工单位会采用某些新型薄型防火涂料，厚度仅为7mm。考虑到防火涂料的老化和破损不可避免，这种情况下钢管作为引下线，产生接触电压的危险就大大增加了。因此需要制定防火涂料的电气绝缘性能要求，以指导设计工作。

（3）无论采用何种形式的引下线，雷电流越大，由此产生的电磁感应及其对周围电子设备的感应电势也越大。再加上和周围金属线路的电磁耦合，这种雷电电磁场的危害必然增大。

5. 应对措施

实际工作中，为减少超高层建筑高层的接触电压的危害，首先采取可靠的连接方式将结构柱、梁、板内钢结构连通（例如，采用铜锌合金焊、熔焊、卷边、压接、缝接、螺钉或螺栓连接），确保自然引下线在建筑物金属构件上做到电气上真正贯通。同时，使其截面应符合规范要求，且各金属构件应被覆有绝缘材料。对于外露的引下线，除涂抹防火涂料外，还要求建设单位在二次装修时，应敷设绝缘性能良好的材料（如石材、瓷砖等）以隔离人员的接触。

为减少超高层建筑物内的由引下线产生的电磁感应，要进行内部防雷，即采取 SGP（分流、均压、屏蔽、接地和过电压保护）的措施。通过改善防雷装置的结构形式，增加引下线根数，减小分流系数，降低雷电流的强度。同时，重要的电信设施和电气设备必须加强保护，它们的电气线路都应该采用金属管布线或用金属线槽布线，此项措施对预防雷电反击和各种电磁脉冲，包括雷电电磁脉冲、核电磁脉冲、静电放电和内部过电压都具有良好的屏蔽能力。电气线路的干线应该集中敷设在建筑物的中心部位，即雷电干扰电磁场最弱的部位，如建筑物的电梯竖井里。穿线铁管和线槽都应该与各楼层的等电位连接排相连，和接地母线相连，以达到良好的屏蔽效果。

对于引下线在地面形成的跨步电压，应避免引下线布置在地面人员稠密区，降低引下线周围的土壤电阻率，增加接地装置的网状结构，以降低跨步电压产生的可能。

对于易产生接触电压和跨步电压的部位，应设置护栏或警告牌，使事故可能性降至最低。

9.26.4 直升机停机坪的防雷设计

现代高层建筑中经常在层顶设置停机坪，从 20 世纪 80 年代就开始在较多建筑上已经设置停机坪。如 1982 年在南京金陵饭店层顶上设有停机坪，1986 年深圳国际贸易中心层顶上设有停机坪。近期建成的青岛开发区国际贸易中心层顶上设有停机坪。

停机坪的主要功能为消防救援、反恐、治安、旅游观光等提供支持，因此在全国不少大城市的高层建筑上已建有停机坪。

现对新建工程停机坪的防雷与接地设计作如下简单介绍：

1. 青岛开发区国际贸易中心大厅停机坪防雷与接地设计

青岛开发区国际贸易中心工程位于青岛市，工程总建筑面积 221971m²，地下 3 层，6 层裙房，3 座塔楼。A 座办公酒店，55 层，高 199.8m，B 座为商务公寓，40 层，高 148.3m，C 座为住宅，32 层，高 106.4m。屋顶设有停机坪。

（1）停机坪对防雷设计的影响

停机坪作为建筑物的最高点，在防雷设计时有两个问题需要考虑：

1）按照 GB 50057—2010 中 3.3.1 条规定以及民用机场标准中的相关规定。

因为停机坪上不可设置接闪杆，只能按照要求，在屋面易受雷击的部位装设接闪带，对于二类防雷建筑物，网格尺寸不大于 10m×10m 或 12m×8m。

2）按照 GB 50057—2010 中 3.3.2 条规定，直升机作为可移动的金属物体，当其在停机坪上停放时，高度突出了屋面，应和屋面防雷装置相连。

如果作为不上人屋面，接闪带可突出屋面利用支架固定在屋面上。但是作为停机坪，屋面不可有任何妨碍直升机起降的设施。此外，还应考虑直升机本身的防雷，因为直升机停放在地面时，其实质类同于地面的建筑物，同样要安装防雷装置。对于这种互相矛盾的设计要求，GB 50057 并没有具体的说明和做法。

（2）应对措施

实际设计中参考了甲板直升机起降措施和《飞机库设计防火规范》GB 50284—2008中8.3.1条的规定。

直升机在甲板上起降时，由于船舶总是处于运动中，上下左右不停地晃动，为使直升机能快速安全地降落，人们发明了鱼叉式起降装置，它能在舰载直升机起落架触及起降甲板降落区的瞬间，发出抓住直升机动探杆的指令；快速夹紧装置便迅速移动，感受棒在缓冲器接触摆杆后，向卡爪发出接近摆杆的信号；当卡爪接触摆杆并将其夹住时，就抓住了舰载直升机；然后卡爪横向移动、微调，使直升机对准进入机库的导轨；在横向制动后，快速夹紧装置沿导轨作纵向移动，将舰载直升机徐徐拉进机库。

《飞机库设计防火规范》GB 50284—2008中8.3.1条规定：在飞机停放和维修处应设置泄放飞机静电电荷的接地端子。连接接地端子的接地导线宜就近接至机库接地系统。

根据上述两条方法，考虑到通常情况下，在直升机的机身上都安装有一条接闪带，可以通过在停机坪上专用的接地线使飞机的机壳与大地连接起来。因此，我们在屋顶设置了以停机坪中心为圆心、角度为30°～40°放射状的接闪带（规格为40mm×4mm热镀锌扁钢和角钢），组成不大于10m×10m或12m×8m的网络，明敷在混凝土屋面中（图9-137）。由于屋顶面积较大，为保证网格的尺寸要求，经过计算，环形接闪带设置为两圈；同时在屋面预留了接地插座，用来将直升机机身自带的接闪带与屋面的防雷装置相连。在这种情况下，屋面接闪带一方面作为建筑物的防雷装置——接闪器，另一方面又作为直升机的接地装置。考虑到屋顶遭雷击时混凝土可能会有一些碎片脱落而造成对地面人员和设备的危害，设计时，一方面要求在对接闪带进行防腐处理后，其敷设高度和屋顶平面平齐；另一方面将屋顶外缘的接闪带采用热镀锌角钢包裹混凝土。通过这两项措施来防止和减少碎片脱落危害的可能性。

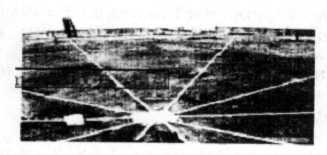

图 9-137 屋顶接闪带工程示意图

图 9-138 停机坪平面

2. 深圳国际贸易中心直升机停机坪设计

为解决和缓和上部楼层人员的疏散，在第50层屋面上设置了直径为26m的直升机停机坪，起降区的面积大小主要取决于机长，为安全一般屋顶起降范围为机长的1.5～2.0倍，且该范围内无高出屋顶的建筑物、旗杆、灯杆、金属天线等障碍物。起降区要考虑动荷载和行动荷载的行动力并用规定的颜色标出边界线（图9-138）。为保证夜间起降安全、准确应按有关规定和要求配置一定数量的如方向灯、边界灯、安全灯、起降场地嵌入灯等灯光标志，并设有一定数量的机身固定挂钩以保证停降机机身平稳。在停机坪的中心画出起飞方向的标志，飞机通常迎着主道风向起降。

停机坪的边界设有界线灯，用移动插座供电。另外在停机坪四周还设有移动式指挥灯。该类灯均由专线供电。按Ⅰ类负荷考虑。

9.26.5　超高层建筑幕墙的防雷与接地设计

在现代世界各国及国内各地的超高层建筑中，使用幕墙作为建筑物外部维护结构是不可少的型式。由于超高层建筑极易遭受雷击，其维护结构幕墙更容易受到雷击。因此它的安全性更为主要。

1. 建筑幕墙遭受雷击的类型

（1）防直击雷和侧击雷

针对高层建筑物，绝大部分的直击雷会集中在顶部的接闪器。而在高层幕墙顶层四周的金属幕墙、金属天沟以及建筑物的外转角和顶部突出位置也极易遭受雷击。

幕墙的防侧击雷防的是闪电电流的侧向绕击。这种电击的几率很小，但是它对幕墙本身以及建筑物的危害最大。均压环是高层建筑物为防止侧击雷而设计的环绕建筑物周边的水平接闪带。在建筑设计中当高层超过滚球半径时（一类30m，二类45m，三类60m），每隔6m设均压环。均压环可利用圈梁内两条主筋焊接成闭合圈，此闭合圈必须与所有的引下线连接。

（2）防雷电感应

雷电放电时，在附近导体上产生的静电感应和电磁感应，它可能使金属部件之间产生火花。静电感应是由于雷云的作用，使附近导体上感应出与雷云符号相反的电荷，雷云主放电时，先导通道中的电荷迅速中和，在导体上的感应电荷得到释放，如果不就近泄入大地中就会产生很高的电位。幕墙的金属构件较多，能够积累大量电荷。当建筑物受到电击时，强大的电流通过金属构件时，由于作用时间极短，电位差可达到万伏以上，它可能使金属部件之间产生火花，引起火灾。

2. 超高层幕墙防雷措施

（1）超高层建筑的防雷网格

超高层建筑可以将防雷网格在高度上分区考虑，根据规范要求越高的地方防雷网格越密集。较低层可以采用每3层设均压环，较高层可采用每层设均压环。均压环的合理设置能减少建筑物本身遭受雷击的几率。

（2）幕墙与建筑防雷钢筋的连接

幕墙与主体结构的连接点分布在建筑的均压环上，均压环可用直径12mm镀锌钢筋（或采用40mm×4mm镀锌钢板）焊接而成，连接点在垂直方向和水平方向形成防雷网格，网格的尺寸需要满足建筑物防雷等级的基本要求。

（3）幕墙系统与建筑防雷钢筋的连接主要通过预埋系统与主体防雷筋连接

预埋系统与主体钢筋连接应将每块锚板与主体结构伸出的防雷筋连接，也可以先将每块锚板串联起来，再相隔一定距离（不大于12m）与主体结构钢筋连接，每根钢筋的冲击接地电阻不应大于10Ω。预埋件及防雷均压环和防雷引出线与土建主体防雷主筋相连焊接牢固，焊缝搭接长度不小于 200mm。总之预埋件与主体结构之间必须连接成电气通路。

（4）幕墙本身的连接

1）框架幕墙系统

在建筑物接闪网格范围内，均压环所在层，框架幕墙竖向主龙骨在伸缩缝的连接处需要采用柔性导线上、下连通，铜质导线截面积不宜小于 25mm²，铝质导线截面积不宜小于 30mm² 制成的可伸缩的防雷连通导线并上下相连接。设置均压环的楼层所有竖向主龙骨与横向龙骨的连接处，通过铝质截面积不宜小于 30mm² 铝角码两端各用两个至少 M8 不锈钢对穿螺栓进行压接，并加不锈钢平垫和弹簧垫。

2）单元幕墙系统

单元幕墙的防雷设计比框架系统稍微复杂一些。由于单元幕墙每个板块相对独立，而且单元幕墙上的构件比较多，需要把每一个单元板块本身做成一个连通的电气电路。

普通单元层间相邻板块之间用 40mm×2mm 铝单板连接相邻单元公母竖框。在连接均压环所在层的单元板块需要在所有横竖框连接处通过铝质截面积不宜小于 30mm² 铝角码连接，确保整个单元内部形成一个电气通路。

具有断热型材的单元幕墙内部连接需考虑断热条内外侧型材的连通性，可采用 40mm×2mm 铝单板连接内外型材，每根单元框不少于两处。

3. 建筑幕墙防雷其他注意事项

（1）不同金属材料接触，要做防电化腐蚀处理。幕墙规范硬性规定了一定要在钢铝材料间加隔离垫片。这样如果铝件遭受雷击，雷电流难以通过钢件传到主体结构，对建筑有严重的威胁。我们建议钢与铝连接时，钢要镀锡，铝采用阳极氧化；或在钢、铝之间加不锈钢垫片。

（2）30m 以下，特别是独立裙房幕墙部分，每隔 18m 与建筑物防雷系统的引下线接地，每块幕墙板块接通数量不得少于 2 处，以防止雷电感应对人和设备造成的危害。

（3）建筑物上存在的伸缩缝和沉降缝的，两部分建筑应构成统一的防雷系统。在伸缩缝和沉降缝之间必须进行防雷连接的跨越处理，处理方法最好用软质管线或软质金属片连接断开的防雷装置。

（4）建筑幕墙的防雷装置和建筑物防雷网的接通办法：一是在钢筋混凝土墙上通过柱或墙内的主钢筋设置预埋连接板并引出作为供测试、连接之用；二是利用建筑幕墙上的墙预埋件和建筑物防雷网接通后作连接通道；三是在立柱、梁墙浇筑混凝土之前，焊好预留出来的接线，以作为连接通道。

（5）考虑到防雷装置年久锈蚀，会减少雷电流的通道截面积。焊接连接件时由于对钢件原有表面处理有所破坏，在焊缝上去掉焊渣后，应再刷上二道防锈漆。

（6）建筑幕墙所有龙骨安装完毕后，必须用电阻表进行检测，检测所有引下线接地电阻值应符合防雷规范要求。通常情况下，对于第一类或第二类防雷的建筑物所有引下线接地电阻值不大于 10Ω。

（7）采用防止产生静电措施（即避免与其他物体紧密接触）来防止静电产生。防止其他物体与幕墙紧密接触，如窗帘与幕墙间保持一定距离，不使两者接触；擦幕墙时与玻璃接触的清洗材料选用不易起电的材料并降低摩擦速度，选择电阻率在 109Ω/cm 以下的材料就可以减少带电现象。

9.26.6　几个超高层建筑的防雷接地设计实例

1. 上海金茂大厦

（1）工程概况，大厦位于上海市陆家嘴，地面以上 88 层，地下 3 层，裙楼 6 层，建筑总高度 420.5m。总建筑面积 29 万 mm²，防雷系统由接闪杆筒形法拉第笼，基础由钢管桩等组成。

（2）接闪杆

金茂大厦融合了中国古塔建筑文化与世界现代超高层建筑技术，造型十分雄伟、精美。根据大厦体形，塔楼接闪杆布置如图 9-139 所示。

塔楼 369.7m 处是塔尖基座平面，以上为塔尖，塔尖下部、塔尖上部、塔顶共 4 层每层四周对称布置 4 根接闪杆（塔顶 4 根针紧靠在一起），针高 1.5m，直径 22mm，不锈钢实心圆棒制造，共 16 根。

塔尖基座以下（含基座层）共有 10 层布置有接闪杆，每层 12 根，3 根为一组，四周对称布置，针高 0.5m，直径 22mm，不锈钢实心圆棒制造。为了增加针的高度和安装方便，不锈钢针下部与外径为 32mm 的不锈钢管连接。造钢管固定在塔楼上。

高层建筑，特别是像金茂大厦这样的超高层建筑，容易受到雷击，落雷点不仅仅在建筑物的顶端，建筑物侧面也会落雷。因此，塔楼自下而上在 14 个层面布置了共 136 根接闪杆。塔楼外墙根据建筑垂直感和美感的要求，从底层到顶层，由玻璃幕墙、铝合金和不锈钢条、带组成，如图 9-140 所示。铝和不锈钢均与防雷引下线连接起到了均压环的作用。

（3）引下线

金茂大厦塔楼防雷引下线是利用塔楼结构混凝土柱内的型钢、钢筋作引下线的。塔楼主体结构为筒中筒（钢筋混凝土结构内筒、劲性混凝土和钢结构的外筒）结构。内筒和外筒通过各楼层的铰接钢梁以及钢筋混凝土楼板连接。此外，还用了三道水平刚度极大的钢结构外伸桁架，就像三个"箍"加强了内外筒之间的一体性联系，使塔楼保持最大的稳定性。这个筒中筒结构构成了符合法拉第原理的具有等电位的筒形法拉第笼，即笼式接闪网。笼式接闪网固有电容大，大厦受雷击时，它所产生的电位差低，屏蔽性能和均压性能好。

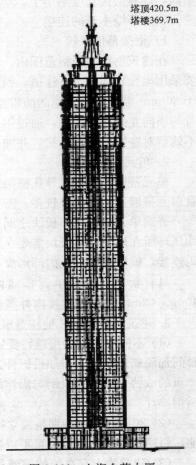

塔顶420.5m
塔楼369.7m

图 9-139　上海金茂大厦防雷布置示意图

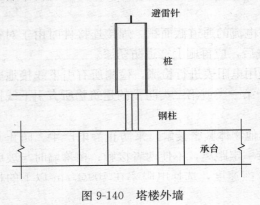

图 9-140　塔楼外墙

（4）接地极

大厦打下直径为 914mm 的基础钢管桩总共 1062 根，用钢量 1.8 万吨，桩尖贯入深度达 83m，由于埋得深，电阻值小且稳定，是良好的接地极。基础钢管桩的上部用断面为 150mm² 裸桐绞线一圆圈连接起来，圆连圆，圈套圈。这种周围式接地方式优越于独立式接地方式。它电容大，冲击阻抗小，并有利于改善大厦内的地电位分布，减少跨步电压。周围式接地体还便于与各种入户金属管道相连，并可利用自然接地体降低？

经测试，对塔楼 27 个接地装置进行测试，各点接地电阻值均为 0.11Ω，对裙楼 106 个接地装置进行测试，各点接地电阻值均为 0.15Ω，远小于 1Ω，符合规范要求。大厅塔楼与裙楼接地装置连成一个整体。

（5）连接

各楼层平面上的接闪杆由断面为 150mm² 裸铜绞线或断面为 30mm×3mm 扁铝线与塔楼筒形法拉第笼中钢结构连接。接地极由断面为 150mm² 裸铜绞线或断面为 40mm×4mm 镀锌钢条与塔楼筒形法拉第笼中钢结构连接。

裸铜绞线与钢材连接采用化学方法，称为"卡威"，施工时没有火花，不产生污染，连接牢靠，电阻小。

铝材与铝材、铝材与铜材连接采用螺栓，螺母垫圈压接、铜材之间采用焊接。

（6）其他

大厅利用共用接地系统，强电系统接地，防雷接地等共用一组系统。有利于维持系统等电位，保护系统人身安全。

大厅的电力系统设备接地不与防雷接地相连，以防止防雷系统杂散电流干扰微电子设备性能。

2. 上海环球金融中心大厅

（1）本工程位于上海陆家嘴金融中心区。总建筑面积 381610m²，地上共 101 层，地下三层，总高度 492m。

（2）防雷与接地设计：防雷保护示意图如图 9-141 所示；

1）防雷保护

按二类防雷建筑设计，用 45m 的滚球半径法进行验算，采用法拉第笼式建筑结合富兰克林避雷法实施。具体实施如下；在整个屋面组成不大于 10m×10m 或 12m×8m 的金属接闪网格，并在屋顶四周设置接闪杆作为防雷接闪器，而在空中廊桥部位则利用钢结构"Γ型"栏杆作为防雷接闪器，并在每层设置均压环。如图 9-141 所示。

2）接地措施

共用接地，利用大楼基础桩基及承台内的钢结件作为接地极，接地电阻不大于 1Ω。项目竣工后，经现场实测结果在 0.1Ω 左右。

等电位连接，所有进出大楼的各种设备金属管道均与此基础联合接地体可靠连接。将每层外墙上的金属栏杆，金属门窗等较大的金属物体与均压环连通，实施等电位连拉。

在每层低压配电间、电梯机房、弱电机房内，设置等电位连接排，各类电气设备、电子设备的金属外壳需做好与等电位连接排的可靠相连，在竖井内敷设的金属管道的顶端与底端需做好与防雷接地装置的连接。

在供信息系统的配电箱及照明配电箱内设置浪涌保护装置，此外还考虑做好电磁屏蔽的设计。

3）特殊做法

大楼内的各设备机房需要接地，其机房分别设置在各避难层内。例如在 90 层处还设置 10kV 变电所，它距基础板约有 400 多米，而距室外地坪也有 380 多米，如接地线路直接从基础引出时，线路明显过长，阻抗也会过大。

为解决上述矛盾，楼层变电所的接地采用芯筒内的统一的两根钢结构体，顶部闭环，每根截面约为 0.13m² （如采用扁钢大约 0.016m²），可以大大地降低接地线路的阻抗，同样，电梯控制系统的工作接地，计算机工作接地，及其他电子设备的工作接地也同样考虑合用同一接地引上线，与强电的接地线分开设置，这样可以有效地避免信号干扰。

接地的具体实施方案如下：在靠近变电所的芯筒内确定两根钢结构作为变电所专用接地引上线，并在各变电所内至少预埋两块接地板，此接地板与接地引上线焊接，在各变电所内需要的接地均从已预埋接地板引出。

各副变电所低压配出的 PE 线在不同的 10kV 变电所之间不串用。低压配电系统接地型式采用 TN-S 系统，凡正常情况下不带电的电气设备的金属外壳均应与 PE 线作可靠连接，严禁 PE 线和中性线连接，PE 线采用绿/黄双色线。

3. 深圳国际贸易中心大厦的防雷与接地设计

（1）概况

深圳国际贸易中心大厦位于广东省深圳市罗湖区，于 1981 年～1985 年建成的当时国内第一个超高层建筑。

大厦总建筑面积 10 万 m²，主楼地上 50 层，地下 3 层，裙楼地上 4 层地下 1 层，总建筑高度 160m。大厦为办公与商业综合楼。大厦主楼为内

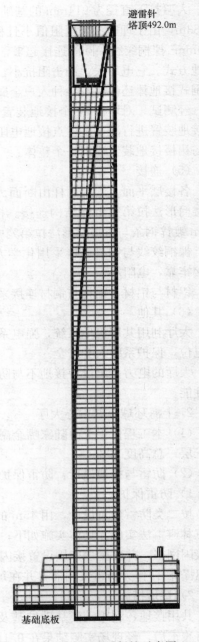

图 9-141　防雷保护示意图

核心筒和框架筒组成的框架混凝土筒中筒结构。大厦基础由大直径挖孔灌柱桩组成，主楼工程采用 58 根桩孔直径为 2.2/2.6/3.1m 的灌柱桩。

大厦采用滑膜施工法，创造了当时 3 天一层楼的施工速度，先施工筒体再施工楼板，全部现浇施工，保证墙体和楼板正体浇灌施工一体的结构型式，使大厦正体和各楼层均形成法拉第笼结构，起到屏蔽和均压双重效果。

深圳国贸中心外观视图如图 9-142 所示：

图 9-142　深圳国际贸易中心大厦

（2）防雷与接地设计

1）防雷

主楼防雷按民用一类等级设计。利用法拉第笼原理，把整个建筑物的梁、板、柱、基础等主要结构钢筋通过焊接，既使整个建筑又使每一层分别连成一个整体笼式接闪网。该网对雷电起两种作用，一是均压作用，当雷击建筑物时，由于形成了等电位面，对人和设备是不会有危险的。二是屏蔽作用：由于屏蔽效应，笼内空间的电场强度为零，笼上各处导体上的电位基本相等则导体间不会发生反常现象。因此既能保证建筑物内的人身和设备安全，又能节约大量金属。

利用基础（槽基和地板）内钢筋作接地装置。柱内主筋作引下线。4 号，47 号的插窗机轨道平台上，50 屋顶面停机坪四周边缘上，装设明装（铝条 25mm×4mm）接闪带，就近与柱内预留钢筋接地点相连接，建筑物内部的各种用电设备外壳、风管、大型设备、变压器中性点等及其互相连接的各种金属管线，都必须做成电气连接，并与接地网相连。楼板内钢筋之间的金属管线与钢筋之间绑扎或可靠搭接。为防止侧击雷和均压作用，30m以上每隔 3 层均应将楼板内钢筋电线管外壳，铝框窗、电视架等连成一体并与引下线相连。

2）接地

大厦内接地系统的种类较多：包括变压器中性点接地（要求 $R \leqslant 4\Omega$），消防控制中心的电子计算机系统的工作接地等（要求 $R \leqslant 2\Omega$）以及自动电话系统的工作接地，共用天线电视系统的接地装置等。根据各种接地装置的接地电阻要求，本大厦要求综合接地电阻 $R \leqslant 2\Omega$。

按照设计施工后实测，其基础接地装置的接地电阻：裙楼：$R = 0.15\Omega$；主楼：$R =$

0.1Ω。已满足设计要求，不再增设外引人工接地。

本工程从1986年建成投入使用已有近30年，在深圳高雷区从未遭受过雷击事故，运行安全可靠，采用法拉第笼式防雷体系做法，值得借鉴参考。

9.26.7　超高层建筑防雷与接地施工相关方案

1. 对建筑高度超过200～400m以上的超高层建筑，大部分结构形式为内部筒体为钢筋混凝土结构，外筒为钢柱（形式分为方形、圆形钢柱）。对防雷与接地施工中几个主要部分均有非常严格的要求。才能达到很好的防雷效果。

现就重庆某工程的防雷接地施工方提纲要求论述如下：

防雷接地系统包括：

防雷接地系统　　　　　　　　　　　　　　　　表9-88

子项名称	概　况　特　征
接闪带	在塔楼和裙楼屋面设不大于5m×5m或6m×4m的接闪网。玻璃幕墙顶部金属框架须与接闪带连通。在屋顶上一切金属凸出物、通风管、栏栅、水槽管等都与屋面接闪带连接。屋面电气线路均穿钢管并与其配电箱、用电设备金属外壳连接，且就近与防雷装置连接。屋面设备配电箱电源侧装设电涌保护器
引下线	本工程裙房及三期工程利用柱内对角两根直径大于等于16的主筋跨接焊作为引下线，二期塔楼外围利用钢柱作为防雷引下线，核心混凝土内利用柱内对角两根直径大于等于16mm的主筋作为防雷引下线。所有引下线间距不大于12m且所有引下线必须跟基础接地网和屋面防雷装置形成通路
均压环	本工程塔楼每层均设均压环，即将该层外围圈梁与钢柱连接成环，并与引下线连接，形成均压环。均压环与每层等电位连接网焊成一体，在裙楼顶板以及以上各层，在各引下线处外侧引出40mm×4mm镀锌扁钢与玻璃幕墙金属框架连通，从均压环适当位置引出预埋件与外围金属门窗、栏杆等金属构件连通，以防侧击雷，并增强雷电屏蔽作用
屋面预放电装置	该防雷装置根据重庆市防雷办和甲方最终指令进行安装。具体安装位置需结合建筑外观效果进行确定
等电位连接	各设备房、各设备管井由接地网引出等电位连接板，通过接地网将室内金属管道、设备金属外壳及PE干线做等电位连接。各层楼板设等电位连接网，在各管道井、电气竖井、电梯井引出接地连接板与金属管道、设备金属外壳及PE干线等进行电位连接。各弱电主机房、游泳池、淋浴间、卫生间等设局部等电位连接
基础防雷接地	利用地下各层楼板及底板主筋及基础钢筋作接地装置。电气接地、保安接地、防雷接地、消防报警装置及其他弱电系统接地共用该接地装置。联合接地系统接地电阻不得大于1Ω，在需要的位置引出接地连接板。在部分引下线地面处外侧设测试端子
防雷电波入侵	各信息及弱电设备房与引下线柱子保持一定距离，并做屏蔽、接地和等电位连接，在系统内装设过电压保护。各低压进线柜和天面设备配电箱、信息及弱电设备房电源箱、其他信息设备电源箱均设电涌保护器
预留接地端子	在屋面装有擦窗机、广告照明、广告牌等，根据深化设计并审批通过的图纸和业主指令进行接地点位的预留

2. 施工中几个主要问题施工做法

（1）基础接地网

负三层底板接地网按照已审批的地库三层基础防雷平面深化设计图进行施工，基础接地网利用底板地梁两根直径大于等于 16mm 钢筋焊接形成。接地网经桩基处将桩基内两根主筋与接地网用直径为 10mm 圆钢进行跨接。所有用作接地网的地梁钢筋在交叉处与接头处需用直径为 10mm 的圆钢进行跨接焊，具体做法如图 9-143 所示。

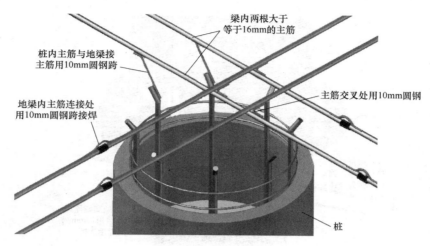

图 9-143　桩基主筋与底板地梁钢筋连接示意图

（2）引下线

1）墙柱内利用主筋作引下线

该工程三期及裙房区域均利用柱内对角两根直径大于等于 16mm 的主筋作为防雷引下线，防雷引下线在底部与接地网进行可靠连接且在主筋套筒连接处用直径为 10mm 圆钢进行跨接。在施工过程中不仅要严格控制焊接质量，同时也需对作为引下线的主筋用黄色油漆做好标识，以免错焊达不到防雷效果。具体做法如图 9-144 所示。

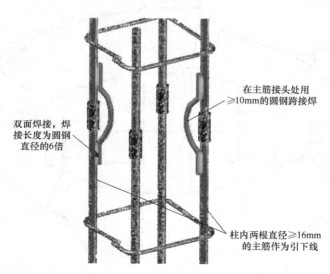

图 9-144　柱内引下线跨接示意图

2）塔楼利用外围钢柱作防雷引下线

该工程在二期塔楼外围均为钢柱，且在钢柱位置均设有引下线，该部位均可利用钢柱作为防雷引下线。具体做法为在钢柱就位前将预埋对角的两颗地脚螺栓与地板内的接地网用直径大于等于10mm的圆钢焊接连通,待钢柱就位后将地脚螺栓与螺母、钢柱焊接为一整体,形成一竖直通路一直引上至屋面与屋面防雷装置进行可靠连接。如图9-145所示。

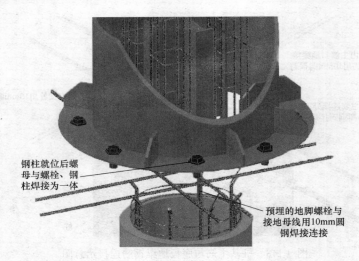

图 9-145　钢柱内引下线示意图

（3）均压环

塔楼平顶层底板及以上每层底板均设均压环。该工程将利用外围钢梁和核心混凝土横梁内两根水平主筋或暗埋钢骨焊接连通形成均压环,框架梁与楼板主筋形成不大于18m×18m的网格。每层均压环与引下线进行可靠连接。如图9-146所示。

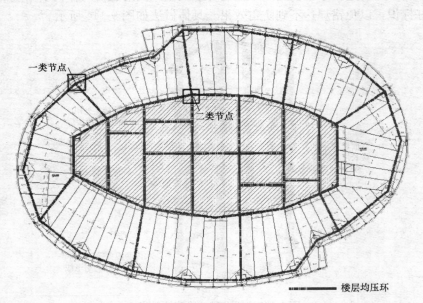

图 9-146　楼层均压环平面布置示意图

在均压环连接过程中将会遇到如图9-146所示的两类主要节点,即钢柱与框架梁的连接节点和核心混凝土剪力墙与楼板梁的连接节点。

一类节点为刚性节点。钢梁与钢柱在用高强度螺栓连接的同时会进行双面焊接，从而能形成可靠的电气连接通路以满足防雷要求，如图 9-147 所示。

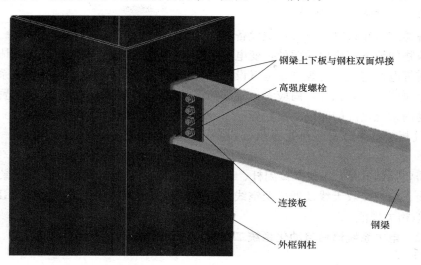

钢梁上下板与钢柱双面焊接

高强度螺栓

连接板

钢梁

外框钢柱

图 9-147　外围钢柱与框架梁的连接节点示意图（一类节点）

（4）局部等电位连接

1）变电所、消防泵房、生活水泵房、发电机房、消防控制室、电信机房、冷冻机房、强电井、弱电井、有线电视机房、通信机房、各种管线接入口等根据最新并已审批的负三层防雷接地深化图表示的位置在负三层底板接地网上预留 40mm×4mm 热镀锌扁钢出底板 0.3m，供电气承包商向上引至各层相应位置。

2）所有垂直敷设大于 45m 的金属管道，上下两端应与接地装置可靠连接。结构施工时在管道两端安装部位预留 500mm 长 $\phi 12$ 圆钢，供管道接地跨接，跨接后其圆钢作防腐处理和刷黄绿间隔的接地标示面漆。

3）在均压环相应位置预留引出 200mm 长 $\phi 12$ 圆钢，供外围金属门窗、栏杆等金属构件等接地连接，以防侧击雷，并增强雷电屏蔽作用。

4）高层塔楼各部分以及以上每层底板楼层的机房、电井、管井等需要预留接地装置的部位从等电位连接网引出进行预留。

5）按照最新并已审批的每层防雷接地深化图标示的位置预留 25mm×4mm 热镀锌扁钢和等电位接线端子盒洞口，后期配合土建施工进行 MEB 和 LEB 接线端子盒的安装。MEB 和 LEB 端子板与预留的接地扁钢可靠连接。

6）总等电位连接端子板为变电所内接地母排、配电屏 PE 线、变压器等接地连接。

7）局部等电位连结为局部范围内提供接地端子板，可以为附近的金属管道、建筑物金属结构、设备井道间、卫生间等提供接地点。

9.27　电力系统中电子信息系统防雷与接地设计

9.27.1　直击雷的保护范围

1. 使用滚球法确定接闪器的保护范围（详见规范 GB 50057—2010）。

2. 直击雷保护措施

（1）各类防雷建筑物及电气一次、二次设备应设防直击雷的外部防雷装置并应采取防闪电浪涌侵入的措施。

（2）各类防雷建筑物及电气一次设备区、二次设备系统应设内部防雷装置。

在建筑物的地下室或地面层处，变电区、开关区等电气设备区域，以下物体应与防雷装置做防雷等电位连接：建筑物及电气设备外壳金属体，金属装置，建筑物内系统，进出建筑物的金属管线等，此外，尚应考虑外部防雷装置与建筑物金属体、金属装置、电气设备、建筑物内系统之间的间隔距离。

3. 电气相关各类防雷建筑物及电气设备的防雷措施参照规范 GB 50057—2010 有关规定。

这里需要强调的是：在独立接闪杆、架空接闪线、架空接闪网的支柱上严禁悬挂电话线、广播线、电视接收天线及低压架空线等，电子信息系统防雷应参照规范 GB 50343—2012 及其他相关规范。

9.27.2 电力系统通信自动化系统二次防雷设计

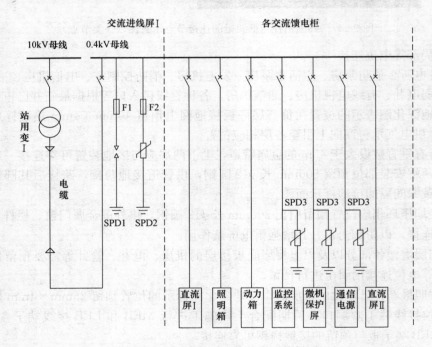

图 9-148 站用交流屏二次防雷系统样图一

SPD 设备选型表一 表 9-89

序号	SPD 位置	技 术 参 数	产品型号
1	SPD1	$U_c=440\text{V};U_p=2.5\text{kV}$ $I_{imp}=50\text{kA}(10/350\mu s)$	FLT-PLUS CTRL-2.5
2	SPD2	$U_c=350\text{V};U_p=1.4\text{kV}$ $I_n=20\text{kA}(8/20\mu s)$	VAL-CP-3S-350
3	SPD3	$U_c=335\text{V};U_p=1.5\text{kV}$ $I_n=20\text{kA}(8/20\mu s)$	VAL-MS 320/3+1

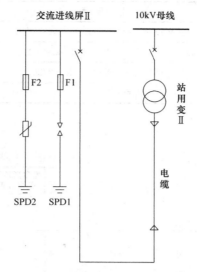

图 9-149 站用交流屏二次防雷系统样图二

SPD 设备选型表二   表 9-90

序号	SPD 位置	技 术 参 数	产品型号
1	SPD1	$U_c=440V;U_p=2.5kV;I_{imp}=50kA(10/350\mu s)$	FLT-PLUS CTRL-2.5
2	SPD2	$U_c=350V;U_p=1.4kV;I_n=20kA(8/20\mu s)$	VAL-CP-3S-350

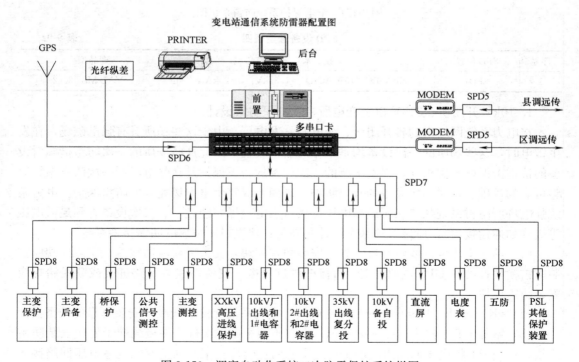

图 9-150 调度自动化系统二次防雷保护系统样图

SPD 设备选型表三　　　　　　　　　　　　　表 9-91

序号	SPD 位置	技 术 参 数	产品型号
1	SPD5	$U_n=180V\ DC; U_p=470V; I_n=5kA(8/20\mu s)$	C-UB/E
2	SPD6	$U_n=185V\ DC\quad U_p=50V; I_n=2.5kA(8/20\mu s)$	D-FM-A/RJ45-BB
3	SPD7	$U_c=15V\ DC; U_p=32V; I_n=5kA(8/20\mu s)$	CTM 2×1-12DC
4	SPD8	$U_c=14V\ DC\quad U_p=25V; I_n=10kA(8/20\mu s)$	PT 5-HF-12DC

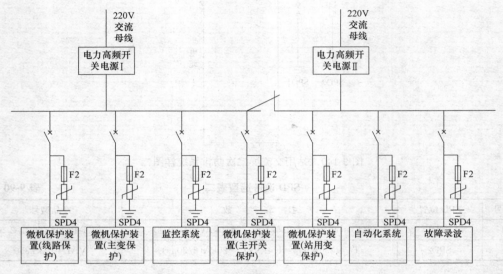

图 9-151　继电保护系统防雷系统图

SPD 设备选型表四　　　　　　　　　　　　　表 9-92

序号	SPD 位置	技 术 参 数	产品型号
1	SPD4	$U_n=350V\ DC/275V\ AC; U_p=1.35kV; I_n=20kA(8/20\mu s)$	VAL-MS 230/2

1. 10kV 开闭所、35kV 以上变电所、发电厂防雷设计

在电力系统网络中的各开闭所、变电站、发电厂，由于这些场所具有强电磁场，在发生雷电时，这些场所的一次设备均是很好的引雷装置，因此这些场所的一次防雷措施对设备的抗雷击保护至关重要。强电场所的二次设备的防雷保护是在强电场所一次防雷系统完整可靠的基础上，对二次设备的有效防护，进而形成整个电力场完整的防雷保护。电力系统强电场所防雷系统从该场所最高电压等级（强电磁场）经过一、二次设备直到最低电压等级（如通信接口），应遵循的基本设计原则是：建立封闭可靠的防雷接地系统。

（1）站用交流屏进线电源进线处应安装防雷模块，交流屏交流馈线端在交流屏端应安装防雷模块；站内 UPS 电源屏交、直流电源进线端，交流馈线端每路进线或馈线始端应安装防雷模块。

（2）（K）HM＋出线端应安装防雷模块，直流系统交流进线端应安装可靠的防雷器。

（3）室外 PT 二次出线接入端子箱，在端子箱里面二次进线端接线端子处应安装防雷模块，室内 PT 柜电压回路出线端子处应安装防雷模块；主控制室或配电室电压回路接入保护屏、电度计量屏、TMR 装置、负控装置等，在接入端子前应安装防雷模块。

（4）主控制室集中组屏的继电保护屏、远动屏、中央信号屏等的工作电源接入端子处应安装防雷模块。

（5）主控制室继电保护屏上的每台继电保护装置、电度表的电压回路、每一电流回路前应安装防雷模块。

（6）安装于 10kV 配电柜上的继电保护装置的工作电源进线端，每台继电保护装置电源进线端应安装防雷模块。

2.电力通信自动化系统防雷设计

（1）调度主站、变电站、发电厂内通信电源屏进线电源、-48V 馈线回路接线端子处应安装防雷模块。

（2）通信机柜工作电源进线端、自动化机柜工作电源进线端应安装防雷模块。

（3）通信设备正、负 12V 工作电源模块电源端子处应安装防雷模块；通信设备数据通信口，自动化设备数据通信口等应安装使用专用防雷接口（产品选型可对应各品牌产品选型表选择）。

（4）自动化设备（服务器等）交（直）流工作电源、计算机终端交流工作电源应采用专业的防雷插座（产品选型可对应各品牌产品选型表选择）。

（5）通信设备机房、自动化设备机房接地系统可以与建筑物共用同一接地系统，但通信自动化机房的接地电阻应不大于 0.5Ω。

（6）开关站、变电站、发电厂通信自动化机房接地系统不应和发、变电设备电气接地共用接地系统，变电站、发电厂通信自动化设备接地系统应单独设接地网，接地电阻应不大于 0.5Ω。

综合建筑物通信自动化机房、弱电机房、开闭所专用配电自动化机房或自动化设备，可以与建筑物共用接地网，但接地电阻应不大于 0.5Ω，如果接地电阻达不到要求，则应增加接地极，或用接地铜排单独接地，直到接地电阻满足要求为止。

（7）通信自动化机房或弱电机房应安装防静电地板，机房内应用铜排做成网格状接地网，铜排有效载流面积应不小于 $25mm^2$，接地引下线应与接地网可靠连接，在同一机房，应设置不少于三处引下点，引下线采用 BVR 型多股软铜线，截面积不小于 $25mm^2$。

（8）开闭所继电保护、配电自动化子站（DTU、OLT）系统防雷应遵循从工作电源进线、工作电源馈线，通信接口的全封闭防雷，设计方式符合本章 9.1、9.2 节所有有关条款。

3.配电台区、室外配电通信自动化终端防雷设计

（1）室外通信自动化终端一般是集装于一体的小型箱式设备（如柱上 FTU 配网自动化数据采集终端），工作电源进线端应安装防雷模块（浪涌保护器），产品选型可对应各品牌产品选型表选择。

（2）自动化数据采集模块和通信设备间的通信路由两端应串接专用的防雷接口。

（3）通信自动化设备安装处应装设接地网，并将设备及设备外壳可靠接地，接地网接地电阻应不大于 0.5Ω。

（4）配电台区装设通信自动化设备终端（如 TTU 等），变压器低压侧应装设浪涌保护器，数据采集终端接入电压或电源的端子处，应装设浪涌保护器，通信自动化数据接口防雷装置选型安装同本条（2）款。

（5）TMR 系统户外终端设备工作电源前应安装防雷模块，数据采集终端和通信设备间通信接口两端均应采用专用防雷通信接口，TMR 主站系统的电子设备防雷和调度自动化系统主站的电子设备防雷系统一致，不再赘述。

9.27.3 风力发电站系统雷电防护设计

风电的防雷主要由雷电电磁脉冲防护系统和直击雷防护系统组成。雷电电磁脉冲防护系统主要针对风电的控制系统；直击雷防护系统主要保护风塔、叶片及接地系统的保护。

1. 风力发电机组内部系统采用的电涌保护器的分类：

（1）低压电源系统用 SPD：用于对低压电源系统中的电气部件的保护，产品应符合 GB 18802.1；

（2）控制与信息系统用 SPD：用于对控制和测量、信号回路的保护，产品应符合 GB/T 18802.21；

（3）低压主电力电气系统用 SPD：用于对风力发电机、变频器及有关部件的保护。由于该系统的构成与公共电网不同、额定电压值、电压波形、频率不同、过电压成因和波形不同、工作环境不同，对 SPD 有特殊要求。对这类 SPD 产品目前尚无相应国家标准和 IEC 标准。对有些制造商提供的此类产品应要求其提供其在风力发电机组工作条件下的试验报告、有充足数据的运行经验报告、运行维护监测措施，以及 SPD 故障后果的责任承担。

2. 风力发电机组电涌保护器的安装位置

根据风力发电机组电气电子系统框图和 LPZ 划分原则，应在如下位置安装 SPD：

（1）在每个 LPZ 的线路入口处安装 SPD：

1）在 LPZ0 进入 LPZ1 区处：应选用 I_{imp} 测试的 SPD（Ⅰ类试验），安装在离 LPZ1 边界尽可能近的地方；

2）在 LPZ1 进入 LPZ2 区或更高区处：应选用 I_n 测试的 SPD（Ⅱ类试验），安装在离 LPZ2 边界或更高区尽可能近的地方。

（2）在部分电气设备端部安装 SPD：

1）非常敏感的设备；

2）与 LPZ 入口处 SPD 距离太远的设备；

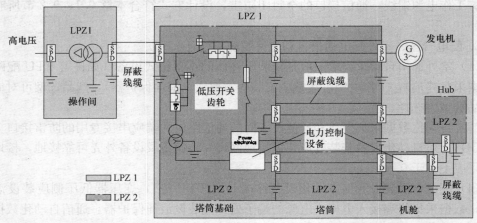

图 9-152　风力发电机组塔基与机舱之间为长电缆连接情况下 SPD 的安装位置示意图

3）内部干扰源产生的电磁场有威胁的设备。

风力发电机组塔基与机舱之间为长电缆连接情况下 SPD 的典型安装位置示意图如图 9-152 所示。

图 9-153 显示了双馈式风力发电机主电力电气回路和低压电源回路中电涌保护器安装位置。

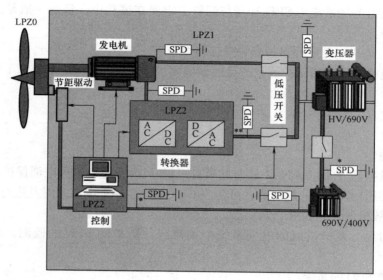

图 9-153 双馈式风力发电机主电力电气回路中电涌保护器安装位置例

3. 风力发电机组内低压电源电涌保护器参数选择

（1）电压保护水平的选择

SPD 电压保护水平的确定应以电气、电子设备的冲击耐受水平（以绝缘冲击耐受电压和电涌抗扰度表示）为依据，其电压保护水平 U_p 加上连接导线的压降应低于其保护范围内被保护设备的冲击耐受水平。

被保护设备的冲击耐受水平应由设备制造厂提供，如果无法获得，可参照 GB/T 21714.4—2008 中 D.1.1 条规定。

（2）标称放电电流（I_n）的选择

考虑风力发电机组安装环境以及其高度使雷击概率增大，可增大电涌保护器的标称放电电流（I_n）来提高其使用寿命。

（3）最大持续工作电压（U_c）的选择

最大持续工作电压的确定应考虑风力发电机组内电气系统的具体情况，选取足够高的最大持续工作电压。

（4）暂时过电压（TOV）性能的选择

对用于低压电源线保护、辅助回路（如安全灯）保护的 SPD，其 TOV 特性应符合 GB 18802.1 中 TN 或 TT 系统的要求。

（5）耐受的预期短路电流的选择

SPD 和与之相连接的过电流保护器（设置于内部或外部）一起耐受的短路电流（当 SPD 失效时）应等于或大于安装处预期产生的最大短路电流，选择时要考虑到 SPD 制造厂规定的应具备的最大过电流保护器。

4. 风力发电机组内部二次电涌保护器参数选择

（1）风力发电机组内控制与信息系统 SPD 参数选择

控制与信息系统用 SPD 选择与配置要求应符合 GB/T 18802.22 规定。

（2）风力发电机组内低压主电力电气系统 SPD 参数选择

低压主电力电气系统用 SPD 选择与配置要求尚在试验中，目前一般是具体情形根据试验数据选择。

5. 风力发电机组用电涌保护器特殊环境要求

风力发电机组用电涌保护器在产品的环境要求中可能高于 GB 18802.1 中的规定，应特别关注特殊安装点的环境条件（如机舱、轮毂），主要包括：

（1）温度；

（2）湿度；

（3）腐蚀性；

（4）机械振动（GB 18802.1 没有此项目），如风力发电机组中电涌保护器的实际使用环境超过了 GB 18802.1 的规定值，可参照 GB/T 2423 系列的规定对其进行考核。

6. SPD 故障的监测要求

宜建立对风力发电机组的电气系统中关键部件防护的 SPD 的监测。如必要，可提供如：

（1）监测 SPD 的系统；

（2）SPD 内就即将发生的 SPD 故障提供警告的信号和控制机制；

（3）包括远程信号的风力发电机全监控系统。

7. 电涌保护器协调配合

风力发电机组中电涌保护器的协调配合应符合 GB/T 21714.4 中附录 C 的规定。

8. SPD 的布线

SPD 连接导线长度应尽可能短。

风力发电机组中 SPD 的布线：

（1）建议总连接导线长度不超过 0.5m。

（2）点对点布线方案应参照图 9-154。

（3）各 SPD 接地端应就近接地或等电位母线。

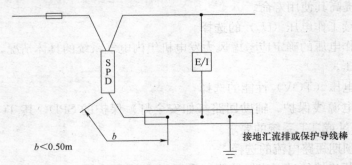

图 9-154　点对点布线方案

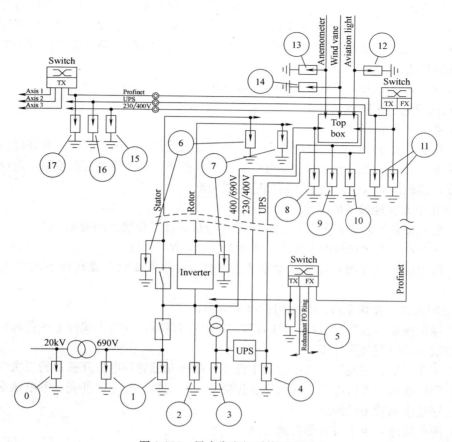

图 9-155　风力发电机系统原理图

设备选型表五　　　　　　　　　　　　　　　　　　　　　　　　表 9-93

序号	技 术 参 数	产品型号	数量
1	$U_c=440V;U_p=2.5kV;I_{imp}=50kA(10/350\mu s)$	FLT-PLUS-CTRL-2.5/I	3
2	$U_c=600V;U_p=2.7kV;I_n=15kA(8/20\mu s)$	VAL-MS 500	3
3	$U_c=600V;U_p=2.7kV;I_n=15kA(8/20\mu s)$	VAL-MS 500	3
4	$U_c=335V;U_p=1.5kV;I_n=20kA(8/20\mu s)$	VAL-MS320/1+1/FM	1
5	$U_c=600V;U_p=2.7kV;I_n=15kA(8/20\mu s)$	VAL-MS 500	3
6	$U_c=750V;U_p=2.8kV;I_n=45kA(8/20\mu s)$	VAL-MS750/30/3+0/FM	1
7	$U_c=800V;U_p=5kV;I_n=15kA(8/20\mu s)$	VAL-MS800/30VF/FM	3
8	$U_c=600V;U_p=2.7kV;I_n=15kA(8/20\mu s)$	VAL-MS 500	3
9	$U_c=335V;U_p=1.5kV;I_n=20kA(8/20\mu s)$	VAL-MS 320/3/FM	1
10	$U_c=335V;U_p=1.5kV;I_n=20kA(8/20\mu s)$	VAL-MS320/1+1/FM	1
11	$U_c=253V;U_p=1.5kV;I_n=3kA(8/20\mu s)$	PT 2-PE/S-230AC/FM	1
12	$U_c=253V;U_p=1.5kV;I_n=3kA(8/20\mu s)$	PT 2-PE/S-230AC/FM	1
13	$U_c=28V;U_p=40V;I_n=10kA(8/20\mu s)$	PT 1×2-24DC	1
14	$U_c=28V;U_p=40V;I_n=10kA(8/20\mu s)$	PT 1×2-24DC	1
15	$U_c=335V;U_p=1.5kV;I_n=20kA(8/20\mu s)$	VAL-MS320/1+1/FM	1
16	$U_c=253V;U_p=1.5kV;I_n=3kA(8/20\mu s)$	PT 2-PE/S-230AC/FM	1
17	$U_c=14V;U_p=25V;I_n=10kA(8/20\mu s)$	PT 5-HF-12DC	1

风电的发展时间比较短，所以风电场的防雷还在摸索发展阶段。风电场防雷是个系统工程，涉及多个领域，只有将风电场防雷、一次设备防雷、二次设备及设备内部防雷有机结合起来，形成从一次到二次的封闭防雷系统，才能有效地提高防雷质量，减少雷击对设备及系统的危害。

9.27.4　太阳能光伏发电场系统的防雷设计

1. 光伏发电系统接地设计

接地系统的要求：

所有接地都要连接在一个接地体上，接地电阻满足其中的最小值，不允许设备串联后再接到接地干线上。光伏电站对接地电阻值的要求较严格，因此要实测数据，建议采用复合接地体，接地体的根数以满足实测接地电阻为准。

2. 光伏电站接地接零的要求

（1）电气设备的接地电阻 $R \leqslant 4\Omega$，满足屏蔽接地和工作接地的要求。

（2）在中性点直接接地的系统中，要重复接地，$R \leqslant 10\Omega$。

（3）防雷接地应该独立设置，要求 $R \leqslant 30\Omega$，且和主接地装置在地下的距离保持在 3m 以上。

3. 总的来讲，光伏系统的接地包括以下方面：

（1）接雷接地：包括接闪杆、接闪带以及低压防雷器、外线出线杆上的瓷瓶铁脚还有连接架空线路的电缆金属外皮。

（2）工作接地：逆变器、蓄电池的中性点、电压互感器和电流互感器的二次线圈。

（3）保护接地：光伏电池组件机架、控制器、逆变器、配电屏外壳、蓄电池支架、电缆外皮、穿线金属管道的外皮。

（4）屏蔽接地：电子设备的金属屏蔽。

（5）重复接地：低压架空线路上，每隔 1km 处接地。

（6）接闪器可以采用 φ12mm 圆钢，如果采用接闪带，则使用圆钢或者扁钢，圆钢直径不小于 48mm，厚度不应该小于等于 4mm。

（7）引下线采用圆钢或者扁钢，宜优先采用圆钢直径不小于 8mm，扁钢的截面不应该小于 $4mm^2$。

（8）接地装置：人工垂直接地体宜采用角钢、钢管或者圆钢。水平接地体宜采用扁钢或者圆钢。圆钢的直径不应该小于 10mm，扁钢截面不应小于 $100mm^2$，角钢厚度不宜小于 4mm，钢管厚度不小于 3~5mm。人工接地体在土壤中的埋设深度不应小于 0.5mm，需要热镀锌防腐处理，在焊接的地方也要进行防腐防锈处理。

4. 光伏系统中 SPD 的选择和安装

（1）安装在光伏系统交流电中的 SPD 的选择

光伏设备保护交流电的 SPD 需要符合标准 HD 60364-5-534 和 CLC/TS 61643-12。目前的技术规范要求仅给出了保护光伏系统中交流电设备的详细技术资料。

如果光伏设备系统连接 LPS，逆变器和控制主配电屏的 1 类 SPD 之间的距离大于 10m，则需要在逆变器的交流端安装一个额外的 1 类 SPD。

（2）标称放电电流 I_n 和冲击电流 I_{imp} 的 SPD 选择

对于 2 类 SPD，每个保护模块的最小标称放电电流是 15 kA $8/20\mu s$，更高的值会造成更高的使用寿命。

如果 1 类 SPD 被安装在光伏设备和公共网（通常在主配电板）之间的一个接点上，这个 SPD 的最小冲击电流为 5kA。这些设备就需要规定更高的值，定义方法参照 EN 62305 系列。

（3）保护水平 U_p 和免疫体系的 SPD 选择

为了识别所需的保护水平，需要建立一个设备的免疫水平。

① 电力线和设备终端依据 EN 61000-4-5，HD 60364-4-443 和 EN 60664-1。

② 通信线路和设备终端依据 EN 61000-4-5，ITU-T K.20 和 K.21。

如果没有别的规定，可接受的过电压类别为 II 类，在交流 230/400V 系统中达到的设备最大电压应该保持在最大不超过 2.5kV。这个通常是指一个保护方案需要有几个不同保护水平的能量配合的 SPD，SPD 的制造商需给出能量配合的规则。

（4）光伏系统交流电中 SPD 的安装

一个 SPD 必须尽可能靠近设备端进行安装，例如光伏设备到公共网的接点上（图 9-156）如果 SPD 和逆变器（距离 E）之间布线的长度大于 10m，建议使用一个互补来保护逆变器（图 9-157）。

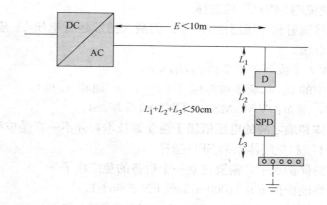

图 9-156　交流端和设备起点到光伏逆变器的短距离的 SPD 安装（$E<10m$）示意图

E——设备和逆变器之间的距离；

L1、L2 和 L3——连接电缆；

D——SPD 的切断开关

5. 安装在光伏系统直流端的 SPD 选择

由于光伏系统中特殊 V/I 特点，SPD 明确指定被使用在光伏系统交流端要基于 SPD 制造商的声明。

（1）标称放电电流 I_n 和冲击电流/I_{imp} 的 SPD 选择

对于 2 类 SPD，每个保护模块的最小标称放电电流是 5kA 8/20μs，更高的值会造成更高的使用寿命。

注意：基于雪崩击穿（ABD）技术的 SPD 需要求补充技术条件。

当光伏阵列连接到 LPS（非绝缘 LPS）或当两套 SPD 必须使用在交流端，需使用 1 类 SPD，或者使用 2 类 SPD，例如：VAL-MS-CN 1000DC-PV/2+V-FM。

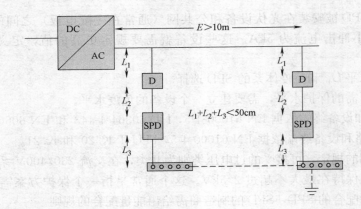

图 9-157　交流端和设备起点到光伏逆变器的长距离的 SPD 安装（$E>10$m）示意图

　　　　　E——设备起点到逆变器的距离；

　　　　　L1、L2 和 L3——连接电缆；

　　　　　D——SPD 的切断开关

（2）PV 系统交流端 SPD U_c 的选择

在所有条件下（辐射和环境温度），SPD 的最大持续运行电压 U_c 应大于或等于光伏发电机的最大开路电压。

最小的 U_c 必须大于或等于 1.2 倍的 U_{OCSTC}。

每个保护模块中的 U_C 都应该被考虑（＋/－，＋/地和－/地）。

选择 2 类 SPD，例如：VAL-MS 230IT/3＋1/FM/S1。

注意：直流导体和地之间的电压依赖于逆变器技术，并不一直是单纯的直流电压。

（3）保护水平 U_p 和免疫体系的 SPD 选择

为了识别所需的保护水平，需要建立一个设备的免疫水平。

电力线和设备终端依据 EN 61000-4-5 和 EN 60664-1。

通信线路和设备终端依据 EN 61000-4-5，ITU-T K. 20 和 K. 21。

为了确保设备的有效保护，U_p 的值必须低于设备耐电压的保护值，设备的耐电压和 U_p 需要保证至少低于 20％的安全边缘（CLC/TS 61643-12）。

PV 单元的过电压可接受值主要依赖于反向二极管的反向耐电压（数量级为几百伏特/二极管）。

对于逆变器，可接受的过电压与最大开路电压和制造商的技术选型有关联，如果没有其他的信息给出，可以承受的过电压大约为 $5 \times U_{OCSTC}$。

（4）光伏系统中直流电 SPD 的安装

如果执行过电压保护，当光伏模块和逆变器之间距离大于 10m，就需要用 2 个 SPD 来进行浪涌保护（图 9-158）。

如果两者之间距离小于 10m，那么 1 个 SPD 就可以进行浪涌保护。

在 PV 系统中，一般认为光伏组件的浪涌耐压要高于逆变器的耐压，因此推荐安装 SPD 尽可能靠近逆变器。

说明：如果距离 $E<10$m 且 $U_P \leqslant 0.8 \times U_W$（逆变器）或 $E>10$m 且 $U_P < 0.5 \cdot U_W$

（模块），可以使用 1 个 SPD（通常安装在逆变器前），如果不符合上述条件，则必须要在 PV 组件和逆变器前各安装一个 SPD。

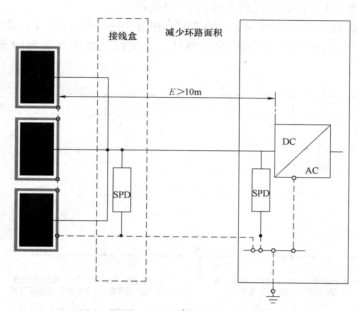

图 9-158　PV 设施 DC 侧 SPD 导体的横截面

SPD 的连接须遵从下列规则：

① SPD 接地导体应使用不小于 $6mm^2$ 的铜导体或使用相当于铜效果的其他导体，即使截面积大于 $6mm^2$ 也行。

② SPD 接地导体应使用不小于 $4mm^2$ 的铜导体或使用相当于铜效果的其他导体，即使截面积大于 $4mm^2$ 也行。

连到 SPD 的导体横截面不应小于同一电路里的其他导体的横截面。

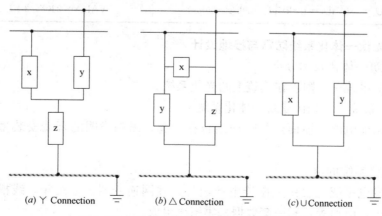

(a) Ｙ Connection　　　(b) △ Connection　　　(c) ∪ Connection

图 9-159　非接地光伏系统直流侧的浪涌保护

说明：

在 PV 设施中，为了确保导体能承受脉冲电流冲击，SPD 的导体应选用不小于 $4mm^2$

（对②来说）或者 $6mm^2$（对①来说）。

（5）光伏发电的直流侧，单极 SPD 保护的组合或 SPD 内部连接原理

图 9-159 和图 9-160 给出了光伏系统的 SPD 连接。

电涌保护可以使用单端口的 SPD（图 9-159 和图 9-160 中的 X，Y，Z）也可以是多端口的 SPD，SPD 可以使用电压限制型的元器件，也可以是电压开关型的元器件，或是两种元器件的组合。

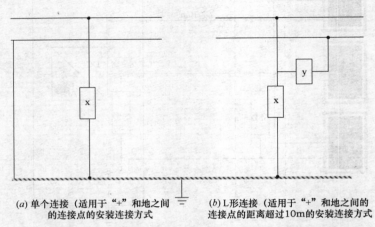

(a) 单个连接（适用于"+"和地之间的连接点的安装连接方式）　　(b) L形连接（适用于"+"和地之间的连接点的距离超过10m的安装连接方式）

注：如图(a)中"+"极没有直接地（如经过保险丝），就像图(b)中的连接方式那样。这种连接方式就可用于保护PV系统，同时避免万一接地端断开的情形。

图 9-160　接地光伏系统直流侧的浪涌保护

设备选型表六　　　　　　　　　　　　　　　　　　　表 9-94

序号	技 术 参 数	产品型号
1	$U_c=1170V\ DC；U_p=3.7kV；I_n=20kA(8/20\mu s)$	VAL-MS-CN 1000DC-PV/2＋V-FM
2	$U_c=385V；U_p=1.8kV；I_n=20kA(8/20\mu s)$	VAL-MS 230IT/3＋1/FM/S1

9.27.5　光伏一体化系统防雷与接地设计

1. 光伏建筑一体化技术分类

（1）BAPV 系统——附着在建筑上的光伏系统。

（2）BIPV 系统——光伏建筑一体化系统。

直接将太阳能电池与屋面建筑玻璃结合在一起，纵隐横明的幕墙安装型式，技术成熟，维修方便。

2. 并网光伏系统的组成

并网光伏发电系统主要由太阳能电池组件，并网逆变器，汇接箱，线槽，直流配电柜，交流配电柜，电缆等，和一套数据采集系统组成。

3. 并网光伏系统的使用

采用用户并网方式，自发自用。并网光伏系统直接将电能带入电网，省去了昂贵的蓄电池设备，将太阳光伏发电作为市电补充，也可对公用电网起到调节作用。

4. ××工程光伏系统原理图如图 9-161 所示。

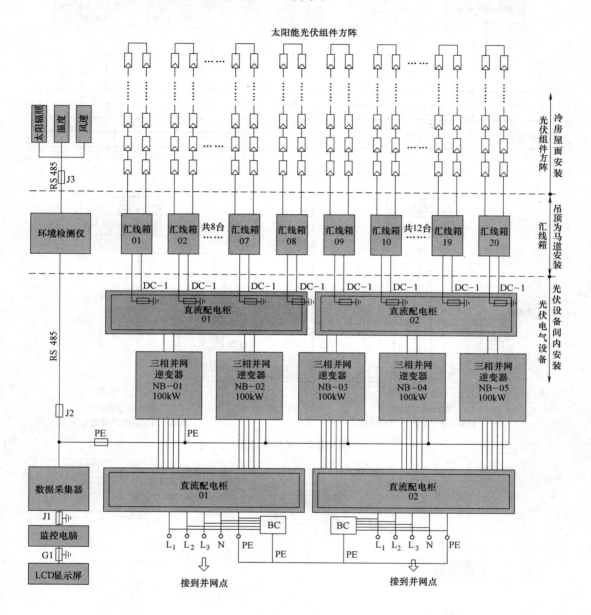

图 9-161 ××光伏系统原理图

5. 光伏系统图如图 9-162 所示。

6. 监控系统原理图如图 9-163 所示。

7. 光伏系统防雷与接地措施

（1）直击雷防护：应将光伏屋面结构与建筑物主体结构防雷系统可靠连接。所有光伏金属系统外壳，线槽等金属物与屋面上接闪带多处可靠连接。利用原引下线柱子作为引下线。与防雷接地采用共用接地装置，$R \leqslant 1\Omega$。

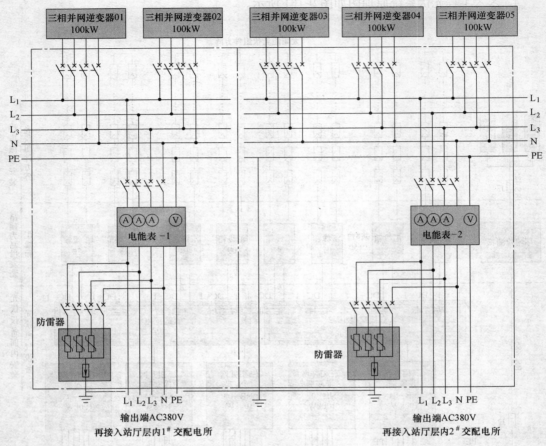

图 9-162 光伏系统图

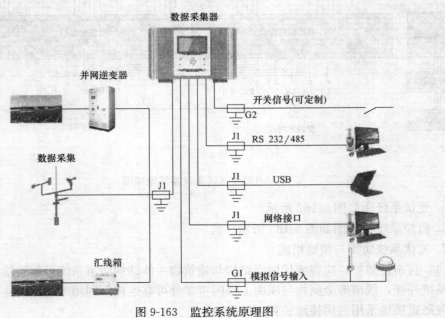

图 9-163 监控系统原理图

（2）信息系统防雷：太阳能电池直流侧均采用直流电涌保护器。此 DC 电涌保护器装设在太阳能电池方阵的汇线箱内，应装设一级电涌保护器。

（3）光伏建筑一体化系统设计及运行维护应满足相关国家标准 JGJ/T 264—2012 的要求。

9.27.6　变配电所电力监控系统附图（图 9-164～图 9-166）

本附图适用施工企业。住宅等部门中供配电系统中监控系统选用，SPD 选型表为国内产品，供设计参考。

SPD 设备选型表七　　　　　　　　　　　　　　　　　　　　　表 9-95

序号	编号	名称		设计要求参数	方案 I 设备选型	单位	数量
1	SPD-BC-□	交流电源电涌保护器	BC-1	$U_n=220V$；$U_C=1.55U_n$；$U_p\leqslant 0.75\sim 3.0kV$；$I_n=20kA(10/350\mu s)$；$I_n=80kA(8/20\mu s)$	GC130 MS1100-T	组	
			BC-2	$U_n=220V$；$U_c=1.55U_n$；$U_p\leqslant 0.75\sim 2.5kV$；$I_n=40kA(8/20\mu s)$	MS180	组	
			BC-3	$U_n=220V$；$U_c=1.55U_n$；$U_p\leqslant 0.75\sim 1.8kV$；$I_n=20kA(8/20\mu s)$	MS145	组	
			BC-4	$U_n=220V$；$U_c=1.55U_n$；$U_p\leqslant 0.75\sim 1.2kV$；$I_n=10kA(8/20\mu s)$	ECP-10A	组	
2	SPD-DC	直流电源电涌保护器		$U_n=24V$；$U_c=1.55U_n$；$U_p=1.8U_n$；$I_n=5kA(8/20\mu s)$	SDDC-24	组	
3	SPD-DC	电话信号电涌保护器		$U_n=110V$；$U_p=1.8U_n$；$I_n=5kA(8/20\mu s)$；$U_s=2\sim 3U_n$	ECU-S/RJ11	组	
4	SPD-X2	卫星天馈信号电涌保护器		$U_s=2\sim 3U_n$；$P_e=100W$；$f_e=1500M$；$l_n=5kA(8/20\mu s)$	ECC50-N230	组	
5	SPD-X3	共用天线信号电涌保护器		$U_s=2\sim 3U_n$；$P_e=100W$；$f_e=40\sim 860M$；$I_n=5kA(8/20\mu s)$	ECC50-N230	组	
6	SPD-X4	火灾报警信号电涌保护器		$U_n=24V$；$U_c=1.55U_n$；$U_s=2\sim 3U_n$；$I_n=3kA(8/20\mu s)$	ECU-36	组	
7	SPD-X5	广播信号电涌保护器		$U_n=150V$；$U_c=1.55U_n$；$I_n=5kA$；$f_e=0\sim 10M$	EC-RJ11	组	
8	SPD-X6	BA 系统信号电涌保护器		$U_n=6V$；$U_p=1.8U_n$；$I_n=1kA(8/20\mu s)$；$n_f=100M$	EC-RJ45	组	
9	SPD-J	计算机信号电涌保护器		$U_n=12V$；$U_p=1.8U_n$；$I_n=3kA(8/20\mu s)$；$n_f=100MHz$	EC-RJ45	组	
10	SPP-G	监控信号电涌保护器		$U_n=6V$；$U_p=1.8U_n$；$I_n=1kA(8/20\mu s)$；$n_f=100M$	EC-RJ45	组	

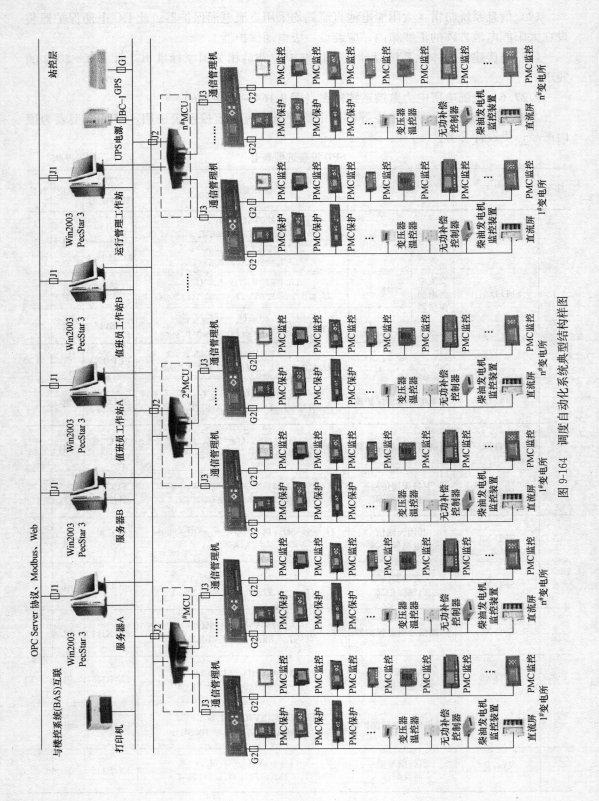

图 9-164　调度自动化系统典型结构样图

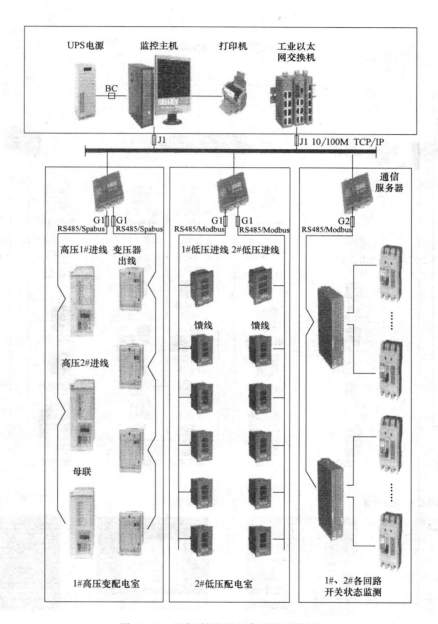

图 9-165 开闭所及配电房系统结构图

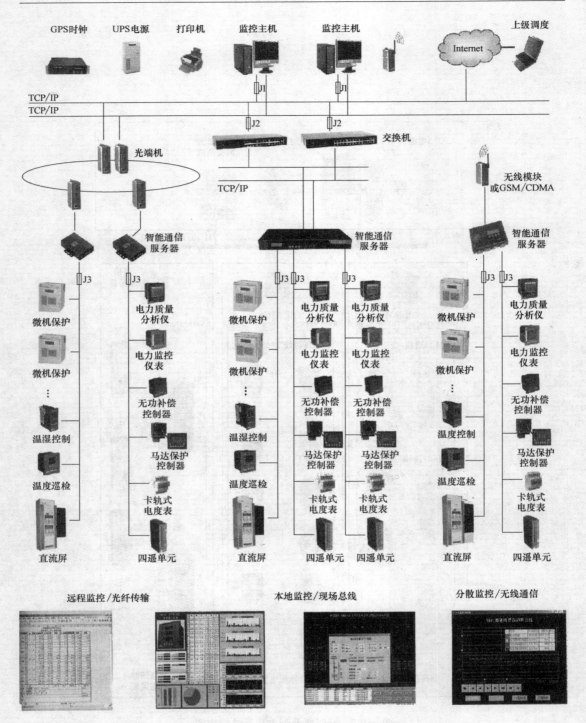

图 9-166 ACREI-3000 型电力监控系统图

第 10 章　几种计算分析和几种测量方法

本节主要论述闪电击于建筑物附近（约距建筑物 100m 范围内）和直接击于建筑物、防雷装置时防 LEMP 屏蔽措施的有效性以及感应电压和能量的估算。

为了不用涉及太复杂的数学计算，将各种实际上不同的屏蔽形状简化为理想形状。从这些理想形状可预计出在这种理想屏蔽空间内衰减的数量级和在各种装置内磁感应电压和电流的数量级。

格栅型屏蔽：用交叉金属杆（如混凝土内的钢筋）或金属框架建成的建筑物或房间的磁屏蔽。这类屏蔽的特点是有许多孔。

大空间屏蔽：较多的由建筑物自然构件（如混凝土钢筋、金属框架、支架、金属立面）建成的建筑物或房间的磁屏蔽。

实体屏蔽：由实体金属板建成的建筑物或房间的磁屏蔽。

建筑物内信息系统的主要电磁干扰源是在一次闪击中若干个雷击的瞬变电流所引发的瞬变磁场。如果覆盖信息的建筑物或房间有大空间屏蔽对磁场起足够的屏蔽时，正常的这种措施足以将瞬变电场减小到足够低的值。

10.1　雷击磁场强度的计算方法

10.1.1　建筑物附近雷击的情况下防雷区内磁场强度的计算

（1）无屏蔽时所产生的磁场强度 H_0（A/m），即 LPZ0 区内的磁场强度，应按式（10-1）计算：

$$H_0 = i_0 / (2\pi s_a) \tag{10-1}$$

式中　i_0——雷电流（A）；

s_a——从雷击点到屏蔽空间中心的距离（m）（图 10-1）。

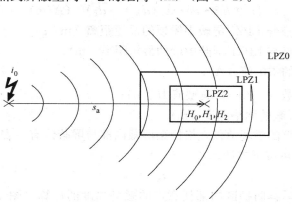

图 10-1　邻近雷击时磁场值的估算

（2）当建筑物邻近雷击物时，格栅型空间屏蔽内部任意点的磁场强度的计算应按下列公式进行计算：

LPZ1 内　　　　　　　　　　　$H_1 = H_0 / 10^{SF/20}$　　　　　　　　　　　（10-2）

LPZ2 等后续防护区内　　　　$H_{n+1} = H_n / 10^{SF/20}$　　　　　　　　　（10-3）

式中　　H_0——无屏蔽时的磁场强度（A/m）；

　　H_n、H_{n+1}——分别为 LPZn 和 LPZ$n+1$ 区内的磁场强度（A/m）；

　　　　SF——按表 10-1 的公式计算的屏蔽系数（dB）。

这些磁场值仅在格栅型屏蔽内部与屏蔽体有一安全距离为 $d_{s/1}$ 的安全空间内有效，安全距离可按下列公式计算：

当 $SF \geqslant 10$ 时　$d_{s/1} = WSF/10$　　　　　　　　　　　（10-4）

当 $SF < 10$ 时　$d_{s/1} = W$　　　　　　　　　　　　（10-5）

式中　SF——按表 10-1 的公式计算的屏蔽系数（dB）；

　　W——空间屏蔽网格宽度（m）。

（3）格栅形大空间屏蔽的屏蔽系数 SF 的计算，按表 10-1 的公式计算。

格栅型空间屏蔽对平面波磁场的衰减　　　　　　　　表 10-1

材　　质	SF(dB)	
	25kHz[注1]	1MHz[注2]
铜材或铝材	$20 \cdot \lg(8.5/w)$	$20 \cdot \lg(8.5/w)$
钢材[注3]	$20 \cdot \lg[(8.5/w)/\sqrt{1+18 \cdot 10^{-6}/r^2}]$	$20 \cdot \lg(8.5/w)$

注：1. 适用于首次雷击的磁场；

　　2. 适用于后续雷击的磁场；

　　3. 磁导率 $\mu_r \approx 200$；

　　4. 公式计算结果为负数时，$SF=0$；

　　5. 如果建筑物安装有网状等电位连接网络时，SF 增加 6dB；

　　6. w 是格栅型空间屏蔽网格宽度（m）；r 是格栅型屏蔽杆的半径（m）。

10.1.2　当建筑物顶防直击雷装置接闪时防雷区内磁场强度的计算

（1）格栅型空间屏蔽 LPZ1 内部任意点的磁场强度的计算（图 10-2）应按下式进行计算：

$$H_1 = k_H \cdot i_0 \cdot w / (d_w \cdot \sqrt{d_r}) \quad (A/m) \qquad (10-6)$$

式中　d_r——待计算点与 LPZ1 屏蔽中屋顶的最短距离（m）；

　　d_w——待计算点与 LPZ1 屏蔽中墙的最短距离（m）；

　　i_0——LPZ0$_A$ 的雷电流（A）；

　　k_H——结构系数（1 $\sqrt{m}$），典型值为 0.01；

　　w——LPZ1 屏蔽的网格宽度（m）。

按式（10-6）计算的磁场值仅在格栅型屏蔽内部与屏蔽体有一安全距离 $d_{s/2}$ 的安全空间内有效，安全距离可按下式计算：

$$d_{s/2} = w \qquad (10-7)$$

（2）在 LPZ2 等后续防护区内部任意点的磁场强度的计算（图 10-3）仍按式（10-3）计算，这些磁场值仅在格栅型屏蔽内部与屏蔽体有一安全距离为 $d_{s/1}$ 的安全空间内有效。

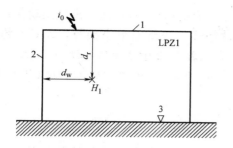

图 10-2 闪电直接击于屋顶接闪器时
LPZ1 区内的磁场强度
1——屋顶；2——墙；3——地面

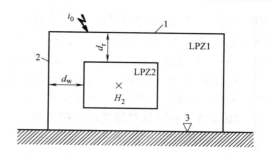

图 10-3 LPZ2 等后续防雷区内部任意点
的磁场强度的估算
1——屋顶；2——墙；3——地面

10.2 磁场强度的测量和屏蔽效率的计算

10.2.1 磁场强度指标

（1）《计算机场地通用规范》GB/T 2887—2011 和《电子信息系统机房设计规范》GB 50174—2008 中规定，电子计算机机房内磁场干扰环境场强不应大于 800A/m。

注：本磁场强度是指在电流流过时产生的磁场强度，由于电流元 $I_\Delta s$ 产生的磁场强度可按下式计算：

$$H = I_\Delta s / 4\pi r^2 \tag{10-8}$$

距直线导体 r 处得磁场强度可按下式计算：

$$H = I / 2\pi r \tag{10-9}$$

磁场强度的单位用 A/m 表示，1A/m 相当于自由空间的磁感应强度为 $1.26\mu T$。特（斯拉）为磁通密度 B 的单位。Gs 是旧的磁场强度的高斯 CGS 单位，新旧换算中，1Gs 约为 79.5775A/m，即 2.4Gs 约为 191A/m。

（2）GB/T 17626.9 中，可按表 10-2 规定的等级进行脉冲磁场试验。

脉冲磁场试验等级 表 10-2

等 级	1	2	3	4	5	×
脉冲磁场强度（A/m）	—	—	100	300	1000	特定

注：1. 脉冲磁场强度取峰值。
2. 脉冲磁场产生的原因有两种，一是雷击建筑物或建筑物上的防雷装置；二是电力系统的暂态过电压。
3. 等级1、2：无需试验的环境；
等级3：有防雷装置或金属构造的一般建筑物，含商业楼、控制楼、非重工业区和高压变电站的计算机房等；
等级4：工业环境区中，主要指重工业、发电厂、高压变电站的控制室等；
等级5：高压输电线路、重工业厂矿的开关站、电厂等；
等级×：特殊环境。

（3）GB/T 2887 中规定，在存放媒体的场所，对已记录的磁带，其环境磁场强度应小于 3200A/m；对未记录的磁带，其磁场强度应小于 4000A/m。

10.2.2 信息系统电子设备的磁场强度要求

1971 年美国通用研究公司 R.D 希尔的仿真试验通过建立模式得出：由于雷电电磁脉

冲的干扰，对当时的计算机而言，在环境磁场强度大于 0.07Gs 时，计算机会误动作；当环境磁场强度大于 2.4Gs 时，设备会发生永久性损坏。按新旧单位换算，2.4Gs 约为 191A/m，此值较 10.2.1 条（1）中的 800A/m 低，较表 10-2 中 3 等高，较 4 等低。

注：IEC 62305—4 中给出在适于首次雷击的磁场（25kHz）时的 1000-300-100A/m 值及适用于后续雷击的磁场（1MHz）时的 100-30-10A/m 指标。

10.2.3　磁场强度测量的一般方法

（1）雷电流发生器法

IEC 62305-4 提出的一个用于评估被屏蔽的建筑物内部磁场强度而作的低电平雷电电流试验的建议。

（2）侵入法

GB/T 17626.9 规定了在工业设施和发电厂、中压和高压变电所的在运行条件下的设备对脉冲磁场骚扰的抗扰度要求，指出其适用于评价处于脉冲磁场中的家用、商业和工业用电器和电子设备的性能。

（3）大环法

《电磁屏蔽室屏蔽效能的测量方法》GB/T 12190—2006 规定了屏蔽室屏蔽效能的测量方法，主要适用于各边尺寸在 1.5～15m 之间的长方形屏蔽室。

（4）交直流高斯计法

GB/T 2887—2011 中 6.7.2 条"磁场干扰环境场强的测试"中指出可使用交直流高斯计，在计算机机房内任一点测试，并取最大值。

10.2.4　屏蔽效率的计算

屏蔽效率的测量一般指将规定频率的模拟信号源置于屏蔽室外时，接收装置在同一距离条件下在室外和室内接收的磁场强度之比，可用下式表示：

$$S_H = 20\lg(H_0/H_1) \tag{10-10}$$

式中　H_0——没有屏蔽的磁场强度；

H_1——有屏蔽的磁场强度；

S_H——屏蔽效率（能），单位为 dB。

屏蔽效率与衰减量的对应关系如表 10-3 所示。

屏蔽效率与衰减量的对应表　　表 10-3

屏蔽效率(dB)	原始场强	屏蔽后的场强比	衰减量(%)
20	1	1/10	90
40	1	1/100	99
60	1	1/1000	99.9
80	1	1/10000	99.99
100	1	1/100000	99.999
120	1	1/1000000	99.9999

10.2.5　测量方法和仪器

（1）雷电流发生器法

试验原理如图 10-4 所示，雷击电流发生器原理如图 10-5 所示。

在雷电流发生器试验中可以用低电平试验来进行，在这些低电平试验中模拟雷电流的

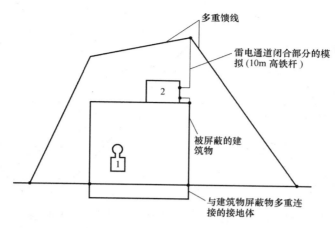

图 10-4　雷电流发生器法测试原理图

1—磁场测试仪；2—雷击电流发生器

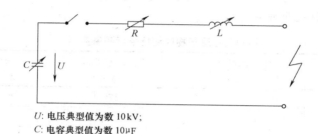

U: 电压典型值为数 10kV；

C: 电容典型值为数 10μF

图 10-5　雷电流发生器原理图

波形应与原始电流相同。

IEC 标准规定，雷击可能出现短时首次雷击电流 i_f（10/350μs）和后续雷击电流 i_s（0.25/100μs）。首次雷击产生磁场 H_f，后续雷击产生磁场 H_s，如图 10-6 和图 10-7 所示。

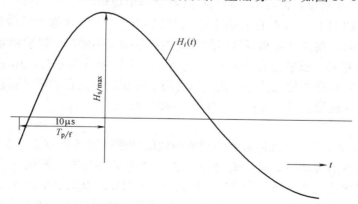

图 10-6　首次雷击磁场强度（10/350μs）上升期的模拟

磁感应效应主要是由磁场强度升至其最大值的上升时间规定的，首次雷击磁场强度 H_f 可用最大值 $H_{f/max}$（25kHz）的阻尼振荡场和升至其最大值的上升时间 $T_{p/f}$（10μs、波头时间）来表征。同样后续雷击磁场强度 H_s 可用 $H_{s/max}$（1MHz）和 $T_{p/s}$（0.25μs）来

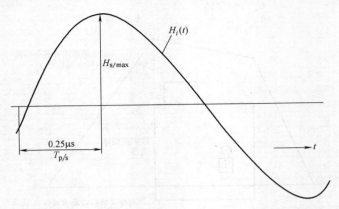

图 10-7　后续雷击磁场强度（0.25/100μs）上升期的模拟

表征。

当发生器产生电流 $i_{0/max}$ 为 100kA，建筑物屏蔽网格为 2m 时，实测出不同尺寸建筑物的磁场强度如表 10-4 所示：

不同尺寸建筑物内磁场强度测量实例　　　　　　　　　　　　表 10-4

建筑物类型	建筑物长、宽、高/m $(L×W×H)$	$H_{f/max}$(中心区) /(A/m)	$H_{f/max}(d_w＝d_{s/i}$处) /(A/m)
1	10×10×10	179	447
2	50×60×10	36	447
3	10×10×50	80	200

注：$H_{f/max}$——LPZ1 区内最大磁场强度；

　　d_w——闪电直击在格栅形大空间屏蔽上的情况下，被考虑的点 LPZ1 区屏蔽壁的最短距离；

　　$d_{s/1}$——闪电击在格栅形大空间屏蔽以外附近的情况下，LPZ1 区内距屏蔽层的安全距离。

（2）浸入法

GB/T 17626.9 对设备进行脉冲磁场抗扰度试验中规定：

受试设备（EUT）可放在具有确定形状和尺寸的导体环（称为感应线圈）的中部，当环中流过电流时，在其平面和所包围的空间内产生确定的磁场。试验磁场的电流波形为 6.4/16μs 的电流脉冲。试验过程中应从 x、y、z 三个轴向分别进行。由于受试设备的体积与格栅形大空间屏蔽体相比甚小，此法只适用于体积较小设备的测试和在矮小的建筑物屏蔽测量时可参照使用。具体方法见 GB/T 17626.9。

（3）大环法

GB/T 12190 规定了高性能屏蔽室相对屏蔽效能的测试和计算方法，主要适用于 1.5～15.0m 之间的长方形屏蔽室，采用常规设备在非理想条件的现场测试。为模拟雷电流频率，在测试中应选用的常规频率范围为 100Hz～20MHz，模拟干扰源置于屏蔽室外，其屏蔽效能计算公式见式（10-10）。测试用天线为环形天线并提出下列注意事项：

1）在测试之前，应把被测屏蔽室内的金属（及带金属的）设备，含办公用桌、椅、柜子搬走。

2）在测试中，所有的射频电缆、电源等均应按正常位置放置。

大环法可根据屏蔽室的四壁均可接近时而采用优先大环法或屏蔽室的部分壁面不可接

近时而采用备用大环法。现将备用大环法介绍如下：

① 发射环使用频段Ⅰ（100Hz～200kHz）的环形天线。

② 当屏蔽室的一个壁面是可以接近时，将磁场源置于屏蔽室外，并用双绞线引至可接近的壁，沿壁边布置发射环时，环的平面与壁面平行，其间距应大于25cm。可用橡胶吸力杯将发射环固定在壁面上。

③ 磁场源由通用输出变压器、常闭按钮开关、具有1W输出的超低频振荡器、热电偶电流表组成。

④ 屏蔽室内置检测环，衰减器和检测仪，其中检测环的直径为300mm。

⑤ 当检测仪采用高阻选频电压表时：

$$S_H = 20\lg(V_0/V_1) \tag{10-11}$$

（4）其他测量方法

1）以当地中波广播频点对应的波头作为信号源，将信号接收机分别置于建筑物内和建筑物外，分别测试出信号强度 E_0 和 E_1。用下式计算出建筑物的屏蔽效能：

$$S_E = 20\lg(E_0/E_1) \tag{10-12}$$

测试时，接收机应采用标准环形天线。当天线在室外时，环形天线设置高度应为0.6～0.8m，与大的金属物，如铁栏杆，汽车等应距1m以外。当天线在室内时，其高度应与室外布置同高，并置在距外墙或门窗3～5m远处。室内布置与大环法要求相同。

用本方法可测室内场强（A_2）和室外场强（A_1），蔽效能为其代数差（A_1-A_2）。

2）可使用专门的仪器设备（如EMP-2或EMP-2HC等脉冲发生器）进行与备用大环法相似的测试，其区别于备用大环法的内容有：

① 脉冲发生器置于被测墙外约3m处。发生器产生模拟雷电流波头的条件，如 $10\mu s$、$0.25\mu s$ 及 $2.6\mu s$、$0.5\mu s$。发生器的发生电压可达5～8kV，电流4～19kA。

② 从被测建筑物墙内0.5m起，每隔1m直至距内墙5～6m处每个测点进行信号电势的测量。被测如房间较深，在5～6m处之后可每隔2m（或3m、4m）测信号电势一次，直至距被测墙体对面墙的0.5m处。

平移脉冲发生器，在对应室内测量的各点处测量无屏蔽状况的信号电势。

各点的屏蔽效能为：

$$E = 20\lg(e_0/e_1) \tag{10-13}$$

式中　e_0——无屏蔽处信号电势；

　　　e_1——有屏蔽处信号电势。

建筑物的屏蔽效能应是各点的平均值。

10.3　环路中感应电压、感应电流和能量的计算

10.3.1　近似计算

在不同的线路结构和敷设路径（图10-8）以及不同的外部防雷装置下，当雷击建筑物的防雷装置时，在该线路中预期的最大感应电压和能量，可近似地按表10-5中的计算式计算。

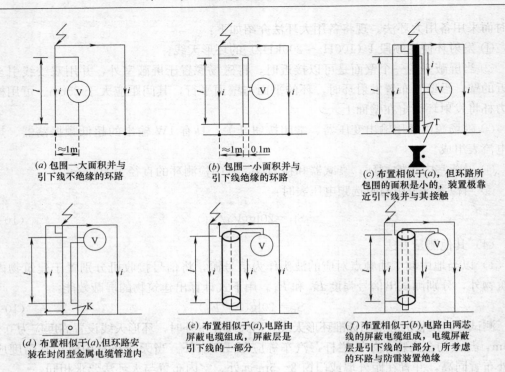

图 10-8　不同的线路结构和敷设路经

i—流经引下线的分雷电流；T—作引下线用的金属结构立柱；K—作自然引下线用的金属电缆管道；
l—电气装置平行于引下线的长度

闪电击中第一类防雷建筑物安装在建筑物上的防雷装置

时所感应的电压和能量的近似计算式　　　　　　　　表 10-5

外部防雷装置的型式	在图 10-8 以下分图中的环路形状									
	(a)	(b)	(c)	(d)	(e)	(f)	(a)	(b)	(c)	(d)
	开路环中感应的峰值电压						短路环中感应的最大能量			
	$\dfrac{U_i}{l}$ $\left[\dfrac{kV}{m}\right]$	$\dfrac{U_i}{l}$ $\left[\dfrac{kV}{m}\right]$	$\dfrac{U_i}{l}$ $\left[\dfrac{kV}{m}\right]$	$\dfrac{U_i}{l}$ $\left[\dfrac{kV}{m}\right]$	$\dfrac{U_k}{R_M}$ $\left[\dfrac{kV}{\Omega}\right]$	$\dfrac{U_q}{l}$ $\left[\dfrac{kV}{m}\right]$	$\dfrac{w}{l}$ $\left[\dfrac{J}{m}\right]$	$\dfrac{w}{l}$ $\left[\dfrac{J}{m}\right]$	$\dfrac{w}{l}$ $\left[\dfrac{J}{m}\right]$	$\dfrac{w}{l}$ $\left[\dfrac{J}{m}\right]$
引下线（至少四根）间距 10～20m 钢构架或钢筋混凝土柱	$100\sqrt{\dfrac{a}{h}}$	$2\sqrt{\dfrac{a}{h}}$	$4\sqrt{\dfrac{a}{h}}$	≈0	$100\sqrt{\dfrac{a}{h}}$	≈0	$\dfrac{a}{h}2000$	$\dfrac{a}{h}$	$\dfrac{a}{h}10$	≈0
	$40\sqrt{\dfrac{a}{h}}$	$2\sqrt{\dfrac{a}{h}}$	$4\sqrt{\dfrac{a}{h}}$	≈0	$100\sqrt{\dfrac{a}{h}}$	≈0	$\dfrac{a}{h}500$	$\dfrac{a}{h}$	$\dfrac{a}{h}10$	≈0
有窗的金属立面[1] 无窗的钢筋混凝土结构	$\dfrac{1}{\sqrt{h}}10$	$\dfrac{1}{h}0.4$	$\dfrac{1}{\sqrt{h}}0.4$	≈0	$\dfrac{1}{\sqrt{h}}10$	≈0	$\dfrac{1}{h}30$	$\dfrac{1}{h^2}0.03$	$\dfrac{1}{\sqrt{h}}0.1$	≈0
	$\dfrac{1}{\sqrt{h}}2$	$\dfrac{1}{h}0.1$	$\dfrac{a}{\sqrt{h}}0.1$	≈0	$\dfrac{1}{\sqrt{h}}2$	≈0	$\dfrac{1}{h}1.5$	$\dfrac{1}{h^2}0.02$	$\dfrac{1}{\sqrt{h}}0.005$	≈0

注：① 如金属窗框架与建筑物互相连接的钢筋在电气上有连接时本栏也适用于这类钢筋混凝土建筑物。
　　② U_i——采用首次以后的雷击电流参量时预期的最大感应电压；
　　　 U_k——采用首次雷击电流参量时在电缆内导体与屏蔽层之间预期的最大共模电压，$R_M/l < 0.1\Omega/m$；
　　　 w——当采用首次雷击电流参量及环路由于产生火花放电而成闭合环路时，预期产生于环路内的最大能量；
　　　 l——与引下线平行的电气装置的长度（m）；
　　　 R_M——电缆总长的电缆屏蔽层电阻（Ω）；
　　　 a——引下线之间的平均距离（m）；
　　　 h——防雷装置接闪器的高度（m）。

表 10-5 适用于第一类防雷建筑物的雷电流参量。对第二类防雷建筑物，表中的感应电压计算式应乘以 0.75（因第二类防雷建筑物的雷电流为第一类的 75%），能量计算式应乘以 0.56（即 $0.75^2=0.56$，因能量与电流的平方成正比）。对第三类防雷建筑物，表中的感应电压计算式应乘以 0.5（因第三类防雷建筑物的雷电流为第一类的 50%），能量计算式应乘以 0.25（即 $0.5^2=0.25$）。

10.3.2 近似计算举例

以图 10-9 和图 10-10 两种装置作为例子。建筑物属于第二类防雷建筑物。以表 10-5 中给出的计算式为基准，作出其实际的计算应用。两个例子中的线路敷设均无屏蔽。

（1）第 I 种情况；以图 10-9 所示的装置作为例子。外部防雷装置有四根引下线，它们之间的平均距离 a 设定为 10m。

为评价电压 U_1（它决定水管与设备 G_2 之间最小分开距离 S），采用表 10-5 的（a）列和图 10-8 的（a）图。

$$U_1=0.75\times l\times\sqrt{a/h}\times100=0.75\times6\times\sqrt{10/20}\times100=318\text{kV}$$

式中　l——从水管至设备的最近点向下至水管水平走向的高（m）。

若由于过大的电压 U_1 而引发的击穿火花，其能量按表 10-5 的相关计算式评价：

$$W_1=0.56\times l\times\sqrt{a/h}\times2000=0.56\times6\times\sqrt{10/20}\times2000=3.36\text{kJ}$$

为评价电压 U_2（信息系统与低压电力装置之间的电压）采用表 10-5 的（b）列和图 10-8 的（b）图。

$$U_2=0.75\times l\times\sqrt{a/h}\times2.0=0.75\times6\times\sqrt{10/20}\times2.0=8.5\text{kV}$$

评价击穿火花的相应能量则采用表 10-5 第一行的相关计算式：

$$W_2=0.56\times l\times a/h\times1=0.56\times6\times10/20\times1=1.68\text{J}$$

（2）第 II 种情况；以图 10-10 所示的装置作为例子。建筑物为无窗钢筋混凝土结构。计算方法与第 I 种情况相似。管线的路径与第 I 种情况相同。所采用的计算式为表 10-5 的最后一行。

$$U_1=0.75\times l\times(1/\sqrt{h})\times2.0=0.75\times6\times(1/\sqrt{20})\times2.0=2\text{kV}$$

$$W_1=0.75\times l\times(1/\sqrt{h})\times1.5=0.75\times6\times(1/\sqrt{20})\times1.5=0.25\text{J}$$

$$U_2=0.75\times l\times(1/\sqrt{h})\times0.1=0.75\times6\times(1/20)\times0.1=22.5\text{V}$$

$$W_2=0.56\times l\times(1/h^2)\times0.002=0.56\times6\times(1/400\times400)\times0.002=（略去不计）$$

比较第 I 种和第 II 种情况的 U_1，可清楚地证实外墙采用钢筋混凝土结构所得到的屏蔽效率（318kV−0.45kV=317.55kV）。

图 10-9 中的 U_2 电压和图 10-10 中的 U_3 电压，其大小取决于低压电力线路与通信线路所形成的有效感应面积的大小。

第 II 种情况所示的通信线路路径很明显是不利的，以致感应电压 U_3 远大于第 I 种情况采用的路径所产生的电压（即图 10-10 中虚线所示的线路路径产生的 U_2）。

图 10-10 所示的线路路径的 U_3 电压预期可达到 $U_1=2\text{kV}$ 的值。

参照现今实际的一般装置，由于等电位连接的规定，保护线（PE 线）是与水管接触的。所以采用 I 级设备时 U_1 电压可能发生于设备内的电力系统与通信系统之间。因此，采用无保护线的 II 级设备是有利的。

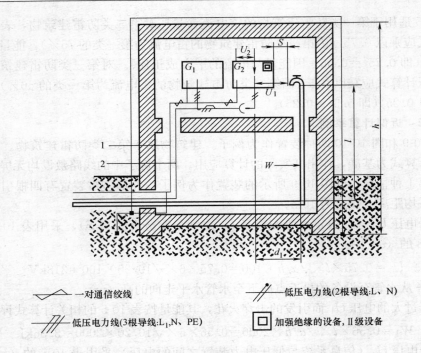

　　一对通信绞线　　　　　　　　低压电力线(2根导线:L、N)

　　低压电力线(3根导线:L₁,N、PE)　　加强绝缘的设备,Ⅱ级设备

图 10-9　外墙无钢筋混凝土的建筑物

1——通信系统；2——电力系统；G_1——Ⅰ级设备（有 PE 线）；G_2——Ⅱ级设备（无 PE 线）；
U_1——水管与电力系统之间的电压；U_2——通信系统与电力系统之间的电压；d_1——G_2 设备与水管
之间的平均距离，$d_1=1$m；h——建筑物高度，$h=20$mm；l——金属装置与防雷装置引下线
平行路径的长度；S——分开距离；W——金属水管或其他金属装置

注：本例设定水管与引下线之间在上端需要连接，因为它们之间的隔开距离小于所要求的安全距离。

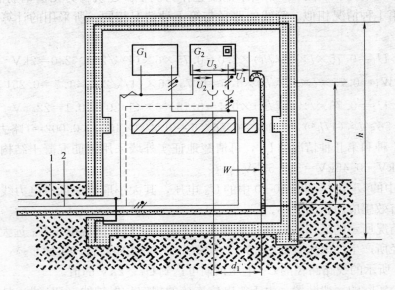

图 10-10　外墙为钢筋混凝土的建筑物

注：1. 图例和标注的意义见图。
　　2. U_2 和 U_3 是通信系统和电力系统之间的电压，其大小取决于感应面积。

10.3.3 通过磁场强度计算环路中的感应电压和电流

（1）格栅形屏蔽建筑物附近遭雷击时在 LPZ1 区 V_s 空间内的磁场强度看成是均匀的情况下，在 LPZ1 区内，图 10-11 所示无屏蔽线路构成的环路，其开路最大感应电压 $U_{oc/max}$ 宜按下列确定：

$$U_{oc/max}=\mu_0 \cdot b \cdot l \cdot H_{1/max}/T_1 \qquad (10\text{-}14)$$

式中　μ_0——真空的磁导系数，其值等于 $4\pi \cdot 10^{-7}$ [V·s/(A·m)]；

　　　b——环路的宽（m）；

　　　l——环路的长（m）；

$H_{1/max}$——LPZ1 区内最大的磁场强度（A/m），按式（10-2）确定；

　　　T_1——雷电流的波长时间（s）。

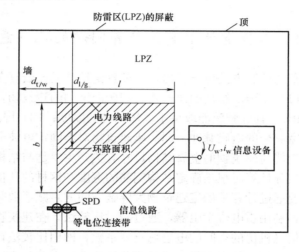

图 10-11　环路中的感应电压和电流

注：1. 当环路不是矩形时，应转移为相同环路面积的矩形环路。

　　2. 图中的电力线路或信息线路也可以是邻近的两端做了等电位连接的金属物。

若略去导线的电阻（最坏情况），最大短路电流 $i_{sc/max}$ 可按下式确定：

$$i_{sc/max}=\mu_0 \cdot b \cdot l \cdot H_{1/max}/L \qquad (10\text{-}15)$$

式中　L——环路的自电感（H）。

矩形环路的自电感可按下式计算：

$$L=\{0.8\sqrt{l^2+b^2}-0.8(l+b)+0.4 \cdot l \cdot \ln[(2b/r)/(1+\sqrt{1+(b/l)^2})]$$
$$+0.4 \cdot b \cdot \ln[(2b/r)/(1+\sqrt{1+(l/b)^2})]\} \cdot 10^{-6} \qquad (10\text{-}16)$$

式中　r——环路导线的半径（m）。

（2）格栅形屏蔽建筑物遭直接雷击时在 LPZ1 区内环路的感应电压和电流：

在 LPZ1 区 V_s 空间内的磁场强度 H_1 应按式（10-6）确定。根据图 10-11 所示环路，其开路最大感应电压 $U_{oc/max}$ 宜按下式确定：

$$U_{oc/max}=\mu_0 \cdot b \cdot \ln(1+L/d_{1/w}) \cdot k_H \cdot (W/\sqrt{d_{1/r}}) \cdot i_{0/max}/T_1 \qquad (10\text{-}17)$$

式中　$d_{1/w}$——环路至屏蔽墙的距离（m），根据式（10-7）得 $d_{1/w} \geqslant d_{s/2}$；

　　　$d_{1/r}$——环路至屏蔽顶的平均距离（m）；

$i_{0/max}$——LPZ0$_A$ 区内的雷电流最大值（A）；

k_H——形状系数（$1/\sqrt{m}$），取 $k_H = 0.01$（$1/\sqrt{m}$）；

W——格栅形屏蔽的网格宽（m）。

若略去导线的电阻（最坏情况），最大短路电流 $i_{sc/max}$ 可按下式确定：

$$i_{sc/max} = \mu_0 \cdot b \cdot \ln(1 + L/d_{1/w}) \cdot k_H \cdot (W/\sqrt{d_{1/r}}) \cdot i_{0/max}/L \qquad (10\text{-}18)$$

（3）在 LPZn+1 区（n 等于或大于 1）内的感应电压和电流：

在 LPZn+1 区 V_s 空间内的磁场强度 H_{n+1} 看成是均匀的情况下，图 10-9 所示环路，其最大感应电压和电流可按式（10-14）和式（10-15）确定，该两式中的 $H_{1/max}$ 应根据式（10-3）或式（10-6）计算出的 $H_{n+1/max}$ 代入。式（10-6）中的 H_1 用 $H_{n+1/max}$ 代入，H_0 用 $H_{n/max}$ 代入。

10.4　工程设计中有关计算问题的几点意见

从上述电磁场屏蔽的计算方法可以看出，这种理论计算是比较复杂的，同时尚有很多因素影响计算结果：（1）无金属结构的建筑物，如砖混结构的建筑物，对电磁波仍有一定的屏蔽功能（约 9.5dB），其屏蔽效能取决于墙体砌砖的厚度；（2）屏蔽效能与频率有关，雷击电磁脉冲是一个宽频带的电磁脉冲，同一座建筑物对不同雷电波形脉冲的衰减系数是不一样的；（3）屏蔽效能与建筑物的金属结构尺寸有关，主要是与结构钢筋的宽度和钢材的几何尺寸有关，在实际计算时很难确定结构钢筋的宽度和钢材的几何尺寸。

由于以上原因，要通过计算来确定建筑物大屏蔽空间的衰减系数是困难的。因此只能在建筑物施工好以后，利用雷电流发生器，通过相对比较法，在建筑物内的任一点模拟测试，来确定所要设置信息机房的空间的电磁场衰减系数，即用比较法计算来选择机房屏蔽体的材料和结构型式。这样才能得到较准确的屏蔽效果，这个工作应属于雷电防护二次设计中解决的问题。

根据有关资料介绍，通过建筑物雷击模拟实验中可得出以下几点认识结论：

（1）通常钢筋框架屏蔽效能只有 3～15dB，现浇密网钢筋混凝土为 32dB。

（2）钢筋框架内的雷电环流因雷电通道走向和雷击点的差别会有相当地不同。

（3）钢筋框架内的分布电容和电感构成一定频率的谐振腔，在钢筋柱子内的分支雷电流波头上有附加的振荡，它对电子设备会造成一定的干扰。

（4）建筑物内两点间的冲击电压幅值和总电流之比称为转移阻抗，转移阻抗与布线的路径有关。

建筑物内的电磁环境是比较复杂的，实际工程中建筑物内的线路和设施还可能变动，有些隐蔽工程环境不容易搞准。如按规范的算法一一去算，说得容易实际很难做到安全无误。建筑物内的等电位状态也不像静电学等电位那样理想，大楼内还会有振荡电流在钢筋内分布。在大楼内的各种电气线路都要受到这些振荡电流的感应耦合作用。如果我们按照综合布线规范做，尤其用铁管和金属槽布线，就可简单容易地解决隔离和屏蔽问题。

（5）高层建筑物遭受雷击时，由于楼层之间电位差，自下引上的电缆（如电源线、通信线）中将感应较高的对楼层电压和信号线之间的电压。由于楼层高，电缆比较长，电缆中感应的干扰持续时间较长，频率较低，衰减较慢，强干扰信号可能引起电缆对楼层的放电和电缆内部的击穿，从而威胁人身安全和信号的安全传输。因此要求将电线（或穿钢管）外表作接地处理。

（6）实验中可以得出，当电缆外皮两点接地时，由于电缆与垂直接地体构成了一个闭合回路。因此，电缆外皮中的干扰电流明显较电缆外皮一点接地时大，所以必须采取多点接地方式。

现代电磁脉冲防护（LEMP）是一个比较复杂的问题，必须用波动电磁理论和模拟雷击实验来研究，才能求得对整个建筑物雷电过程全面的了解，然后才有适当的综合解决方法。这是一个理论研究问题。

在实际工程中，一般高层建筑中，均有外屏蔽层，及内部局部屏蔽层，因此对位于LPZ2 区的信息设备机房，很少另设屏蔽笼。但对于多层框架建筑物，由于仅有 LPZ1 区防护，对重要的计算机网络系统的机房，根据工艺要求，可以设置局部屏蔽室。此种情况就要进行磁场强度计算，详细分析计算可参照相关电磁场屏蔽计算方法，按不同工作频率要求，作出详细计算，这是另一个专业设计计算问题。不再属于防雷设计范围。因此在一次设计阶段，不必要花很大精力去作建筑物屏蔽效率的理论计算，而是要按等电位连接要求作好设计工作，其他在二次设计中来解决这个问题。

10.5　接地装置的接地电阻测量方法

10.5.1　用接地电阻表测量接地装置的接地电阻

接地电阻的测试方法主要有：两点法（电流表—电压表法）、三点法、比较法、多级大电流法和故障电流法、电位降法。一般多采用电位降法。

电位降法将电流输入待测接地地极，及记录该电流与该接地极和电位极间电位的关系。

要设置一个电流极 C'，以便向待测接地极输入电流，如图 10-12 所示。

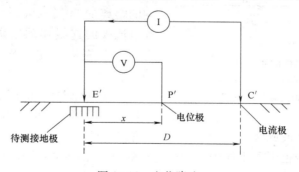

图 10-12　电位降法

流过待测接地极 E' 和电流极 C' 的电流 I 使地面电位沿电极 C'、P'、E' 方向变化，如图 10-13 所示，以待测接地极 E' 为参考点测量地面电位，为方便计算，假定该 E' 点为零电位。

电位降法的内容是画出比值 $V/I = R$ 随电位极间距 x 变化的曲线，该曲线转入水平阶段的欧姆值，即当作待测接地极的真实接地阻抗值如图 10-14 所示。

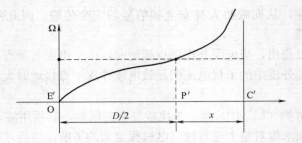

图 10-13　各种间距 x 时的电位曲线

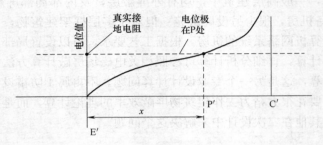

图 10-14　各种间距 x 时的接地阻抗值

目前使用的接地电阻表型号较多，使用方法有所不同，但工作原理基本相同。使用时可按仪器说明书的使用方法操作。

10.5.2　发电厂和变电所接地网接地电阻的测量方法

电极的布置如图 10-15 所示电流极与接地网边缘之间的距离 d_1，一般取接地网最大对角线长度 D 的 4～5 倍，以使其间的电位分布出现一平缓区段。在一般情况下，电压极与接地网边缘之间的距离 d_2 约为电流极到接地网的距离的 $50\%\sim60\%$。测量时，沿接地网和电流极的连线移动三次，每次移动距离为 d_1 的 5% 左右，如三次测得的电阻值接近即可。

若 d_1 取 $4D\sim5D$ 有困难，在土壤电阻率较均匀的地区 d_1 可取 $2D$，d_2 取 D；在土壤电阻率不均匀的地区或域区，d_1 可取 $3D$，d_2 取 $1.7D$。

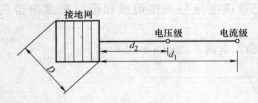

图 10-15　电极的布置（一）

d1—电流极与接地网边缘之间的距离；

d2—电压极与接地网边缘之间的距离。

电压极、电流极也可采用如图 10-16 所示的三角形布置方法。一般取 $d_2=d_1\geqslant 2D$，夹角约为 $30°$。

10.5.3　电力线路杆塔接地电阻的测量方法

电极的布置如图 10-17 所示，d_1 一般取接地装置最长射线长度 L 的 4 倍，d_2 取 L 的 2.5 倍。

10.5.4　测量注意事项

（1）测量时接地装置宜与接闪线断开。

（2）电流极、电压极应布置在与线路或地下金属管道垂直的方向上。

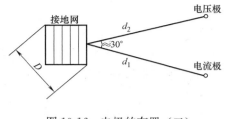

图 10-16　电极的布置（二）　　　　　　　　图 10-17　电极的布置（三）

（3）应避免在雨后立即测量接地电阻。

（4）采用交流电流表—电压表法时，电极的布置宜采用图 10-16 的方式布置。

10.6　土壤电阻率的测量

10.6.1　测量基本要求

土壤电阻率的测量应选用高质量的测试仪器，接地棒宜选用钢质材料，不宜用螺纹钢棒。

在土壤电阻率测试中，靠近地下金属物会引起所测量值的急剧下降，能确定地下金属物的位置时，可通过接地棒排列方向与该地下金属物的走向垂直。

在多岩石的土壤，宜将接地棒按沿垂直方向成一定角度斜行打入。

在测量土壤电阻率时，宜先了解其地质构造，根据表 10-6 对其土壤电阻率进行估测。

地质期和地质物造与土壤电阻率　　　　　　　　　表 10-6

土壤电阻率 （Ω·m）	第四纪	白垩纪 第三纪 第四纪	石炭纪 三叠纪	寒武纪 奥陶纪 泥盆纪	寒武纪前 和寒武纪
1（海水）			白　垩 暗色岩 辉绿岩 页　岩 石灰岩 砂　岩		
10（特低） 30（基低） 100（低）		砂质黏土 黏　土 白　垩			
300（中） 1000（高） 3000（甚高） 10000（特高）	表层为沙砾和 石子的土壤		页　岩 石灰岩 砂　岩 大理石		砂　岩 石英岩 板石岩 花岗岩 片麻岩

在测量土壤电阻率时，同时考虑温度、湿度、含盐量度对其所测量值的影响，其影响曲线如图 10-18 所示。

10.6.2　测量方法

（1）等距法或温纳（Wenner）法

将小电极埋入被测土壤呈一字排列的四个小洞中，埋入深度均为 b，直线间隔均为 a。测试电流 I 流入外侧两电极，而内侧两电极间的电位差 V 可用电位差计或高阻电压表测

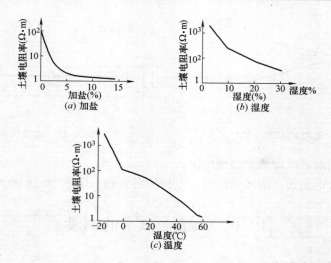

图 10-18　土壤电阻率曲线

量。如图 10-19 所示。设 a 为两邻近电极间距，则以 a、b 的单位表示的电阻率 ρ。

$$\rho = 4\pi aR \Big/ \left(1 + \frac{2a}{a^2 + b^2} - \frac{a}{a^2 + b^2} \right) \quad (10\text{-}19)$$

式中　ρ——土壤电阻率；

　　　　R——所测电阻；

　　　　a——电极间距；

　　　　b——电极深度。

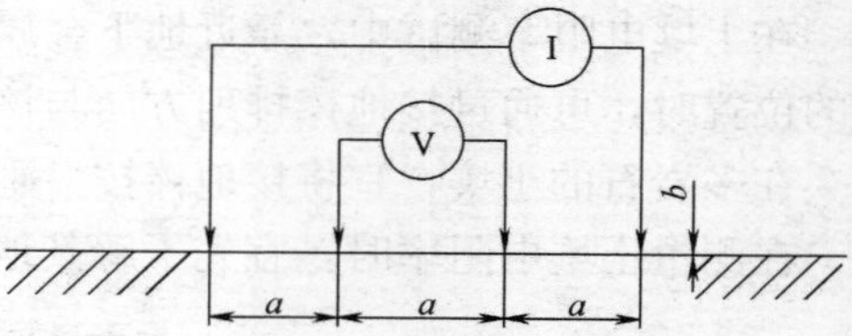

当测试电极入地深度 b 不超过 $0.1a$，可
假定 $b=0$。

图 10-19　电极均匀布置

则计算公式可简化为 $\rho = 2\pi aR$。

（2）非等距法或施伦贝格—巴莫（Suhlumberger-Palmer）法。

主要用于电极间距增大到 40m 以上，采用非等距法，其布置方式如图 10-20 所示。此时电位极布置在相应的电流极附近，如此可升高所测的电位差值。

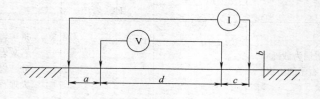

图 10-20　电极非均匀布置

这种布置，当电极的埋地深度 b 与距离 d 和 c 相比较甚小时，则所测得电阻率可按下式计算：

$$\rho = \pi c(c+d)R/d \quad (10\text{-}20)$$

式中　ρ——土壤电阻率；

　　　　R——所测电阻；

340

c——电流极与电位极间距；

d——电位极距。

10.6.3 测量数据处理

用等距法测量选择 $a=2$、3、4、5、10、15、25、30m 按 $\rho=2\pi aR$ 计算相应的土壤电阻率。

根据需要采用非等距法测量、测量电极间距为 40、50、60m。按 $\rho=\pi c(c+d)R/d$ 计算相应的土壤电阻率。根据实测值绘制土壤电阻率 ρ 与电极间距的二维曲线图。采用兰开斯特—琼斯（The Laneasre-Jones）法判断在出现曲率转折点时，即是下一层土壤，其深度为所对应电极间距的 2/3 处。

10.6.4 测量仪器

在一般要求场合，选用比率欧姆表（接地摇表），或单平衡变压器原理仪器；在高精度与特殊场合可选用感应极化装置仪器。

10.7 电磁屏蔽效率的测量

（1）屏蔽是减少雷电干扰的基本措施，是划分不同防雷区的基本特征，更是信息系统雷电防护设计的根据。

（2）建筑物或房间的大空间屏蔽是由诸如金属支撑物、屋顶金属表面、立面金属表面、金属门窗框架或钢筋混凝土的钢筋等自然构建组成的一个格栅大空间的屏蔽，这个屏蔽空间的电磁衰减量很难用 GB 50057—2010 建筑物防雷设计规范第 6 章所提供的公式进行计算，而且无金属结构的建筑物如砖混结构的建筑物，对电磁波仍是有一定屏蔽功能（约 9.5dB），这取决于砖混结构的厚度。

（3）屏蔽效能的测试一般指模拟信号源置于屏蔽室外时，接收装置在室外和室内接收的电场强度、磁场强度或功率之比。

屏蔽效能用下式表示：

$$S_H=20\lg(H_1/H_2)\qquad\text{(dB)}$$
$$S_H=20\lg(E_1/E_2)\qquad\text{(dB)}\tag{10-21}$$
$$S_H=20\lg(P_1/P_2)\qquad\text{(dB)}$$

式中　H_1、E_1、P_1——无屏蔽室情况下的磁场强度、电场强度和场功率；

H_2、E_2、P_2——屏蔽室内的磁场强度、电场强度和场功率。

（4）屏蔽效能与频率有关：雷击电磁脉冲是一个宽频带的电磁脉冲，同一座建筑物对不同雷电波形脉冲的衰减系数是不一样的。

（5）屏蔽效能与建筑物金属结构尺寸有关。主要与结构钢筋宽度和钢材几何尺寸有关，在实际计算时很难确定结构钢筋宽度和钢材的几何尺寸，因此要通过计算确定建筑物大屏蔽空间的衰减系数是困难的，只能通过相对比较法测试确定衰减系数。

（6）考虑到各地防雷检测管理机构流动检测的实际，又考虑到各地特别是大中城市建筑群的密度和高度等具体情况，本测试方法是采用当地中波广播频率对应的波头作为信号源将信号接收机置于建筑物外部和内部分别测量信号强度 E_1、E_2 采用 $S_E=20\lg(E_1/E_2)$ 计算出建筑物的屏蔽效能。

（7）由于首次雷击波头为 $10\mu s$，后续雷击波头为 $0.25\mu s$，对应的频率为 25kHz 和 1000kHz。因此接收机应采用标准环形天线（频率在 150kHz～30MHz）。

（8）接收机在建筑物顶端空旷地接收信号，应垫高 0.6～0.8m，避免顶部金属结构对测量的影响，又要远离铁栏杆等金属结构件，至少应在 1m 以外，调整环形天线方向使所接收的信号强度最大，读出并作记录。用此法在顶部多测几个数取平均值备用（E_1）。

（9）然后将接收机移入待测屏蔽大空间，在离地 0.6～0.8m 高并离窗或外墙 3～5m 空旷处接收同一频率信号强度，调整环形天线使信号强度最大，读出并作记录，接收机向窗口或外墙每 1m 作一次测量读出并作记录（E_2）。应用 $S_E = 20\lg(E_1/E_2)$ 计算出衰减量随左墙或右墙或背墙距离变化的曲线，根据曲线可以直观地设计信息系统在屏蔽空间的科学布置。

（10）室内测试时应把金属设备或带金属的设备搬走，如桌子、椅子、柜子和不用的仪器，实在搬不走的设备应离接收机至少 1m 远；在测试中，所有的同轴电缆、电源和其他平时要求进入屏蔽大空间的设施，均应按正常位置布置，并做好等电位连接。

（11）若用相对比较法进行大屏蔽空间测量，即用天线、场接收机先按上述（8）测量无屏蔽时的场强 A_1（dB），再将天线和场接收机移入室内按上述（9）测量屏蔽室内的场强 A_2（dB）。则屏蔽效能 $S = A_1 - A_2$。

（12）若接收机的信号强度是功率则 $S = (A_{1p} - A_{2p})$，即若用天线接收机先按上述（8）测量无屏蔽时的信号强度 A_{1p}（dB），再将天线和接收机移入室内按上述（9）测量屏蔽室内的信号强度 A_{2p}（dB），则屏蔽效能 $S = (A_{1p} - A_{2p})$。

10.8　电磁兼容—屏蔽效果测量

（1）为确定电力、电信、电子设备的机房对电磁波的屏蔽效果，对这类设备的机房应进行模拟测试，以便作为防雷电磁兼容设计的基本电磁环境条件，使防护方案的制定有所依据。此测量结果应妥善保存，立档备查。

（2）一般建筑物的钢架和钢筋，在屏蔽功能上是大尺度屏蔽，属开放性屏蔽结构。而专用屏蔽室，如保密计算机的机房和某些高电压实验室，一般属非开放性屏蔽（一般由 2～3mm）厚实体钢板构成。这两种屏蔽效果的测量基本原理相同，而在测量操作上则略有区别。

无金属结构的建筑物如砖混建筑物，对电磁波仍有一定屏蔽功能（约 9.5dB），对其亦应进行检测。

（3）本标准要求对建筑物内的全部可用空间，进行屏蔽效果测量。一般可以地面上 0.6m 左右为测量基准点（即方框天线的下边线对地 0.6m），用以代表电子、电信设备的安装位置。实测时，可以距边墙 0.5m 左右为边线测点，然后以每米间距向内部空间测量，到达 $D = 5\sim 6m$ 处，即以钢筋混凝土跨度为第二边线测点，再向里测量，测点间距可适当调大，例如 2m、3m、4m 等，直到测量至对面距墙 0.5m 处为止。

仔细记录各测点的位置及相应的信号电势 e_{01}、e_{02}、e_{03}、……（e_{06} 或 e_{05} 为第 2 边线测点），e_{01}、e_{02}……、e_n，然后再在户外自由空间进行相应位置的同样波形和电流下的诸电势测量，得出 e'_{01}、e'_{06}（或 e'_{05}），e'_1、e'_2、……、e'_n。即分别测出建筑物内与户外自由空间的电势随距离的衰减曲线。而近似雷击时建筑物的开式屏蔽的效果为：

$$E_{os} = 20\log(e_x'/e_x) \tag{10-22}$$

式中　e_x'——无屏蔽处的信号电势；e_x——有屏蔽处的信号电势。

测量户内电势时，模拟雷的引导放电电流的三角形天线垂直线一般放在距建筑物 3m 处，即国家标准中规定的接闪杆对建筑物最小允许距离（3m）处。

（4）自由空间衰减曲线的测量环境要求：应是在地面上和地下均无大尺度钢件的环境中测量，铁栏杆和停入的汽车等均是足以影响测量结果的物体，选定户外测量位置时应避开这些外物的影响。

（5）屏蔽效果的测量，从雷电引起过电压的要求出发，一般宜在代表雷电流波头长度范围的条件下进行。根据过去的测量以及有关标准，宜在下列 4 个波头范围内测量：

$Z=10\mu s$，雷电放电首次闪击的最大值。

$Z=2.6\mu s$，雷电放电首次闪击的平均偏小值。

$Z=0.5\mu s$，雷电放电首次闪击的最小值，后续闪击的波头较大值。

$Z=0.25\mu s$，后续闪击的波头最小值。

根据不多的实测结果上述的 4 种波的实测 dB 数相差不多，但考虑到所测建筑结构以及网孔参数的变化还不够多，故在累计足够经验之前，宜以不同波头参数进行全面测量。

（6）对多层建筑，其第一层的测量方法同前，其第二、第三层等等，依前面方法分别进行测量。将各层结果分析对比得出各层的屏蔽效果。如无结构上的特别差别，可认为高层和顶层的 dB 数与底层的 dB 数相同。对多层或高层建筑一般只对其第一、二、三层进行测量。

（7）IEC 建筑防雷标准曾有关于在靠墙的边缘，宽度等于柱间距离 D 的地带（美国一般 $D=5m$，中国 $D=6m$），不宜安装电子设备以及该地带不能进行屏蔽效果测量的两个建议。中国的一些实测表明，该两项建议确属有理：我们的理论计算和雷击模型实验表明，靠墙附近，在直击房顶时，磁感应强度比中部空间高 3 个数量级以上，而当测量该处屏蔽数量效果时，又显示出墙柱钢件的附加屏蔽作用，因而 dB 数比中部空间稍高的现象。我国电子设备一般尽量选用远离外墙 1.5~2m 的位置，否则宜对该设备及导线采取有效的屏蔽设施。至于屏蔽效果测量则如前述，加密距外墙 $D=5\sim6m$ 地段的测点，且对全部空间逐点测量，而不是以墙内任意点的 dB 数作为室内全部空间的屏蔽指标。

室内一些临时放置的铁件，如钢制桌椅腿，在测量该点时，应搬离 1m 以外。

室内特别加强屏蔽的空间，如保密计算机用的实体钢板屏蔽室，应将测试天线放置在其中间，并垂直放在木椅上，1m×1m 天线的下边对地宜为 0.6m。天线平面应与户外测量仪的发射天线（3m×3m×4m 三角形天线，总长 10m，其中一个 3m 长线段与地垂直）平面垂直放置，应对屏蔽室的小门打开和关闭两种状态分别进行测量。如两种状态所测 dB 数相同，则应仔细检查小门四框搭接触点的导电状态，如接触不良，例如每个触点的接触电阻大于 0.03Ω，或未设搭接触点，则应改善接触状态或补设合格的搭接触点，当开门、关门两种状态的 dB 数相差很大时，才属正常。

（8）对于对称性结构的建筑，一般只在建筑物的一侧测量，通常先在户外符合自然空间的一侧进行测量。如果建筑结构特殊，四壁的金属结构不同，开窗情况不同时，宜选在金属结构稀疏或开窗较多的一侧进行测量。

（9）测量前应取得建筑设计图纸，并查看其金属构件的布置情况。如施工中有所变更，还应取得其竣工图，查明设计变更情况，例如：规定钢架为 1m×1m 网格的设计，施工时漏掉一部分构架的横向杆件，该部分为 1m×3.2m 的网孔，则起决定作用的是这部分钢架。

（10）特殊情况的测量。主要是指特殊结构建筑或特殊电磁环境中的测量。任何特殊情况，其测量方法在原理上均应符合前述电磁波传播和通过界面衰减的规律以及对测量原理，根据具体情况，因地、因物制宜进行测量。例如：

1）多层建筑物顶层或高层中的某一层系强化屏蔽结构，或在该层中有局域强化屏蔽小室，要求测量上述两者的 E_{OS} 或 E_S。为此，可将测量仪和三角形发射天线固定在选定测量地带正对的该层窗外进行。固定方法可仿照建筑施工技术的"内脚手架"法，用两根木杆或竹竿伸出窗外，木（竹）杆牢固地在窗上和墙上。必要时还可在户内与地板、墙或附近其他支点作补充加固。三角形发射天线安装在木（竹）杆上，其 3m 长底边应与户内天线底边处于同一高度，即约为地板上 0.6m 高度。其安装位置和方式与正常情况相似。脉冲发生器可固定于木（竹）杆上，也可放置在窗台上。户内诸点测量的操作与正常结构情况相同。户外的测量，一般可在窗外地面，按顶部诸点位置的对应点进行测量。

2）室外自由空间内有障碍物或大尺度金属件不能进行测量时。此时可在其附近空旷处，按室内测点的位置进行测量。经对比分析，算出室内各屏蔽效果 dB 数后，如有疑问，可再在附近空旷地做第二次测量，当与第一自由空间测量结果有明显差别时，可分析两处的地形、地貌、地物（包括地下金属管道和埋地电缆等）以及附近金属物的情况，选用外物干扰较小者作为选定数据。若无明显原因，则可取两次户外测得数据的平均值作为选用值。

3）高山站、山顶站的测量。因户外很少有与台站同一标高的场地，故尽量以距墙4～6m 以上宽度的方向作为测量地。户外发射天线可改为 3m 垂直线段放置在距外墙约 2m 处。因天线底边长 3m，故此时可与墙的垂直线成一角度，即略呈斜向山坡下测量。如场地较大，则尽可能按常规距墙 3m 垂直测量。其余测量操作同前，但若室内距墙 4～6m 以外各点的变化规律与平地台站有所不同时，一般可认为是高山斜坡地形影响所致，屏蔽效果可以距墙 4～6m 的数据为准。

（11）近似模拟直击建筑的工况。以上 10 款是近处雷击（例如击于独立接闪杆）工况下，建筑物屏蔽效果的测量，是国家标准 GB 50057 中规定项目的检测。本测量项目则是上述项目的扩展，雷直击微波站塔内式机房的铁塔或房顶，雷直击雷达站机房顶，雷直击移动通信基站、气象台站等顶部时，屏蔽室内各点的感应电势 e_d。它代表不同波形、不同雷击电流在该点的磁感应强度和环绕每 $1m^2$ 的裸导线（天线为 1m×1m）所感应的电势。至于户外进行的自由空间传播不同距离时的衰感曲线，主要代表该电磁环境的背景水平。这项测量不同于前述 e 值计算屏蔽 dB 数，因为电流不是沿外部导线垂直入地，而是从顶部沿四壁的钢筋入地。由于本装置原来天线长度不长（10m），电压不高（最高5kV），电流不大（200～5000A），脉冲电流发生器一般只能放置在距机房 3～4m 处，天线一端接地。原来 10m 长天线需再延长 4～8m，才能连接到机房顶，电流输出端连于房顶铁件，电流发生器尾端接地线，一般从相对两个方向斜向拉到地面，其电流入地点到机房的水平距离视机房尺寸而定，一般多在 40～80m 以上。试验电流除因条件限制，个别采用 400～600A 外，多用 4～5～19kA。用 EMP-2 进行试验，电流由屏蔽效果测量的

0.4～5kA 降低到直击雷试验的 300～600A，最多 1000A，再加本装置是以正弦波全波代替斜角波长波尾，只能看作粗略模拟。不过根据 IEC 建筑防雷关于屏蔽测量可用在正弦波和以 1/4 周期近似为斜角波波头的建议，本试验仍有一定参考价值。应用强电流型测量仪（如 EMP-2HC），电压由 5kV 提高到 8kV 左右，最大电流由 5kA 提高到 8kA 左右，可使测试工作有所改进。

如果将发射天线接于机房房顶的一侧，即代表雷击点发生在墙顶。IEC 曾有类似接线，但其 3m 长垂直天线未断开，使分析过于复杂，易引入附加误差，故不宜采用。

10.9　对直击雷磁场的理论估算

对磁场强度 $H_{I/max}$ 的估算公式是根据图 10-21 所示的三种典型格栅型屏蔽的磁场值进行的数值计算。这些计算中，假设雷电击中屋顶的一个边缘，将累计通道模拟成屋顶上一根长 100m 的垂直电棒，大地被模拟为一个理想的导电平板。

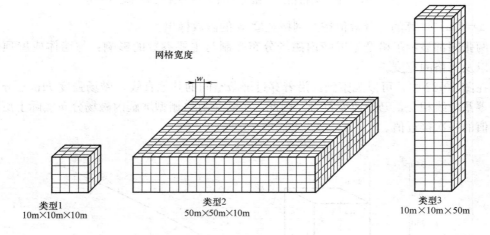

网格宽度

类型1
10m×10m×10m

类型2
50m×50m×10m

类型3
10m×10m×50m

图 10-21　格栅型大空间屏蔽的类型

在计算时，要考虑格栅型屏蔽中每一根金属杆及格栅型屏蔽内所有其他金属杆以及模拟雷电通道的磁场耦合，并得到一组方程来计算雷电流在格栅中的分布。由该电流分布可以推导出屏蔽内的磁场强度。这里假设金属杆的电阻可以忽略不计。因此，格栅型屏蔽内的电流分布和磁场强度与频率无关。同时，为避免瞬态效应影响，容性耦合也忽略不计。

对第 1 种类型格栅屏蔽（图 10-21），图 10-22 和 10-23 中给出部分结果。

假设所有的最大雷电流为 $i_{0/max}=100kA$。两张图中，$H_{I/max}$ 是由它的分量 H_x、H_y、H_z 推导出的某点最大磁场强度。

$$H_{I/max}=\sqrt{H_x^2+H_y^2+H_z^2} \tag{10-23}$$

图 10-22 中，$H_{I/max}$ 是沿雷击点（$x=y=0m$，$z=10m$）开始到屏蔽空间中心点（$x=y=5m$，$z=5m$）的一条直线计算的。图示标明，$H_{I/max}$ 是该直线 x 坐标上点的函数，参数 x 是格栅型屏蔽的网格宽度。

图 10-23 中，$H_{I/max}$ 是在屏蔽空间内两点（点 A：$x=y=5m$，$z=5m$；点 B：$x=y=$

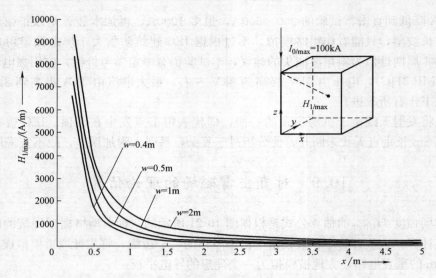

图 10-22　第 1 类格栅型屏蔽体内部的磁场强度 $H_{I/max}$（一）

3m，$z=7m$）计算的。其数值按照网格宽度 w 的函数标出。

两张图都显示了格栅型屏蔽内磁场分布受制与主要参数的影响：与墙体或屋顶的距离，以及网格的宽度。

在图 10-22 中，可以观察到，沿着穿过屏蔽空间的其他直线，磁场强度 $H_{I/max}$ 分量可能与零基准线相交，乃至改变符号。因此，公式是对格栅型屏蔽内磁场分布实际上更复杂的数值的一次接近值。

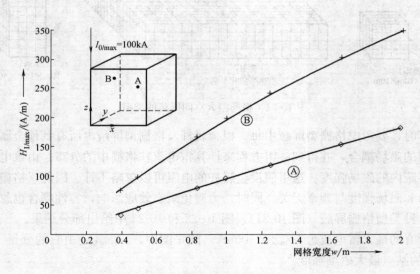

图 10-23　第 1 类格栅型屏蔽体内部的磁场强度 $H_{I/max}$（二）

10.10　对已建成建筑物测量其钢筋体电阻的方法

图 10-24 是对已建成建筑物测量其钢筋体电阻的方法。

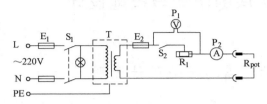

测量电路图

T-220　24V短路安全型变压器,200VA

R_1-可变现绕电阻器。4.7 ,120W;

P_1-电磁式电压表;30V,1.5或2.5级;

P_2-电磁式电流表。10A,1.5或2.5级;

S_1-两极转换开关。250V,5A;

S_2-按钮开关，1.5A;

E_1-熔断器，烙片2～6A;

E_2-熔断器，烙片15A;

注：E_1和S_1可合用一台两极小型电磁式断路器,
脱扣器额定电流3A。

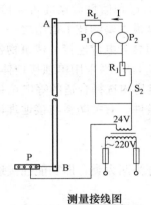

测量接线图

测量步骤:

1.在建筑物的底部(无地下室时为一层，有地下室时为地下室或一层),将测量导线连接到钢筋上的预埋件；当等电位联结接带P与建筑物钢筋有连接时，也可连接到P上。

2.在建筑物的最上部，将测量导线连接到钢筋上的预埋件或引出导体上。

3.将串入的线绕电阻调至最大值，断开S_2。

4.合上变压器一次侧电源后，从电压表P_1上读取U_1。

5.合上S_2,调节R_1使电流表P_2的读数为1A左右，并读取I和U_2值。

6.当按计算式:

$$R = \frac{U_1 - U_2}{I} - R_L$$

计算出的R值为1Ω左右时，则满足要求，这时，对已建成建筑物的钢筋体可利用作为防雷装置(R_L为测量连接线的电阻,5、6项的要求引自IEC81/205/CD:2002/10/18文件)。

注:测量电路也可属于对50Hz人身安全等电位连接是否满足要求的测量。

图 10-24　对已建成建筑物测量其钢筋体电阻的方法

第十一章 电子信息系统机房的防雷与接地设计

11.1 电子信息系统机房的防雷与接地设计原则

11.1.1 接地的目的及原则

在智能建筑中为了保证各个智能化电子信息系统的安全运行和信息数据的可靠传输，同时为了抑制电磁干扰，提高信息系统的电磁兼容性，接地是最主要的技术措施之一。电子信息系统机房的接地设计是一个很重要的问题。机房内采用总等电位连接，建筑物各部位采用局部等电位连接，并采用共用接地系统，接地电阻 $R \leqslant 1\Omega$，当采用单独接地体时，$R \leqslant 4\Omega$。机房内供电系统及信号系统设置过电压保护装置。机房内选择合适的等电位接地网型式等措施的综合利用，是保证信息系统安全运行的必要条件。有关防雷与接地理论要求，参阅本书第 9 章各节中相关内容。

11.1.2 接地的种类及作用

电子信息系统机房内电子、电气设备的接地按其作用可分为两大类，即功能性接地和保护性接地。

（1）功能性接地种类：工作接地、逻辑接地、屏蔽接地、信号接地。功能性接地的作用是保障系统及设备正常稳定工作并抑制干扰。

（2）保护性接地种类：防雷接地、防电击接地（保护接地）、防静电接地、防电蚀接地、等电位接地。保护性接地的作用是保护设备和人员的安全。

11.1.3 接地系统的设计范围

（1）接地系统应包括接地装置和连接装置。接地装置指接地体，埋入大地并和大地直接接触的金属导体。连接装置包括接地线、接地端子板和等电位接地网络。

（2）建筑物电子信息系统机房接地系统设计应包括接地装置的设计和接地型式设计。接地装置的设计包括接地体材料的选择、接地体的形式以及接地体的布置和敷设等要求。接地型式设计包括接地线、接地端子板和等电位接地网络的选择、布置以及接入点等要求。

11.2 各种接地的特点及要求

11.2.1 屏蔽接地

电子信息系统中的各个系统是由各种计算机和电子设备组成的，这些电气装置为了防止其内部或外部电磁感应或静电感应的干扰而对屏蔽体进行的接地，称为屏蔽接地。例如某些电气设备的金属外壳、电子设备的屏蔽罩或屏蔽线缆的接地就属于屏蔽接地。屏蔽接地有以下几种：

（1）静电屏蔽体的接地

其目的是为了把金属屏蔽体上感应的静电干扰信号直接导入地中，同时减小分布电容的寄生耦合，保证人身安全。一般要求其接地电阻不大于 4Ω。

（2）电磁屏蔽体的接地

其目的是为了减小电磁感应的干扰和静电耦合，保证人身安全。一般要求其接地电阻不大于 4Ω。

（3）磁屏蔽体的接地

其目的是为了防止形成环路产生环流而发生磁干扰。磁屏蔽体的接地主要应考虑接地点的位置以避免产生接地环流。一般要求其接地电阻不大于 4Ω。

（4）屏蔽室的接地

其屏蔽体应在电源滤波器处，即在进线口一点接地，如图 11-1 所示。

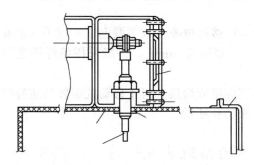

图 11-1　屏蔽室接地示意图

（5）屏蔽线缆的接地

当电子设备之间采用多芯线缆连接，且工作频率 $f \leqslant 1\mathrm{MHz}$，其长度 L 与波长 λ 之比 $L/\lambda \leqslant 0.15$ 时，其屏蔽层应采用一点接地（又称单端接地）。当 $f > 1\mathrm{MHz}$、$L/\lambda > 0.15$ 时，应采用多点接地，并应使接地点间距离 $S \leqslant 0.2\lambda$。

对于要求比较高的 LPZ2 或 3 区内的电子信息系统机房，必要时应加设机房屏蔽（6 面体）层，或在信息机房内加设屏蔽笼，这些屏蔽室均应作接地系统，进入屏蔽室的电源及信号线路，均应装设 SPD 保护，并经过滤波器才能引入屏蔽室内。

11.2.2　防静电接地系统

（1）静电产生的原因及其特点

静电是由于两种不同的物质相互接触、分离、摩擦而产生的。静电电压的大小与物体接触表面处电介质的性质和状态、表面之间相互贴近的压力的大小、表面之间相互摩擦的速度、物体周围介质的温、湿度有关。静电电压可能高达数千伏甚至上百千伏，而电流却可能小于 $1\mu\mathrm{A}$，故当电阻小于 $1\mathrm{M}\Omega$ 时就可能发生静电短路而泄放静电能量。静电放电的火花能引起爆炸和火灾，也是生产人员工伤的原因之一。

（2）防止静电危害的主要方法

当因静电危害而对有关人员、工艺过程或产品质量产生不良影响时，应采用防止静电危害的措施，其主要方法就是接地。

（3）防静电接地的措施

① 移动的导电容器或器具具有可能产生静电危害时应接地。当利用与导电地板、导电工作台和其他接地物体相连接的方法不能确保其可靠接地时，必须采用可挠的铜线将其直接接地。利用工具操作或检修这类设备时，工具也应可靠接地。

② 洁净室、计算机房、手术室等房间一般采用接地的导静电地板。当其与大地之间的电阻在 $10^6\Omega$ 以下时，则可防止静电危害，其接地如图 11-2 所示。

在有可能发生静电危害的房间里，工作人员应穿导静电鞋（例如皮底或静电橡胶底鞋），并应使导静电鞋与导静电地板之间的电阻保持在 $10^4 \sim 10^6 \Omega$ 以下。

③ 为了防止静电危害，在某些特殊场所，工作人员不应穿丝绸或某些合成纤维（例如尼龙、贝纶等）衣服，并应在手腕戴接地环以确保接地。从事带静电作业的人员（如汽油、橡胶溶液的操作人员）等不应戴金属戒指和手镯。这些特殊场所的门把手和门栓也应接地。

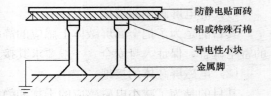

图 11-2　防静电导电地板接地示意图

（4）防静电接地的接地电阻值

专门用于防止静电的接地系统，其接地电阻应不大于 100Ω。但如与其他接地共用接地系统时，则其接地电阻值应符合其中最小值的要求。

（5）防静电接地的接地线及其连接

由于防静电接地系统所要求的接地电阻值较大而接地电流（或泄漏电流）很小（微安级），所以其接地线主要按机械强度来选择，其最小截面为 $6mm^2$。一般采用绝缘铜芯导线，对移动设备则采用可挠导线。

对于固定式装置的防静电接地，接地线应与其焊接或熔接；对于移动式装置的防静电接地，接地线应连接铜端子后再与其栓接，防止松动和断线。

11.3　电子信息系统机房的接地装置设计

11.3.1　接地装置的要求

（1）对接地装置性能的要求应包括它的稳定性、可靠性、寿命、安全电压和接地电阻值等几方面，对接地系统本身来说，接地电阻是一个最基本的要求。

（2）接地电阻的定义

接地电阻指接地装置对地电阻，数值上等于接地装置对地电压与通过接地体流入地中电流的比值。

通过接地体流入地中工频交流电流求得的电阻，称为工频接地电阻。

（3）接地电阻值的确定：不同用途的接地系统，共用一个总的接地系统时，接地电阻应满足其中最小值的要求。

① 对功能性接地，为保障其正常稳定工作，一般由电子信息系统设备决定。

常见要求 $R \leqslant 2.0\Omega$、1.0Ω。

② 对保护性接地，按其重要性和安全性决定。

防雷接地 $R \leqslant 30\Omega$、10Ω；防电击接地 $R \leqslant 4\Omega$；防静电接地 $R \leqslant 100\Omega$；防电蚀接地 $R \leqslant 10\Omega$。

③ 对电力系统，如电力线路、设备的接地电阻由地电位和入地电流计算决定。

④ 采用共用接地系统，$R \leqslant 1.0\Omega$，如电子信息系统各设备有低于此要求的具体值，接地电阻按它们中的最小值确定。

采用独立接地系统，$R \leqslant 4.0\Omega$，无论对功能性接地还是保护性接地可按此要求，如电子信息系统设备有低于此要求的具体值，接地电阻按此值确定。

11.3.2 接地体的材料

（1）选用材料的原则

① 所用材料必须经受得住雷电流的电磁效应以及可预见到意外应力。

② 应能承受最大的接地故障和泄漏电流。

③ 保护接地或功能接地所需的接地电阻必须稳定和持久。

④ 接地系统所用材料应能承受周期环境以及腐蚀的影响。

⑤ 不会由于电化学作用而破坏其他金属结构，如水管、建筑基础或地下结构等。

（2）常用接地材料及最小截面

常用接地材料为热镀锌钢、不锈钢以及铜等。

各类等电位连接导体最小截面积　　　　　表 11-1

名　　称	材　　料	最小截面积（mm²）
垂直接地干线	多股铜芯导线或铜带	50
楼层端子板与机房局部端子板之间的连接导体	多股铜芯导线或铜带	25
机房局部端子板之间的连接导体	多股铜芯导线	16
设备与机房等电位连接网络之间的连接导体	多股铜芯导线	6
机房网格	铜箔或多股铜芯导体	25

各类等电位接地端子板最小截面积　　　　　表 11-2

名　　称	材　　料	最小截面积（mm²）
总等电位接地端子板	铜带	150
楼层等电位接地端子板	铜带	100
机房局部等电位接地端子板（排）	铜带	50

（3）接地材料的腐蚀问题

在选择接地材料时，要充分考虑材料的耐腐性。

① 镀锌钢、不锈钢和铜都有较强的耐腐性能，而不锈钢和铜适用于更多类型土壤。

② 混凝土的钢筋所产生的伽线尼电位（注在电化次序中的电偶电势）的幅值与土壤中的铜导体相同，钢材接地能被混凝土的钢筋腐蚀掉，故采用铜材接地可很好避免电化腐蚀。

③ 进出建筑物并和接地装置或总等电位连接带相连的金属管道，应采用和接地装置相同的材料，如不同则金属管道应做防电化腐蚀处理。

11.3.3 接地体的形式

（1）接地体分类

按敷设方位分为水平接地体和垂直接地体；按外观形状分为线、棒、板、管等形状。接地体一般由多种形状的若干水平接地体和垂直接地体组成。

（2）组合的形式

① 线形接地体：由若干垂直接地体和一条或多条水平（无闭和）接地体组成。

② 环形接地体：由若干垂直接地体和水平闭和环路接地体组成。

③ 网状接地体：由若干垂直接地体和水平闭和网格接地体组成。

以上形式接地体可混合使用，在环形、网形接地体某一方向或几个方向延伸线形接地体，或网形接地体某一方向或几个方向延伸环形接地体。

一般采用一个或多个环形接地体、垂直或斜形接地体、水平接地体或基础接地体。采用若干根长度合适的、分散的接地导体优于采用单根长接地体导体。当土壤电阻率随深度的增加而减小时，宜将垂直接地体深埋。

11.3.4　接地体布置示意图

平面示意图如图 11-3 所示。

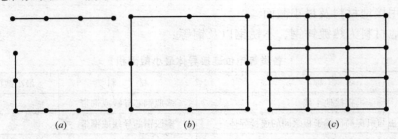

图 11-3　接地体布置示意图

(*a*) 线形接地体；(*b*) 环形接地体；(*c*) 网状接地体

注：·——垂直接地极；——水平接地体。

11.3.5　接地电阻的计算

（1）接地体的基本计算公式

① 独立垂直接地体的接地电阻

$$R_{\rm v}=(\rho/2\pi L)\ln 4L/d \tag{11-1}$$

式中　ρ——土壤电阻率（$\Omega \cdot {\rm m}$）；

L——接地体的长度（m）；

d——接地体的直径（m）。

② 直线水平接地体的接地电阻

$$R_{\rm h}=(\rho/2\pi L)(\ln L^2/hd+A) \tag{11-2}$$

式中　L——接地体的长度（m）；

d——接地体的直径（m）；

h——接地体的埋深（m）；

A——形状系数。

（2）接地体的组合计算方法

① 若干垂直接地体并联的接地电阻

$$R=\eta \times R_{\rm v}/n \tag{11-3}$$

式中　η——并联系数；

n——相同垂直接地体的数量。

② 各种形状水平接地体的接地电阻

各种形状水平接地体按表 11-3 选择形状系数 A。

③ 线状接地体的接地电阻

如水平接地体长度远大于若干垂直接地体长度，则可按单一水平接地体来计算接地电阻。

水平接地体的形状系数   表 11-3

水平接地体形状	—	∟	人	○	+	□	✕
形状系数 A	−0.6	−0.18	0	0.48	0.89	1	2～6

（3）人工接地极简易计算公式（表 11-4）

人工接地极简易计算公式   表 11-4

接地体类型	接地电阻 R(Ω)计算公式	备注
垂直接地体	$R=\rho/l$	单根,3m 左右
水平接地体	$R=2\times\rho/l$	直线,约 60m 长
环形接地体	$R=0.6\rho/\sqrt{S}$	
网状接地体	$R=0.5\rho/\sqrt{S}$	
埋入基础的接地极	$R=0.2\rho/3\sqrt{A}$	

注：ρ——电阻率（$\Omega\cdot m$）；

　　l、L——分别为垂直和水平接地极的长度（m）；

　　S——被接地体包围的大地的截面积（m^2）；

　　A——基础的容积，相当于地表面半球形电极（m^3）。

11.3.6 接地装置的敷设

（1）接地工程应有设计，施工与安装应严格依据设计来实施。

（2）接地装置的布置还要结合现场情况，施工与安装前要弄清地形、地貌特别是地下管道、线缆的分布等。

（3）共用接地系统的接地装置应利用建筑物基础钢筋网与人工接地体组成，一般环形布置，距墙不应小于 1m，间隔尽可能均匀。独立接地系统按要求布置。

（4）接地材料的选择依照设计，要充分考虑其导电性、热稳定性和耐腐性。普遍采用热镀锌钢，考虑腐蚀性以及特殊场合宜采用铜材或其他材料。

（5）接地体可采取带状、棒状、管状、线状及板状等形状，具体形状要因地制宜合理选择，最小截面和厚度应符合相关要求。

（6）接地体顶部埋设深度应大于 0.5m，应埋设在冻土层以下。垂直接地体的间距不宜小于其长度的 2 倍。

（7）水平接地体挖沟埋设；钢垂直接地体宜直接打入地下，铜垂直接地体宜挖沟埋设。

（8）接地装置的连接要牢固可靠，应采用焊接或熔接方式，不得采用压接、栓接、捆扎等方式。

（9）钢材接地装置一般采用焊接，搭接长度应符合下列规定：

① 扁钢与扁钢搭接为扁钢宽度的 2 倍，不少于三面施焊；

② 圆钢与圆钢的搭接为圆钢直径的 6 倍，双面施焊；

③ 圆钢与扁钢搭接为圆钢直径的 6 倍，双面施焊；

④ 扁钢、钢管、角钢、圆钢互相焊接时，除应在接触部位两侧施焊外，还应增加圆钢搭接件；

⑤ 接头部位应作防腐处理。

（10）铜材接地体宜采用熔接；钢材接地体和铜材接地体连接应采用熔接，此时熔接头宜作防腐处理。

（11）垂直接地体坑槽、水平接地体沟槽应用净土回填，避免碎石、垃圾等回填。回填时应分层夯实。

（12）在高土壤电阻率地区，应采取措施降低接地装置的接地电阻，如采用降阻剂、稀土防雷降阻剂，采用多支线外引接地装置、将接地体埋入较深的低电阻率土壤中、换土等。

11.4　电子信息系统机房的接地连接装置（接地形式）的设计

11.4.1　信息系统机房内等电位连接网络选择

配置有电子信息系统设备的机房，应将机房内电气和电子设备的金属外壳和机柜、机架、计算机直流地（功率地）、逻辑地、安全保护地、防静电接地、屏蔽接地、各种 SPD 的接地端等均应以最短的距离就近与机房内的等电位连接网络直接相连。

在 9.2 节中已介绍了等电位连接网络的基本结构型式及选用原则。可按此节中方法选择采用哪种型式的网络结构。

11.4.2　S 型和 M 型等电位连接网络材料选择

（1）S 型等电位连接网络的母线应选用铜材，其型式及截面应结合电子信息系统设备的工作频率、灵敏度和接地线的长度来选择，参照 9.2 节中图 9-5，表 9-5 进行选择。

（2）M 型等电位连接网络及接地母线材料应选用薄铜排，厚度一般为 0.35～1mm，宽度选择和网格尺寸大小选择，参照表 9-5，表 9-6 选择。网孔交叉点及接地线连接处应采用熔接方式。

11.4.3　信息设备（IT）的接地与等电位连接方式

（1）S 型（放射式）接地方式如图 11-4 所示。

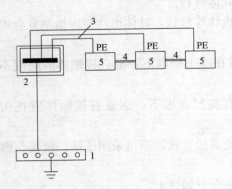

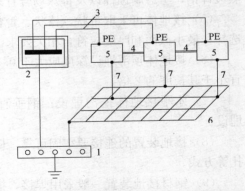

图 11-4　S 型（放射式）接地方式
1——接地端子板（接地母排）；2——配电箱；
3——PE 线（与电源线共管敷设）

图 11-5　M 型（网格式）接地方式
1——接地端子板（接地母排）；2——配电箱；
3——PE 线（与电源线共管敷设）

（2）M 型（网格式）接地方式如图 11-5 所示。

（3）混合型（水平和垂直）接地方式如图 11-6 所示。

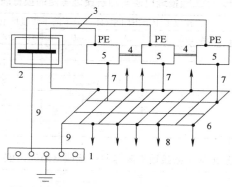

图 11-6 混合型（垂直和水平）接地方式

注：1——接地端子板（接地母排）；2——配电箱；3——PE 线（与电源线共管敷设）；
4——信息电缆；5——信息设备；6——等电位金属网；7——接地线；
8——与建筑物钢构连接；9——接地干线

11.4.4 M型接地等电位连接网络的布置

电子计算机房活动地板（静电地板）下的薄铜排网，称为高频信号基准网（M 型等电位接地网）。一般按活动地板的尺寸采用 0.6m×0.6m 的网格，可根据计算机工作频率的高低改变网格大小，频率越高网格越密。采用基准网可以减小接地线的长度，有效排除干扰和泄放静电，原理图如图 11-7 所示。

11.4.5 信息机房内接地干线和接地线的选择

（1）S 型网络等电位连接线选择：

参照 9.2 节中图 9-7（a）施工及安装。

（2）M 型网络等电位连接线选择：

参照 9.2 节中图 9-7（b）施工及安装。

（3）接地干线和接地线的选择：

参照 9.2 节表 9-7、表 9-10 选择。

（4）接地连接装置的施工

① 装置和室内总接地端子板、总等电位连接板相连接线为接地干线。

接地设备和室内局部接地端子板相连接线为接地线

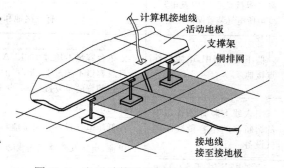

图 11-7 电子计算机房铜排网敷设示意图

② 接地线应采用铜材。接地干线采用铜排或铜缆，接地线采用铜缆。

③ 接地干线应敷设在电气竖井及机房内，可明敷；接地线穿钢管敷设或敷设在地板下金属线槽内。

④ 铜材接地线与接地体的连接，应采用熔接。

⑤ 接地端子板为铜质，宜镀锡，大小、截面应能承受最大故障电流和满足安装需要。

⑥ 接地端子板的安装位置应符合设计规定，并有标志。

⑦ 接地线与接地端子板的连接宜采用螺栓连接，连接应可靠，连接处应有防松动或防腐蚀措施。

（5）接地体工频接地电阻与终极接地电阻的换算方法

接地体工频接地电阻与冲击接地电阻的换算表　　　表 11-5

冲击接电阻值 R_i(Ω)	在以下土壤电阻率($\Omega \cdot$ m)下的工频接地电阻允许极限值 $R\sim$(Ω)			
	≤100	100～500	500～1000	＞1000
5	5	5～7.5	7.5～10	15
10	10	10～15	15～20	30
20	20	20～30	30～40	60
30	30	30～45	45～60	90
40	40	40～60	60～80	120
50	50	50～75	75～100	150

接地体工频接地电阻与冲击接地电阻的比值　　　表 11-6

土壤电阻率($\Omega \cdot$ m)	≤100	500	1000	≥2000
工频接地电阻与冲击 接地电阻的比值 $R\sim / R_i$	1.0	1.5	2.0	3.0

（6）各种电气装置要求的接地电阻值

各种电气装置要求的接地电阻值　　　表 11-7

电气装置名称	接地的电气装置特点	接地电阻要求(Ω)
发电厂、变电所电气装置	有效接地和低电阻接地	$R\leqslant\dfrac{2000}{I}$[①] 当 $I>4000$A 时, $R\leqslant0.5$
不接地,消弧线圈接地和 高电阻接地系统中发电厂、 变电所电气装置保护接地	仅用于高压电力装置的接地装置	$R\leqslant\dfrac{250}{I}$[②]（不宜大于 10）
	有效接地和低电阻接地	$R\leqslant\dfrac{120}{I}$[②]（不宜大于 4）
低压电力网中,电源中性 点接地		$R\leqslant4$
	由单台容量不超过 100kVA 或使用同一接地装置并联运 行且总容量不超过 100kVA 的变压器或发电机供电	$R\leqslant10$
	上述装置的重复接地（不少于三处）	$R\leqslant30$
引入线上装有 25A 以下 的熔断器的小容量线路电 气设备	任何供电系统	$R\leqslant4$
	高低压电气设备共用接地	$R\leqslant10$
	电流、电压互感器二次线圈接地	$R\leqslant10$
土壤电阻率大于 500$\Omega \cdot$ m 的高土壤电阻率地区发电 厂、变电所电气装置保护 接地	高低压电气设备共用接地	$R\leqslant10$
	电流、电压互感器二次线圈接地	$R\leqslant10$
建筑物	一类防雷建筑物（防止直击雷）	$R\leqslant10$（冲击电阻）
	一类防雷建筑物（防止感应雷）	$R\leqslant10$（工频电阻）
	二类防雷建筑物（防止直击雷）	$R\leqslant10$（冲击电阻）
	三类防雷建筑物（防止直击雷）	$R\leqslant30$（冲击电阻）
共用接地装置		接入设备中要求的最 小值确定,一般为 1

注：① I——流经接地装置的入地短路电流（A）。

② $I=\dfrac{u\,(L_k+35L_1)}{350}$，当接地电阻不满足公式要求时，可通过技术经济比较增大接地电阻，但不得大于 5Ω。

注：I——单相接地电容电流（A）；u——线路电压；L_1——架空线总长度；

L_k——电缆总长度。

11.5 建筑物设备机房接地系统示意图

建筑物设备机房接地系统示意图如图 11-8 所示。

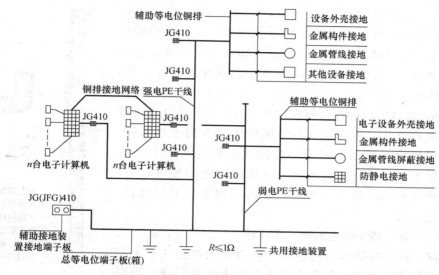

图 11-8   建筑物设备机房接地系统示例图

11.6 新型接地装置的施工与安装

一般防雷接地装置均采用常规做法。高层建筑中均利用柱子，基础内的钢筋作为引下线和接地装置，同时均采用共用接地系统，$R \leqslant 1\Omega$。但在高土壤电阻率地区，采用常规做法不能满足接地电阻值的要求，目前常用的几种做法有：采用多支线外引接地装置；接地体埋在较深的低电阻率土层中；采用加降阻剂和换土方式等。这些方法施工复杂，造价高，维修工作量大。近年来，国内、外推广采用的几种新型接地装置，适合于常规方法不易解决问题的高土壤电阻率地区的一些特殊设施场所的接地，如：移动通信基站、微波站、变电站、卫星地面站、石化系统、军事设施等。各类新型接地装置由设计人员按具体工程情况决定。

有关这几种新型接地装置的技术性能及计算选用方法，在国标 D501-1 图集中做过一些简介，详细资料请参照有关厂家的产品说明书。

11.6.1 IEA 电解离子接地系统

IEA 电解离子接地系统是由美国 ATI Tectoniks 公司生产的高科技接地产品，国内子公司为武汉岱嘉电气技术有限公司。广州易事达公司代理的澳大利亚 ELT 公司也生产同类产品（称化学地极），两产品性能相似，施工要求均相同。该类产品经过国际认证，符合 UL 及 CUL 标准，产品寿命可达 30 年，性能稳定，电阻值不随季节变化，无污染，免维护。采用化学放热（即火泥焊接法）焊接预制连接线，可靠性高，接触电阻小。该接地系统及施工方法已列入国内行业（TB 10060—1999）中推荐使用。在高土壤电阻率地区，要求冲击接地电阻小，布置占地面积小，施工量小的特殊场所，可选用这种接地装置。具体选用由设计人员按工程具体情况与甲方协商决定。该装置施工简单，不需维护。

（1）IEA 电解离子接地极构造

IEA 电解离子接地系统（Ionic Earthing Array，IEA）。它是一种性能稳定、使用寿命长、完全免维护、主动式的接地系统。IEA 离子接地电极是由合金铜管构成（其外观示意图如图 11-9 所示），这样确保了其最高导电性和使用寿命（IEA 接地极的使用寿命至少在 25 年以上）。IEA 离子接地极标准长度为 3m，通过中间的连接器将两截 1.5m 长的电极连接成所需的长度和形状。通常情况下使用直型 IEA 离子接地极，在高山或深层岩石较多不便于钻孔的地区可以选用 L 型的 IEA 离子接地极。在特殊情况下，比如接地电阻要求较高，可施工面积狭小的时候可以用连接器将接地电极无限延长，直到能满足要求。

（2）IEA 电解离子接地系统工作原理

IEA 离子接地极能够通过顶部的呼吸孔吸收空气和土壤中的水分，使接地极中的化合物潮解产生电解离子释放到周围的土壤中，活性调节周围的土壤，将土壤电阻率降至最低，从而使接地系统的导电性保持较高的水平。这样故障电流就

图 11-9　IEA 离子接地电极

能轻易地扩散到土壤中，改变了传统接地系统被动地散流方式（IEA 的工作原理图如图 11-10 所示）。电极周围包裹的特制回填料具有良好的膨胀性、吸水性和离子渗透性，这样既确保电极与土壤始终能紧密地接触，降低接触电阻，又能有效保持电极周围的湿度，增加电解离子的辅助导电作用，使接地系统能维持最稳定的效果。并且无腐蚀性，对周围环境不会造成污染。

（3）IEA 电解离子接地系统应用范围

IEA 离子接地极的安全性和可靠性通过了 UL 标准的严格认证，并被国家住建部和原铁道部分别列入《建筑物防雷设施安装》、《数字通信微波站国家标准设计》、《接地装置安装》和《铁路数字微波通信工程设计规范》等规范、施工图集。目前 IEA 电解离子接地系统在国外已被普遍采用，国内主要应用于电力系统、通信系统、石化系统、广播电视系统以及建筑工程、医疗设施等方面。在国内外许多大型、重点项目的接地工程中取得令人满意的效果。

（4）IEA 电解离子接地系统设计原理

IEA 电解离子接地系统有专门的设计计算软件，它根据现场土壤电阻率、施工占地面积和接地电阻要求值三个因素来确定 IEA 电解离子接地极数量和布置。为

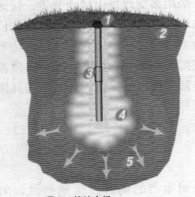

图 11-10　IEA 的工作原理图

方便设计计算选型，参照《建筑电气设计手册》、《现行建筑设计大全》、《电力工程电气设计手册》等，IEA 电解离子接地极的接地电阻计算公式如下：

① 单根 IEA 垂直接地极

$$R_1 = (k\rho/2\pi L)\ln(4L/d) \tag{11-4}$$

式中　ρ——土壤电阻率（$\Omega \cdot$ m）；L——IEA 接地极长度（m）；d——IEA 接地极直径 m。

说明：k 为土壤调节系数，取值范围 0.5～0.8，使用 IEA 特制回填料，k 取 0.8；达电解平衡状态后，k 取 0.5。

② 多根 IEA 接地极并联

$$R_n = \eta R_1 / n \tag{11-5}$$

式中　η——并联系数；n——IEA 接地极数量；R_1——单根 IEA 接地极的接地电阻（Ω）。

说明：并联系数 η 计算复杂，它与 IEA 接地极的数量、IEA 接地极的间距及配置形状有关，详情参阅相关手册和专业资料。

（5）IEA 电解离子接地系统安装说明

① 特征：UB178BJ 合格编号，电解离子接地系统。附件含外部回填料和火泥熔接导线连接栓。

② 安装方法：钻一空洞，直径为 15～30cm，深度比选用的 IEA 接地极长度多10cm。将 IEA 回填料用水搅拌均匀成黏稠状，随后将接地极放入圆形孔洞内，外围放入搅拌后的 IEA 回填料，直到 IEA 接地极下 30cm 指示位置为止，如此将能获得一完美效果。

③ 注意：IEA 接地极放入圆形孔洞前，务必将所有封口胶带去除。

11.6.2 ATI 镀铜钢接地棒

ATI 镀铜钢接地棒是由美国 ATI　Tectoniks 公司针对国内生产的一种较高性能、长效接地棒，它是一种非常适合一般场合的低成本接地产品。

（1）构造、特点及规格

ATI 镀铜钢接地棒的常见外径及长度　　　　　表 11-8

型号	外径(mm)	长度(m)	型号	外径(mm)	长度(m)
CC-A	16	2.4	CC-B	19	3

ATI 镀铜钢接地棒是由高纯度的电解铜分子覆盖到低碳钢芯上制成的。ATI 镀铜钢接地棒比传统接地极（镀锌钢）有更强的泄流能力和耐腐性能力，使用寿命长，达 30 年以上。

ATI 镀铜钢接地棒选取两种常见的外径，两种常用长度如表 11-8 所示。

（2）技术参数

ATI 镀铜钢棒的技术参数　　　　　表 11-9

铜层厚度（mm）	抗拉强度（N/mm²）	铜层可塑性	铜层结合度
≥0.25	≥600	将棒弯曲 180°测试不得出现裂缝和剥落	用虎口钳挤压除钳口处镀层不会剥落

（3）设计指南

① 单根 ATI 镀铜钢接地棒

$$R_1 = (\rho/2\pi L)\ln(4L/d) \tag{11-6}$$

式中　ρ——土壤电阻率（$\Omega \cdot m$）；L——ATI 接地棒长度（m）；d——ATI 接地棒直径 m。

② 多根 ATI 镀铜钢接地棒并联

$$R_n = \eta R_1/n \tag{11-7}$$

式中　η——并联系数；n——ATI 接地棒数量；R_1——单根 ATI 接地棒的接地电阻 Ω。

说明：并联系数 η 与 ATI 接地棒的数量和间距有关。

③ 设计说明

ATI 铜钢合金接地棒的间距宜大于棒长的 2 倍，水平接地体宜采用裸铜缆（35～95mm²）。接地棒和铜缆之间采用火泥熔接。需竖直加长时，接地棒之间应采用火泥熔接。

（4）施工方法

① 打入法

先按设计挖沟，沟槽深度不小于 700mm，极孔处宽度不小于 400mm；将各接地棒逐一打入地下，至接地棒顶端离沟底 100mm 为止；敷设裸铜缆于沟底，采用火泥熔接把各接地棒和铜缆连接起来。如要加长接地棒只需在洞口处用火泥熔接对接两棒，继续打入即可。

② 钻孔法

挖的沟槽深度不小于 700mm，极孔处宽度不小于 400mm；定点钻孔，孔洞直径 50～100mm，孔深小于接地棒长度 100mm；将接地棒放入孔中，同时加入回填料，在洞口处填入净土并夯实；敷设裸铜缆于沟底，采用火泥熔接把各接地棒和铜缆连接起来。如需加长，先钻深孔，将接地棒上端固定在洞口，用火泥熔接对接加长后再放入，重复上述步骤即可。

11.6.3　非金属接地模块

该产品由四川中光集团开发研制，它是一种低电阻接地模块，由导电性，稳定性较好的非金属材料和电解物质组成。用低电阻接地模块做地网，用料少，耗资小，稳定性好，寿命长，对土壤电阻率高的地区更具有优越性，能解决常规方法无法解决的难题。该产品无毒，无污染，施工时进行防锈蚀处理也十分方便。该产品分为二种形状：柱形、平板形。具体选用何种形式，用量多少均由设计人员按工程具体情况来选定。

中光接地模块技术规格表　　　　　　　　　　表 11-10

型号	外形尺寸（mm）	重量（kg）	工频接地电阻估算式（$\Omega \cdot m$）	土壤电阻率≤40$\Omega \cdot m$时单个模块工频接地电阻（Ω）
ZGD-Ⅰ-3	$\phi 260 \times 1000$	50	$R_j = 0.119$	≤4.0
ZGD-Ⅱ-1	$500 \times 400 \times 60$	20	$R_j = 0.169$	≤6.0

ZGD-Ⅰ-3 和 ZGD-Ⅱ-1 型低电阻接地模块是以非金属材料和电解物质为主体，以金

属芯制成的新型接地体，具有接地电阻低，稳定性好，抗腐蚀，无污染，无毒害，在高土壤电阻率区接地效果好等特点，能弥补金属接地体的不足，可作为防雷接地、防静电接地、交流工作接地、直流接地、安全保护接地以及其他目的接地等接地体。

11.6.4 北京爱劳公司的长效降阻防腐接地装置

（1）北京爱劳高科技有限公司研制和生产的长效降阻防腐接地极是一种集防腐和降阻性能于一体的新型接地装置。原理图如图 11-11 所示。

新型接地装置由以下三个部分组成：

① 主接地导电体：采用优质钢管材，钢管内壁涂敷防腐材料，钢管外表面紧密包敷一层具有优良防腐能力，优良耐气候能力和极低电阻率的高分子防腐导电材料。主导体钢管有将管内与管外相联系的径向呼吸孔。

② 接地极管体内部填充材料：采用具备吸水保湿、电离导电、长效缓释功能的化学材料。

③ 接地极外部的回填料：专门配备的含多种矿物元素的接地电极回填料。

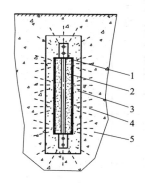

图 11-11 新型接地装置的原理图
1——主导电体；2——内部填充料；
3——外部回填料；4——土壤；
5——电解离子向四周扩散

（2）长效降阻防腐接地极的工作原理主要分为速效降阻、缓释长效和导电防腐等三个部分：

① 速效降阻：在长效降阻接地极投入工作时，接地极外部的回填料经与水混合后形成泥状物，具有良好的膨胀性、吸水性及离子渗透性，通过毛细原理实现水分吸附与保留，并通过溶解、活化回填料中的等离子体，使接地体等效直径大大增加，从而迅速起到降低接地电阻的作用。由于回填料良好的吸水保水功能，在任何天气和环境条件下，都能使接地极本体周围土壤保持一定的湿度，确保接地极体周围能长期存在活化电解质，速效降阻功能得以较长期的保持。

② 缓释长效：随着时间的推移，长期使用的接地极周围由回填料产生的等离子体将会逐步流失，此时，由于接地极本体内部缓释电解质材料已与水分子化合形成胶状物，使本体内部产生的活化导电离子，通过呼吸孔不断自动释放，补充到外部回填材料中，确保接地极周围土壤的等离子数量，将接地极周围土壤导电性能维持在较高的水平，从而使接地极有比常规降阻剂更长效的降阻作用。

③ 导电防腐：接地极的防腐通过主导电体内外壁上的涂敷和包覆防腐材料来实现。接地极主导体内壁涂敷材料由高分子硅树脂为主要原料调和而成，主要起到隔绝作用，防止接地体内部填充材料与主导电体金属管直接接触，从而防止主导电体被腐蚀。主导电体外部采用高温硫化方式将导电防腐高分子材料紧密包覆于主导电体外表面。该高分子导电防腐材料具有良好的导电性能以及优良的防腐和耐候性能，在确保主导电体金属管不受外界地中腐蚀物质影响的同时，又能满足接地体的良好导电性能，其技术指标、适用范围、外形尺寸如表 11-11 所示。

11.6.5 稀土防雷降阻剂

2001 年国家电力公司武汉高压研究所最新测试数据表明，稀土防雷降阻剂的防腐蚀效果堪称国际一流，是唯一可用不镀锌钢材作接地体的导电高分子材料，其年腐蚀率仅为

表 11-11　技术指标、适用范围、外形尺寸

产品型号	ER-I-S/1.5	ER-I-S/0.8	ER-II-S/1.5
总长度 L(mm)	1500	800	1500
适用范围	适用于一般地区、高土壤电阻率地区和高腐蚀性地区	适用于一般地区、高土壤电阻率地区和高腐蚀性地区	适用于一般地区、高土壤电阻率地区和高腐蚀性地区
性能指标	优良的耐酸、耐碱、耐盐性能；优良的耐高低温性能，环境温度：-50～150℃；海拔高度：不限；产品寿命：50 年	优良的耐酸、耐碱、耐盐性能；优良的耐高低温性能，环境温度：-50～150℃；海拔高度：不限；产品寿命：50 年	优良的耐酸、耐碱、耐盐性能；优良的耐高低温性能，环境温度：-50～150℃；海拔高度：不限；产品寿命：50 年
外形尺寸			
图号	图 11-22		
方案序号	二		三
爱劳公司产品型号	ER-I-S/1.5		ER-I-S/1.5
图号			图 11-23

0.0021～0.0033mm/a（参见国家电力公司武汉高压研究所实验报告），达到了真正意义上的防腐蚀性能。

（1）简介

稀土防雷降阻剂是由高分子导电材料结合制造而成的高科技产品，是利用稀土金属元素中的高密集能量和特殊的电子层结构，以及催化激活碱土金属的能力，与碳族复合材料和多种天然金属矿物质配制成的一种高导低阻、高效率的离子型降阻剂。

它降阻效果好，时效性长，性能稳定，无毒，无腐蚀，并能延缓土壤对接地体的腐蚀，起到保护接地体的作用。

（2）降阻机理

稀土防雷降阻剂的降阻机理，决定了其特有的与金属接地体不可比拟的五大优势，使其成为现代接地技术中不可缺少的先进工艺。

使用时将该降阻剂置于接地体（或泄流带）与大地土壤之间，形成一过渡带，在不增加接地装置的情况下：

① 增大了接地体的等效截面积和与土壤的接触面积。

② 良好的吸附性能，消除了接地体与土壤之间的接触电阻，改善了地中的电场分布。

③ 良好的渗透性能，深入到泥土及岩缝中，形成树根网状，增大了地中的泄流面积。

④ 保护接地体免遭土壤中的各种腐蚀与侵害。

⑤ 独特的负阻特性，降低了接地体在瞬间泄流时，地表面和装置之间的电位分布梯度，提高了对人身，设备和设施的安全保护性和可靠性。

（3）适用范围

稀土防雷降阻剂适用于高土壤电阻率地区和高山缺水地区的各项防雷接地工程。如，电力输变电、电气化铁路、邮电、微波、卫星通信、电视塔、雷达、电子计算机、实验室、仓库，油库及高层建筑物等。

（4）主要技术参数

① 经国家电力公司武汉高压研究所试验报告（线路（2001）第 044 号），平均年腐蚀率、电阻率和理化性能等都优于部暂行标准，名列国内前茅。

② 外观呈浅黑色固体粉末，粒度<150 目，干粉比重 1.1，降阻有效率 40%～85%，吸水率 53%，使用有效期大于 50 年，电阻温度系数小于 0，电阻非线性系数小于 0。

③ 经电力工业电气设备质量检验测试中心进行的大电流冲击特性试验：承受 50.4kA 的大电流反复冲击后，无自燃，无爆裂或不良生成物产生。是目前国内降阻剂中，承受能力最大在极度干燥中性能最稳定的。

敷设降阻剂示意图如图 11-12 所示

（5）降阻效果预测。

由于接地电阻在施工中受到诸多因素的影响，现仅提供计算参考：

新的接地电阻值 $R_x = R_g$（常规）×0.15～0.60（降阻系数）当 ρ 值大时取小的降阻系数值，当 ρ 值小时取大的降阻系数值。或凭经验取。

施工质量是降阻效果好坏的关键。

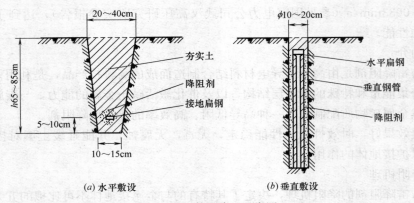

图 11-12　敷设降阻示意图

11.7　几种新型接地端子板及端子箱

11.7.1　螺栓连接型接地端子板

接地用连接端子板是一种新型工厂标准化生产的接地件，以往施工中均采用预埋钢板焊接方式，现场施工既费时，又费工；对于不同金属材料之间连接更是困难。在 IEC 标准 B 中附有几种做法，但我们认为均不理想。因此采用了一种由武汉铂海电气公司生产的专利新产品——专用接地端子板，其特征是该端子板采用钢制件或铜制件制成，它们背面有一根能与接地引下线焊接的连接柱，它的端子平面上有螺孔，螺孔中可以装设钢制或铜制件相对应钢制或铜制螺栓，用于连接接地线。这种接地端子板适合于各种工业及民用建筑中的接地系统使用；施工方便，使用安全，耐腐蚀，工厂化生产效率高，价格低，同时解决了不同金属接地之间的连接问题。对高层建筑中的铝窗，玻璃幕墙，弱电信息系统的专用接地系统等部位接地连接问题都是有很好的施工效果和使用方便的优点。该产品的技术规格及安装做法如图 11-13 所示。不同金属材料之间的连接应采用火泥熔接法施工。

（1）接地端子板外形示意图（图 11-13）

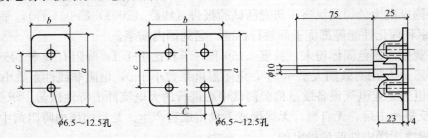

图 11-13　接地端子板外形示意图

（2）安装说明

① JG、JFG 系列接地端子板是适合螺栓连接的系列产品。

② JG 系列接地端子板采用黄铜铸造成形，电阻值小于 0.1Ω。端子板与接地线连接，预埋在墙（柱）中，作为接地端接点。

③ JG 型端子板与接地引下线焊接可采用专用设备熔焊或 T107 铜焊条焊接，施工时

端子平面应用胶带等进行保护。

④ JFG 系列接地端子板采用钢铸造成形，电阻值小于 0.1Ω。端子板与接地线连接，预埋在墙（柱）中，作为接地端接点。

⑤ JFG 型端子板与接地引下线连接可采用焊接，施工时端子平面应用胶带等进行保护。

⑥ JG 型端子板配用铜螺栓及垫圈，JFG 型端子板配用钢螺栓及垫圈。

（3）螺栓连接型接地端子板的参数（表 11-12）

螺栓连接型接地端子板的参数　　　　　　　表 11-12

型号	尺寸(mm)			螺栓		备注
	a	b	c	规格	数量	
JG206	80	40	40	M6	2	适用于铜线鼻子或铜排
JG208	80	40	40	M8	2	适用于铜线鼻子或铜排
JG210	80	40	40	M10	2	适用于铜线鼻子或铜排
JG212	80	40	40	M12	2	适用于铜线鼻子或铜排
JG406	80	80	40	M6	4	适用于铜线鼻子或铜排
JG408	80	80	40	M8	4	适用于铜线鼻子或铜排
JG410	80	80	40	M10	4	适用于铜线鼻子或铜排
JG412	80	80	40	M12	4	适用于铜线鼻子或铜排
JFG206	80	40	40	M6	2	适用于扁钢接地线
JFG208	80	40	40	M8	2	适用于扁钢接地线
JFG210	80	40	40	M10	2	适用于扁钢接地线
JFG212	80	40	40	M12	2	适用于扁钢接地线
JFG406	80	80	40	M6	4	适用于扁钢接地线
JFG408	80	80	40	M8	4	适用于扁钢接地线
JFG410	80	80	40	M10	4	适用于扁钢接地线
JFG412	80	80	40	M12	4	适用于扁钢接地线

11.7.2　JFG-Ⅱ型等电位接地端子盒

等电位连接技术在 IEC 60364-4-41 以及我国国家标准及住宅设计规范中，均已明确规定为电气安全的基本措施。

目前市场上尚无专用的标准化局部等电位连接装置，因此，给设计和施工带来许多不便。很多工程中都未按设计要求作局部等电位连接施工，无形中造成潜在的电气安全隐患。为了解决这一矛盾，并在满足现代装饰、装潢美观需要的同时，又能达到经济实用、安装施工便利的效果，在完善发展第一代 JFG 接地端子板的基础上，成功地研制开发出 JFG-Ⅱ型等电位接地端子盒这一成熟技术产品，该产品很适合满足当前设计、施工安装等方面的迫切需要。目前，JFG-Ⅱ型等电位接地端子盒已顺利通过"国家电网公司武汉高压研究所——电力工业电气设备质量检测中心"的检测，随着产品的市场投放，局部等电位连接技术的实际应用将有望进入规范化、标准化时期。

（1）结构特点

JFG-Ⅱ型等电位接地端子盒是一种新型暗装式等电位连接用端子盒，可以暗装在柱（或剪力墙）内，整个端子盒由接地端子板、镀锌接地螺杆、端子盒、端子盒面板盖四部分组成。

端子盒内的接地端子板采用优质合金钢精工制作，工艺精良、表面光滑美观、经久耐腐蚀。接地端子板结构紧凑，等电位连接导线引入盒内后，采用特制的内六角紧定螺钉压接导线，非但不伤导线而且压接牢固可靠，并可防止非专业人员擅自操作。

镀锌接地螺杆与建筑物柱（或剪力墙）内的主钢筋焊接在一起，施工过程简便易行，电气连接紧密可靠。

端子盒采用特制整体拉伸钢制接线盒，等电位连接导线可从多个方向引入盒中，非常适合二次装修的施工及安装要求。

端子盒的面板盖选用优质工程塑料制造成型，坚固耐用，造型美观大方，与室内 86 系列开关面板标准一致，在室内装修时显得和谐统一。

（2）主要参数

接地螺杆：$\phi10$ 镀锌接地螺杆，也可压接 BV-1×25～50mm² 的引入接地干线。

等电位连接导线：引入 1～8 根 BVR-1×4～10mm² 局部等电位连接导线。

（3）技术指标

本产品符合国家标准图集《等电位联结安装》02D501-2 中的技术要求：接触点的电阻 $R\leq0.2\Omega$。经武高所电力工业电气设备质量检测中心检测合格，实测数据：$R=0.032\Omega$。同时符合国标《建筑电气工程施工质量验收规范》GB 50303—2002、《终端电器选用及验收规程》CECS 107：2000 中的相关规定。

（4）适用范围

本产品主要用作住宅卫生间、宾馆卫生间、公共浴室、医院病房卫生间、医院胸腔外科手术室内的局部等电位连接之用。

（5）安装方法

本产品为嵌入式暗装，当安装在柱（或剪力墙）内时，应在土建施工时，首先将镀锌接地螺杆与接线盒预埋入柱（或剪力墙）内，应保证镀锌接地螺杆与建筑物柱内（或剪力墙内）的主钢筋焊接在一起，搭接倍数应符合焊接技术要求；同时按照设计要求（02D501-2 中附图）预埋好需要做等电位连接的卫生间内各种设备及管道的暗装盒及预埋管（接至本接地端子盒敲落孔）。当端子盒安装在墙上时，应在柱（或剪力墙）内预留并引出一段 $\phi10$ 钢筋（长度按设计图上位置决定），在砌墙时将镀锌接地螺杆与预留钢筋焊接，同时固定好端子盒及预埋管位置（要求同上）。

在室内装修时，将各设备及管道处的等电位连接线分别接到接地端子板上，紧定螺钉将导线压接牢固后，锁固螺母，盖上面板盖即可。

11.7.3　MEB 系列总等电位连接端子箱

总等电位连接技术是低压配电系统防电击事故的主要手段，在 IEC 60364-4-41 以及我国国家标准和住宅设计规范中，均已明确规定作为电气安全的基本措施。

武汉铂海电气有限公司生产的"MEB 系列总等电位连接端子箱"就是专为此一工程技术要求而精心设计的，具有很强的工程适用性，安装简便，造型美观，布局合理，可以同时满足多路进线的要求。

结构特点：

"MEB 系列总等电位连接端子箱"分为 M 型（明装型）和 R 型（暗装型）两种结构，整箱为钢质结构，上下两面均有敲落孔和供扁钢连接的长腰孔，端子板采用紫铜材质，可接 8～13 路进线铜质端子。并可根据用户需求加长端子板，以增加端子数和进线路数。

技术指标

本品符合国家标准图集 02D501-2 规定的相关技术指标要求，满足国标 GB 50303—2002、CECS 107：2000 中的各项技术条件。

适用范围：

本产品主要用作工业和各类民用建筑（住宅、宾馆、办公室、综合楼、医院等建筑物）中的总等电位连接箱；工业防静电接地线连接箱；保护接地线连接箱。

技术参数表（表 11-13）：

MEB 系列总等电位连接端子箱的技术参数　　　　　　　表 11-13

参数 型号	连接导线规格		外形尺寸(mm)			安装尺寸(mm)		
	BVR-mm²（或扁钢）	数量	宽	高	深	宽	高	深
MEB(M)-A	35～95（或－40×4）	3	300	200	120			
	10～25	5						
MEB(R)-A	35～95（或－40×4）	3	340	240	120	300	200	120
	10～25	5						
MEB(M)-B	35～95（或－40×4）	4	300	200	120			
	10～25	9						
MEB(R)-B	35～95（或－40×4）	4	340	240	120	300	200	120
	10～25	9						

11.7.4　焊接连接型接地端子板

该型接地端子板可以在现场制作加工，适用于同种金属之间接地连接，预埋件做法有几种型式供设计选用。具体安装做法详见 D501-1 图集（2-22）图，接地件应作好防腐处理。

以上几种工厂标准化生产的接地端子板，均经武汉高压研究所检测试验，符合国家有关规定。为了提高施工质量，加快施工速度，今后有关防雷接地器材均应与国际接轨，采用工厂化、标准化生产方式生产的配件，才能在施工和使用中保证防雷接地系统的工程质量，保障人民生活和财产不受损失，是今后发展的主要方向。

11.8　火泥熔接法

在接地系统中，导体之间有大量的连接，接地体和接地体之间的连接，接地体和接地线之间的连接。在这些连接中存在着异种金属的连接，如弱电系统接地引下线与接地装置之间，是采用铜接地线和钢接地装置、钢预埋件（或钢筋）来连接，传统的焊接工艺施工复杂并且满足不了技术上的要求。美国 ATI 公司的一种专利技术——火泥熔接，能很好解决金属导体特别是不同金属之间的连接问题。

11.8.1　火泥熔接原理和方法

（1）火泥熔接是放热式熔接的一种，它是利用化学反应（燃烧）产生的超高热来完成的熔接法。火泥熔接因为化学反应速度非常快（仅数秒），产生热量极高，且可以有效地传导至熔接部位，将导体熔化再凝接起来，故是用于导体连接的最佳方法。

（2）要完成火泥熔接法需要特制的模具和熔粉（熔接剂）。模具是由耐高温的石墨制成，其中模穴根据被熔接导体的形状和截面大小确定，根据被熔接导体截面大小确定熔粉量，从而确定模腔大小。

11.8.2　火泥熔接特性及优点

（1）火泥熔接头连接点为分子结合，没有接触面和机械性压力，因此不会松弛或腐蚀。通电流能力及熔点和导体相同，具有较大散热面积。

（2）火泥熔接无需外加电源或气源，设备轻便；施工快捷，作业方法简易，无需技术性焊接工人；接头形状规一，品质管理容易。

接线端子、M 型等电位接地网络等产品可在现场施工，也可在工厂内批量加工，应用范围较广泛，国内已在众多工程中推广应用。

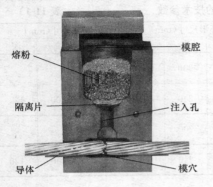

图 11-14 火泥熔接法结构示意图

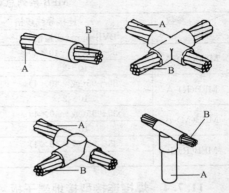

图 11-15 火泥熔接形式

11.8.3 火泥熔接的适用

火泥熔接非常适用于铜接地材料之间的连接，如铜绞线、铜排、铜覆钢接地材料等，同时也适用于各种钢和铜之间的连接，如镀锌钢材、螺纹钢、钢轨、青铜、黄铜、管、板等。

11.9 信息设备机房接地系统产品参数及安装示意图

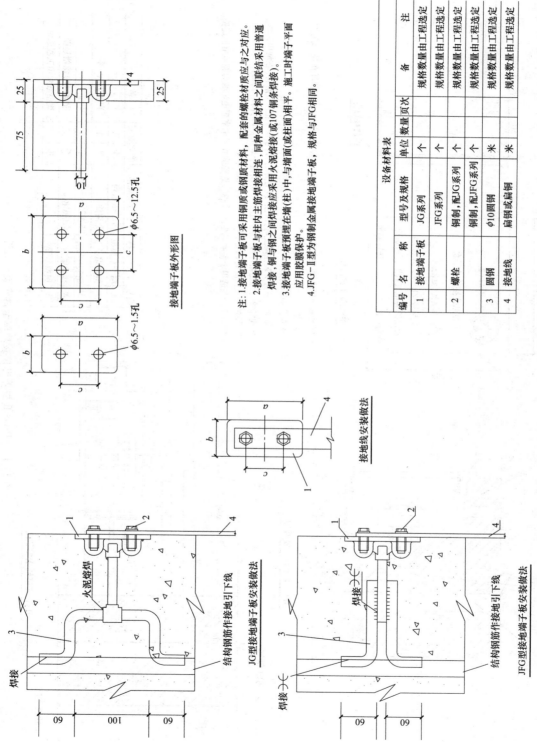

接地端子板外形图

接地线安装做法

JG型接地端子板安装做法

JFG型接地端子板安装做法

注：1.接地端子板可采用铜质或钢质材料，配套的螺栓材质应与之对应。
2.接地端子板与柱内主筋焊接相连，同种金属材料之间联结采用普通焊接，铜与钢之间焊接应采用火泥熔接（或107铜条焊接）。
3.接地端子板预埋在墙（柱）中，与墙面（或柱面）相平。施工时端子平面应用胶膜保护。
4.JFG－Ⅱ型为钢制金属接地端子板，规格与JFG相同。

设备材料表

编号	名称	型号及规格	单位	数量	页次	备注
1	接地端子板	JG系列	个			规格数量由工程选定
		JFG系列	个			规格数量由工程选定
2	螺栓	铜制，配JG系列	个			规格数量由工程选定
		铜制，配JFG系列	个			规格数量由工程选定
3	圆钢	φ10圆钢	米			规格数量由工程选定
4	接地线	扁钢或扁铜	米			规格数量由工程选定

图 11-16 JG，JFG 型接地端子板安装做法

369

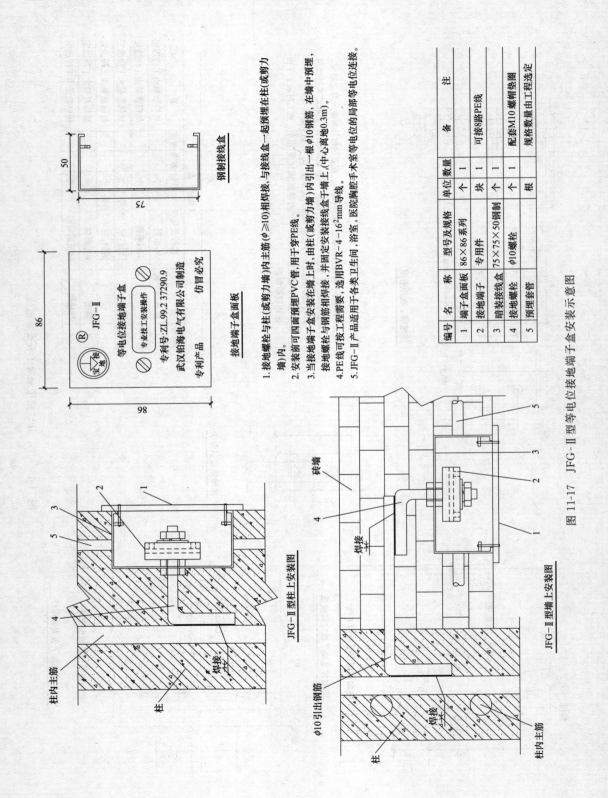

钢制接线盒

接地端子盒面板

JFG-Ⅱ

等电位接地端子盒

专业施工安装条件

武汉铂海电气有限公司制造

专利号:ZL.99.2 37290.9

专利产品　　防冒必究

1. 接地螺栓与柱(或剪力墙)内主筋($\phi \geq 10$)相焊接,与接线盒一起预埋在柱或剪力墙内。
2. 安装前可四面预埋PVC管,用于穿PE线。
3. 当接地端子安装在端上时,由柱(或剪力墙)内引出一根$\phi 10$钢筋,在墙中预埋,接地螺栓与钢筋相焊接,并固定安装接线盒子端上(中心离地0.3m)。
4. PE线可按工程需要,选用BVR-4-16^{2}mm导线。
5. JFG-Ⅱ产品适用于各类卫生间、浴室、医院胸腔手术室等电位的局部等电位连接。

编号	名称	型号及规格	单位	数量	备注
1	端子盒面板	86×86系列	个	1	
2	接地端子	专用件	块	1	可接8路PE线
3	暗装接线盒	75×75×50钢制	个	1	
4	接地螺栓	$\phi 10$螺栓	个	1	配套M10螺帽垫圈
5	预埋套管		根		规格数量由工程选定

JFG-Ⅱ型柱上安装图

柱内主筋

$\phi 10$引出钢筋

焊接

柱

JFG-Ⅱ型端上安装图

砖墙

焊接

柱内主筋

柱

图11-17 JFG-Ⅱ型等电位接地端子盒安装示意图

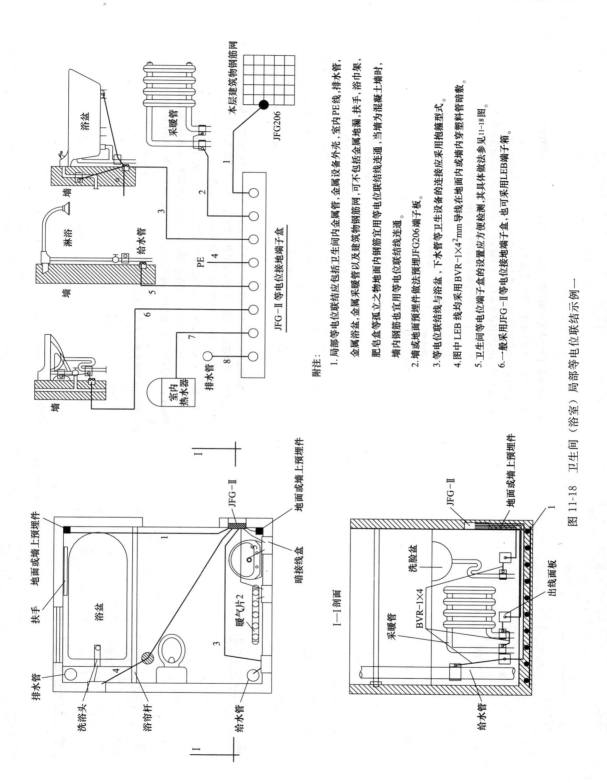

附注：

1. 局部等电位联结应包括卫生间内金属管、金属设备外壳、室内PE线、排水管、金属浴盆，金属采暖管以及建筑物钢筋网，可不包括金属地漏、扶手、浴巾架、肥皂盒等孤立之物地面内钢筋宜用等电位联结线连通，当墙为混凝土墙时，墙内钢筋也宜用等电位联结线连通。

2. 墙或地面预埋件做法参见预埋JFG206端子板。

3. 等电位联结线与浴盆、下水管等卫生设备的连接应采用箍型式。

4. 图中LEB线均采用BVR-1×4²mm导线地面内或墙内穿塑料管暗敷。

5. 卫生间等电位接地端子盒的设置应方便检测，其具体做法见11-18图。

6. 一般采用JFG-Ⅱ等电位接地端子盒，也可采用LEB端子箱。

图 11-18　卫生间（浴室）局部等电位联结示例一

ZGD型低电阻接地模块建造地网用量表

型号	设计要求的接地电阻 R_i(Ω)	用量计算 $n=(R_i/R_j)(\rho\eta)$(个)	备注
ZGD-I-3	10	0.011$\rho\eta$	ρ—估算接地电阻的土壤电阻率值
ZGD-I-3	4	0.028$\rho\eta$	η—模块利用系数，取0.55~0.85
ZGD-I-3	2	0.055$\rho\eta$	对于高土壤电阻率，小间距，η取较小值；大间距，η取较大值
ZGD-II-1	10	0.016$\rho\eta$	
ZGD-II-1	4	0.04$\rho\eta$	对于高土壤电阻率，大间距，η取较大值
ZGD-II-1	2	0.08$\rho\eta$	

1. ZGD型低电阻接地模块可根据设计要求进行埋设，一般ZGD-I-3型可垂直埋设，ZGD-II-1型可作水平埋设，见左图。
2. 为减小接地模块间相互影响，其埋设间距不宜小于4.0米。其设置数量可根据地网设计电阻值的要求和土壤电阻率的大小按其简易查图方法可查下表得出。
3. ZGD型低电阻接地模块的连接应采用并连方式。用镀锌扁钢(40×4mm)作为汇集连线与接地模块的极芯进行焊接，焊接必须符合工艺规定要求，保证质量，不允许有虚焊、漏焊情况，焊接点位处应清除焊渣，涂以沥青或防腐剂。
4. 坑槽回填，应采用细粒土为填料，不得用碎砾砂石等作填料，分层填设，每次添加填料约30cm厚，适当洒水夯实，如此反复操作，直夯至与地表齐平。夯实时应注意即要使模块与埋设土层间接触紧密，亲合良好，又不要预防伤模块本身。然后再测量接地电阻。
5. 本资料由四川中光高技术产业发展公司提供。

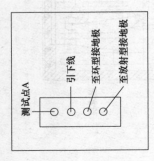

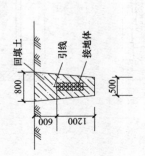

ZGD-I-3型垂直设置示意图

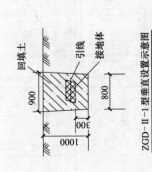

ZGD-II-1型垂直设置示意图

图 11-19 ZPG 接地模块选用示例

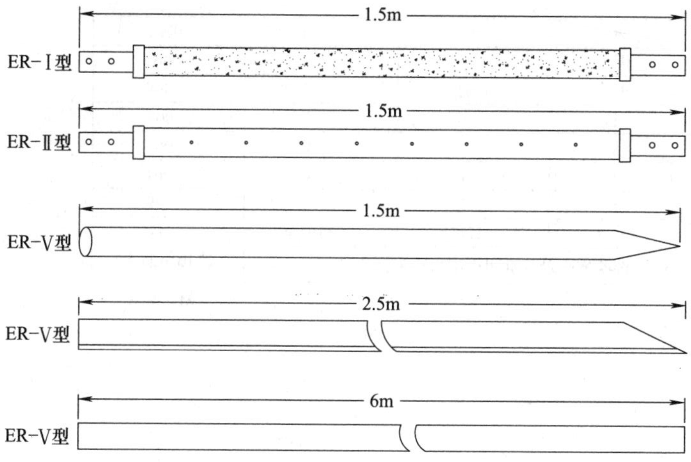

爱劳接地极技术规格表

型号	外形尺寸	组成主要材料与功能	备注
ER-I-S 1.5	Φ54mm,1.5m	耐腐蚀导电材料。防腐导电胶。防腐、降阻	配有回填料
ER-II-S 1.5	Φ63mm,1.5m	耐腐蚀导电材料。防腐导电胶。防腐、降阻	
SR-I-50	Φ14mm,100m	优质铜材。防腐导电性材料。防腐、降阻、可弯曲	
SR-I-70	Φ16mm,100m	优质铜材。防腐导电性材料。防腐、降阻、可弯曲	
ER-V-1500 20	Φ20mm,1.5m	APII防腐导电材料。圆钢。防腐、降阻	ER-V接地极材料、尺寸可以根据规格和要求进行加工
ER-V-6000 20	Φ20mm,6.0m	APII防腐导电材料。圆钢。防腐、降阻	
ER-V-2500 50×50×5	∠50mm×50mm×5mm L=2.5m	APII防腐导电材料。角钢。防腐、降阻	
ER-V-6000 40×4	—40mm×4mm L=6m	APII防腐导电材料。扁钢。防腐、降阻	

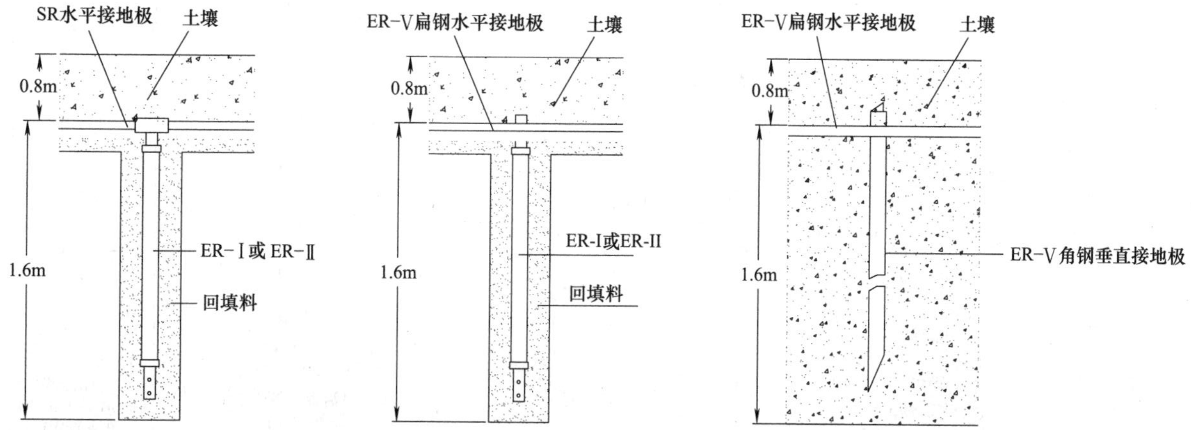

ER-I型

1.5m

ER-II型

1.5m

ER-V型

1.5m

ER-V型

2.5m

ER-V型

6m

ER-V扁钢水平接地极   土壤

ER-V角钢垂直接地极

0.8m

1.6m

方案三 ER-V组合方式

ER-V扁钢水平接地极   土壤

ER-I或ER-II

回填料

0.8m

1.6m

方案二 ER-V与ER组合方式

SR水平接地极   土壤

ER-I或ER-II

回填料

0.8m

1.6m

方案一 SR与ER组合方式

图11-20 ER、SR和ER-V接地极技术规格表

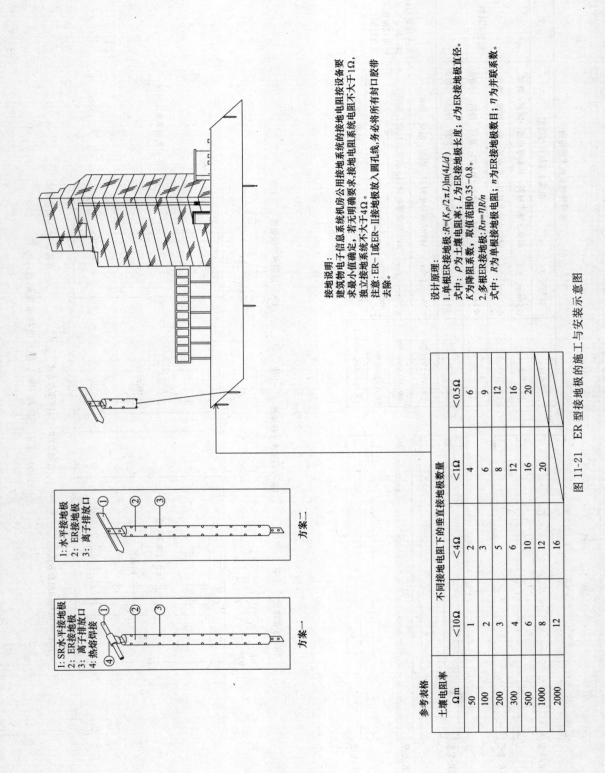

接地说明:
建筑物电子信息系统机房公用接地系统的接地电阻按设备要求最小值确定,若无明确要求,接地电阻系统电阻不大于1Ω,独立接地系统不大于4Ω。
注意:ER-I或ER-II接地极放入圆孔线,务必将所有封口胶带去除。

设计原理:
1.单根ER接地极:$R=(K_\rho/2\pi L)\ln(4L/d)$
式中:ρ为土壤电阻率;L为ER接地极长度;d为ER接地极直径。K为阻尼系数,取值范围0.35~0.8。
2.多根ER接地极:$Rn=\eta R/n$
式中:R为单根接地极电阻;n为ER接地极数目;η为并联系数。

方案一
1: SR水平接地极
2: ER接地极
3: 离子排放口
4: 热熔焊接

方案二
1: 水平接地极
2: ER接地极
3: 离子排放口

参考表格

土壤电阻率 Ωm	不同接地电阻下的垂直接地极数量			
	<10Ω	<4Ω	<1Ω	<0.5Ω
50	1	2	4	6
100	2	3	6	9
200	3	5	8	12
300	4	6	12	16
500	6	10	16	20
1000	8	12	20	
2000	12	16		

图11-21　ER型接地极的施工与安装示意图

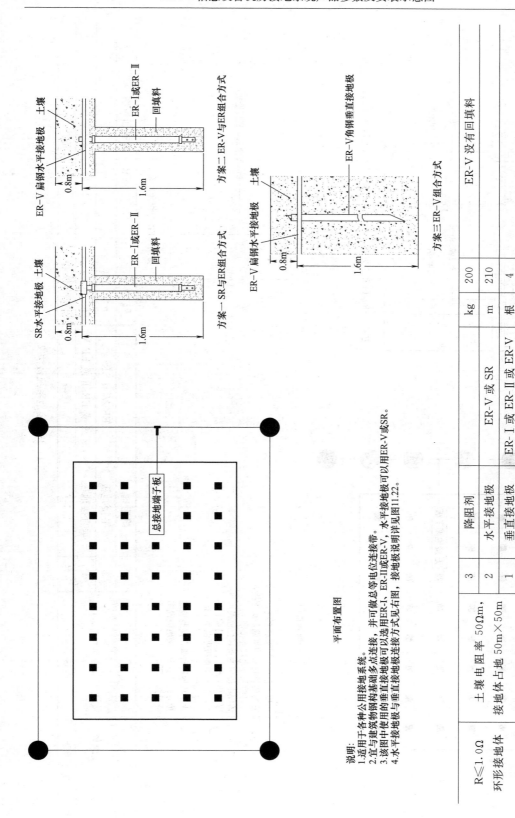

说明:
1.适用于各种公用接地系统。
2.宜与建筑物钢构基础多点连接,并可做总等电位连接带。
3.该图中使用的垂直接地极可以选用ER-I、ER-II或ER-V,水平接地极可以用ER-V或SR。
4.水平接地极与垂直接地极连接方式见图右图,接地极说明详见图11.22。

设计要求		R≤1.0Ω 环形接地体			
现场条件		土壤电阻率 50Ωm, 接地体占地 50m×50m			
序号	品名	规格	单位	数量	备注
1	垂直接地极	ER-I 或 ER-II 或 ER-V	根	4	
2	水平接地极	ER-V 或 SR	m	210	
3	降阻剂		kg	200	

图 11-22 接地系统做法 1

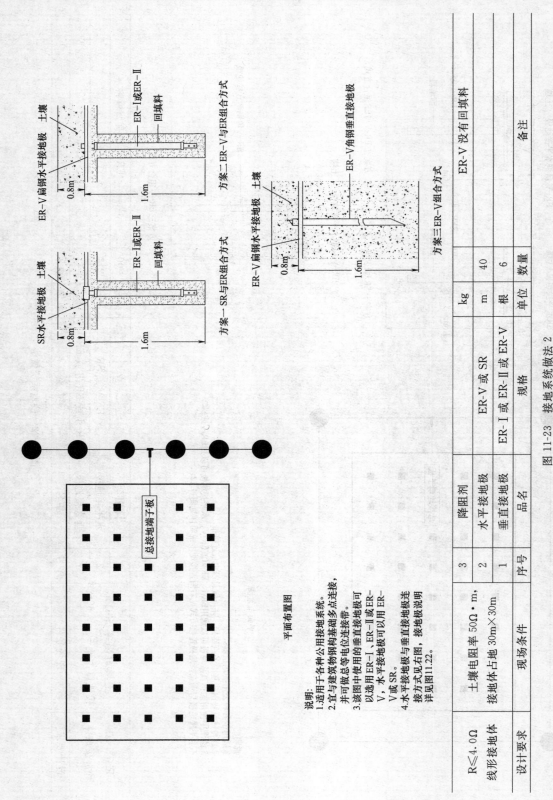

图 11-23　接地系统做法 2

设计要求	现场条件	序号	品名	规格	单位	数量	备注
R≤4.0Ω 线形接地体	土壤电阻率 50Ω·m，接地体占地 30m×30m	1	垂直接地极	ER-Ⅰ或 ER-Ⅱ或 ER-Ⅴ	根	6	
		2	水平接地极	ER-Ⅴ或 SR	m	40	
		3	降阻剂		kg		

说明:
1.适用于各种公用接地系统。
2.宜与建筑物钢构基础多点连接,并可做总等电位连接带。
3.该图中使用的垂直接地极可以选用 ER-Ⅰ.ER-Ⅱ或 ER-Ⅴ,水平接地极可以用 ER-Ⅴ或 SR。
4.水平接地极与垂直接地极连接方式见右图,接地极说明详见图 11.22。

平面布置图

总接地端子板

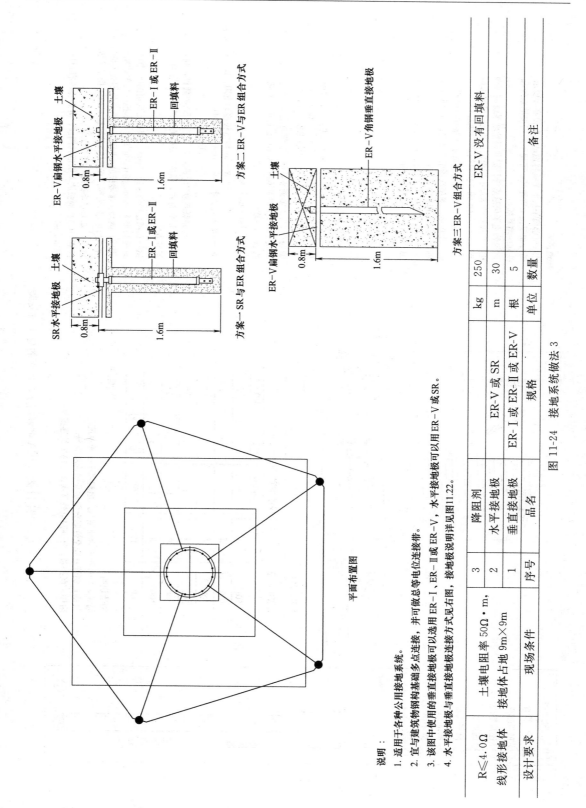

图 11-24 接地系统做法 3

说明：

1. 适用于各种公用接地系统。
2. 宜与建筑物钢基础多点连接，并可做总等电位连接槽。
3. 该图中使用的垂直接地极可以选用 ER-Ⅰ、ER-Ⅱ 或 ER-Ⅴ，水平接地极可以用 ER-Ⅴ 或 SR。
4. 水平接地极与垂直接地极连接方式见右图，接地极说明详见图 11.22。

平面布置图

设计要求	现场条件	R≤4.0Ω
	土壤电阻率 50Ω·m，	接地体占地 9m×9m

线形接地体

序号	品名	规格	单位	数量	备注
1	垂直接地极	ER-Ⅰ或ER-Ⅱ或ER-Ⅴ	根	5	
2	水平接地极	ER-Ⅴ或SR	m	30	
3	降阻剂		kg	250	

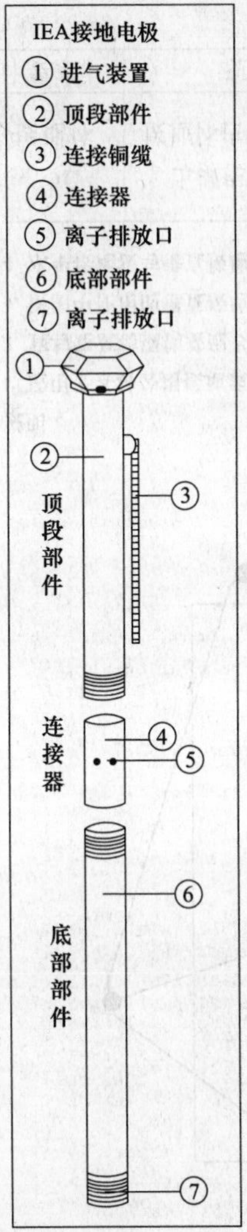

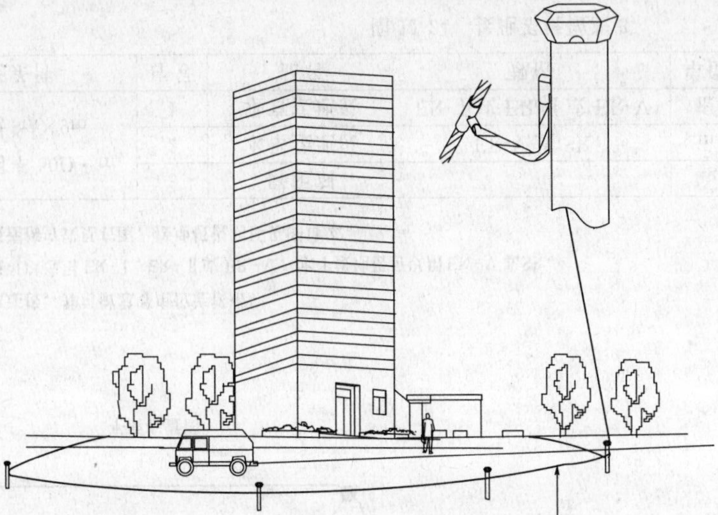

接地说明：

1. IEA电解离子接地系统特别适合有较高接地要求场合和较差土质的地区，可用于共用接地系统和独立接地系统。
2. 建筑物电子信息系统机房共用接地系统的接地电阻按设备要求最小值确定，若无明确要求接地系统 $R \leq 1.0\Omega$。独立接系系统 $R \leq 4.0\Omega$。
3. 接地系统需要IEA接地极数量由接地电阻要求值、土壤电阻率和现场条件确定。可参见本表格。
4. 本接地系统原理及施工方法已列入国家行业标准（TB1060-99），推荐使用。

设计原理：

1. 单根IEA接地极

$$R = \frac{k\rho}{2\pi L} \ln \frac{4L}{d}$$

式中：
ρ—土壤电阻率，$\Omega \cdot m$。
L—IEA电极长度，m。
d—IEA电极直径，m。
R—单根电极接地电阻，Ω。
k—土壤调节系数，取值范围0.5~0.8，使用了IEA控制回填料，k取0.8；达电解平衡状态后，k取0.5。

2. 多根IEA并联电极

$$Rn = \eta R \ n$$

式中：
n—IEA电极数量
η—并联系数
R—单根电极接地电阻，Ω。

说明：并联系数 η 计算复杂，它与IEA的数目，间距及配置形状有关，详情参阅相关手册和专业资料。

安装方法：

钻一孔洞直径约为15~30cm，深度比选用的IEA接地地极长度多10cm。将IEA回填料搅拌均匀成粘稠状，随后将接地极放入圆形孔洞内，外围放入搅拌后的IEA回填料，直至IEA接地极下30cm指示位置为止，如此将能获得一完美效果。
注意：IEA接地极放入圆形孔洞前，务必将所有封口胶带去除。

参考表格：

土壤电阻率 Ω·m	不同接地电阻下的IEA数量			
	<10Ω	<4.0Ω	<1.0Ω	<0.5Ω
50	1	2	4	6
100	2	3	6	9
200	3	5	8	12
300	4	6	12	16
500	6	10	16	20
1000	8	12	20	/
2000	12	16	/	/

构造说明：
特征：UB178BJ合格编号，电解离子接地系统。
材质：铜管及安全性能分解水分的内填充物。
附件：保护盖，外部回填物及火泥熔接导线连接柱。

IEA接地电极
① 进气装置
② 顶段部件
③ 连接铜缆
④ 连接器
⑤ 离子排放口
⑥ 底部部件
⑦ 离子排放口

顶段部件　连接器　底部部件

图11-25　IEA电解离子接地极的施工与安装

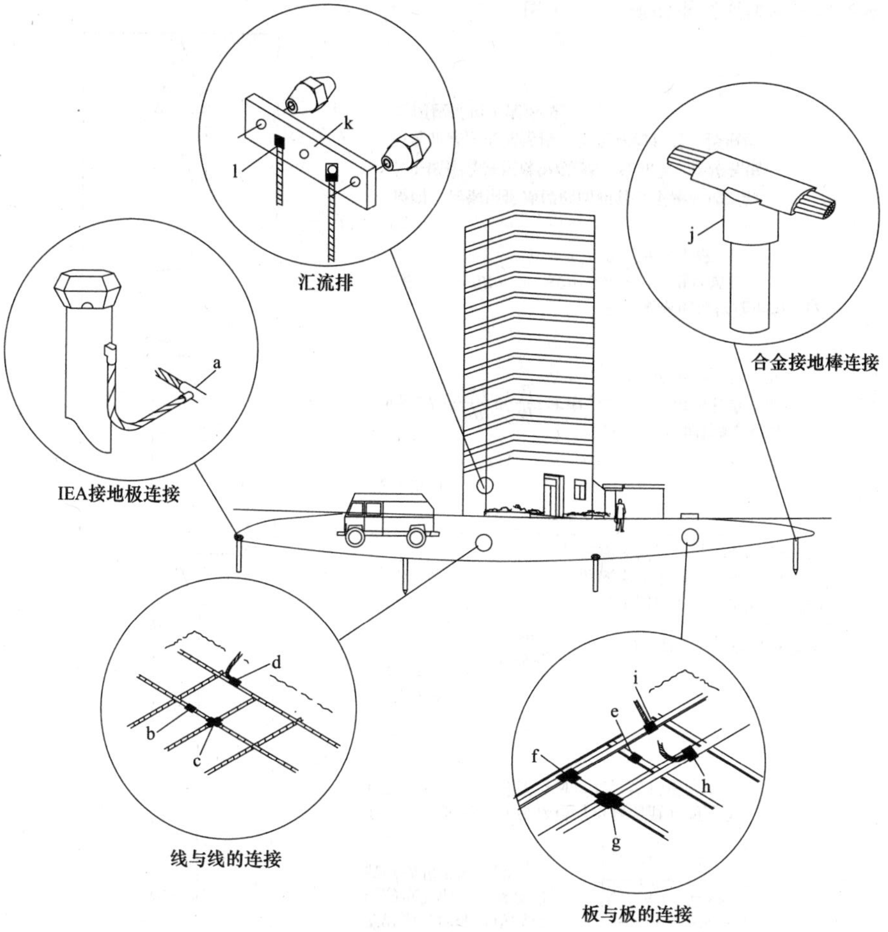

火泥熔接材料表：

代号	模具编号	熔粉编号
a	WT-95/95	#115
b	WE-95/95	#90
c	WX-95/95	#150
d	WL-95/95	#150
e	BEH-0550	#200
f	BT-0550	#200
g	BX-0550	#200×2
h	SHEB-95	#115
i	PT-0550/95	#115
j	GET-20/95	#150
k	PK-95/0425	#90
l	SVED-95	#150

火泥熔接说明：

1. 火泥熔接是利用化学反应时产生的超高热在瞬间完成导体之间的连接。
2. 连接点为分子结合，没有接触面，更没有机械性压力，品质最佳。
3. 无需外加热源、电源、施工快捷。
4. 操作安全可靠，且火泥熔粉已安全贮存。
(注：美国爆炸物管理局，对于此类制品已分类为非危险品类)
5. 火泥熔接法可熔接各种钢、铁、铜包钢、铜等金属。

合金接地棒连接

板与板的连接

汇流排

IEA 接地板连接

线与线的连接

图 11-26 火泥溶接法施工方法

图例说明：

1. 本图垂直接体以 IEA 电解离子接地极和Φ20 ATI 铜铜合金接地体为例。
2. 本图水平接地体分别以 5×50mm 扁铜和 95mm² 的铜线为例。

379

构造及说明：

镀铜钢接地棒是由高纯度的电解铜分子覆盖到低碳钢芯上制成的。

镀铜钢接地棒比传统接极有更强的泄流能力和耐腐蚀性能力，使用寿命更长，达30年以上。

技术参数：

铜层厚度(mm)	抗拉强度 N mm²	铜层可塑性	铜层结合度
≥0.25	600	将棒弯曲180°测试不得出现裂缝和剥落	用虎口钳挤压，除虎口处外镀层不会剥落

型号	长度(m)	外径(mm)
CC-A	2.4	16
CC-B	3	19

设计指南：

1.计算：

单根：$R = \dfrac{k\rho}{2\pi L} \ln \dfrac{4L}{d}$　式中：

ρ—土壤电阻率，Ω·m。
L—IEA电极长度，m。
d—IEA电极直径，m。
R—单根电极接地电阻，Ω。

多根：$R_n = \eta R/n$　式中：

n—IEA电极数目。
η—并联系数。

2.说明：镀铜钢接地棒的间距宜大于棒长的2倍，水平接棒宜采用裸铜铜缆(35~95mm²)。接棒和铜缆之间采用火泥熔接。需竖直加长时，接地棒之间应采用火泥熔接。

施工方法：

1.打入法：

① 挖沟：沟槽深度不小于700mm，极孔处宽度不小于400mm。

② 安装：将各接地棒逐一打入地下，至接地棒顶端离沟底100mm为止。

③ 熔接：敷设裸铜缆将各接地棒和铜缆连接起来，采用火泥熔接把各接地棒和铜缆连接。

④ 加长：如要加长熔接对接两棒，只需在洞口处用火泥熔接即可。

2.钻孔法：

① 挖沟：沟槽深度不小于700mm，极孔处宽度不小于400mm。

② 钻孔：孔洞直径50~100mm，孔深小于得长度100mm。

③ 安装：将接地棒放入孔中，同时加入回填料，在洞口处填入净土并夯实。

④ 熔接：敷设裸铜缆把各接地棒和铜缆连接起来。

⑤ 加接：先钻深孔，将接地棒上端固定于洞口，熔接加长后再放入，重复进行即可。

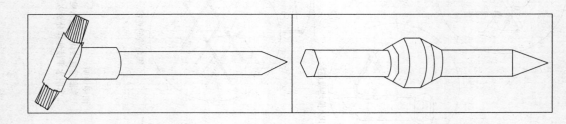

图11-27　镀铜钢接地棒施工与安装

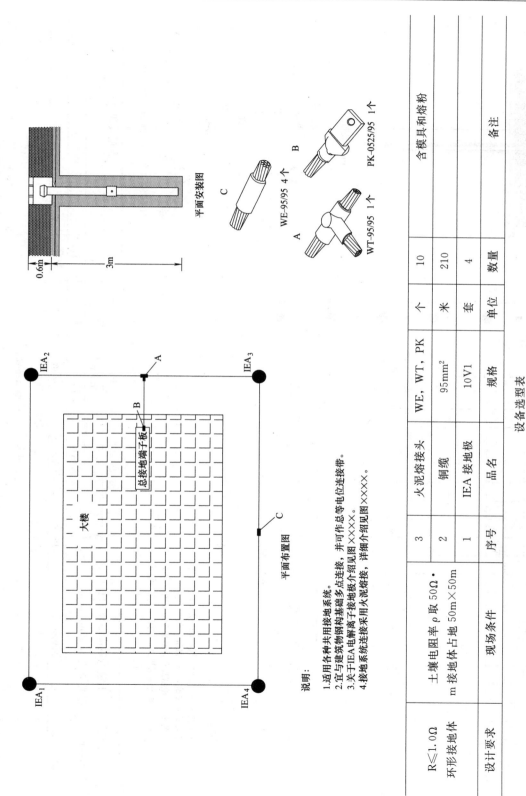

说明：

1.适用各种共用接地系统。

2.宜与建筑物钢筋基础多点连接，并可作总等电位连接带。

3.关于IEA电解离子接地极介绍见图××××。

4.接地系统连接采用火泥熔接，详细介绍见图××××。

平面安装图

平面布置图

大楼

总接地端子板

设备选型表

序号	品名	规格	单位	数量	备注
3	火泥熔接头 WE、WT、PK		个	10	含模具和熔粉
2	铜缆	95mm²	米	210	
1	IEA接地极	10V1	套	4	

现场条件	土壤电阻率 ρ 取 50Ω·m 接地体占地 50m×50m
设计要求	R≤1.0Ω 环形接地体

图 11-28 接地系统做法 1

WE-95/95 4 个

WT-95/95 1 个

PK-0525/95 1 个

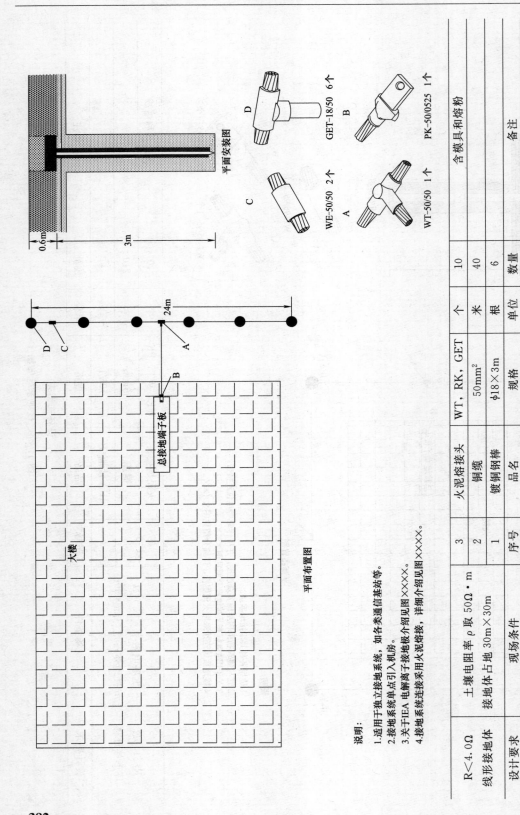

平面安装图

D GET-18/50 6个
C WE-50/50 2个
B PK-50/0525 1个
A WT-50/50 1个

平面布置图

总接地端子板

大楼

说明：
1. 适用于独立接地系统，如各类通信基站等。
2. 接地系统单点引入机房。
3. 关于IEA 电解离子接地极介绍见图××××。
4. 接地系统连接采用火泥熔接，详细介绍见图××××。

序号	品名	规格	单位	数量	备注
1	镀铜钢棒	φ18×3m	根	6	
2	铜缆	50mm²	米	40	
3	火泥熔接头	WT, RK, GET	个	10	含模具和熔粉

设备选型表

设计要求	现场条件		
R<4.0Ω	土壤电阻率 ρ 取 50Ω·m		
线形接地体	接地体占地 30m×30m		

图 11-29 接地系统做法 2

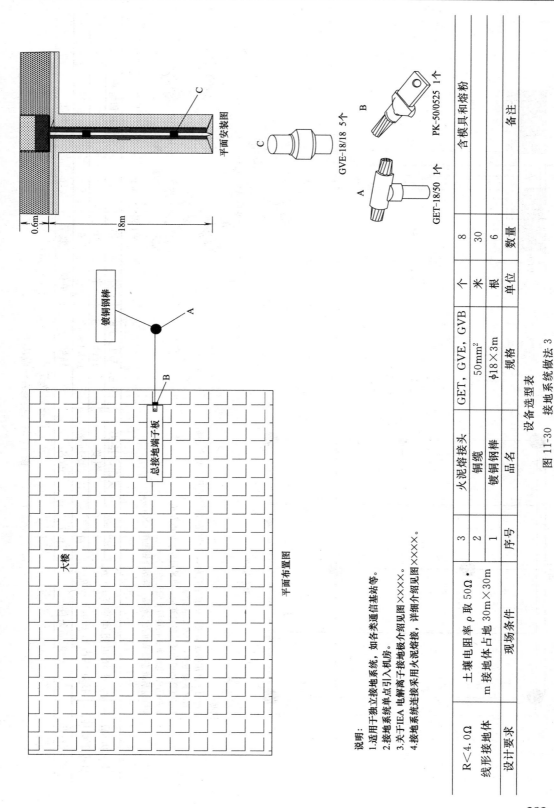

说明：
1.适用于独立接地系统，如各类通信基站等。
2.接地系统单点引入机房。
3.关于IEA 电解离子接地极介绍见图××××。
4.接地系统连接采用火泥熔接，详细介绍见图××××。

设计要求	现场条件		设备选型表

R＜4.0Ω	土壤电阻率 ρ 取 50Ω·		
线形接地体	m 接地体占地 30m×30m		

序号	品名	规格	单位	数量	备注
1	镀铜钢棒	φ18×3m	根	6	
2	铜缆	50mm²	米	30	
3	火泥熔接头	GET、GVE、GVB	个	8	含模具和熔粉

平面布置图

大楼

镀铜钢棒

总接地端子板

GET-18/50　1个

GVE-18/18　5个

PK-50/0525　1个

A

B

C

平面安装图

0.6m

18m

图 11-30　接地系统做法 3

383

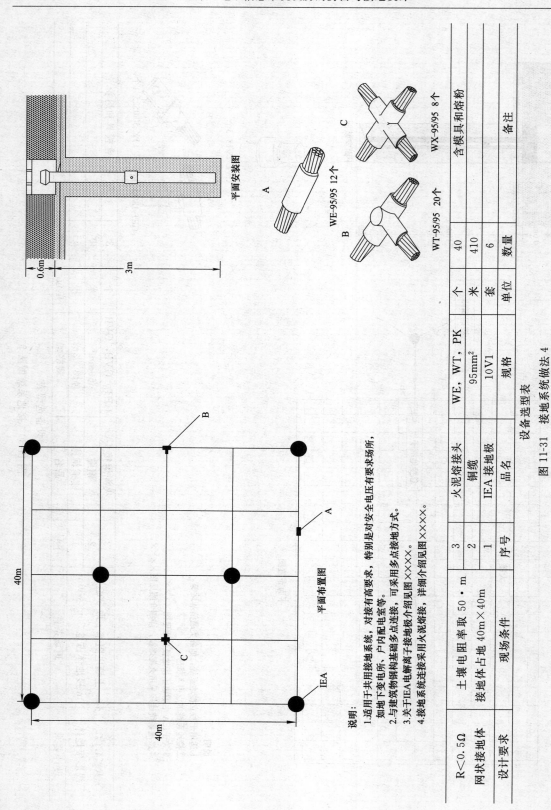

平面安装图

A　WE-95/95 12个

B　WT-95/95 20个

C　WX-95/95 8个

说明：

1. 适用于共用接地系统、对接有高要求，特别是对安全电压有要求场所，如地下变电所、户内配电室等。
2. 与建筑物钢构基础连接多点连接，可采用多点接地方式。
3. 关于IEA电解离子接地极个组见图××××。
4. 接地系统连接采用火泥熔接，详细介绍见图××××。

设备选型表

序号	品名	规格	单位	数量	备注
3	火泥熔接头	WE、WT、PK	个	40	含模具和熔粉
2	铜缆	95mm²	米	410	
1	IEA接地极	10V1	套	6	

现场条件

R<0.5Ω	土壤电阻率取 50·m
网状接地体	接地体占地 40m×40m
设计要求	

图 11-31　接地系统做法 4

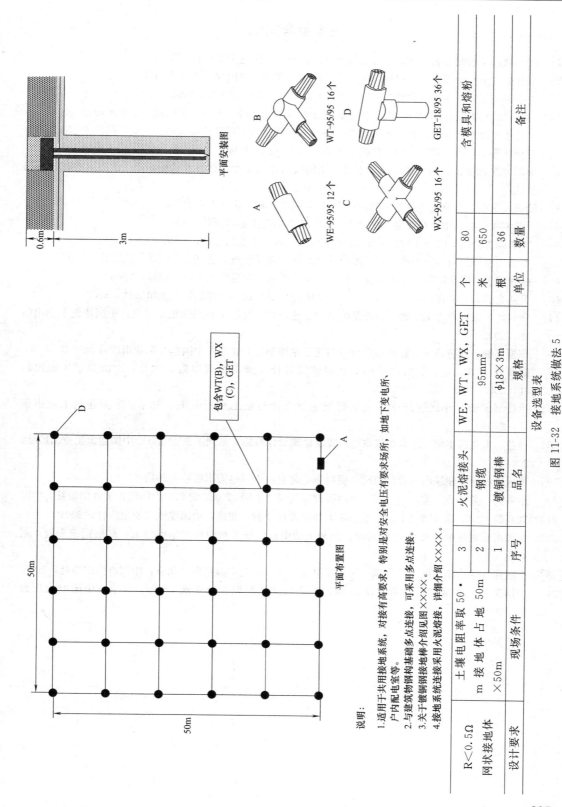

图 11-32 接地系统做法 5

平面安装图

平面布置图

B WT-95/95 16个
A WE-95/95 12个
D GET-18/95 36个
C WX-95/95 16个

含模具和熔粉

序号	品名	规格	单位	数量	备注
3	火泥熔接头	WE、WT、WX、GET	个	80	含模具和熔粉
2	钢缆	95mm²	米	650	
1	镀铜钢棒	φ18×3m	根	36	

设备选型表

包含WT(B), WX (C), GET

说明：
1. 适用于共用接地系统，对接有高要求、特别是对安全电压有要求场所，如地下变电所、户内配电室等。
2. 与建筑物钢构基础接地连接，可采用多点连接。
3. 关于镀铜铜接地棒介绍见图××××。
4. 接地系统连接采用火泥熔接，详细介绍见图××××。

设计要求	现场条件	
R＜0.5Ω 网状接地体	土壤电阻率取 50·m 接地体占地 50m×50m	

主要参考文献

[1] 洪元颐，李宏毅编著．建筑工程电气设计．北京：中国电力出版社，2003

[2] 朱林根，王厚余等．21世纪建筑电气设计应用．北京：中国建筑工业出版社，2001

[3] 温伯银主编．智能建筑设计技术．2版．上海：同济大学出版社，2002

[4] 中国建筑标准设计研究所编写．住宅智能化电气设计手册．北京：中国建筑工业出版社，2001

[5] 上海市智能建筑试点工作领导小组办公室编．智能建筑工程设计与实施．上海：同济大学出版社

[6] 苏邦礼等．雷电与避雷工程．广州：中山大学出版社，1996

[7] 中国建筑标准设计研究所．电气部分．全国民用建筑工程设计技术措施2009．北京：中国计划出版社．

[8] 陆德民主编．石油化工自动控制设计手册．3版．北京：化学工业出版社，2000

[9] 手册编委会编．钢铁企业电力设计手册．北京：冶金工业出版社，1996

[10] 手册编委会编．电气工程师手册．3版．北京：机械工业出版社，2006

[11] 石油库设计规范编制组编．石油库设计规范宣贯辅导教材．北京：中国计划出版社，2003

[12] 陈龙编著．安全防范及保障系统．智能建筑．北京：中国建筑工业出版社，2003

[13] 吴达金编著．居住小区综合布线系统．智能建筑．北京：中国建筑工业出版社，2003

[14] 金久炘，张青虎主编．楼宇自控系统．智能建筑设计与施工系列图集．北京：中国建筑工业出版社，2002

[15] 郑强等编．消防系统．智能建筑设计与施工系列图集．北京：中国建筑工业出版社，2002

[16] 薛颂石主编．通信、网络系统．智能建筑设计与施工系列图集．北京：中国建筑工业出版社，2002

[17] 景政纲主编．小区智能化系统．智能建筑设计与施工系列图集．北京：中国建筑工业出版社，2003

[18] 孙兰、朱立彤主编．综合布线系统．智能建筑设计与施工系列图集．北京：中国建筑工业出版社，2003

[19] 孙成群编著．建筑电气设计与施工资料集．北京：中国电力出版社，2013

[20] 戴瑜兴，黄铁兵，梁志超主编．民用建筑电气设计手册．2版．北京：中国建筑工业出版社，2007

[21] 刘兴顺主编．建筑物电子信息系统防雷技术设计手册．北京：中国建筑工业出版社，2004

[22] 深圳国际贸易中心大厦 电气自动控制和电话电视广播系统设计 "华中建筑" 高层建筑专篇：刘兴顺

[23] 中国建筑学会建筑电气分会编．民用建筑电气设计规范实施指南．北京：中国电力出版社，2008

[24] 中国航空工业规划设计研究院组编．工业与民用配电设计手册．3版：北京：中国电力出版社，2005

四川中光防雷科技股份有限公司简介

　　中光防雷由我国著名防雷专家王德言教授以发展民族防雷产业为己任的志向所创建，并由学有专长、勇于献身、敬业诚信的一批年轻人们所继承。经过两代中光人 20 多年艰苦卓绝地努力和含辛茹苦地付出，濒临绝境而不畏惧，遭遇多难而更坚定，共同将中光这一叶扁舟迅速发展壮大成为今天雷电防护行业领域的领军企业。

　　中光防雷为中国标准化协会团体会员单位、中国通信标准化协会全权会员、中国工程标准化协会常务理事单位、国家高新技术产业标准化重点示范企业、首家通信行业雷电防护示范基地、四川省建设创新型企业试点企业、国家火炬计划项目单位、四川省重大科技成果转化工程示范项目单位。

　　中光防雷现已成为以"雷电防护"为主产业的高科技企业，并正以永葆科技领先、荟萃业界精英等发展战略高歌猛进。

　　中光防雷创始人、现任四川中光防雷科技股份有限公司董事长王德言先生，长期致力于防雷理论的研究、防雷产品的研发和防雷产业的发展，是美国 IEEE 协会高级会员、中国工程建设标准化协会雷电防护专业委员会主任委员、全国雷电防护标准化技术委员会副主任委员、国家标准《建筑物电子信息系统防雷技术规范》第一主编、国家军事标准《军用地面电子设施防雷通用要求》主编之一、成都市劳动模范。

　　核心价值观：

　　使命：有利国计民生，造福人类社会，创建一流产业，光耀中华民族。"为我伟大的中华民族争光！"

　　愿景：以世界高新技术为先导，以国际先进水平为目标；荟萃国际国内业界精英，共创世界一流防雷企业。

价值观：学习、创新、执行、真诚。

经营理念：以雷电防护为主业，强化核心技术研究；巩固国内领先地位，积极开拓国际市场。

管理理念：抓流程管理，重在效率；抓市场管理，重在业绩；抓项目管理，重在实践。

质量理念：以质量求生存、以质量求发展；以质量创品牌、以质量占市场。

行业地位：

2000 年任国家标准《建筑物电子信息系统防雷技术规范》主编；

2001 年任全国雷电防护标准化技术委员会副主任委员；

2002 年起代表中国参加国际雷电防护标准化委员会会议；

2006 年任军事电子信息设施雷电防护标准编委会副主任；

2007 年任中国工程建设标准化协会雷电防护专业委员会主任；

2007 年任中国气象学会雷电防护委员会副主任委员；

2009 年被吸纳为中国通信标准化协会全权会员之一；

2009 年任国军标《军用地面电子设施防雷通用要求》主编；

2010 年全国首家被授予中国通信企业协会"通信行业雷电防护实验基地"；

2011 年任第七届"亚太防雷论坛"组委会主席；

2012 年由中国标准化协会和中国工程建设标准化协会授权，筹建"亚太防雷产业·产研论坛筹办委"；

2013 年获得成都市创建质量强市示范城市"产品质量示范单位"。

三大中心：

工程研究中心：省级"工程研究中心"——"中光防雷工程与防雷标准研究实验中心"，专业研究和实施各类防雷工程的勘测、设计、施工和安装，并主编和参编国际国内有关防雷标准。目前主编和参编了共 11 项国家标准（其中 1 项国家军用标准）、3 项行业标准、2 项省标和 1 项协会标准；另有 10 项标准处于在编和待批状态。

技术中心：省级"企业技术中心"——"中光防雷产品与防护元件研究发展中心"，专业研发各类高品质防雷产品和防护元件。拥有多项省部级科技成果；四百多个产品品种储备业界领先，可以用独家产品满足各类工程应用需求；全系列产品拥有自主知识产权，通过国家法定权威机构检测，其中 200 多个产品分别通过 UL、CE、CB、ETL、TÜV、工信部符合性认证等。

检验测试中心：国家级"检验测试中心"——"中光防雷产品与防雷工程检验测试中心"，具有中国合格评审 CNAS 和国际互认 ILAC 资质，具备 UL、TÜV 莱茵和 TÜV 南德目击试验室资格。

科学管理：

通过 ISO 9001、ISO 14001、OHSAS 18001 以及 GJB 9001 认证；三级保密资质单位；公司管理体系健全，并不断导入先进的管理工具，如首席质量官管理制度、卓越绩效管理模式等，持续改进公司的经营管理。

四川中光信息防护工程有限责任公司（简称"中光工程公司"）是四川中光防雷科技

股份有限公司的全资子公司，专业从事现代防雷技术研究、防雷工程的设计与施工、安装及其技术咨询服务。

中光工程公司长期致力于防雷工程的研究、设计与施工，在实践过程中不断总结设计施工经验、培训设计施工队伍、编制设计施工规范、加强施工规范化管理；2002年中光工程公司首家获得了国家"防雷工程专业设计"和"防雷工程专业施工"双甲级资格证书，至今一直保持着这一国家最高等级的资质；中光工程公司通过了ISO 9001质量体系认证、ISO 14001环境管理体系认证、ISO 18001安全管理体系认证。

中光防雷已在国际国内取得了品牌、地位、技术、设施、人才、市场和策略等方面的优势，中光人将继续努力，将中光防雷建设得更加美好，为雷电防护事业做出更大的贡献：

1. 在未来两个五年计划或者更少一些的时间内，将中光建设成为"发展空间最广、内外环境最优、人均效益最高、综合实力最强"的、以雷电防护为主产业的特强型高新科技企业。

2. 在中光所献身和致力的科学技术领域，继续保持世界先进、并力争雄居国际领先的地位。

3. 中光防雷将一如既往地秉承"有利国计民生、造福人类社会、创建一流产业、光耀中华民族"和"为我伟大的中华民族争光"的宗旨，为人类社会做出更大奉献，为创造更加美好的明天而努力奋斗。

北京爱劳高科技有限公司
Beijing Arrow Advanced Technology Co.,Ltd.

北京爱劳高科技有限公司创立于 1990 年 1 月 18 日，是中国成立最早的专业化防雷集团公司。在防雷领域中，爱劳公司独树一帜，始终坚持贯彻综合治理雷电危害的方针，形成了以建筑物直击雷防护、电源线路防护、信号数据线路防护和接地工程一体化的整体防雷体系，在防雷技术、电力系统和电子系统过电压保护技术等方面一直处于领先地位。爱劳集团总部设在中国北京 CBD 商务区的温特莱中心。在中国下设北京、成都、沈阳、上海、武汉、深圳六个办事处，形成了覆盖中国的销售网络，并在加拿大、新加坡及台湾地区设立办事处和合作公司。集团下设武汉爱劳高科技有限责任公司、北京爱劳电气设备安装有限公司和深圳爱劳高科技有限公司。

武汉爱劳高科技有限责任公司坐落在武汉东湖开发区电子港，专门从事防雷、防腐技术的研发和产品生产，武汉爱劳公司全面通过 ISO 9001 和 ISO 14001 认证，是中国最具规模的专业高科技防雷、防腐产品生产基地之一。

本公司防雷产品分为直击雷防护产品系列、配电电源过电压防护产品系列、信号线路保护产品系列、天馈系统保护产品系列和接地装置系列。

直击雷防护产品
Direct Lightning Protection Products

配电电源过电压防护产品
DSOP Series Product

信号线路保护产品
Data Line and Signal Protection Product

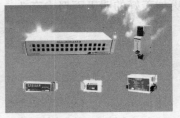

天馈系统保护产品
Antenna and feeder line
Protection Products

高效防腐降阻接地极系列
Earthling Rods

石化专用产品
Dedicated petrochemical products

公司全部产品均具有独立的自举知识产权。主打产品在美国、日本、中国获得专利保护，全部产品经过国家和部级检测并取得资质，主要有：

◆ ISO 9001 国际质量体系认证
◆ ISO 14001 国际环境管理体系认证
◆ ISO 28001 国际职业健康安全体系认证
◆ 美国 UL 认证
◆ 欧盟 CE 认证
◆ 中国信息产业部防雷新产品鉴定证书

◆ 中国国家科委科技成果推广证书
◆ 中国电力工业部电气设备质量检验测试中心的检测
◆ 中国铁道部产品质量监督检验中心的检测
◆ 中国公安部计算机信息系统安全专用产品销售许可证
◆ 中国气象局颁发的防雷工程专业设计和专业施工甲级资质
◆ 中国信息产业部邮电设计院产品防雷性能实验室的检测
◆ 中国石油化工集团公司防雷产品鉴定
◆ 中国劳动部劳动保护科研所证书
◆ 中国人民保险公司产品责任险

北京爱劳电气设备安装有限公司注册于北京 CBD 商务区的温特莱中心，专门从事防雷工程的设计与施工，获得了防雷工程专业设计甲级和专业施工甲级资质，并且通过了ISO 9001、ISO 14001、ISO 28001 认证，多年来在防雷、管道防腐领域中做出了巨大贡献，业绩覆盖全国各行业和各地区。

公司承揽了多项国际和中国重点项目的防雷设计及改造工程，其中中国中央电视台彩电中心和上海东方明珠电视塔采用我公司防雷装置后，保证了电视播放工作正常进行。此外，公司还为著名的中国三峡水利枢纽工程、中国西昌卫星发射中心、新加坡国家科技局、马来西亚乙烯化工厂、古巴全国广播电视台等多项重点设施保驾护航。由于公司全体同仁的共同努力，以及社会各界的大力支持，公司的发展一直保持着稳步上升的势态。

通过二十多年的努力，爱劳集团已发展成为集研发、生产、销售、施工、和推广高新技术产品于一身的高科技企业。在技术竞争日益激烈的今天，爱劳将技术创新作为公司发展的原动力，不断加大对研发技术的投入和研发体系的建立。目前，已成立了以防雷专家、博士生导师和研究生为首的研发体系。公司研发出上千种新产品，拥有四十多项国家及海外科技专利。产品均经过国家部委级鉴定和国家实验室检测并取得相应资质。

爱劳防雷产品广泛应用于石油石化、电力、国防、通信、交通、铁路、广播电视、航空航天及综合建筑物等领域，在中国防雷产品市场中占有较大的份额、并进入国际市场。在21 世纪的经济全球化的今天，爱劳公司将一如既往地在不断提高自身技术实力和发展能力的基础上，继续依靠科技创新、科技进步、科学管理，坚持"安全、持久、高效"的企业理念，加快公司发展速度，用完美的产品、优质的服务和优良的工程奉献于广大用户。

成都东方瀚易科技发展有限公司简介

成都东方瀚易科技发展有限公司系一家集研究、开发、生产、销售、安装和工程于一体的防雷专业科技公司在防雷行业占据技术先进、产品种类齐全，拥有自主知识产权的优势，拥有目前国内一流的雷击试验设备。为国家气象、国防、通信、建筑、电力、新能源、石化、铁路等行业的雷电防护工作做出了重要贡献。

企业已取得"高新技术企业认定证书"

取得 ISO 9001：2008"质量管理体系认证证书"

取得了国军标 GJB 9001B—2009·"军工质量管理体系认证证书"

2011 年 12 月通过了"军工武器装备三级保密资格认证"

2011 年 8 月获得了科技部技术创新基金和"国家火炬计划项目证书"

与二炮签订了协议，公司的全系列防雷产品在二炮列装。

公司与成都信息工程学院签订校企合作协议，建立了"雷电 CDIO 教学实践基地"。

取得了"防雷工程专业设计资质证"和"防雷工程专业施工资质证"

公司产品规格、型号、技术参数列入《中国建筑电气工程师品牌材料手册·防雷产品分册》。参与了《国家建筑防雷标准设计图集》的编写。参与了《工业静电与雷电安全指南》。并通过了工信部《通信防雷产品标准符合性定》。

我们的目标是尽快发展成为行业排头企业，为我国防雷事业作出更大贡献。

公司的各系列防雷产品：

电源防雷系列

天馈防雷系列

信号防雷系列

避雷针系列

防腐接地系列

新能源防雷系列

雷电监测系列

各系列防雷产品均严格按照国家标准、规范、IEC 标准、规范等制定企业标准生产，也可以为各行业客户要求设计或订制

广州易仕科技有限公司简介

　　EC PART TECHNOLOGY LTD.（易仕科技）是一家优秀的防雷产品及解决方案的提供商，拥有超过十五年的防雷产品研发生产经验。公司总部设在加拿大，其销售网络覆盖澳洲、东南亚等多个国家及地区。2001 年，在中国成立了广州易仕科技有限公司，并建有总面积达 3000 平方米的研发及生产基地。同时，还在北京、上海、天津、重庆、山东、辽宁、浙江、广东、云南、香港、台湾等多个省市设有分公司及办事处。

　　多年来，我们对防雷技术进行不断地研究，始终坚持以自己的专利发明和研究成果为技术核心，并不断吸纳世界其他先进理论和技术，确保生产的产品始终走在世界的前端。我们拥有十多项中国国家专利技术，其中拥有的"浪涌识别技术"，在世界上处于领先的技术水平；在中国，它更被公认为是最适合中国"电网国情"的电源防雷技术。它真正解决了传统避雷器过压易燃的致命缺陷，生产出持续工作电压很高，而残压很低的产品。同时，我们凭借雄厚的技术实力，协助参与了多项标准及规范的编制。

　　我们的产品和解决方案涵盖了建筑物的直击雷防护、电力线路和电气设备的防雷及过电压保护、信号传输线路和通信设备的过电压过电流保护、计算机及其网络的防雷保护等，广泛应用于石化、通信、电力、交通、建筑、安防、军队、公安、机场、学校、银行等众多领域，产品的可靠性和稳定性得到了很好的体现。

　　我们的防雷产品严格依照 IEC、中国及企业标准（Q/YSKJ 1-2012《电涌保护器》，企业标准备案登记号：QB/440 10021694-2012）设计和生产，以技术先进、性能卓越、品质稳定著称。

　　将 ISO 9001 质量管理体系运用到实处，良好的基础，对技术及质量不懈的追求，奠定了易仕科技在防雷界领先的地位，使之能在世界范围内向客户提供优良的产品，完善的解决方案以及热情周到的售后服务。

ZL 2011 2 0147807.X   ZL 2011 2 0147793.1   ZL 2011 2 0232356.X   ZL 2011 2 0232357.4   ZL 2011 2 0147809.9

ZL 2011 2 0232290.4   ZL 2005 2 0058115.2   ZL 2011 2 0088517.8   ZL 2011 2 0088519.7   ZL 2011 2 0088532.2

专利证书

公司网址：www.ecpart.com

（一）公司简介资料：

公司名称：广州易仕科技有限公司

地址：广州市增城增江大道东区高科技工业基地经三路5号

邮编：511300

电话：020-32633738

电子邮箱：ecp@ecpart.com

联系人：黄奕嘉

（二）公司正式参加编委会人员名单：

黄奕嘉、钟道宽

天津中力防雷有限公司简介

　　中力公司成立于 1993 年，二十年来专心致力于雷电防护事业，是集产品研发、生产、销售、工程、服务为一体的综合性防雷企业，为用户提供多元化的服务，公司坚持"在全球雷电防护领域确立中国品牌的优势地位，为客户提供优良的产品和服务，以此为中国经济发展做出贡献"的核心理念，力求每个环节都尽善尽美，始终走在全球雷电防护领域的最前沿。

　　"中力防雷"已经成为最具影响力的防雷品牌，公司本着"人是资源，更是目的"的人才理念，广纳贤才，具备优秀的科研力量，研发出的产品获得数百项国家专利。公司拥有完善的质量管理体系，通过 ISO 9001：2008 国际质量体系认证。

　　中力防雷拥有著名的"C-POWER"注册商标，旗下产品可分为数十个系列、上千种规格，且均为自主研发的专利技术成果，受到国家知识产权的有效保护。产品类型包括安装于建筑物屋顶引导直击雷闪的接闪器、安装于建筑物内抵御线路过电压的浪涌保护器和安装于地下的防雷接地产品。公司产品质量可靠，功能强大，自主研发的"智能 SPD 及

其监控系统"成为国内首创、国际领先的防雷产品，信号类产品 CPN20 及 CPN40 通过德国 TUV 认证。中力防雷旗下产品全面满足不同客户、行业、应用环境的要求，广泛应用于石化、铁路、电力、通信、民航、建筑等诸多领域。

中力凭借产品的先进性、多样性、稳定性和可靠性，全面满足不同用户的功能和技术要求。公司拥有建设部、铁道部防雷工程承包资质及国家气象局的防雷工程设计甲级资质、防雷工程施工甲级资质。曾参与京九铁路、上海浦东机场、上海虹桥机场、无锡双子楼、天津新文化中心、天津津湾广场、武清区政府、于家堡商业中心等工程的防雷建设，中力公司的产品质量和服务水平均得到用户的充分信任和认可。公司仍在不断扩大销售网络的覆盖面，发掘更广阔的市场需求，努力向着"引领防护科技，勇创第一品牌"的目标进军。

中力公司作为全国雷电防护标准技术委员会及电磁兼容委员会的成员单位，参与了多项国际、国家、行业雷电防护标准的制定修编工作，主编了国家标准 GB/T 21714.4《雷电防护 第四部分：建筑物内电气和电子系统》最新版本及天津市防雷地方标准，参与了防雷设备浪涌保护器试验权威国标 GB 18802.1—2011 的编制，用权威的技术语言全面提升公司实力和产品素质。

2008 年中力公司以"建筑物与构筑物雷击电位分布模拟系统开发与应用研究"项目荣获了"天津市科学技术进步奖"三等奖；2009 年公司智能型系列产品成功列入政府推广计划；2011 年公司以"智能化远程监测型浪涌保护系统"项目荣获国家安全生产监督管理总局颁发的"安全生产科技成果奖"二等奖；2012 年获得天津市专利示范单位荣誉，获得国家安监总局颁发的"安全生产科技创新型中小企业"荣誉。

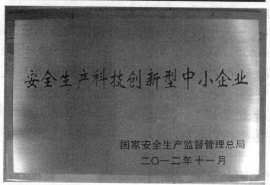

公司地址：天津市南开区华苑产业园区物华道 8 号
电话：022-83710816 / 83711920
传真：022-83711920-209
网址：http：//www. cpower. com. cn
邮箱：zhonglifanglei@cpower. com. cn

武汉岱嘉电气技术有限公司简介

——全球性的专业电气系统保护公司

ATI Tectoniks 是一家全球性的专业电气系统保护公司。公司在美国，中国大陆、中国香港、中国台湾以及澳大利亚等国家设有分公司和生产基地。

ATI Tectoniks 是 ISO 9002 认证企业，拥有多项符合 IEC、IEEE、UL、BS 等专业标准的专利技术和产品，并被列入《接地装置安装》、《数字通信微波站国家标准设计》、《铁路数字微波通信工程设计规范》、《建筑物防雷设施安装》等多项国家标准、规范、施工图集。公司产品已广泛应用于国内外各行业，包括电力系统、铁路系统、通信系统、民航系统、石化系统、金融系统以及广播电视、军事指挥、建筑工程、医疗设施等方面。

ATI Tectoniks 专门为现代建筑设计了高质量的接地系统。其中两大主导产品——IEA 电解离子接地系统和火泥熔接——处于国内外同行中的领先水平。

ATI Tectoniks 致力于全球化服务，提供最先进的系统保护方面的咨询服务，并依据不同的要求，定制合适的方案。作为在接地保护领域内提供咨询服务和解决疑难问题的ATI Tectoniks，一直对电信、广播、电力及工业制造等部门提供积极有效的技术支持，并能够通过遍布全球的服务网络，以最快的速度将产品送往世界各个地区。

ATI Tectoniks 在亚洲及中国大陆的分支机构也在为该地区的客户提供及时周全的服务。ATI Tectoniks 的产品从 1991 年进入中国大陆，1996 年成立的武汉岱嘉电气技术有限公司是其在中国大陆的全资子公司。武汉岱嘉专门从事电气系统保护，特别是接地技术，生产相关产品，并进行设计、承接相关工程。

ATI Tectoniks 以先进的技术、严格的管理，丰富的工程经验和用户至上的行业精神，赢得了广大用户的信赖。ATI Tectoniks 将以高质量，全方位的服务欢迎国内、外的广大客户。

IEA 电解离子接地系统是先进的高科技产品，它是一种性能稳、寿命长、免维护、主动式的接地系统。它不同于传统接地单纯地将故障电流通过金属导体导入大地，而是通过电解离子接地系统向周围的土壤释放导电介质，从而改善土质的导电性能，降低接地电阻。IEA 接地系统不受环境和气候的影响，IEA 回填料具有良好的膨胀性、吸水性和离子渗透性，这样能确保在任何气候环境下能保持一定的湿度，并逐渐增强周围土壤的导电性能，以达到最佳状态。

火泥熔接（TectoWeld）是一种全新的放热式连接方式，它是利用化学反应产生的超高热将需连接的导体熔化后重新连接。这样的连接点是真正的分子结构，没有接触面和机械压力，具有较大的散热面积；接头部位承受大电流的能力及熔点与导体本身相同，熔接质量远远优于传统的电焊和氧焊。火泥熔接操作非常简便，不需要特别的技术工人，作业中也无需外加的电源和热源，更不需复杂的设备。

武汉华天世纪科技发展有限公司简介

华天世纪就是武汉华天世纪科技发展有限公司，公司专业生产监控电线漏电起火的消防装置。著名的**方舟**FZ系列电气火灾监控系统，就是由**华天世纪**出品。其特点是深入电气施工环节，消除用电安全隐患。其功能是在电气火灾发生前准确预警，防患于未然，尽最大努力保护生命财产安全。

华天世纪属于国内拥有知识产权的电气火灾监控系统品牌厂家，有多项新型专利技术，也是国内同行业中为数不多的既通过国家ISO质量管理体系认证又通过国家消防电子产品质量CCCF认证的品牌厂家。目前，**方舟**FZ系列电气火灾监控系统已被公安部消防总局录入《中国消防产品信息网》加以重点推广。

华天世纪于2006年建立国家211工程高校产学研基地——"武汉理工大学华天世纪产学研基地"，专注于电气火灾监控系统领域的研究，拥有技术领先于业界的电气火灾成因及早期预防研究中心，专业源于专注！是名副其实的高新技术企业，还是两湖地区唯一的通过消防**CCCF**认证的专业厂家。

方舟FZ系列电气火灾监控系统质量坚强过硬，技术超群领先，在业界中属于极少数的实力型生产厂家。目前，**方舟**已远销亚非拉等地区，走出国门，是国内唯一——家产品出口海外，远达万里之遥的技术及服务双过硬型高新技术企业。

方舟FZ系列电气火灾监控系统已广泛使用于国内外**1028**个公用、民用工程，先后被武昌火车站、武汉火车站、汉口火车站、非洲吉布提人民宫、老挝万象亚欧峰会大酒店、非洲吉布提体育馆、合肥中铁科技楼、邯郸市公安局综合指挥侦查大楼、人民网办公楼、北京市消防训练基地、江西省人民检察院办案中心、杭州娃哈哈新建办公楼、上海市世博园、昆明市第二人民医院、湖北咸宁中心医院等项目采购。连续工作52560小时，安全监控无误报，持续稳定最可靠！

华天世纪注重持续研发能力，**方舟**生产一代，研发一代，构思一代，代代领先！

华天世纪为客户提供三全支持：全方位的市场推广支持、全力以赴的培训支持、全天候的技术服务支持，让客户彻底"后顾无忧"！

华天世纪与客户密切合作，**商道长远，携手同行**！

武汉理工大学华天世纪产学研基地大楼　　　华天世纪厂部大楼

FZ-512监控主机

FZJK-1L/A剩余电流监控探测器

FZTC/L-999-01剩余电流探测器

华天世纪获得国家公安部CCCF认证

公司实用新型专利产品：等电位接地端子盒

武汉华天世纪科技发展有限公司

地址：武汉市东湖高新技术开发区长城三路 8 号光谷精工科技园 A 栋 6 楼

联系人：刘红林

联系电话：400-6518-358